拒绝低效

逆袭吧，Office菜鸟——Word·Excel·PPT这样用才高效

窦淑艳　著

中国青年出版社

律师声明

图书在版编目（CIP）数据

拒绝低效：逆袭吧，Office菜鸟：Word / Excel / PPT这样用才高效 / 窦淑艳著. -- 北京：中国青年出版社，2020.1
ISBN 978-7-5153-5872-7

I.①拒…　II.①窦…　III.①办公自动化-应用软件　IV. ①TP317.1

中国版本图书馆CIP数据核字（2019）第245581号

策划编辑　张　鹏
责任编辑　张　军
封面设计　乌　兰

拒绝低效：逆袭吧，Office菜鸟
——Word / Excel / PPT这样用才高效
窦淑艳 / 著

出版发行：中国青年出版社
地　　址：北京市东四十二条21号
邮政编码：100708
电　　话：（010）50856188 / 50856189
传　　真：（010）50856111
企　　划：北京中青雄狮数码传媒科技有限公司
印　　刷：北京瑞禾彩色印刷有限公司
开　　本：787 x 1092　1/16
印　　张：18.5
版　　次：2020年1月北京第1版
印　　次：2020年1月第1次印刷
书　　号：ISBN 978-7-5153-5872-7
定　　价：69.90元
（附赠语音视频教学+同步案例文件+实用办公模版+矢量设计元素+实用技巧PDF）

本书如有印装质量等问题，请与本社联系
电话：（010）50856188 / 50856189
读者来信：reader@cypmedia.com
投稿邮箱：author@cypmedia.com
如有其他问题请访问我们的网站：http://www.cypmedia.com

前　言

职场新人小蔡由于对Office办公软件不是很精通，再加上有一个对工作要求尽善尽美的领导，菜鸟小蔡工作起来就比较“悲催”了。幸运的是，小蔡遇到了热情善良、为人朴实的“暖男”先生，在“暖男”先生不厌其烦地帮助下，小蔡慢慢从一个职场菜鸟逆袭为让领导刮目相看并委以重任的职场“精英人士”。

本书作者将多年工作和培训中遇到的学生和读者常犯的错误、常用的低效做法收集整理，形成一套“纠错”课程，以“菜鸟”小蔡在工作中遇到的各种问题为主线，通过“暖男”先生的指点，使小蔡对Office3大常用组件能够更加熟悉、正确地使用，例如在Word 中进行字符和段落格式的设置、图片和图形的应用以及长方档的排版等；在Excel中对单元格和表格的设置、排序和筛选的应用，并使用数据透视表、函数以及图表对数据进行分析；在PowerPoint幻灯片设计中文本、图片和图形的应用，以及多媒体和动画的应用等。内容上主要包括Office3大组件应用的错误思路和正确思路、效果展示的低效方法和高效方法，并且在每个案例开头采用“菜鸟效果”和“逆袭效果”展示，通过两张效果展示对比，让读者一目了然，通过优化方法的介绍，提高读者使用Office的能力。每个任务结束后，还会以“高效办公”的形式，对Office的一些快捷操作方法进行讲解，帮助读者进一步提升软件操作能力。此外，还会以“菜鸟加油站”的形式，对使用Office时的一些“热点”功能进行介绍，让读者学起来更系统。

本书在内容上并不注重技法高深，而注重技术的实用性，所选取的“菜鸟效果”都是很多读者的通病，具有很强的代表性和典型性。通过“菜鸟效果”和“逆袭效果”的操作对比，读者可以直观地感受到高效方法的立竿见影之功效，感受到应用Office时高效与低效方法的巨大反差，提高读者文本排版、数据分析和设计幻灯片的能力。本书由淄博职业学院窦淑艳老师编写，全书共计约45万字，内容符合读者需求，覆盖Office应用中的常见误区，贴合读者的工作实际，非常利于读者快速提高Office操作水平。

本书在设计形式上，着重凸显“极简”的特点，便于读者零碎时间学习。不仅案例简洁明了，还将通过二维码向读者提供视频教学，每个案例的视频时长控制在3-5分钟，便于读者快速学习。此外，读者还可以关注“未蓝文化”微信公众号，在对话窗口回复“Office逆袭”关键字，获取更多本书学习资料的下载地址。

本书将献给各行各业正在努力奋斗的“菜鸟”们，祝愿大家通过不懈努力，早日迎来属于自己的职场春天。

编　者

本书阅读方法

在本书中，“菜鸟”小蔡是一个刚入职不久的职场新人。工作中，上司是一个做事认真、对工作要求尽善尽美的“历历哥”。每次，小蔡完成历历哥交代的工作后，严厉的历历哥总是不满意，觉得还可以做得更完美。本书的写作思路是历历哥提出【工作要求】——新人小蔡做出【菜鸟效果】——经过“暖男”先生的【指点】——得到【逆袭效果】，之后再对【逆袭效果】的实现过程进行详细讲解。

人物介绍

小蔡

职场新人，工作认真努力，但对Office办公软件的应用不是很精通。后来，通过“暖男”先生的耐心指点，加上自己的勤奋好学，慢慢地从一个职场菜鸟逆袭为让领导刮目相看并委以重任的职场“精英人士”。

历历哥

部门主管，严肃认真，对工作要求尽善尽美。面对新入职的助理小蔡做出的各种文案感到不满意，但对下属的不断进步，看在眼里，并给予肯定。

“暖男”先生

小蔡的同事，是个热情、善良、乐于助人、做事严谨的Office培训讲师，一直致力于推广最具实用价值的Office办公技巧，为小蔡在职场上的快速成长提供了非常大的帮助。

本书构成

问题及方法展示：对【逆袭效果】的实现过程进行详细介绍。

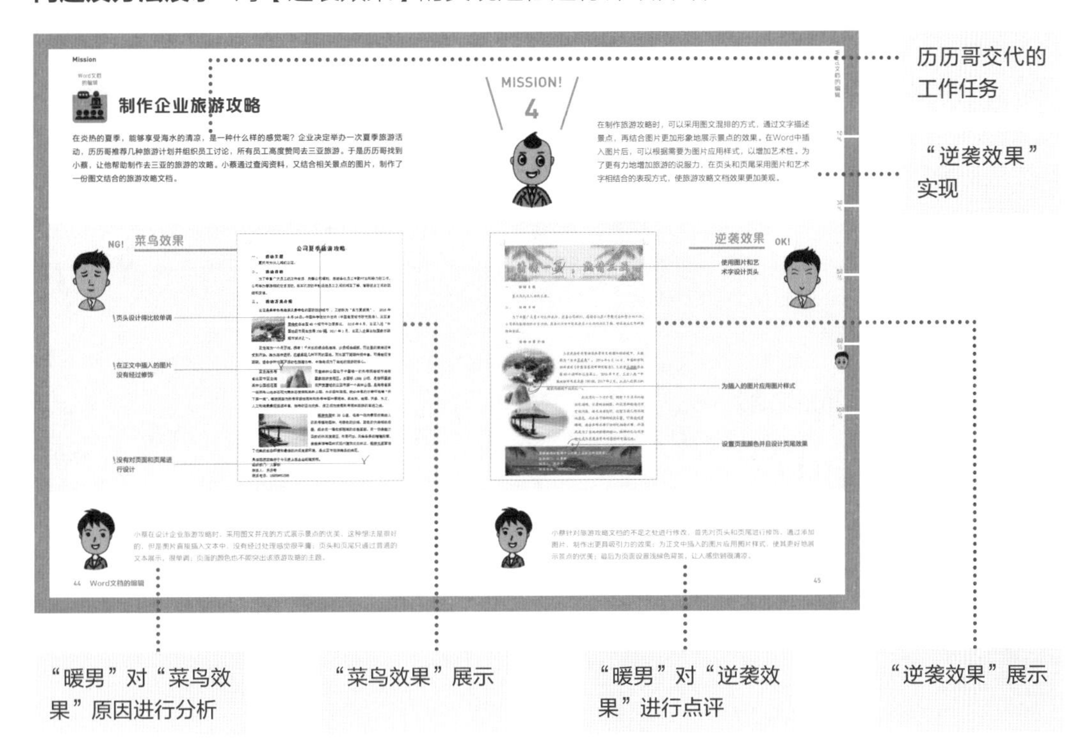

历历哥交代的工作任务

“逆袭效果”实现

“暖男”对“菜鸟效果”原因进行分析

“菜鸟效果”展示

“暖男”对“逆袭效果”进行点评

“逆袭效果”展示

【逆袭效果】实现过程详解：

对任务完成过程的详细操作进行介绍

效果实现过程将通过二维码向读者提供视频教学

对Office办公软件的高效操作方法进行讲解，提高工作效率

对Office中的一些“热点”功能进行介绍，让读者学起来更系统

本书学习流程

本书主要介绍Office中Word、Excel和PPT3大主要组件的应用，包括Word文档的编辑和排版、Excel表格的制作和数据分析、PowerPoint中各元素、多媒体以及动画的使用。本书通过24个案例对Word、Excel和PowerPoint中常见的错误进行纠正，其中Word部分包括春节放假通知的制作、合作协议的制作、统计晚会节目人数表格的制作、企业旅游攻略文档的制作、治愈“拖延症”流程图的制作、企业房屋租赁合同的制作、公司文化手册的制作以及公司章程文档的审阅等。Excel部分包括采购统计表的制作、投资完成情况一览表的制作、

【Word 文档的编辑】

制作春节放假通知

制作合作协议

使用表格统计晚会节目人数

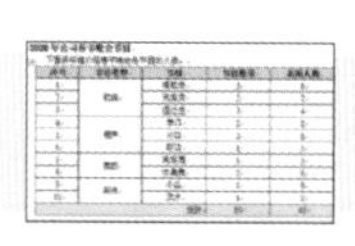

制作企业旅游攻略

制作治愈“拖延症”流程图

【Word 文档的排版】

制作企业房屋租赁合同

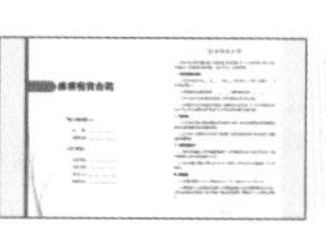

制作公司文化手册

制作公司文化手册目录

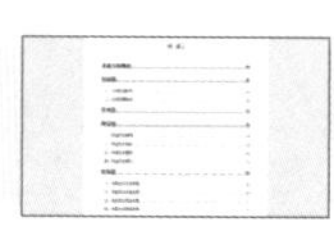

审阅公司章程

【Excel 电子表格的制作】

制作采购统计表

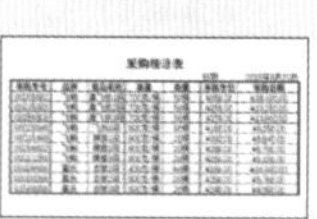

制作年度投资完成情况一览表

制作员工销售统计表

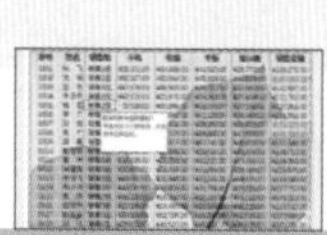

员工销售统计表的制作、销售统计表的分析、员工工资表的分析、员工信息表的制作以及销售情况相关报表的分析等。PowerPoint部分包括企业文化展示幻灯片的制作、各产品销售金额的展示、企业发展历史幻灯片的制作、扁平化企业宣传封面的制作、消防演练宣传演示文稿的制作以及如何为演示文稿添加动画等。本书在介绍Office3大组件的使用方法时，通过错误思路和正确思路、低效方法和高效方法的比较，以及优化案例的具体实现步骤的介绍，可以快速让读者了解文档制作的思路和方法，从而提高读者Office软件的使用能力。

【Excel 数据的分析和计算】

 分析销售统计表

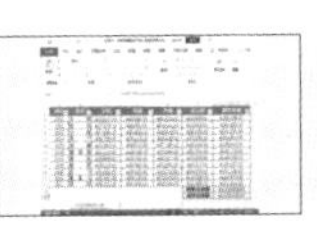

 分析员工工资表

 制作员工信息表

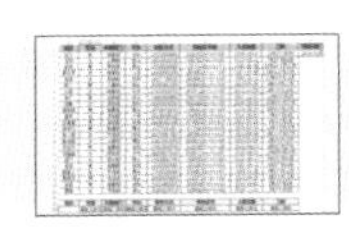

 分析各品牌季度销售情况

 分析第 2 季度各品牌销售情况

【PPT 幻灯片的编辑】

 制作企业文化介绍幻灯片

 展示各产品销售金额

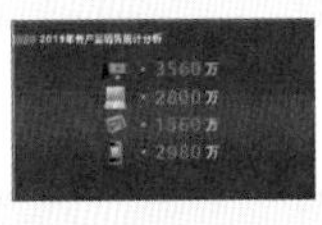

 制作企业发展历史介绍幻灯片

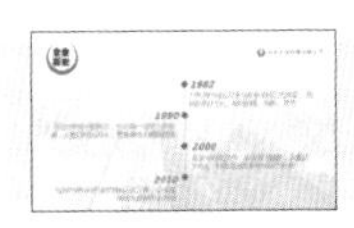

 制作企业励志人物事迹介绍幻灯片

 制作扁平化企业宣传幻灯片封面

【PPT 多媒体和动画的应用】

 制作消防演练宣传演示文稿

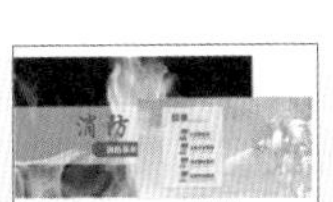

 为演示文稿添加动画

Contents

Word文档的编辑

Word文档的排版

Excel电子表格的制作

Excel数据的分析和计算

PPT幻灯片的编辑

PPT多媒体和动画的应用

Office 办公实用技巧 Tips 大索引

Word文档的编辑

Word文档的排版

Excel电子表格的制作

Excel数据的分析和计算

PPT幻灯片的编辑

PPT多媒体和动画的应用

Word文档的编辑

Word 2019是一款在办公中常用于制作各种文档的常见软件。对于从事办公文秘和行政的员工来说，更是亲密接触，使用该软件可以有效地帮助企业和员工处理日常工作中绝大部分办公需求。

本部分通过相关案例介绍，读者可以学习字符和段落格式的基本操作、表格的编辑与处理、使用图片进行图文混排以及使用图形制作各种流程图等的操作技巧。

制作春节放假通知

在春节前最后一次例会上，有同事提出防止放假期间客户要求我们服务，需要提前将放假时间通知新老客户。历历哥认为非常有必要提前通知，因为往年有这种先例，导致公司与客户之间存在误会。历历哥吩咐刚进公司的小蔡负责制作一份春节放假通知，发在企业邮箱里，供其他员工发送给客户。

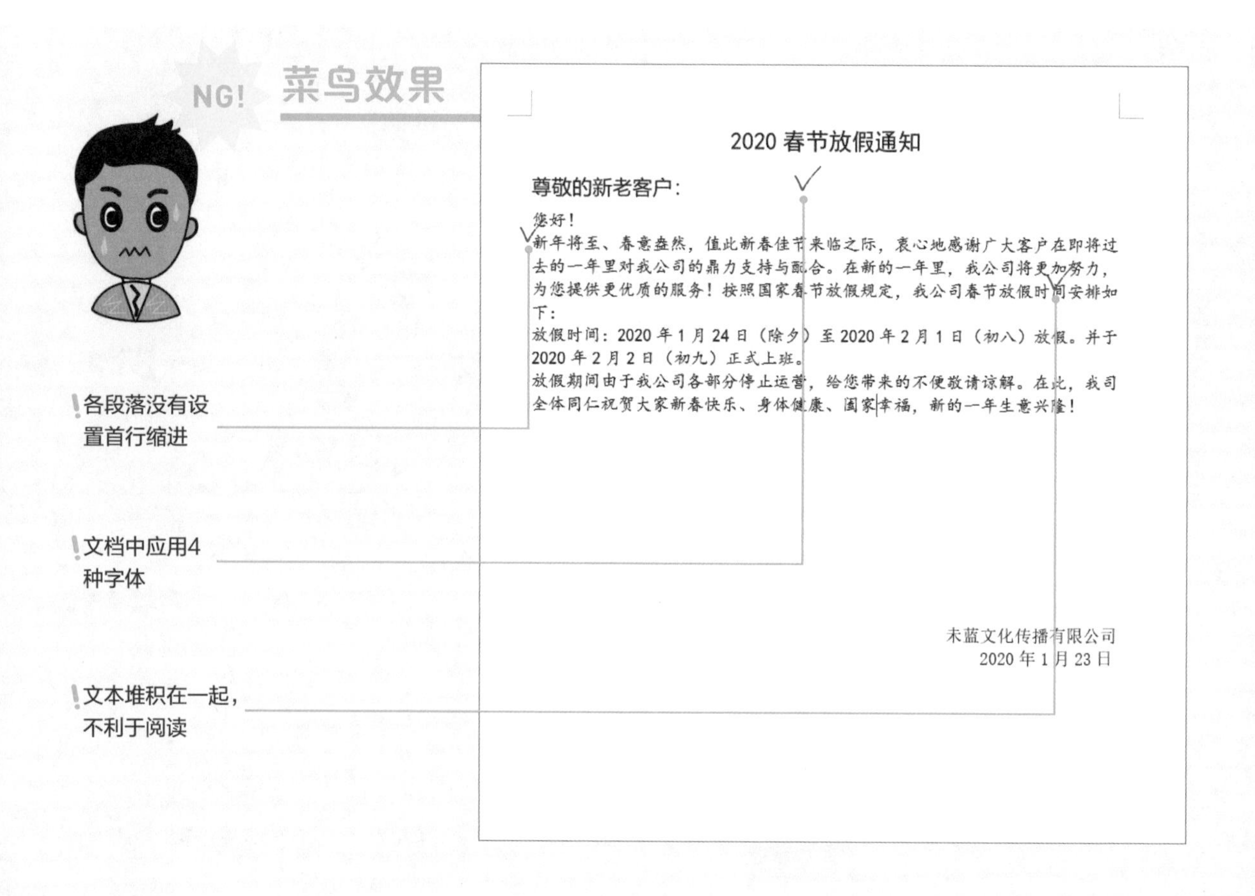

小蔡刚毕业进公司，对Word的使用还不是很熟悉，在制作放假通知文档时，他为体现各部分内容，设置不同的字体样式，显得不够正式；正文中各段开头没有设置首行缩进，版式上不规范；通知内容行距太小，文字堆积在一起，而且段落与段落之间也不明显，不利于阅读。

MISSION! 1

春节放假或多或少会给客户造成不便，为了方便客户了解内部放假安排，应给客户发送春节放假通知。放假通知主要包括以下几部分内容：标题、称呼、放假事由、放假时间、祝福语、落款和日期。制作通知时一定要各部分内容清晰，并符合人们的阅读习惯。本案例主要对文本格式和段落格式进行设置，使通知内容更合理、准确、清晰。

逆袭效果 OK!

2020春节放假通知

尊敬的新老客户：

您好！

新年将至、春意盎然，值此新春佳节来临之际，衷心地感谢广大客户在即将过去的一年里对我公司的鼎力支持与配合。在新的一年里，我公司将更加努力，为您提供更优质的服务！按照国家春节放假规定和我公司实际情况，春节放假时间安排如下：

放假时间：2020年1月24日（除夕）至2020年2月1日（初八）放假。并于2020年2月2日（初九）正式上班。

放假期间由于我公司各部分停止运营，给您带来的不便敬请谅解。在此，我司全体同仁祝贺大家新春快乐、身体健康、阖家幸福，新的一年生意兴隆！

未蓝文化传播有限公司

2020年1月23日

对文档内文本统一字体

增大行距和段落间距

为每段文本设置首行缩进2字符

小蔡经过指点之后，对文档进行修改，首先统一将文档中的所有文本设置为宋体，使通知文档看起来更正式；然后设置了通知文档每段的首行缩进，使通知内容更符合阅读习惯；为正文增大了行距，并设置段落间距，使文档版面清晰、辨识度提高不少。

Point 1 设置页面大小和文本格式

在制作放假通知Word文档时，首先要确定页面的大小，然后再输入相关的文字。文字输入完成后还要设置文本的格式。在制作春节放假通知文档时，设置纸张大小为A4，并设置文档所有文本为宋体，下面介绍具体操作。

1

启动Word 2019软件，新建空白文档，切换至“布局”选项卡，单击“页面设置”选项组中“页边距”下三角按钮，在列表中选择“自定义页边距”选项。

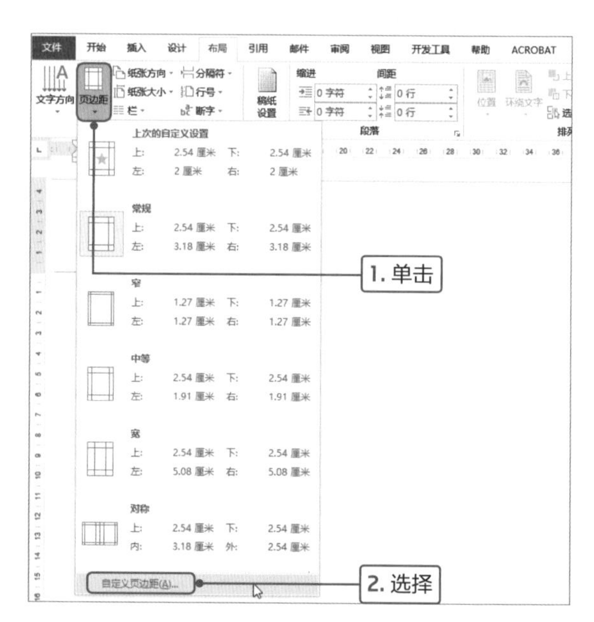

2

打开“页面设置”对话框，在“页边距”选项卡中设置上、下、左和右页边距均为2.5厘米，在“纸张方向”选项区域中单击“纵向”按钮。

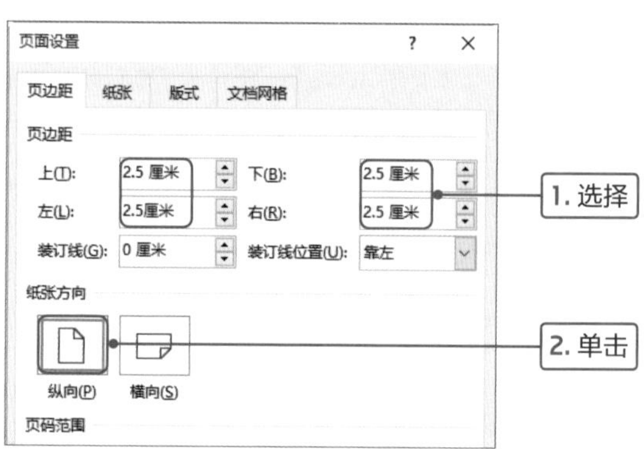

3

切换至“纸张”选项卡，设置“宽度”为18.6厘米、“高度”为26厘米，单击“确定”按钮。

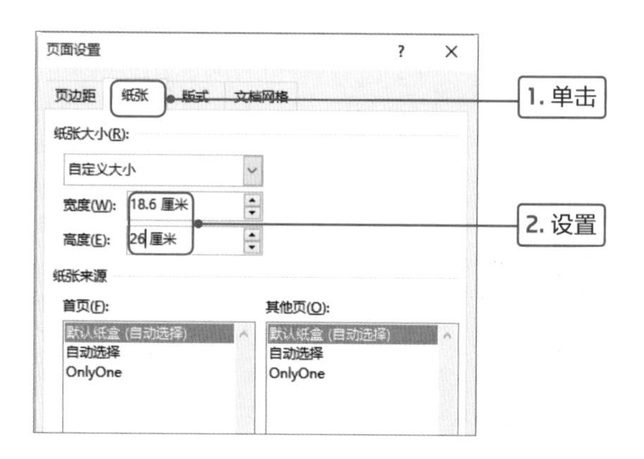

4

页面设置完成后返回文档中，然后输入关于2020年春节放假通知的相关内容，可见输入的文本都是Word默认的格式。

2020 春节放假通知
尊敬的新老客户：
您好！
新年将至、春意盎然，值此新春佳节来临之际，衷心地感谢广大客户在即将过去的一年里对我公司的鼎力支持与配合。在新的一年里，我公司将更加努力，为您提供更优质的服务！
按照国家春节放假规定，我公司春节放假时间安排如下：
放假时间：2020 年 1 月 24 日（除夕）至 2020 年 2 月 1 日（初八）放假。并于 2020 年 2 月 2 日（初九）正式上班。
放假期间由于我公司各部分停止运营，给您带来的不便敬请谅解。在此，我司全体同仁祝贺大家新春快乐、身体健康、阖家幸福，新的一年生意兴隆！

未蓝文化传播有限公司
2020 年 1 月 23 日

输入通知文本内容

5

按Ctrl+A组合键选中输入的所有文本，切换至“开始”选项卡，单击“字体”选项组中“字体”下三角按钮，在列表中选择“宋体”选项，即可为选中文本设置字体格式。

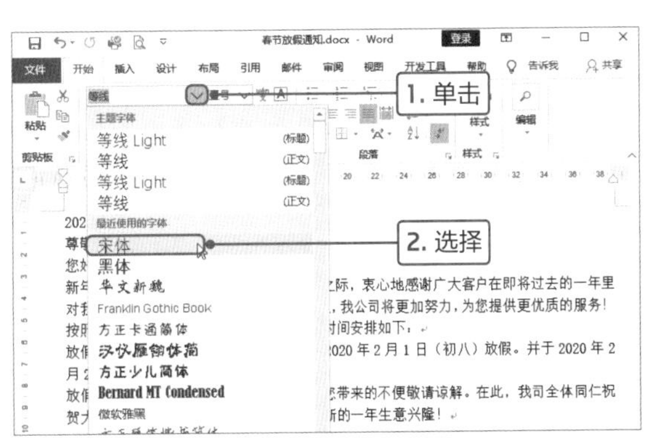

6

选中通知的标题文本，单击“字体”选项组中“字号”下三角按钮，在列表中选择“三号”选项。

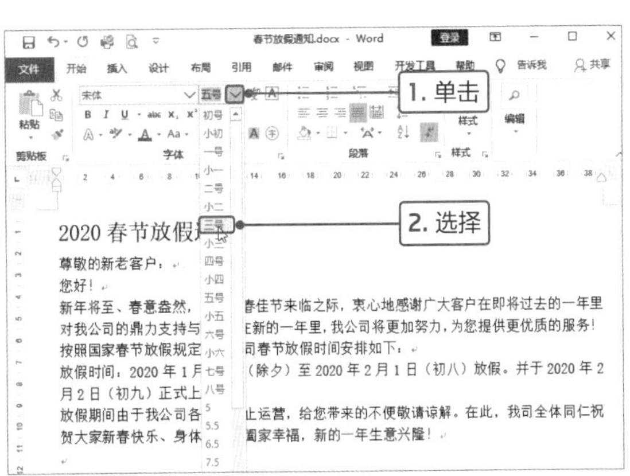

7

最后选中除标题外的所有文本，设置字号为“小四”。
在Word中选中文本后，会显示浮动工具栏，用户可以在此快速设置文本的字体、字号、字体颜色等格式。

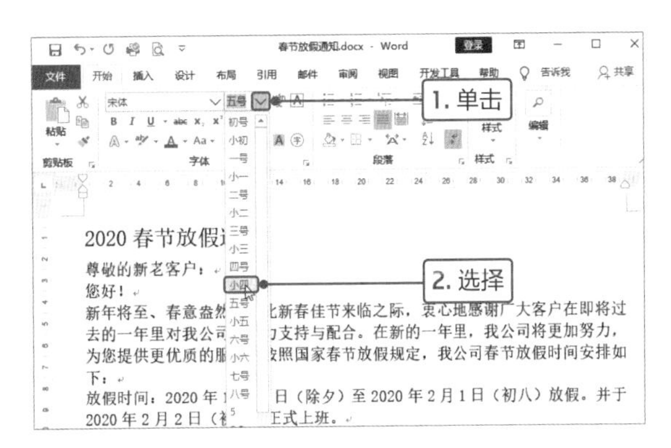

Point 2 设置首行缩进

在输入段落文本时，第一行的第一个字需要向右缩进2个字符，就是平时说的空两格。我们要介绍的方法并不是将光标分别定位在每个段落的开头然后按空格键，而是通过相关功能命令实现首行缩，下面介绍具体的操作方法。

1

首先对通知文本内容设置对齐方式，首先将光标定位在标题文本中，在“开始”选项卡中单击“段落”选项组的“居中”按钮，即可将标题设置为居中对齐。

2

选择落款的公司名称和日期文本，单击“段落”选项组中“右对齐”按钮，即可将选中文本设置为右对齐。

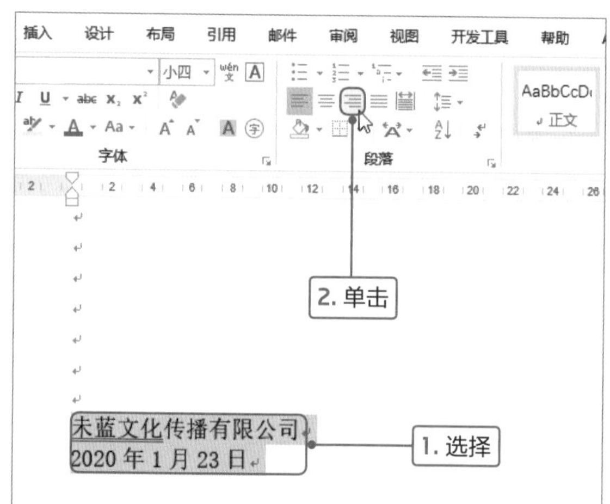

3

接着为正文部分设置首行缩进2个字符。首先选择除称呼和落款之外的文本，单击“段落”选项组的对话框启动器按钮。

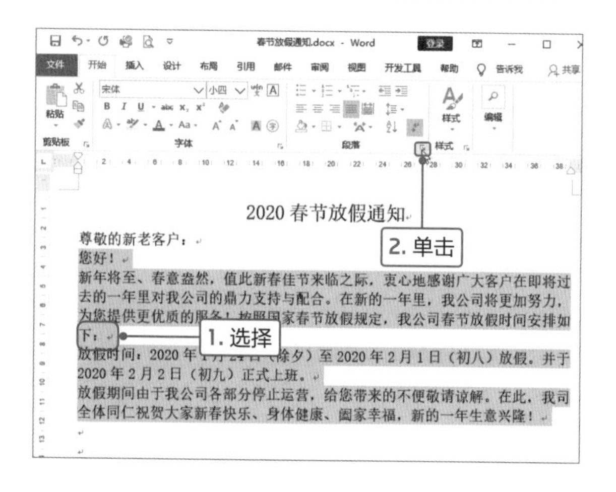

4

打开“段落”对话框，在“缩进”选项区域中单击“特殊”下三角按钮，在列表中选择“首行”选项，则在“缩进行值”文本框中显示“2字符”，单击“确定”按钮。

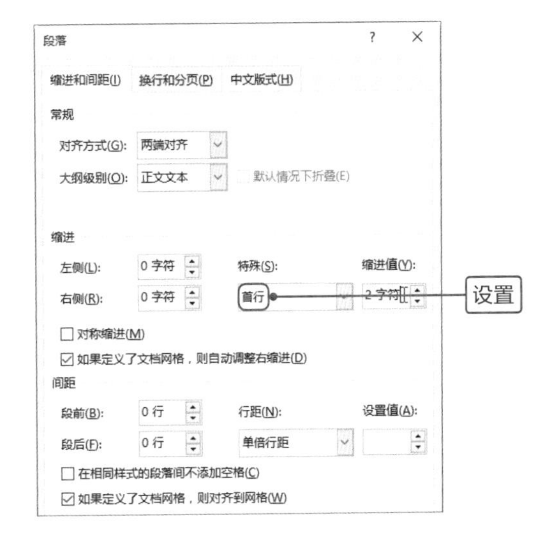

Tips **打开“段落”对话框的其他方法**

除了上述介绍打开“段落”对话框的方法外，还可以单击“段落”选项组中“行和段落间距”下三角按钮，在列表中选择“行距选项”选项即可。

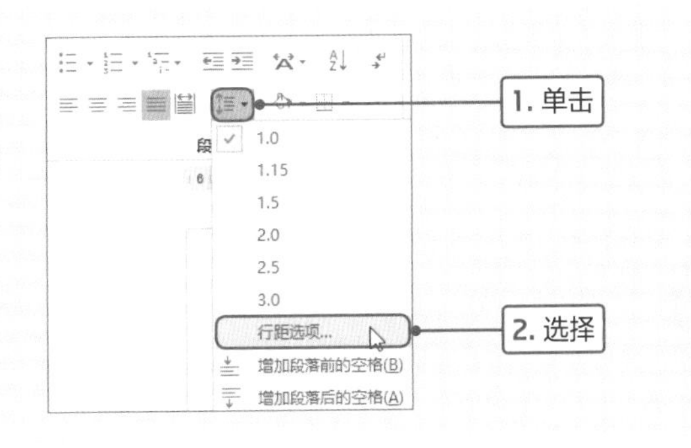

5

操作完成后，可见选中的段落文本的第一行的第一个字向右缩进两个字符。第2段文本结尾出现单字成行的现象，然后根据需要添加合适的文本即可。

2020 春节放假通知

尊敬的新老客户：

　　您好！

　　新年将至、春意盎然，值此新春佳节来临之际，衷心地感谢广大客户在即将过去的一年里对我公司的鼎力支持与配合。在新的一年里，我公司将更加努力，为您提供更优质的服务！按照国家春节放假规定，我公司春节放假时间安排如下：

　　放假时间：2020 年 1 月 24 日（除夕）至 2020 年 2 月 1 日（初八）放假。并于 2020 年 2 月 2 日（初九）正式上班。

　　放假期间由于我公司各部分停止运营，给您带来的不便敬请谅解。在此，我司全体同仁祝贺大家新春快乐、身体健康、阖家幸福，新的一年生意兴隆！

查看首行缩进的效果

Tips **设置文本的悬挂效果**

在“特殊”列表中如果选择“悬挂”选项，则表示每段文本除了第一行外其他文本均向右缩进两行。

2020 春节放假通知

尊敬的新老客户：

您好！

新年将至、春意盎然，值此新春佳节来临之际，衷心地感谢广大客户在即将过去的一年里对我公司的鼎力支持与配合。在新的一年里，我公司将更加努力，为您提供更优质的服务！按照国家春节放假规定，我公司春节放假时间安排如下：

放假时间：2020 年 1 月 24 日（除夕）至 2020 年 2 月 1 日（初八）放假。并于 2020 年 2 月 2 日（初九）正式上班。

放假期间由于我公司各部分停止运营，给您带来的不便敬请谅解。在此，我司全体同仁祝贺大家新春快乐、身体健康、阖家幸福，新的一年生意兴隆！

查看悬挂的效果

Point 3 设置行和段落间距

文档制作至此，我们发现行与行之间距离太挤、而且段落间距不是很明显，这些因素都不利于阅读。下面介绍设置行距和段落间距的操作方法。

1

通知的标题需要突出显示，标题与上页边和下方正文的距离最大。首先将光标定位在标题上，打开“段落”对话框，在“缩进和间距”选项卡的“间距”选项区域中设置“段前”为“2行”、“段后”为“1.5行”，单击“确定”按钮。

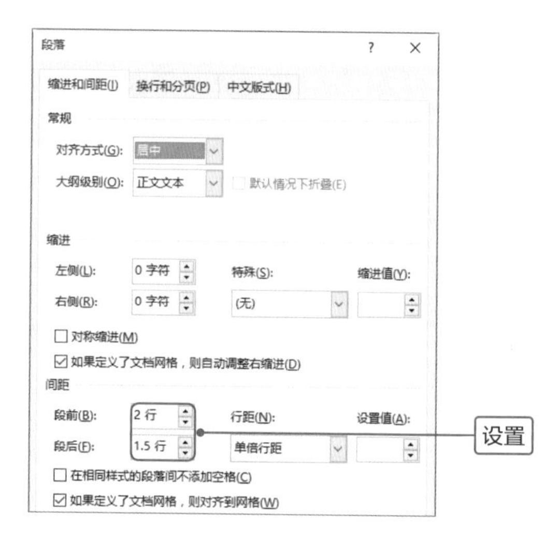

2

选择正文的所有文本，打开“段落”对话框，在“间距”选项区域中设置多倍行距值为1.3。然后再选择正文中除了称呼和落款外的所有文本，设置“段前”为“0.5行”、“段后”为“0.5行”，单击“确定”按钮。

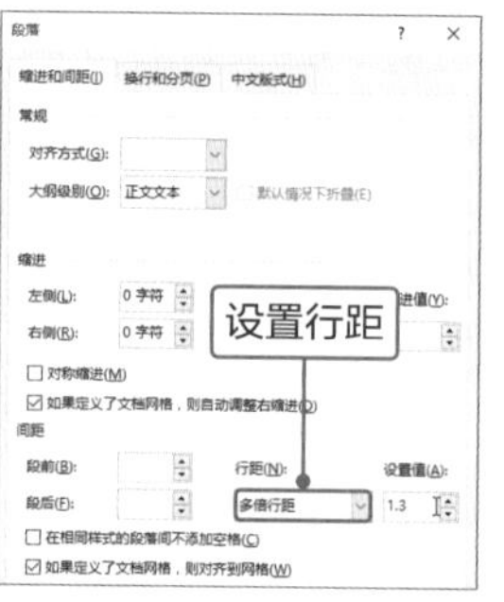

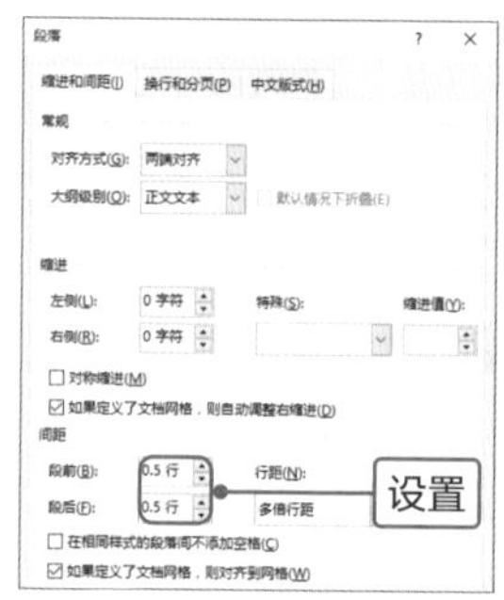

3

操作完成后返回文档中，查看设置的最终效果。可见标题距离上边和正文距离增大，正文中行与行之间距离增大为设置的值，段落之间也增大了距离。

通过这样的设置，在阅读该文档时，浏览者不会产生压抑感，而且各层面文本很容易区分，文档的内容也能很好地传递。

2020 春节放假通知

尊敬的新老客户：

您好！

新年将至、春意盎然，值此新春佳节来临之际，衷心地感谢广大客户在即将过去的一年里对我公司的鼎力支持与配合。在新的一年里，我公司将更加努力，为您提供更优质的服务！按照国家春节放假规定，我公司春节放假时间安排如下：

放假时间：2020 年 1 月 24 日（除夕）至 2020 年 2 月 1 日（初八）放假。并于 2020 年 2 月 2 日（初九）正式上班。

放假期间由于我公司各部分停止运营，给您带来的不便敬请谅解。在此，我司全体同仁祝贺大家新春快乐、身体健康、阖家幸福，新的一年生意兴隆！

查看最终效果

未蓝文化传播有限公司
2020 年 1 月 23 日

高效办公

设置文本字符间距

本案例介绍了行距和段落间距的设置，在Word中文字之间的距离也可以设置。默认情况下，文字之间的距离是比较挤的，我们可以适当增加文字间距。下面介绍具体操作方法。

首先，选择需要设置间距的文本，然后切换至“开始”选项卡，单击“字体”选项组的对话框启动器按钮，如下左图所示。打开“字体”对话框，切换到“高级”选项卡，在“字符间距”选项区域中设置“间距”为“加宽”、“磅值”为“3磅”，单击“确定”按钮，如下右图所示。

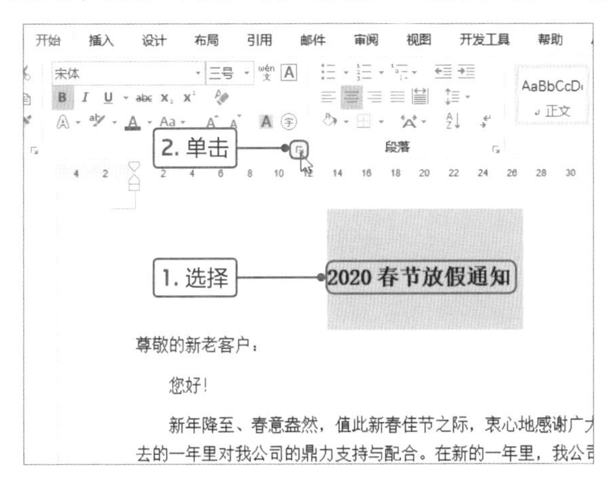

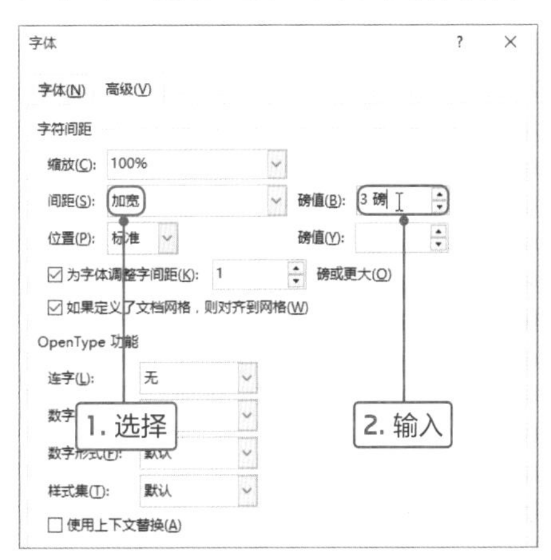

操作完成后，查看选中文本字符之间的间距增大的效果，如下图所示。

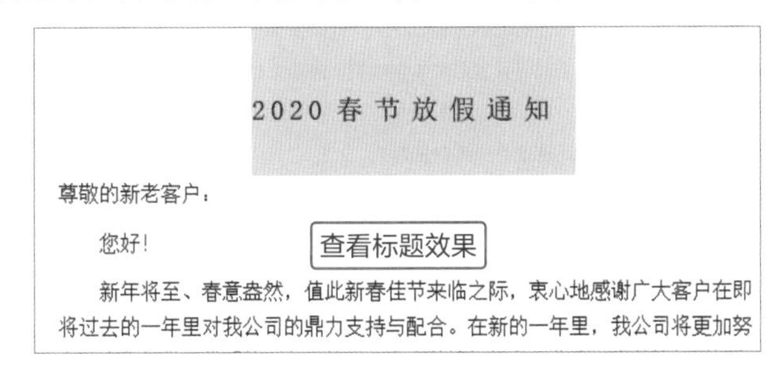

然后根据相同的方法设置正文文本间距为1.2磅，如下左图所示。可见选中文本字符间距增大，更有利于阅读了，效果如下右图所示。

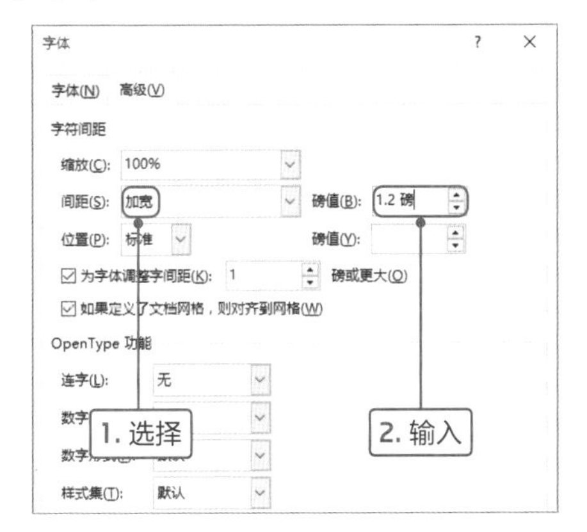

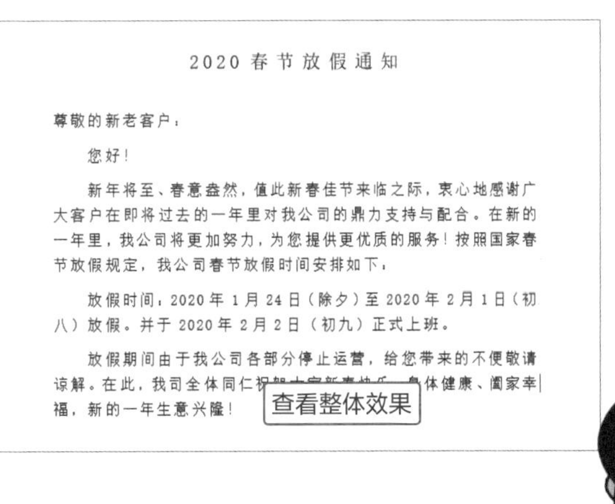

制作合作协议

拓展更多业务，增加更多的收益，这是企业今年重点工作之一。为了明确企业与合作伙伴的利益、责任和纠纷制度，现在需要拟定一份合作协议书。历历哥组织相关部门人员研究协议书内容，并要求小蔡做记录以方便会后整理，会议上各部门把相关事宜都清楚汇报出来。历历哥让小蔡对各部门的意见进行整理，制作一份正式的合作协议书。

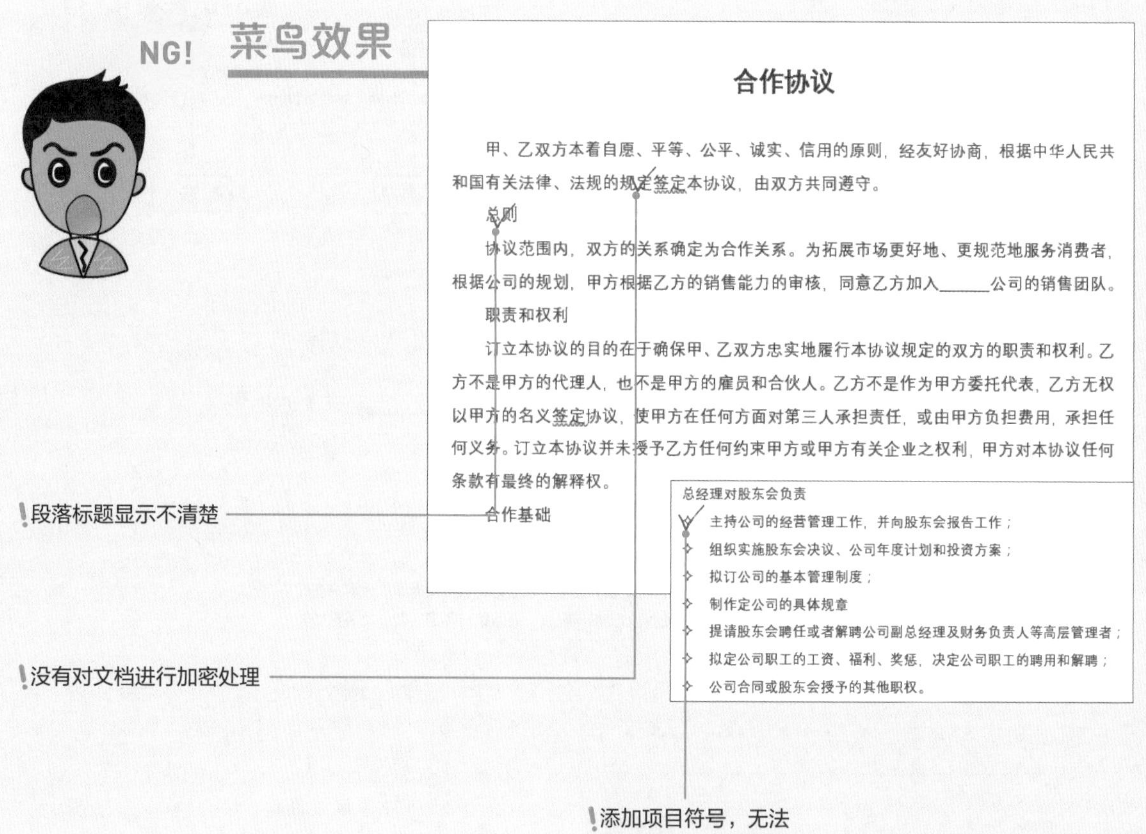

合作协议

甲、乙双方本着自愿、平等、公平、诚实、信用的原则，经友好协商，根据中华人民共和国有关法律、法规的规定签定本协议，由双方共同遵守。

总则

协议范围内，双方的关系确定为合作关系。为拓展市场更好地、更规范地服务消费者，根据公司的规划，甲方根据乙方的销售能力的审核，同意乙方加入______公司的销售团队。

职责和权利

订立本协议的目的在于确保甲、乙双方忠实地履行本协议规定的双方的职责和权利。乙方不是甲方的代理人，也不是甲方的雇员和合伙人。乙方不是作为甲方委托代表，乙方无权以甲方的名义签定协议，使甲方在任何方面对第三人承担责任，或由甲方负担费用，承担任何义务。订立本协议并未授予乙方任何约束甲方或甲方有关企业之权利，甲方对本协议任何条款有最终的解释权。

合作基础

总经理对股东会负责

- 主持公司的经营管理工作，并向股东会报告工作；
- 组织实施股东会决议、公司年度计划和投资方案；
- 拟订公司的基本管理制度；
- 制作定公司的具体规章
- 提请股东会聘任或者解聘公司副总经理及财务负责人等高层管理者；
- 拟定公司职工的工资、福利、奖惩，决定公司职工的聘用和解聘；
- 公司合同或股东会授予的其他职权。

小蔡在制作合作协议文档时，注意到文档格式的设置，但是每段标题没有突出显示，使文档层次不清晰；对于总经理对股东会负责的条款，使用项目符号，不能清楚展示条款的数量；最后，该文档没有使用密码保护。

MISSION! 2

在商业活动中，合作的前提条件除了共同做生意赚钱之外还需要相互理解、彼此信赖和相互支持，否则是无法合作、共同工作的。但是在合作之前需要约定合作单位的相关事宜，如利润分配、承担的责任和权利、各方投资规模以及纠纷解决等。所以合作协议书必须规范、正式，要明确具体事宜等。

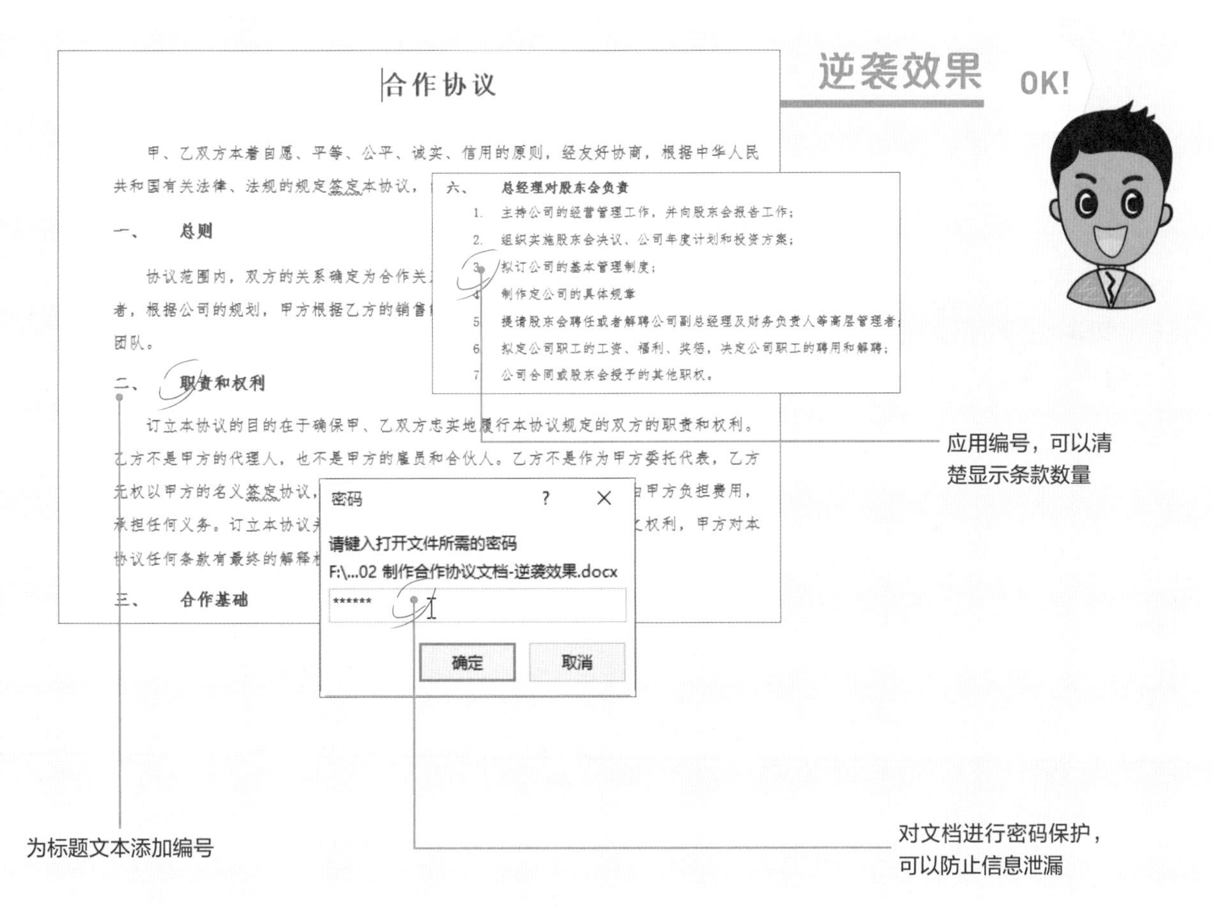

小蔡对合作协议进行修改，首先为每段标题添加大写编号，使文档层次非常清晰；对于总经理对股东会负责的条款，使用编号让条款展示更清楚；最后为合作协议文档添加密码保护，有效地保护文档安全。

Point 1 设置协议的格式

打开原来的菜鸟效果文档后，首先要设置文档的格式，如字体样式、对齐方式、段落格式等，操作如下。

1

打开“合作协议.docx”文档，首先设置正文字体为仿宋、字号为五号；然后设置标题文字字体为宋体，加粗并居中对齐。最后设置标题文本字符间距为1.3磅、段前为2行、段后为1行。

合作协议

甲、乙双方本着自愿、平等、公平、诚实、信用的原则，经友好协商，根据中华人民共和国有关法律、法规的规定签定本协议，由双方共同遵守。

总则

协议范围内，双方的关系确定为合作关系。为拓展市场更好地、更规范地服务消费者，根据公司的规划，甲方根据乙方的销售能力的审核，同意乙方加入______公司的销售团队。

职责和权利

订立本协议的目的在于确保甲、乙双方忠实地履行本协议规定的双方的职责和权利。乙方不是甲方的代理人，也不是甲方的雇员和合伙人。乙方不是作为甲方委托代表，乙方无权以甲方的名义签定协议，使甲方在任何方面对第三人承担责任，或由甲方负担费用，承担任何义务。订立本协议并未授予乙方任何约束甲方或甲方有关企业之权利，甲方对本协议任何条款有最终的解释权。

2

按住Ctrl键选择每段文本的标题，在“字体”选项组中单击“加粗”按钮，然后再单击一次“增大字号”按钮，设置标题文本适当突出显示。

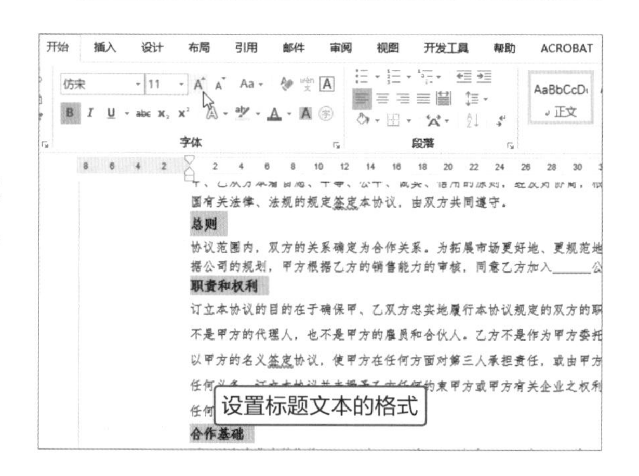

3

选择正文中除标题外所有文本，设置首行缩进2字符、行距为1.3磅、段前和段后均为0.5行。至此，文档格式设置完成。

合作协议

甲、乙双方本着自愿、平等、公平、诚实、信用的原则，经友好协商，根据中华人民共和国有关法律、法规的规定签定本协议，由双方共同遵守。

总则

协议范围内，双方的关系确定为合作关系。为拓展市场更好地、更规范地服务消费者，根据公司的规划，甲方根据乙方的销售能力的审核，同意乙方加入______公司的销售团队。

职责和权利

订立本协议的目的在于确保甲、乙双方忠实地履行本协议规定的双方的职责和权利。乙方不是甲方的代理人，也不是甲方的雇员和合伙人。乙方不是作为甲方委托代表，乙方无权以甲方的名义签定协议，使甲方在任何方面对第三人承担责任，或由甲方负担费用，承担任何义务。订立本协议并未授予乙方任何约束甲方或甲方有关企业之权利，甲方对本协议任何条款有最终的解释权。

合作基础

甲乙双方合作有效期从______年____月____日至______年____月____日，由签约日计。甲方承诺在……除非本协议提前终止，乙方可在协议有……书面请求，经甲方同意，

查看设置文档格式的效果

Point 2 为每段标题文本设置序号

为了更清晰地表示各段内容和协议包含的规定，我们可以为每段标题文本设置序号，也可以为并列的文本添加编号或者项目符号。下面介绍具体操作方法。

1

按住Ctrl键选中每段文本的标题，切换至“开始”选项卡，单击“段落”选项组中“编号”下三角按钮，在列表中选择合适的编号。

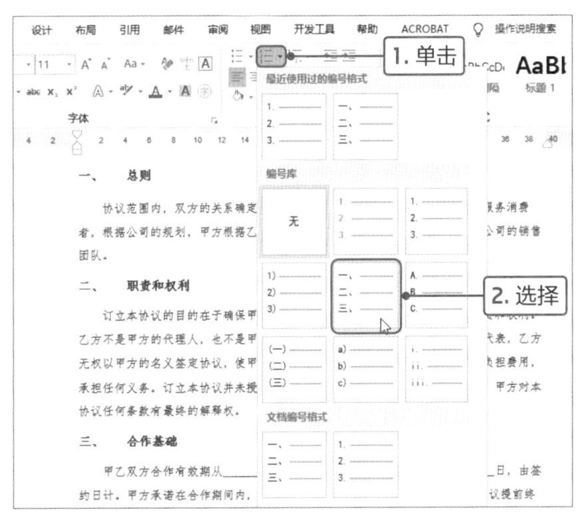

2

可见选中文档前面标注选中的编号。保持编号文本为选中状态，再次单击“编号”下三角按钮，在列表中选择“定义新编号格式”选项，在打开的对话框中单击“字体”按钮。

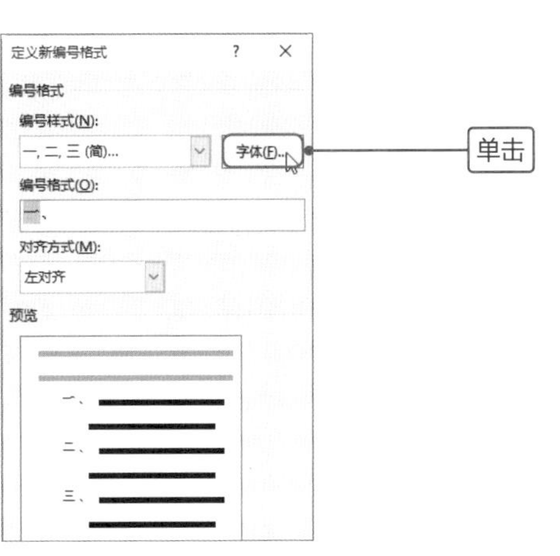

3

打开“字体”对话框，在“字体”选项卡中设置标题文本的字体、字号、字体颜色以及效果。

4

然后再为正文添加项目符号，首先选中需要添加项目符号的文本，单击“段落”选项组中“项目符号”下三角按钮，在列表中选择“定义新项目符号”选项。

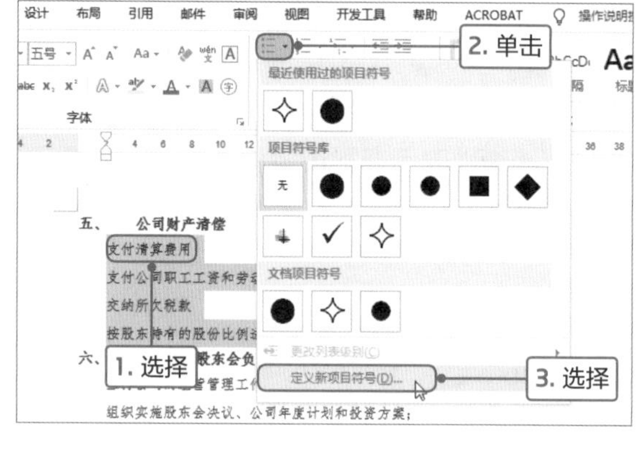

5

在打开的对话框中单击“符号”按钮，打开“符号”对话框，选择合适的符号，单击“确定”按钮。

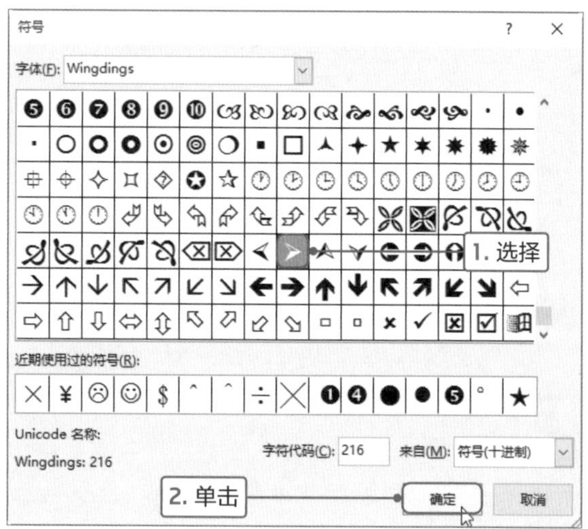

6

返回文档中，保持文本为选中状态，再次单击“项目符号”下三角按钮，在列表中选择添加的符号。

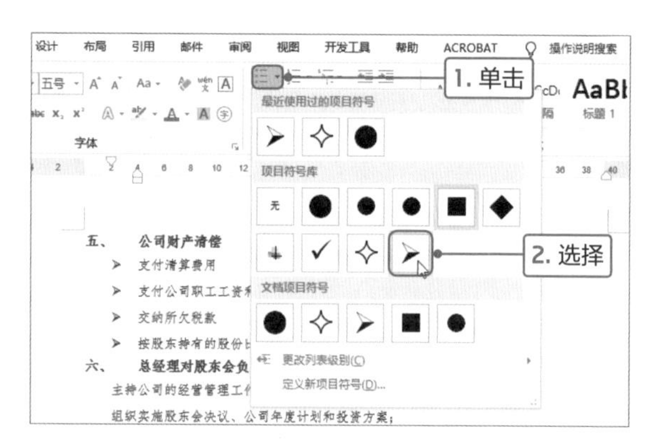

7

最后再为正文添加编号，即选中文本，单击“编号”下三角按钮，在列表中选择合适的编号样式。

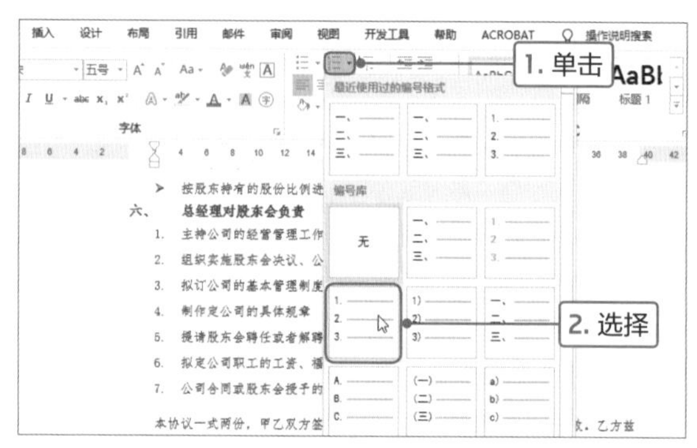

Point 3 使用密码保护文档

合作协议制作完成后，可以为文档添加密码保护。这样只有被授权密码的用户才能打开该文档，查看或修改内容。下面介绍保护文档的具体操作步骤。

1

首先单击“文件”标签，在“信息”选项区域中单击“保护文档”下三角按钮，在列表中选择“用密码进行加密”选项。

信息
新建
打开
保存
另存为
另存为 Adobe PDF
历史记录
打印
共享
导出
关闭
帐户

信息
合作协议
上传
共享
复制路径
打开文件位置
保护文档
控制其他人可以对此文档所做的更改类型。
1. 单击
始终以只读方式打开(O)
询问读者是否加入编辑，防止意外的更改。
用密码进行加密(E)
用密码保护此文档
2. 选择
限制编辑(D)
控制其他人可以做的更改类型

2

弹出“加密文档”对话框，在“密码”数值框中输入密码，如123456，单击“确定”按钮。

加密文档 ? ×
对此文件的内容进行加密
密码(R):
••••••
1. 输入
警告: 如果丢失或忘记密码，则无法将其恢复。建议将密码列表及其相应文档名放在一个安全位置。(请记住，密码是区分大小写的。)
确定
取消
2. 单击

3

打开“确认密码”对话框，在“重新输入密码”数值框再次输入设置的密码，单击“确定”按钮。

确认密码 ? ×
对此文件的内容进行加密
重新输入密码(R):
••••••
1. 输入
警告: 如果丢失或忘记密码，则无法将其恢复。建议将密码列表及其相应文档名放在一个安全位置。(请记住，密码是区分大小写的。)
确定
取消
2. 单击

4

然后保存并关闭文档，当再次打开该文档时，会弹出“密码”对话框，只有输入正确的密码才能打开该文档。

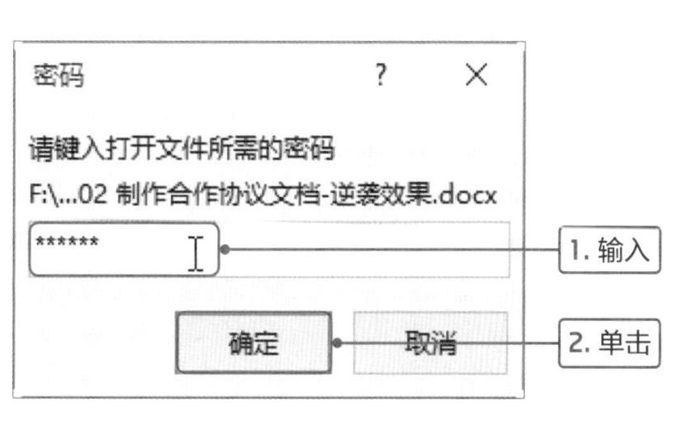

添加边框和底纹

在Word中，用户可以为文本添加边框和底纹进行美化，为文本添加底纹时，可以添加纯色或图案。下面介绍具体操作方法。

1.为文字添加边框

打开“合作协议.docx”文档，选择标题文本，然后切换至“开始”选项卡，单击“段落”选项组中“边框”下三角按钮，在下拉列表中选择“边框和底纹”选项，如下左图所示。打开“边框和底纹”对话框，在“边框”选项卡的“设置”选项区域单击“阴影”图标，在“样式”列表框中选择边框样式，设置颜色为橙色、宽度为1磅，单击“应用于”下三角按钮，在列表中选择“文字”选项，单击“确定”按钮，如下右图所示。

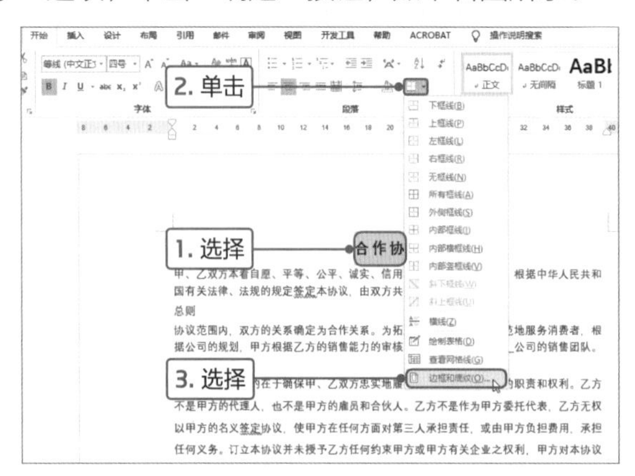

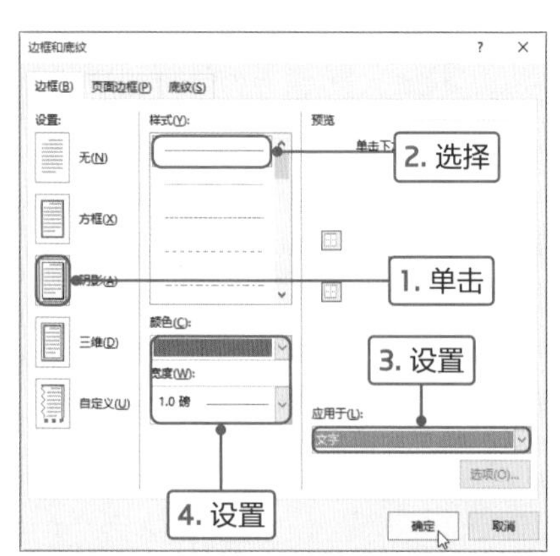

返回文档中，可见在选中的文本四周出现了设置的边框效果，如下左图所示。如果设置“应用于”为“段落”，则为选中文本所在的段落添加边框，如下右图所示。若单击“选项”按钮，还可以打开“边框和底纹选项”对话框，设置距正文的上、下、左、右间距。

查看为文档设置边框的效果

为段落设置边框的效果

2.添加底纹

如果为文本添加纯色的底纹颜色，可以直接选择相应的文本，切换至“开始”选项卡，单击“段落”选项组中“底纹”下三角按钮，在列表中选择合适的颜色即可，如下左图所示。

除了上述方法之外，也可以通过“边框和底纹”对话框设置底纹颜色，可以设置纯色填充也可以设置图案填充。选择文本，再次打开“边框和底纹”对话框，切换至“底纹”选项卡，在“填充”选项区域中设置填充颜色，然后在“图案”选项组中设置样式和图案的颜色，设置“应用于”为“文字”，在“预览”选项区域中可以查看效果，然后单击“确定”按钮，如下右图所示。

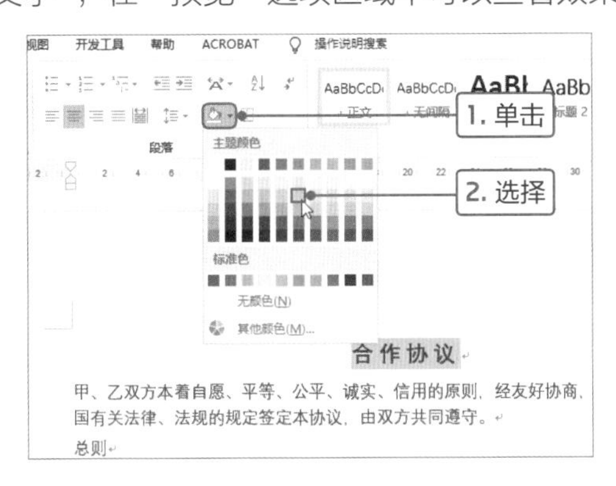

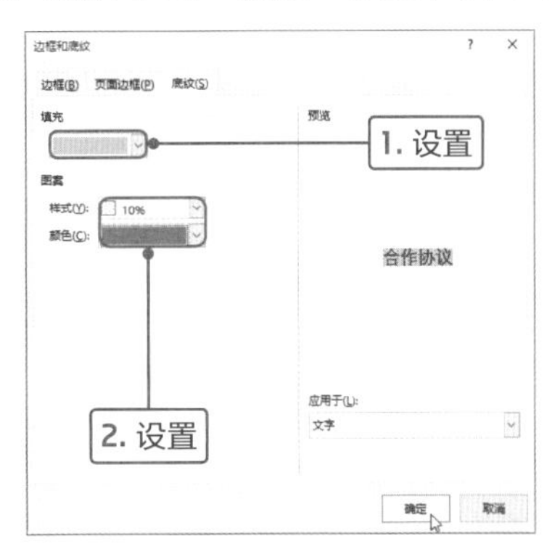

操作完成后，可见选中文本填充设置的图案，如下左图所示。如果设置“应用于”为“段落”，效果如下右图所示。文本部分填充的是白色，用户可以选中文本，在“底纹”列表中选择“无颜色”。

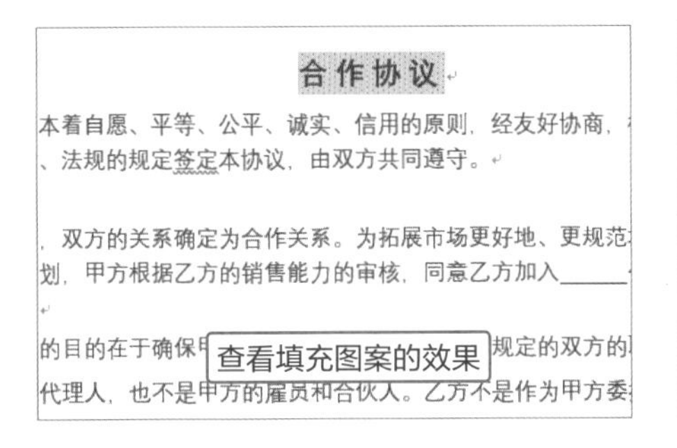

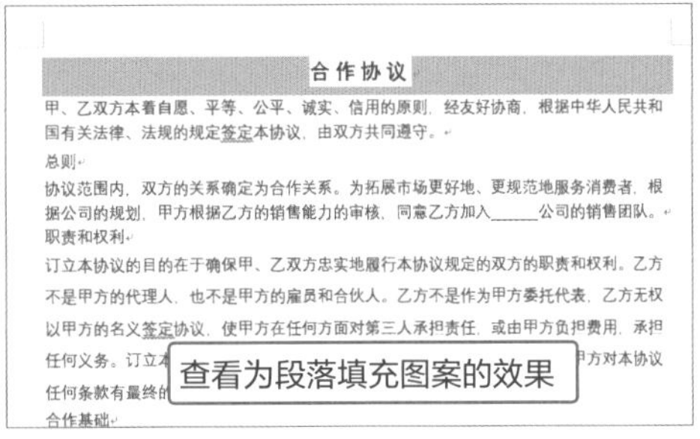

3.添加页面边框

在“边框和底纹”对话框中可以设置页面边框的效果，和设置边框操作差不多，在“页面边框”选项卡中设置边框样式和颜色即可。除此之外，还可以设置艺术型的边框，在“边框和底纹”对话框中单击“艺术型”下三角按钮，在列表中选择合适的样式，然后设置宽度，单击“确定”按钮，如下左图所示。即可为页面设置艺术型边框，如下右图所示。

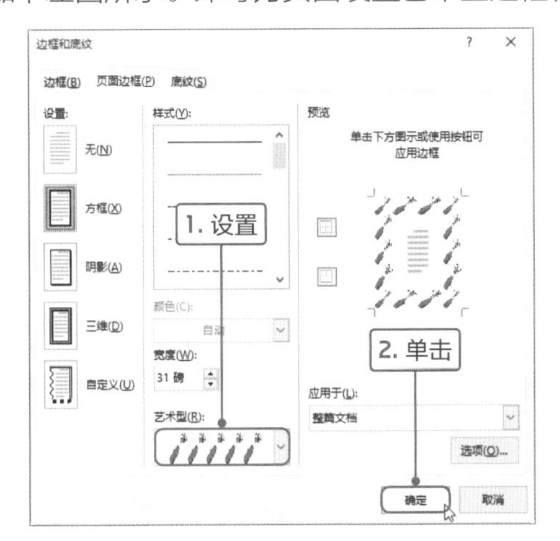

使用表格统计晚会节目人数

年关将至，企业的春节晚会正在紧张准备着，多才多艺的员工们准备的节目有唱歌、跳舞、相声、武术等。为了更好地安排节目的出场顺序、晚会的演出时间，需要统计节目的数量以及表演的人数等信息。历历哥将统计数量的工作交给积极参与的小蔡，吩咐他一定不要将数据搞错，并尽快将统计的数据交给历历哥。小蔡想这么简单的工作，分分钟搞定。

NG! 菜鸟效果

2020 年公司春节晚会节目

下面将详细介绍春节晚会各节目的人数：

- 唱情歌的总共 3 首，表演人数为 5 个人；
- 唱民族类歌曲的总共 2 首，表演人数为 2 个人；
- 唱流行类歌曲的总共 3 首，表演人数为 4 个人；
- 单口相声总共 2 个节目，表演人数为 2 个人；
- 对口相声总共 3 个节目，表演人数为 6 人；
- 群口相声共 1 个节目，表演人数为 5 个人；
- 小品共两个节目，表演人数为 8 个人；
- 武术 1 个节目，表演人数为 2 个人；
- 民族舞 1 个节目，表演人数为 3 个人；
- 古典舞共 2 个节目，表演人数为 5 个人。

表演人数总共为 42 个人。

! 添加项目符号，不能清晰显示数量

! 求和数值的位置不是很明了

! 以文本展示数量，效果不明显

小蔡在统计晚会节目数量和表演人数时，使用文字展示节目数量相关信息的方式不够清晰，会看错数据；在每个节目前添加项目符号，不能很清楚展示节目种类的数量；在文本最后一行显示总人数，效果不够突出。

MISSION! 3

在日常工作和生活中，使用表格可以让信息展示更加清晰，特别是统计数据，表格是最好的选择。表格可以使数据整齐排列、更有条理、更直观，而且有利于数据的计算。Word的计算功能没有Excel强大，但是对于一些简单的运算，Word还是能应付的。为了表格美观，还可以设置表格的填充颜色或边框等。

逆袭效果

OK!

2020年公司春节晚会节目

下面将详细介绍春节晚会各节目的人数：

序号	节目类型	节目	节目数量	表演人数
1	歌曲	情歌类	3	5
2		民族类	2	2
3		流行类	3	4
4	相声	单口	2	2
5		对口	3	6
6		群口	1	5
7	舞蹈	民族舞	1	3
8		古典舞	2	5
9	其他	小品	1	8
10		武术	1	2
		合计	19	42

求和数值与明细数值对应

使用表格展示数据，更条理

使用序号标注节目类型，清楚展示数量

小蔡使用表格展示2020年春节晚会节目，将各节目标题分列展示，领导可以清晰地比较数据；在第一列使用序号标注，可以清楚展示节目类型的数量；在表格最后分别计算出节目数量和表演人数之和，数据信息很全面，而且各项目对齐，感觉整齐、清晰。

Point 1 插入表格

在Word中若要使用表格对信息内容进行有条理地归纳和总结，则首先要在页面中插入表格。在Word中插入表格的方法很多，可以自动插入、手动插入或者通过对话框插入。下面介绍具体的操作方法。

1

打开Word文档，将光标定位在需要插入表格的位置，切换至“插入”选项卡，单击“表格”选项组中“表格”下三角按钮，在列表中选择“插入表格”选项。

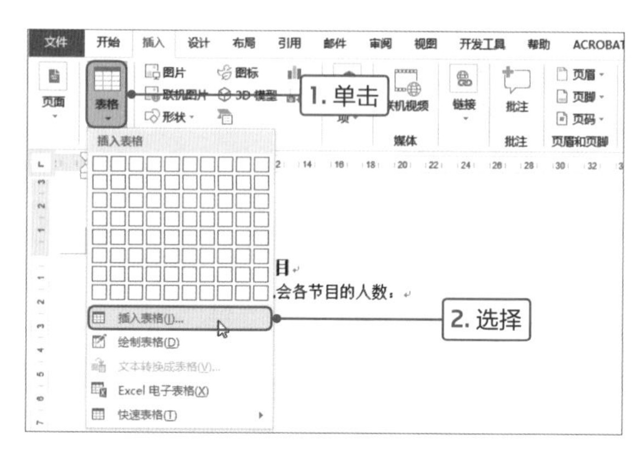

2

打开“插入表格”对话框，在“表格尺寸”选项区域中设置“列数”为5、“行数”为12，单击“确定”按钮。

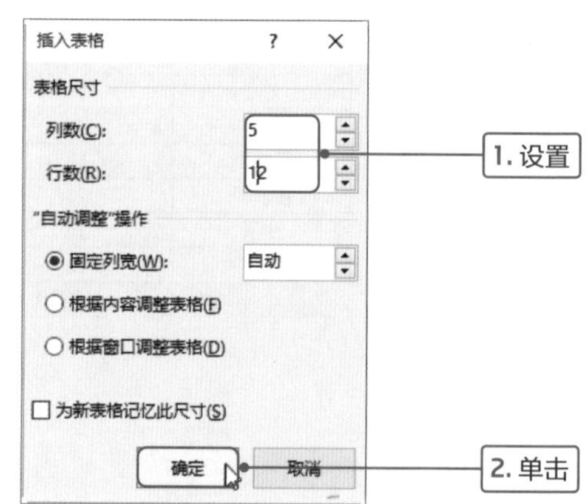

3

返回文档中，可见在光标处插入5列12行的空表格。

Tips 手动绘制表格

用户也可以手动绘制表格，在“表格”下拉列表中选择“绘制表格”选项，此时光标变为铅笔形状，在文档中先绘制表格外框线，然后再绘制表格内横线。绘制完成后按Esc键退出表格绘制模式。

4

以上介绍的是通过对话框插入表格的方法，接着再介绍如何自动绘制表格。首先定位光标，在“表格”列表中选择表格的结构，在光标处添加指定列和行数的表格。

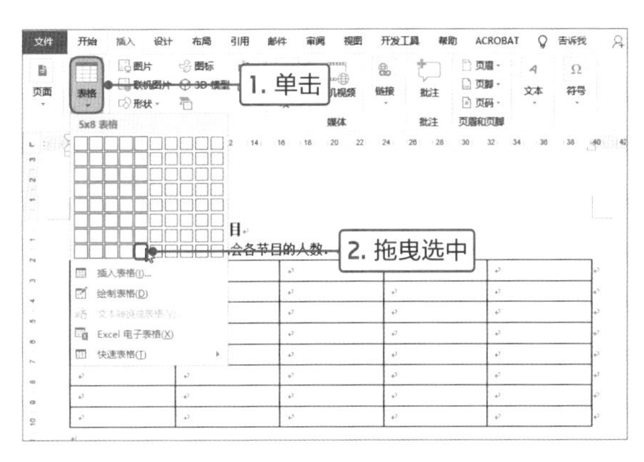

5

可见自动插入表格最多可插入8行，而本案例需要12行，还需要插入4行。则选择表格的任意4行，切换至“表格工具-布局”选项卡，单击“行和列”选项组中“在上方插入”按钮，即可在选中行的上方插入4行。

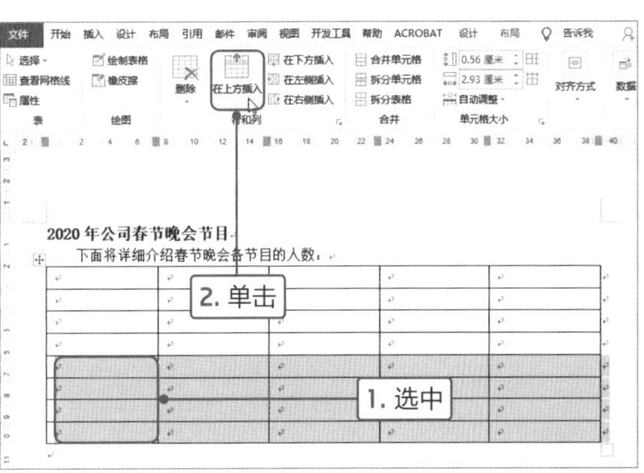

6

用户也可以通过快捷菜单的方法插入所需的行。即右击选中的行，在快捷菜单中选择“插入>在下方插入行”命令。

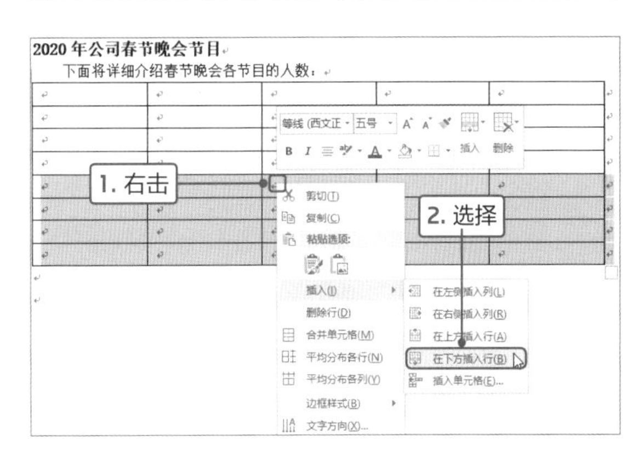

Tips 删除行

如果需要删除表格中的多余行，首先选中该行，在“表格工具-布局”选项卡的“行和列”选项组中单击“删除”下三角按钮，在列表中选择“删除行”选项。

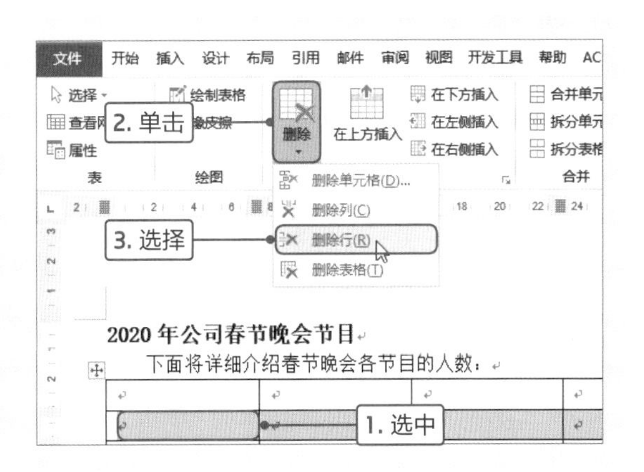

Point 2 调整列宽并合并单元格

在Word中插入表格后，默认情况下列宽是根据页面宽度平均分配的，行高也是统一的。在具体应用中需要对表格进行设置，才能满足用户的需求，如调整列宽、合并单元格等，下面介绍具体的操作方法。

1

在手动调整列宽时，如果需要将第一列适当缩小，则选择第一列右侧边框，当光标变为左右箭头时，按住鼠标左键向左拖曳，即可调整列宽。

2

我们还可以精确调整列宽，首先选择需要调整列宽的列，然后切换至“表格工具-布局”选项卡，在“单元格大小”选项组中设置“宽度”为“3厘米”，即可为选中列设置列宽为3厘米。

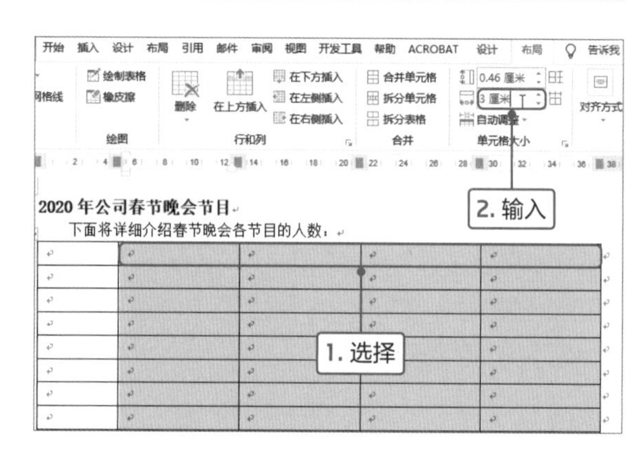

3

单击表格左上角⊞图标，即可全选表格，然后切换至“开始”选项卡，单击“段落”选项组中“居中”按钮，将表格水平居中显示在页面中。

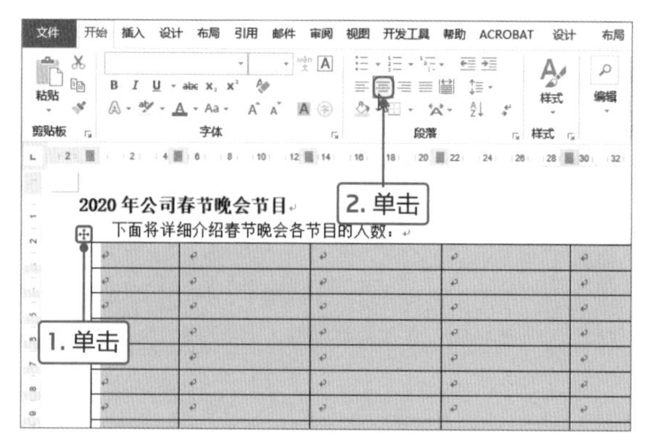

Tips 调整行高

在Word中调整行高的方法和调整列宽方法一样，包括手动调整和精确调整两种，此处不再赘述。

4

下面通地合并单元格来制作所需的表格结构，首先选择第二列的第2到第4个单元格。切换至“表格工具-布局”选项卡，单击“合并”选项组中“合并单元格”按钮。

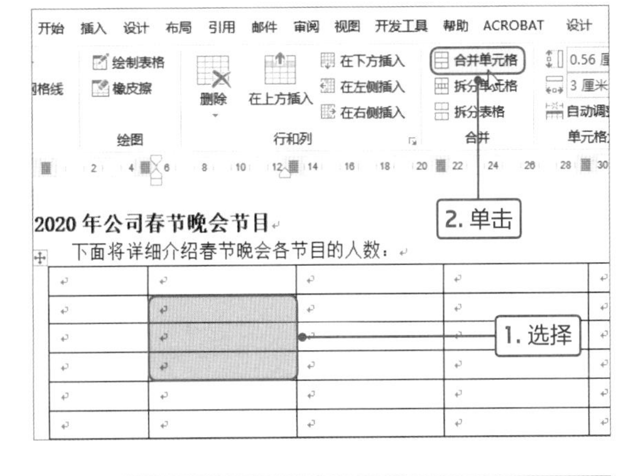

5

此时，选中的单元格合并成一个大的单元格。

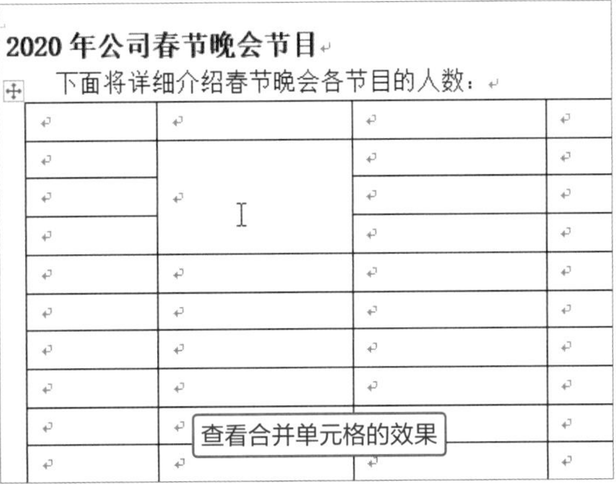

Tips 拆分单元格

也可以将一个单元格拆分为多个单元格，选中单元格并右击，在快捷菜单中选择“拆分单元格”命令，打开“拆分单元格”对话框，设置拆分的列数和行数，单击“确定”按钮即可。

6

根据相同的方法，将其他需要合并的单元格合并。用户也可以使用F4功能键快速合并单元格，即选中其他需要合并的单元格，按F4功能键即可。

Tips 使用快捷命令合并单元格

选择需要合并的单元格并右击，在快捷菜单中选择“合并单元格”命令，也可以完成合并操作。

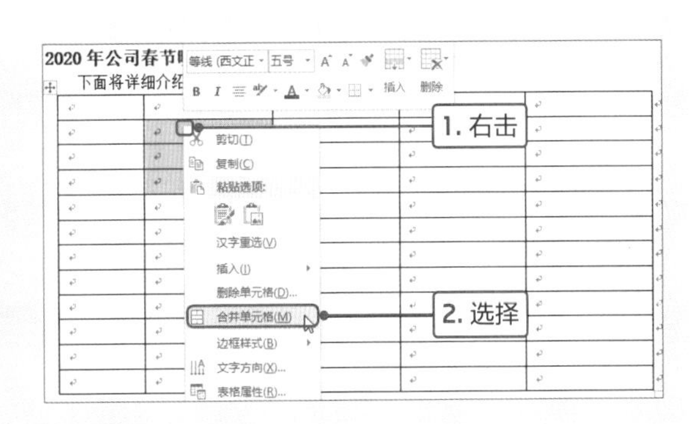

Point 3 输入并计算数据

表格结构制作完成后，接下来需要输入相关数据并进行计算。在本案例中还需要设置数据的对齐方式，下面介绍具体的操作方法。

1

将光标定位在需要输入文字的位置，然后输入相关信息，此处输入“序号”，根据相同的方法，完成数据的输入。

2020 年公司春节晚会节目

下面将详细介绍春节晚会各节目的人数：

序号	节目类型	节目	节目数量	表演人数
1	歌曲	情歌类	3	5
2		民族类	2	2
3		流行类	3	4
4	相声	单口	2	2
5		对口	3	6
6		群口	1	5
7	舞蹈	民族舞	1	3
8		古典舞	2	5
9	其他	小品	1	8
10		武术	1	2

输入信息

2

选择第一列单元格，在“字体”选项组中单击“加粗”和“增大字号”按钮。在“段落”选项组中单击“底纹”下三角按钮，在列表中选择浅绿色。然后根据相同的方法，填充最后一行单元格的颜色。

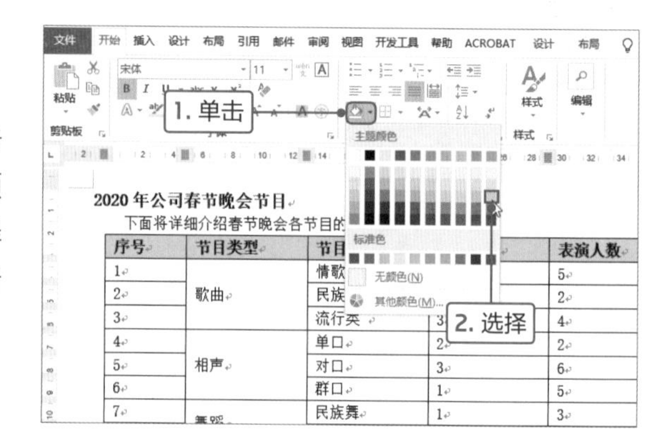

3

全选表格，切换至“表格工具-布局”选项卡，单击“对齐方式”选项组中“水平居中”按钮，即可设置单元格内文本为水平居中对齐。然后设置“合计”文本为右对齐。

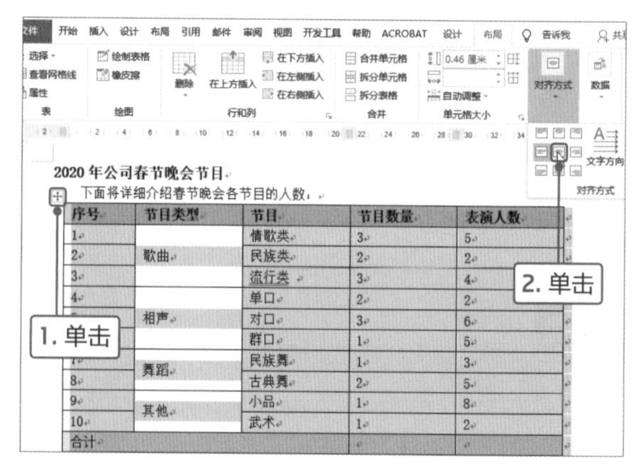

Tips 水平居中和居中的区别

步骤3中的水平居中对齐是针对表格内文本的对齐，而“开始”选项卡中的居中对齐是设置表格在页面中的居中对齐，与表格内文本没有关系。

4

下面开始计算相关数据，首先计算节目的总数量。将光标定位在“节目数量”列的最后一行，切换至“表格工具-布局”选项卡，单击“数据”选项组中“公式”按钮。

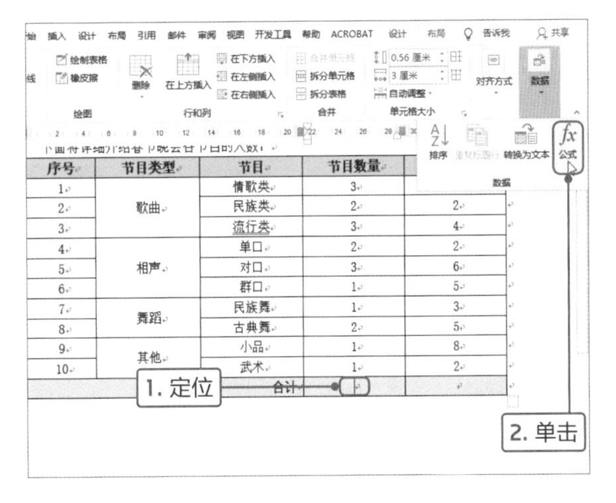

5

打开“公式”对话框，在“公式”文本框中显示相关求和公式，设置“编号格式”为0，单击“确定”按钮。

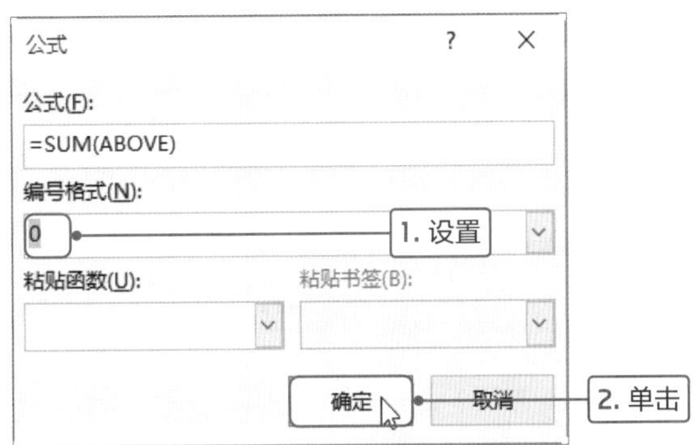

6

即可在选中的单元格中计算出上面单元格中的数据之和。

2020年公司春节晚会节目

下面将详细介绍春节晚会各节目的人数：

序号	节目类型	节目	节目数量	表演人数
1	歌曲	情歌类	3	5
2		民族类	2	2
3		流行类	3	4
4	相声	单口	2	2
5		对口	3	6
6		群口	1	5
7	舞蹈	民族舞	1	3
8		古典舞	2	5
9	其他	小品	1	8
10		武术	1	2
		合计	19	

计算结果

7

根据相同的方法计算出“表演人数”的总数量。至此，本案例制作完成。

2020年公司春节晚会节目

下面将详细介绍春节晚会各节目的人数：

序号	节目类型	节目	节目数量	表演人数
1	歌曲	情歌类	3	5
2		民族类	2	2
3		流行类	3	4
4	相声	单口	2	2
5		对口	3	6
6		群口	1	5
7	舞蹈	民族舞	1	3
8		古典舞	2	5
9	其他	小品	1	8
10		武术	1	2
			19	42

查看效果

高效办公

Word 中表格的操作

在Word中除了上述介绍的表格功能外，还可以对表格边框进行设置、应用表格样式、对数据进行排序以及在Word中插入Excel电子表格等。下面将详细介绍各功能。

1.设置表格边框

用户可以为表格的内外边框分别设置边框样式，从而进一步美化表格。选择表格，切换至“表格工具-设计”选项卡，在“边框”选项组中设置“笔样式”为双实线、笔划粗细为0.5磅、笔颜色为橙色，然后单击“边框”下三角按钮，在列表中选择“外侧框线”选项。可见表格的外侧应用设置边框的样式，如下左图所示。根据相同的方法设置内边框的样式，然后在“边框”列表中选择“内部边框”选项，查看设置表格边框的效果，如下右图所示。

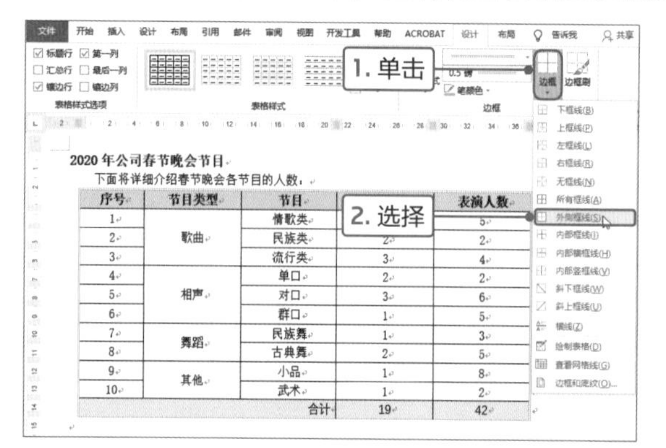

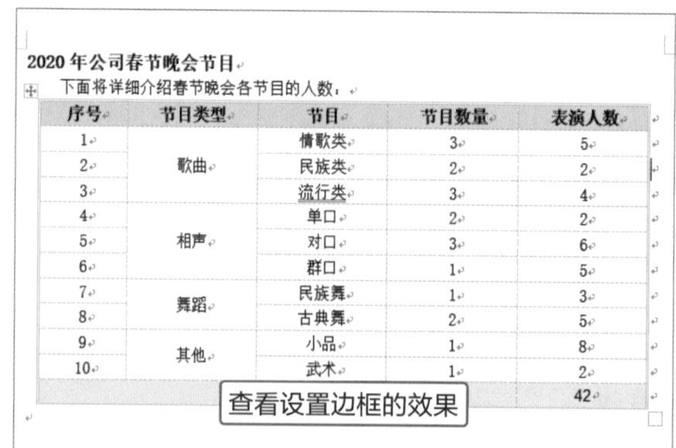

在设置边框时，也可使用“边框刷”功能对表格应用设置的边框样式。在“边框”选项组中设置“边框样式”为实线、宽度为1.5磅、颜色为橙色，此时“边框刷”功能被激活，光标为形状。沿着需要设置边框的表格上方按住鼠标左键拖曳，经过的边框都应用了设置的样式，如下图所示。

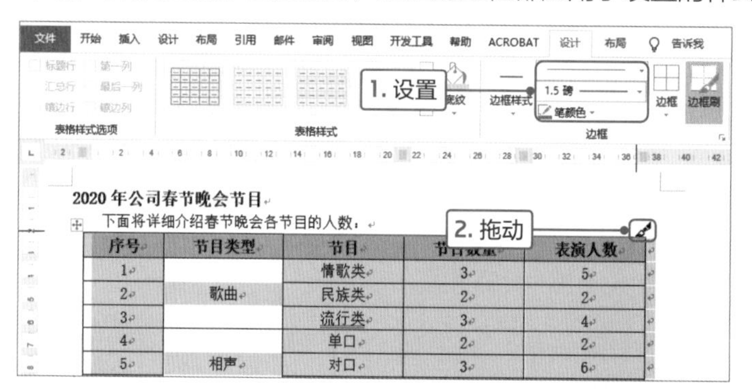

2.应用表格样式

用户可以为表格应用Word中内置的表格样式，快速对表格进行美化操作。选中表格，切换至“表格工具-设计”选项卡，在“表格样式”选项组中单击“其他”按钮，在列表中选择合适的样式，如下左图所示。操作完成后，表格即可应用选中的样式，效果如下右图所示。用户也要以在列表中选择“新建表格样式”选项，在打开的对话框中设置样式，然后再应用即可。

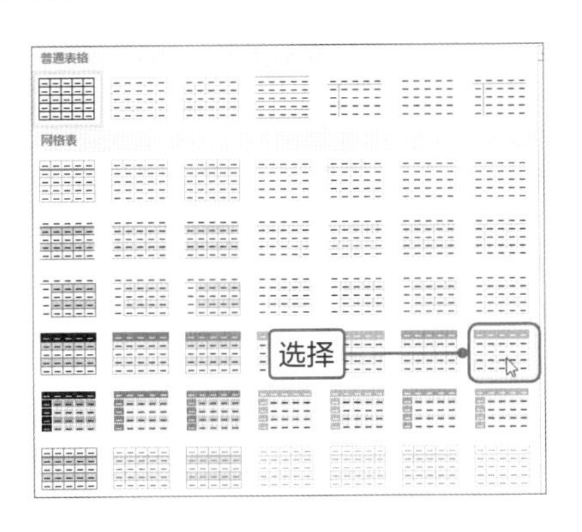

2020年公司春节晚会节目

下面将详细介绍春节晚会各节目的人数：

序号	节目类型	节目	节目数量	表演人数
1	歌曲	情歌类	3	5
2		民族类	2	2
3		流行类	3	4
4	相声	单口	2	2
5		对口	3	6
6		群口	1	5
7	舞蹈	民族舞	1	3
8		古典舞	2	5
9	其他	小品	1	8
10				2
				42

查看应用表格样式的效果

3.对表格中的数据进行排序

用户可以为表格应用Word内置的表格样式，快速对表格进行美化操作。选中表格，切换至“表格工具-布局”选项卡，单击“数据”选项组中“排序”按钮，如下左图所示。打开“排序”对话框，设置“主要关键字”为“表演人数”，设置排序为“升序”，然后单击“确定”按钮，如下右图所示。

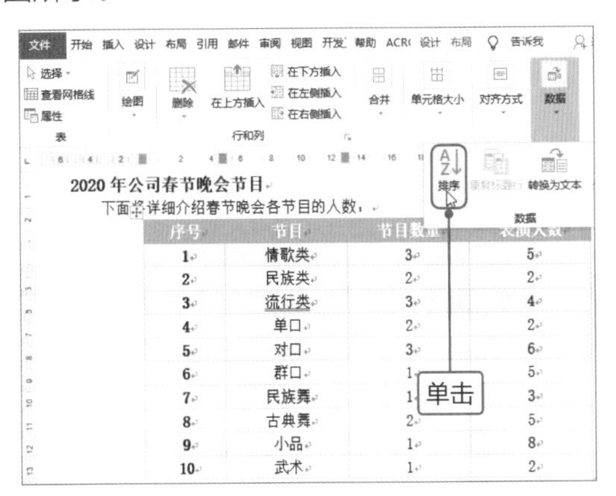

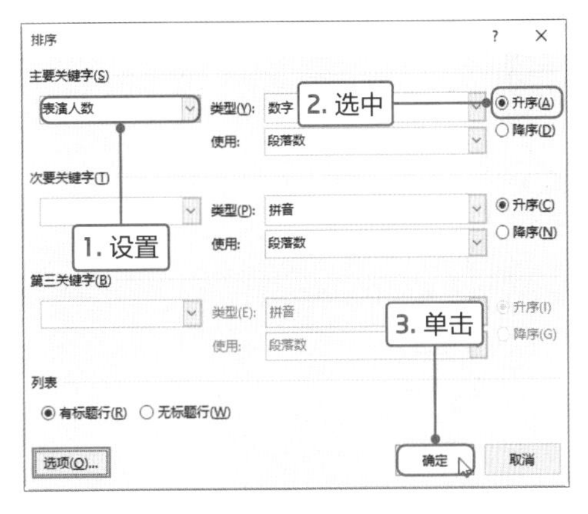

操作完成后，可以看到表格的“表演人数”按照升序排序，如下左图所示。对表格进行排序时需要注意，如果表格中包含合并单元格是无法进行排序的。

4.插入Excel电子表格

Word中的表格功能是有限的，是无法和Excel电子表格功能相比的。所以在Word中我们可以插入Excel电子表格，然后在功能区中显示Excel功能。操作方法是：在“表格”下拉列表中选择“Excel电子表格”选项，即可完成插入Excel表格，如下右图所示。

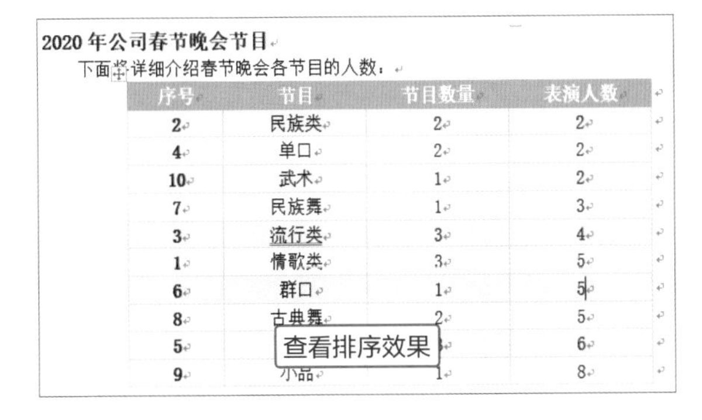

2020年公司春节晚会节目

下面将详细介绍春节晚会各节目的人数：

序号	节目	节目数量	表演人数
2	民族类	2	2
4	单口	2	2
10	武术	1	2
7	民族舞	1	3
3	流行类	3	4
1	情歌类	3	5
6	群口	1	5
8	古典舞	2	5
5			6
9	小品	1	8

查看排序效果

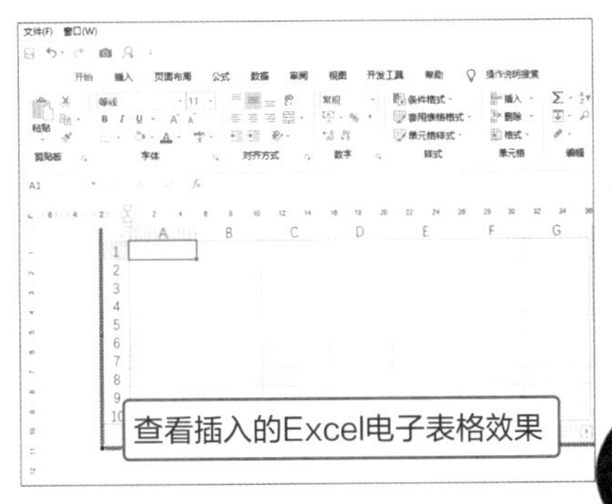

Word文档
的编辑

制作企业旅游攻略

在炎热的夏季，能够享受海水的清凉，是一种什么样的感觉呢？企业决定举办一次夏季旅游活动，历历哥推荐几种旅游计划并组织员工讨论，所有员工高度赞同去三亚旅游。于是历历哥找到小蔡，让他帮助制作去三亚的旅游的攻略。小蔡通过查阅资料，又结合相关景点的图片，制作了一份图文结合的旅游攻略文档。

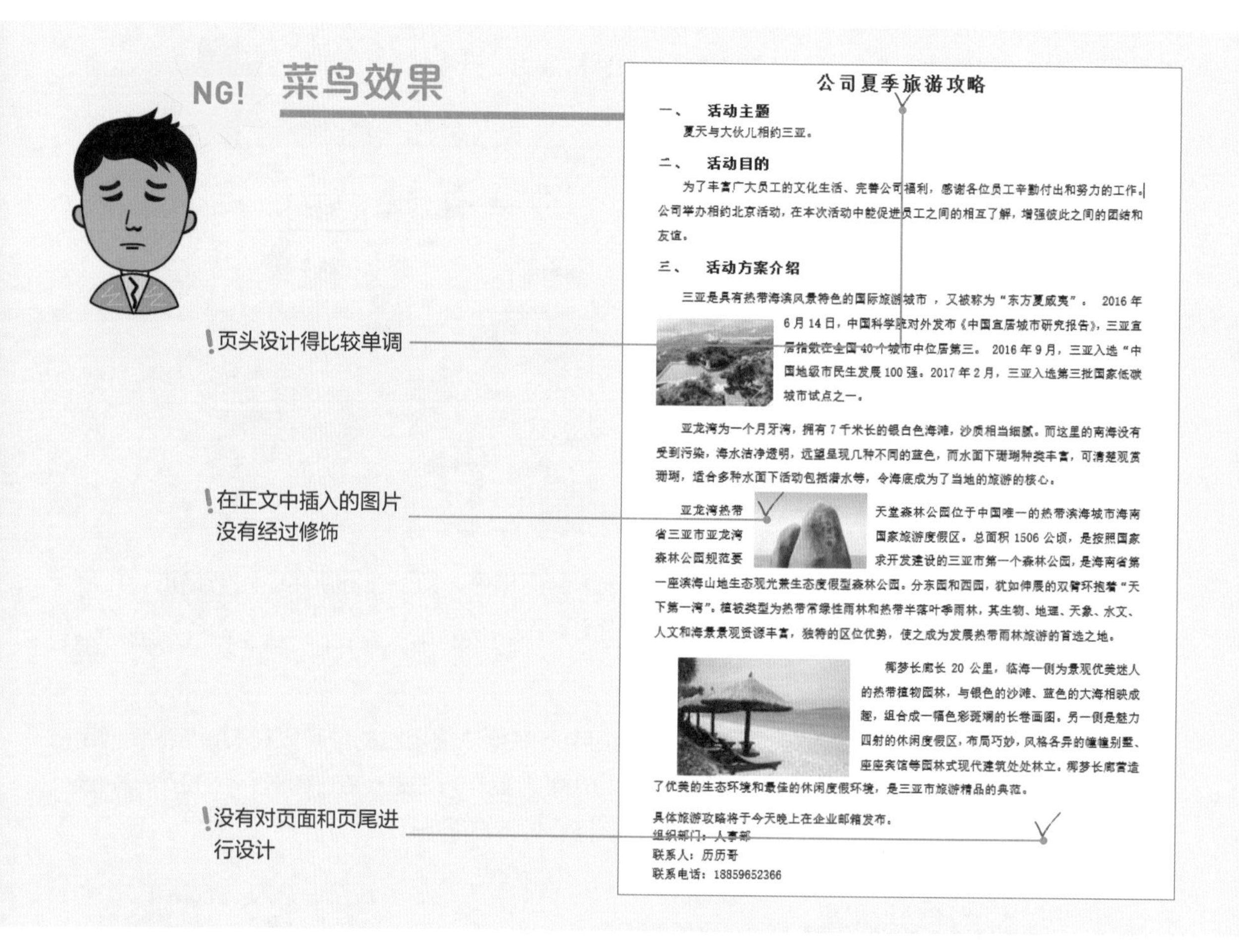

公司夏季旅游攻略

一、　活动主题

夏天与大伙儿相约三亚。

二、　活动目的

为了丰富广大员工的文化生活、完善公司福利，感谢各位员工辛勤付出和努力的工作。公司举办相约北京活动，在本次活动中能促进员工之间的相互了解，增强彼此之间的团结和友谊。

三、　活动方案介绍

三亚是具有热带海滨风景特色的国际旅游城市，又被称为“东方夏威夷”。2016年6月14日，中国科学院对外发布《中国宜居城市研究报告》，三亚宜居指数在全国40个城市中位居第三。2016年9月，三亚入选“中国地级市民生发展100强。2017年2月，三亚入选第三批国家低碳城市试点之一。

亚龙湾为一个月牙湾，拥有7千米长的银白色海滩，沙质相当细腻。而这里的南海没有受到污染，海水洁净透明，远望呈现几种不同的蓝色，而水面下珊瑚种类丰富，可清楚观赏珊瑚，适合多种水面下活动包括潜水等，令海底成为了当地的旅游的核心。

亚龙湾热带天堂森林公园位于中国唯一的热带滨海城市海南省三亚市亚龙湾国家旅游度假区。总面积1506公顷，是按照国家森林公园规范要求开发建设的三亚市第一个森林公园，是海南省第一座滨海山地生态观光兼生态度假型森林公园。分东园和西园，犹如伸展的双臂环抱着“天下第一湾”。植被类型为热带常绿性雨林和热带半落叶季雨林，其生物、地理、天象、水文、人文和海景景观资源丰富，独特的区位优势，使之成为发展热带雨林旅游的首选之地。

椰梦长廊长20公里，临海一侧为景观优美迷人的热带植物园林，与银色的沙滩、蓝色的大海相映成趣，组合成一幅色彩斑斓的长卷画图。另一侧是魅力四射的休闲度假区，布局巧妙，风格各异的幢幢别墅、座座宾馆等园林式现代建筑处处林立。椰梦长廊营造了优美的生态环境和最佳的休闲度假环境，是三亚市旅游精品的典范。

具体旅游攻略将于今天晚上在企业邮箱发布。

组织部门：人事部

联系人：历历哥

联系电话：18859652366

小蔡在设计企业旅游攻略时，采用图文并茂的方式展示景点的优美，这种想法是很好的，但是图片直接插入文本中，没有经过处理感觉很平庸；页头和页尾只通过普通的文本展示，很单调；页面的颜色也不能突出该旅游攻略的主题。

MISSION! 4

在制作旅游攻略时，可以采用图文混排的方式，通过文字描述景点，再结合图片更加形象地展示景点的效果。在Word中插入图片后，可以根据需要为图片应用样式，以增加艺术性。为了更有力地增加旅游的说服力，在页头和页尾采用图片和艺术字相结合的表现方式，使旅游攻略文档效果更加美观。

逆袭效果

OK!

使用图片和艺术字设计页头

一、 活动主题

夏天与大伙儿相约三亚。

二、 活动目的

为了丰富广大员工的文化生活、完善公司福利，感谢各位员工辛勤付出和努力的工作，公司举办相约北京活动，在本次活动中能促进员工之间的相互了解，增强彼此之间的团结和友谊。

三、 活动方案介绍

三亚是具有热带海滨风景特色的国际旅游城市，又被称为“东方夏威夷”。2016年6月14日，中国科学院对外发布《中国宜居城市研究报告》，三亚宜居指数在全国40个城市中位居第三。2016年9月，三亚入选“中国地级市民生发展100强”。2017年2月，三亚入选第三批国家低碳城市试点之一。

为插入的图片应用图片样式

亚龙湾为一个月牙湾，拥有7千米长的银白色海滩，沙质相当细腻，而这里的南海没有受到污染，海水洁净透明，远望呈现几种不同的蓝色，而水面下珊瑚种类丰富，可清楚观赏珊瑚，适合多种水面下活动包括潜水等，令海底成为了当地的旅游的核心。独特的区位优势，使之成为发展热带雨林旅游的首选之地。

设置页面颜色并且设计页尾效果

小蔡针对旅游攻略文档的不足之处进行修改，首先对页头和页尾进行修饰，通过添加图片，制作出更具吸引力的效果；为正文中插入的图片应用图片样式，使其更好地展示景点的优美；最后为页面设置浅绿色背景，让人感觉到很清凉。

Point 1 设计旅游攻略的页头

为了在炎热的夏季，能够找到一丝清凉的感觉，在制作旅游攻略时，主题色为绿色。在制作页头时，主要采用图片和艺术字相结合的方式展示旅游的地点和主题。下面介绍具体操作方法。

1

打开Word软件，切换至“设计”选项卡，单击“页面背景”选项组中“页面颜色”下三角按钮，在列表中选择浅绿色。

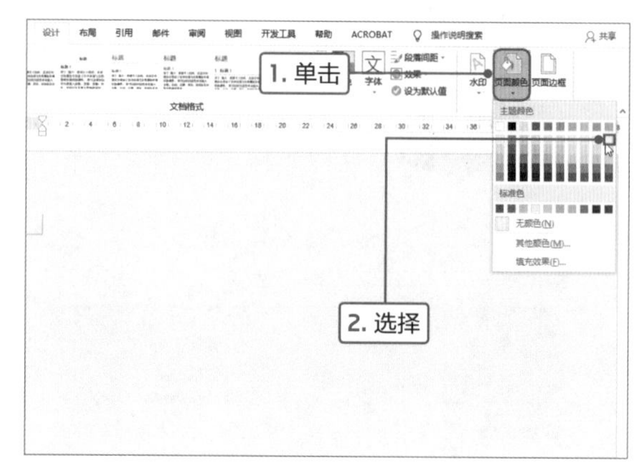

2

接着设置页面边框，即在“页面背景”选项组中单击“页面边框”按钮，在打开的“边框和底纹”对话框中设置方框的颜色为绿色、宽度为1.5磅、样式为虚线，单击“确定”按钮。

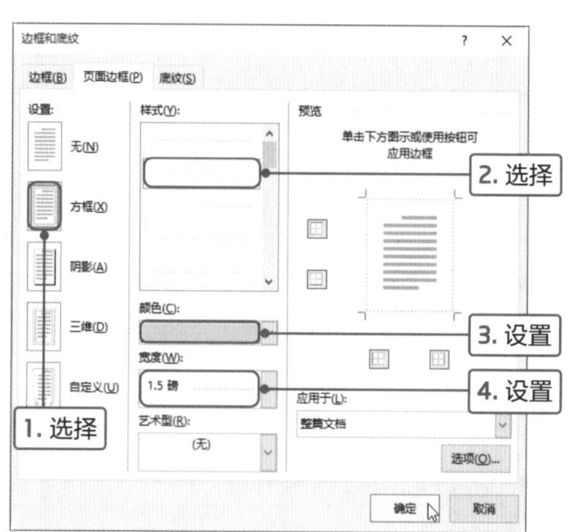

3

下面介绍页头的设计，首先切换至“插入”选项卡，单击“插图”选项组中“图片”按钮。

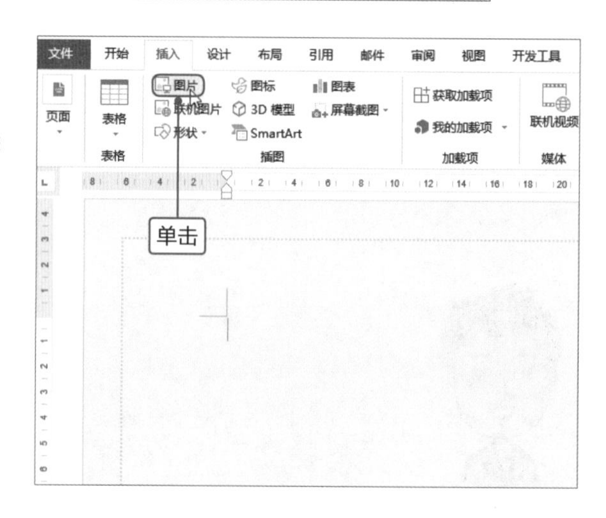

4

打开“插入图片”对话框，选择合适的图片，如“三亚.png”图片，单击“插入”按钮。

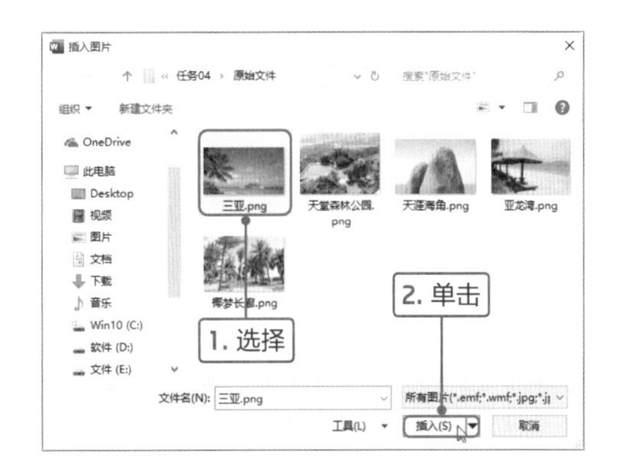

5

调整插入图片右下角的控制点，使图片和页面宽度一样。切换至“图片工具-格式”选项卡，单击“大小”选项组中“裁剪”按钮。

6

对图片进行裁剪，使其宽度相当于原图片的一半，只留取图片左侧部分。用户在裁剪图片时，可以根据个人的需求进行裁剪。

7

选中裁剪后的图片，切换至“图片工具-格式”选项卡，单击“调整”选项组中“校正”下三角按钮，在列表中选择合适的选项，适当提高图片的亮度。

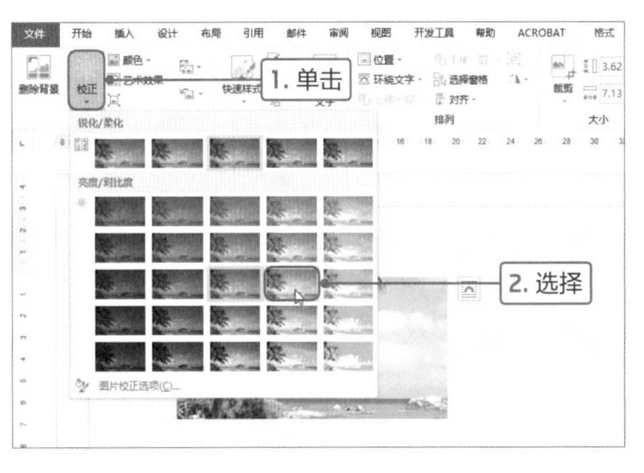

8

再单击“调整”选项组中“颜色”下三角按钮，在列表中选择相应的选项，适当调高颜色的饱和度和色调。

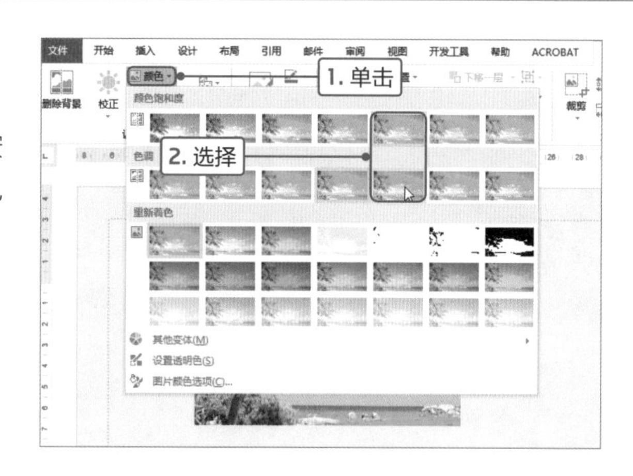

9

单击“艺术效果”下三角按钮，在列表中选择“发光散射”效果。

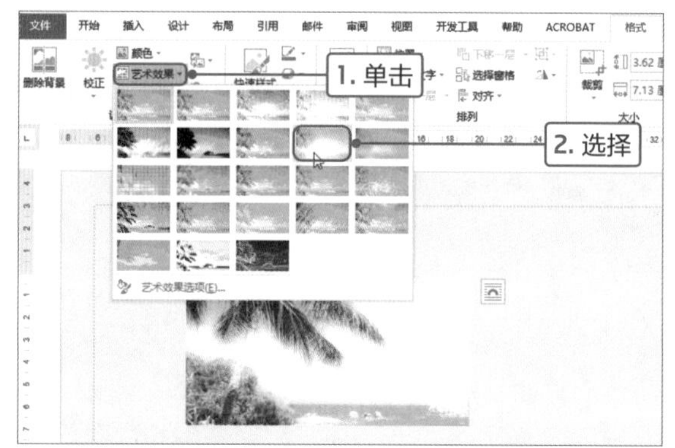

10

复制设置后的图片，切换至“图片工具-格式”选项卡，单击“排列”选项组中“旋转对象”下三角按钮，在列表中选择“水平翻转”选项，可见两张图片结合在一起了。

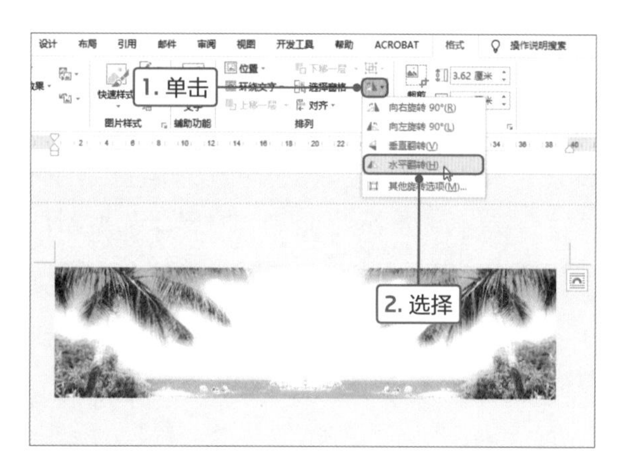

11

此时我们发现图片太亮了，可以通过添加蒙版适当调整图片的亮度。切换至“插入”选项卡，单击“插图”选项组中“形状”下三角按钮，在列表中选择“矩形”形状。

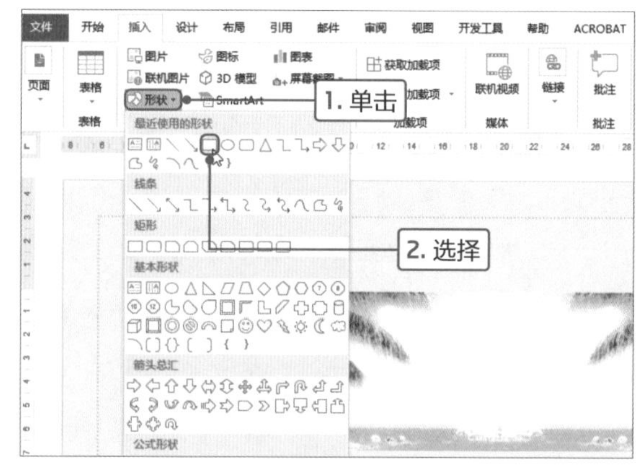

12

在页面中绘制和图片一样大小的矩形，并设置填充颜色为浅灰色、无边框。然后右击矩形形状，在快捷菜单中选择“设置形状格式”命令。

13

打开“设置形状格式”导航窗格，在“填充”选项区域中设置“透明度”为50%。可见图片透过矩形，亮度降低了许多。

14

接着为标题文本应用艺术字样式，即切换至“插入”选项卡，单击“文本”选项组中“艺术字”下三角按钮，在列表中选择合适的艺术字样式。

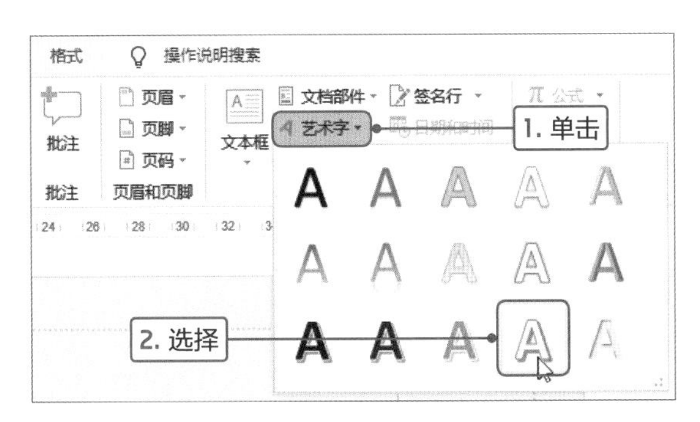

15

在页面中插入艺术字文本框，输入“清凉一夏，热情三亚”文本，并在“字体”选项组中设置文本的格式，然后放在图片的合适位置。

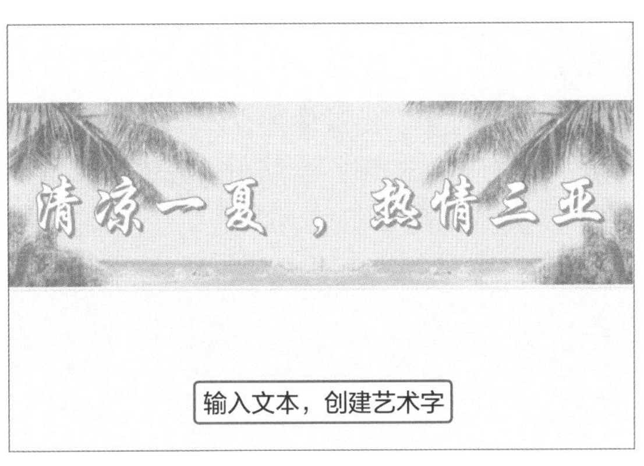

16

选中插入的艺术字，切换至“绘图工具-格式”选项卡，在“艺术字样式”选项组中设置文本填充和文本轮廓为浅绿色。

17

保持文本为选中状态，单击“艺术字样式”选项组中“文字效果”下三角按钮，在列表中选择合适的映像效果。

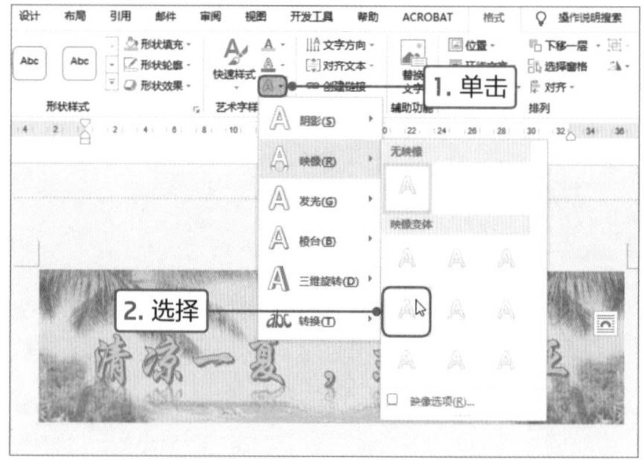

18

再次单击“文字映像”下三角按钮，在列表中选择“映像>映像选项”选项，在打开的导航窗格中设置映像距离为4磅。

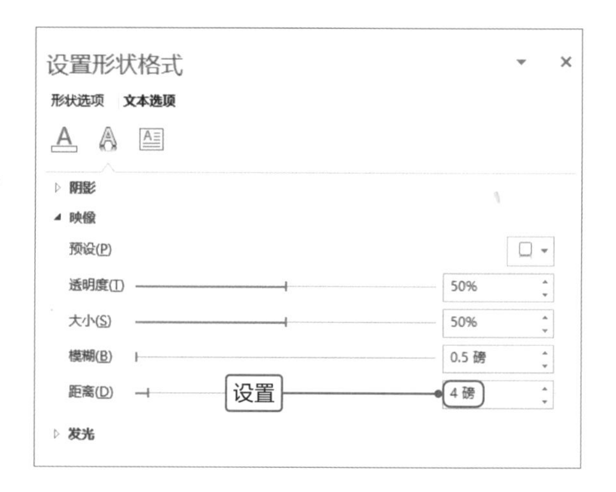

19

调整文本的位置，使映像的文本显示在水面上方。然后在图片的下方绘制一条线段，设置线段的颜色为浅绿色、宽度为2磅。

Point 2 在正文中添加图片

在介绍旅游攻略时，图文并茂的效果是最有说服务力的，而为图片应用图片样式，可以增加图片的展示效果。下面介绍具体的操作方法。

1

首先在页面中输入相关文本，并设置文本的格式。接着添加编号、设置文本格式和段落格式。

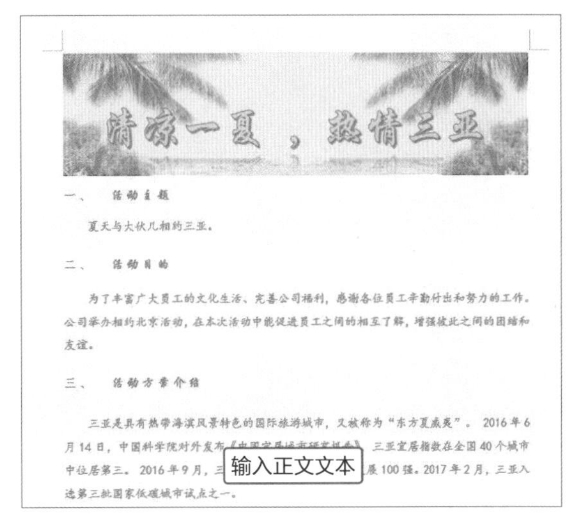

2

将光标定位在需要插入图片的位置，切换至“插入”选项卡，单击“插图”选项组中“图片”按钮。

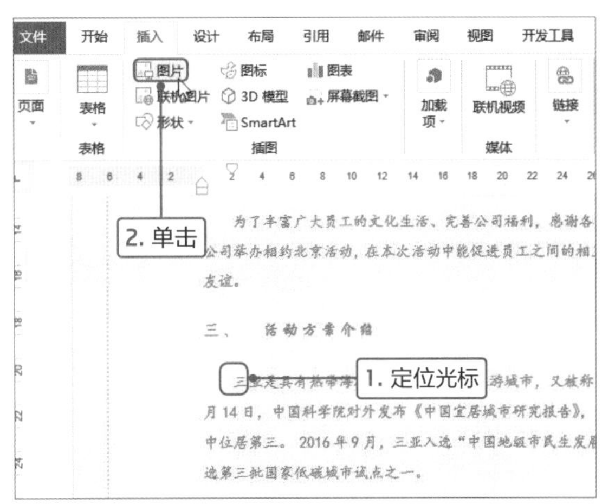

3

在打开的对话框中选择合适的图片，单击“插入”按钮，即可在光标定位的位置插入图片。用户可以通过调整图片的控制点，来调整图片至合适的大小。

4

选中插入的图片，切换至“图片工具-格式”选项卡，单击“排列”选项组中“环绕文字”下三角按钮，在列表中选择“紧密型环绕”选项，可见正文的文本围绕着图片显示。

5

保持图片为选中状态，单击“图片样式”选项组中“其他”按钮，在列表中选择合适的样式，图片即可应用选中的样式。

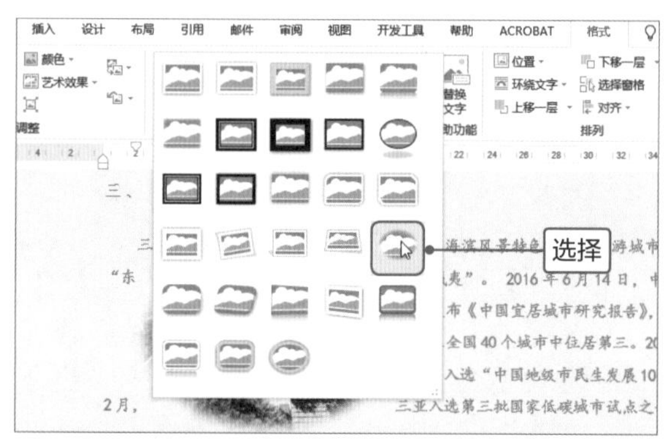

6

根据相同的方法将其他图片插入到正文中，并应用相同的图片样式。

7

适当调整图片的大小、位置，使图片位于页面的左侧、文本在右侧。在调整图片位置时，将光标移至图片上方，按住鼠标左键拖曳即可。

Point 3 设计旅游攻略的页尾

旅游攻略正文制作完成后，为了与页头相呼应还需要对页尾进行设计。在设计页尾时，同样是先插入图片，然后输入相关文本。下面介绍具体的操作方法。

1

切换至“插入”选项卡，单击“插图”选项组中“图片”按钮。在打开的对话框中选择“三亚.png”图片，然后插入到页面下方。

2

调整图片和页面宽度一致，并对图片进行裁剪，只保留图片左下方部分。

3

然后选择插入的图片，在“图片工具-格式”选项卡的“调整”选项组中对图片进行校正和颜色调整。

Tips 裁剪图片

选中插入的图片，单击“裁剪”下三角按钮，在下拉列表中可以将图片裁剪为指定的形状，或者按照指定的纵横比裁剪图片。

4

复制一份图片，并设置图片为水平翻转，使两张裁剪的图片结合起来形成一张图片。

5

在图片上方添加矩形形状，设置填充颜色为黑色、无边框。在“设置形状格式”导航窗格中设置透明度为50%。

6

切换至“插入”选项卡，单击“文本”选项组中“文本框”下三角按钮，在列表中选择“绘制横排文本框”选项，在页尾处绘制文本框并输入相关文本。

7

选择文本框，切换至“绘图工具-格式”选项卡，在“形状样式”选项组中设置文本框为无填充、无轮廓。在“字体”选项组中设置文本格式。至此，企业旅游攻略制作完成。

插入联机图片

在使用Word时，经常需要在文档中插入图片，在上述案例中，是通过插入计算机内的图片展示旅游攻略的。如果电脑是联网状态，还可以插入在网上搜寻到的合适的图片。

在Word中切换至“插入”选项卡，单击“插图”选项组中“联机图片”按钮，如下左图所示。在打开的“在线图片”页面的搜索文本框中输入关键字，如“椰树”，然后按Enter键，如下右图所示。在搜索框下方显示很多与关键字相应的图片，如果需要直接单击即可。

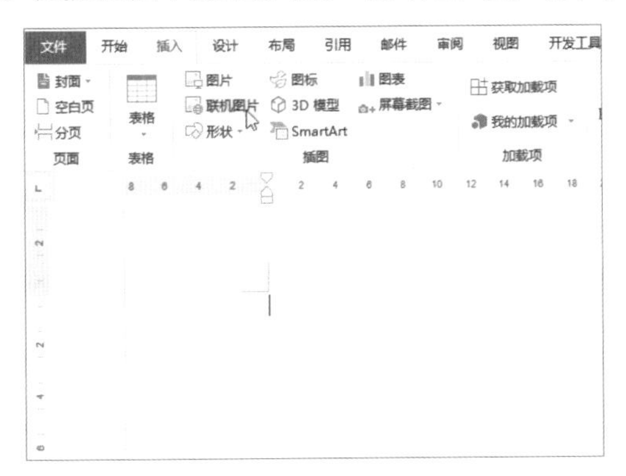

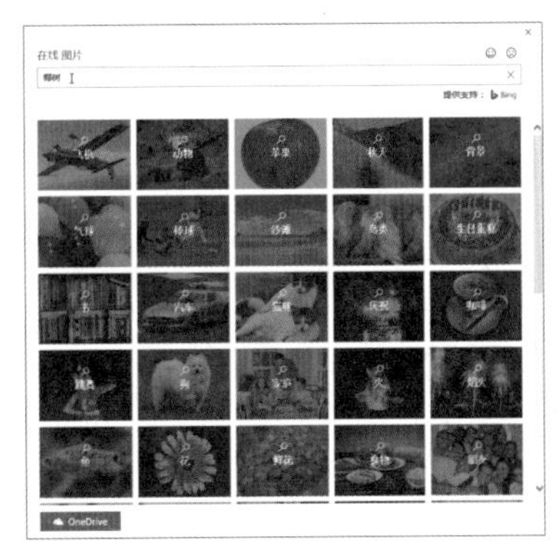

在下方显示的搜索结果图片列表中，选中需要的图片，单击“插入”按钮，如下左图所示。即可在光标处插入选中的图片，如下右图所示。在图片的下方显示图片的信息，如作者和许可证等。

选择插入的图片，用户可以在“图片工具-格式”选项卡中设置图片的格式。若要设置图片的版式，则单击“图片版式”下三角按钮，在列表中选择合适的版式，则选中图片应用该版式，如右图所示。

制作治愈“拖延症”流程图

历历哥发现企业内员工的“拖延症”正在蔓延，它就像毒瘤一样持续传播，严重影响到企业的良好工作氛围。历历哥想通过菲尔图介绍的治愈“拖延症”的练习方法在企业内传播，使员工都能得到正能量。他请小蔡帮忙制作一份文档，用来展示菲尔图的治愈“拖延症”的方法。小蔡被该方法感染了，快速投入历历哥吩咐的工作中。

NG! 菜鸟效果

治愈“拖延症”

拖延症是指自我调节失败，在能够预料后果有害的情况下，仍然把计划要做的事情往后推迟的一种行为。拖延是一种普遍存在的现象，一项调查显示大约75%的大学生认为自己有时拖延，50%认为自己一直拖延。严重的拖延症会对个体的身心健康带来消极影响，如出现强烈的自责情绪、负罪感，不断的自我否定、贬低，并伴有焦虑症、抑郁症等心理疾病，一旦出现这种状态，需要引起重视。

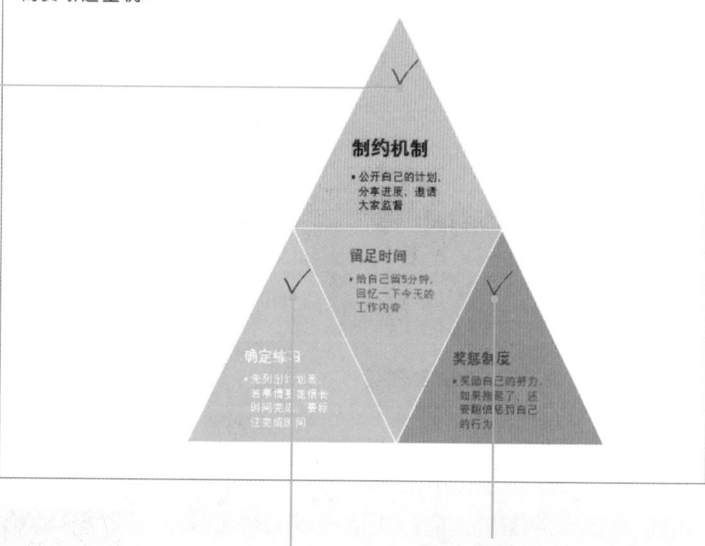

! 使用SmartArt图形制作流程图，不新颖

! 该SmartArt图形不能很好地展示练习方法

! 图形中颜色太多，效果不理想

小蔡在制作治愈“拖延症”练习方法流程图时，采用SmartArt图形的方式展示，其效果很呆板、不新颖；该SmartArt图形不能合理地展示练习方法，让员工不知从何看起；使用的颜色太多，五颜色六色，显得杂乱无章。

MISSION! 5

“拖延症”严重影响人们的工作和生活，所以需要摆脱“拖延症”的困扰。下面我们通过使用形状制作治愈“拖延症”练习方法的流程图，希望能使员工得以改变。如果直接使用文本介绍该练习方法，会导致员工的学习积极性不高，使用图形的方式将文本合理地结合起来，更能增强员工的学习欲望。

逆袭效果 OK!

治愈“拖延症”的练习

拖延症是指自我调节失败，在能够预料后果有害的情况下，仍然把计划要做的事情往后推迟的一种行为。拖延是一种普遍存在的现象，一项调查显示大约75%的大学生认为自己有时拖延，50%认为自己一直拖延。严重的拖延症会对个体的身心健康带来消极影响，如出现强烈的自责情绪、负罪感，不断的自我否定、贬低，并伴有焦虑症、抑郁症等心理疾病，一旦出现这种状态，需要引起重视。

制约机制 MECHANISM

公开自己的计划，分享进度，邀请大家监督

确定练习 PRACTICE

先列出计划表，若事情要花很长时间完成，要标注完成时间

M P R T

奖惩制度 REWARDS

奖励自己的努力，如果拖延了，还要翻倍惩罚自己的行为

留足时间 TIME

给自己留5分钟，回忆一下今天的工作内容

使用两种颜色可以很好地区分相邻图形

使用形状组合制作流程图，看起来比较有创意

通过文本框可以直观地展示练习方法

小蔡对流程图进一步修改，他打破常规地使用图形设计流程图，比较有创意；在文本框中清晰地输入练习方法，可以使员工轻松学习；在整张流程图中使用两种颜色，很好地区分相邻的图形，使其展示效果更好。

Point 1 制作流程图的中心部分

首先需要制作流程图的中心主体部分，它是由矩形制作而成的。因为Word中无法对形状进行运算，所以，使用多个小矩形通过合并、旋转制作，下面介绍具体的操作方法。

1

打开Word软件，切换至“布局”选项卡，单击“页面设置”选项组中“纸张大小 ”下三角按钮，在列表中选择“其他纸张大小”选项。在打开的对话框中设置纸张宽度为21厘米、高度为17厘米，单击“确定”按钮。

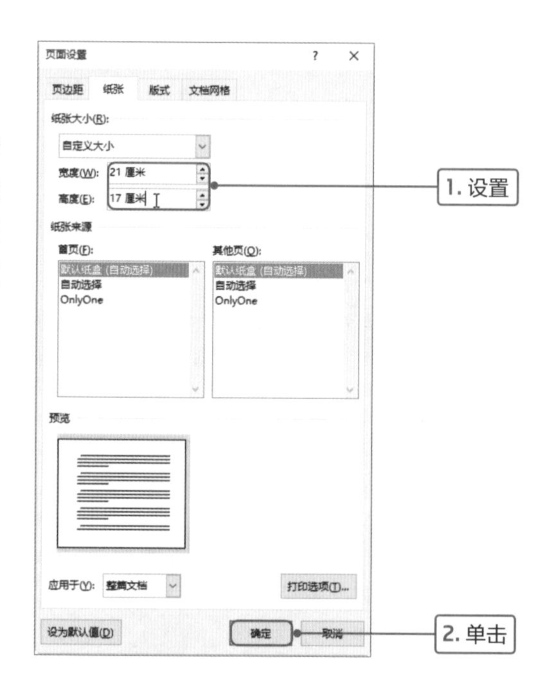

2

然后输入相关的文字，如介绍“拖延症”的相关知识。然后设置文本和段落的格式。

治愈“拖延症”的练习

拖延症是指自我调节失败，在能够预料后果有害的情况下，仍然把计划要做的事情往后推迟的一种行为。拖延是一种普遍存在的现象，一项调查显示大约75%的大学生认为自己有时拖延，50%认为自己一直拖延。严重的拖延症会对个体的身心健康带来消极影响，如出现强烈的自责情绪、负罪感，不断的自我否定、贬低，并伴有焦虑症、抑郁症等心理疾病，一旦出现这种状态，需要引起重视。

输入相关文本并设置格式

3

在“形状”列表中选择矩形形状，在页面中绘制矩形。其中矩形的宽和高比大概为1:2。

治愈“拖延症”的练习

拖延症是指自我调节失败，在能够预料后果有害的情况下，仍
推迟的一种行为。拖延是一种普遍存在的现象，一项调查显示大
时拖延，50%认为自己一直拖延。严重的拖延症会对个体的身心
强烈的自责情绪、负罪感，不断的自我否定、贬低，并伴有焦虑
旦出现这种状态，需要引起重视。

4

复制一个矩形，切换至“绘图工具-格式”选项卡，单击“旋转”下三角按钮，在列表中选择“其他旋转选项”选项。

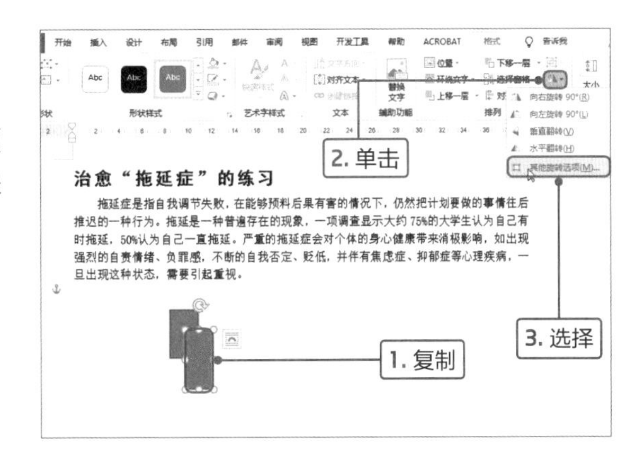

5

打开“布局”对话框，在“大小”选项卡的“旋转”选项区域中设置旋转的角度为90°，单击“确定”按钮。

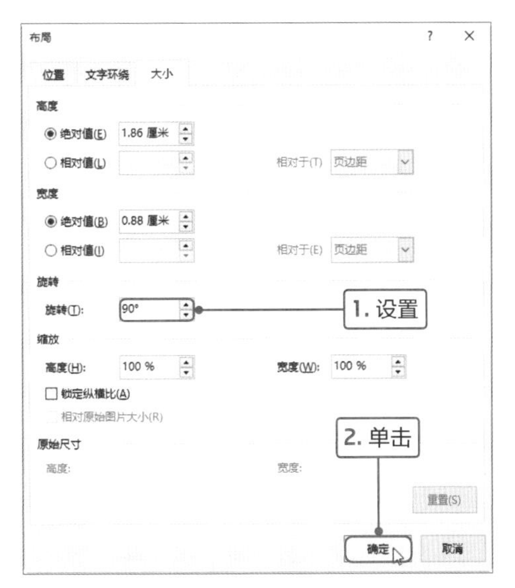

6

将旋转后的矩形与原矩形调整位置，使其成为L形状。然后选择两个矩形，切换至“绘图工具-格式”选项卡，单击“排列”选项组中“组合”按钮，在列表中选择“组合”选项。

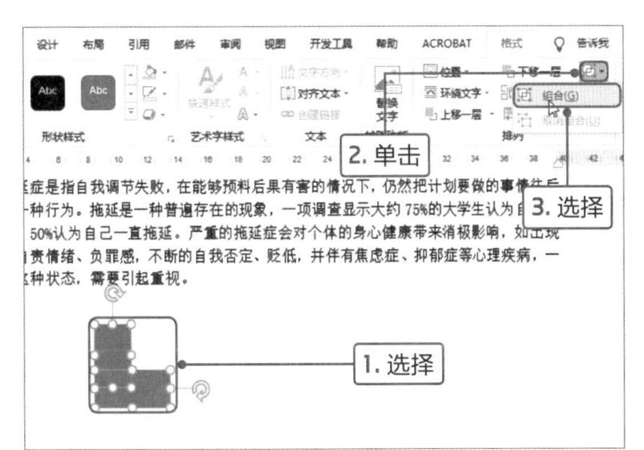

Tips　**在形状中添加文字**

绘制形状后，用户可以根据需要添加文字。操作方法是：右击形状，在快捷菜单中选择“添加文字”命令，即可在形状中输入文本。

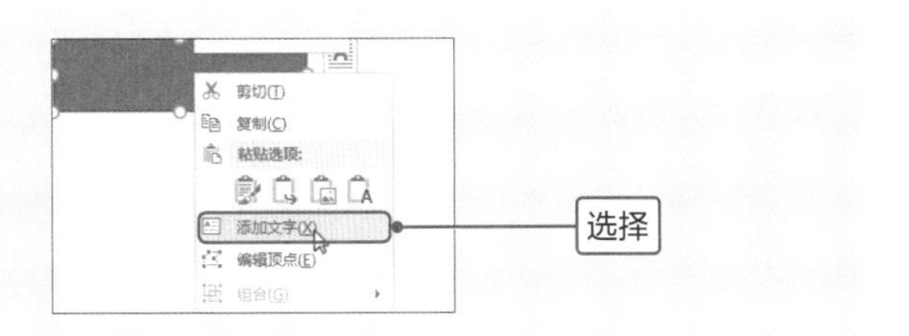

7

选择组合的图形，再次打开“布局”对话框，设置形状的旋转角度为45°，单击“确定”按钮。可见组合的图形顺时针旋转设置的角度。

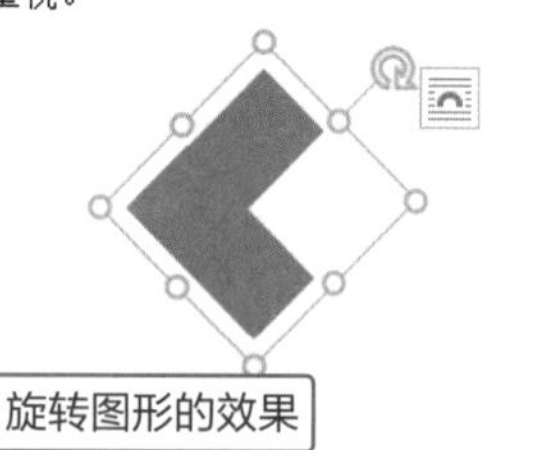

旋转图形的效果

8

然后复制3份组合的形状，并分别设置不同的旋转角度，移动形状的位置，组合成所需的图形。

复制并调整图形

9

选择对角的形状，在“绘图工具-格式”选项卡的“形状样式”选项组中设置填充颜色。根据相同的方法，设置另外对角形状的填充颜色。

为图形填充不同的颜色

10

在“形状”列表中选择合适的箭头形状，绘制形状，并进行旋转。最后将所有形状选中，再进行组合。

添加箭头形状并组合图形

Point 2 制作四周形状

本案例以中心部分向四周引导出4种练习的方法，其方法是循环的。在四周通过添加文本框介绍4种练习方法，同时通过对应的菱形进行引导，下面介绍具体操作方法。

1

在“形状”列表中选择“菱形”形状，按住Shift键在页面中绘制菱形。

绘制菱形形状

2

复制3份菱形形状，并放在中心形状的两侧，为菱形填充与其对应中心形状相同的颜色，再设置菱形为无边框。

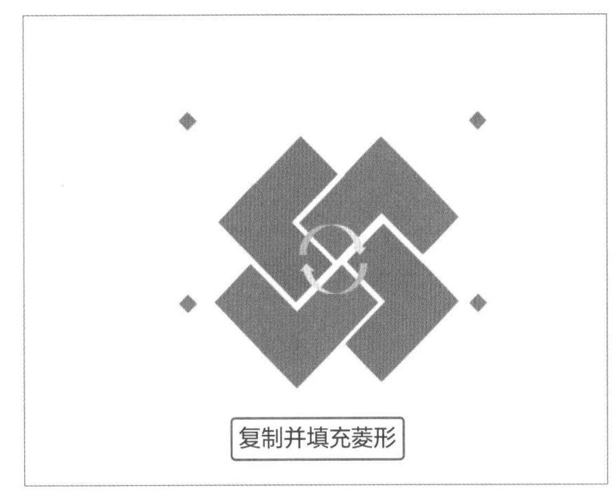

复制并填充菱形

3

切换至“插入”选项卡，在“文本”选项组中单击“文本框”下三角按钮，在列表中选择“绘制横排文本框”选项，在页面中合适的位置绘制文本框。

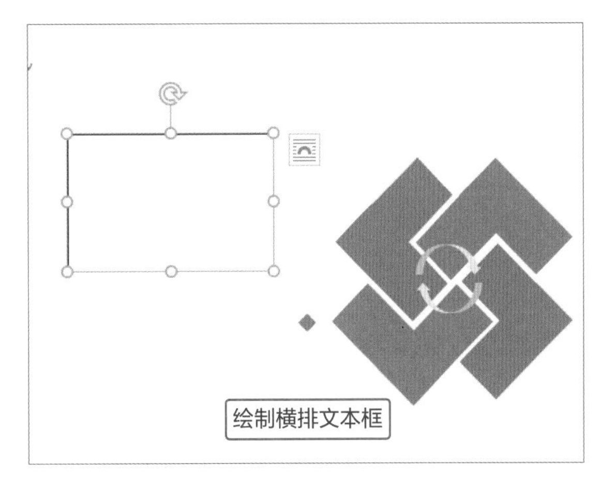

绘制横排文本框

4

复制3份文本框，放在4个菱形的两侧。然后设置菱形的格式为无填充，然后设置边框的颜色与菱形填充颜色一致。

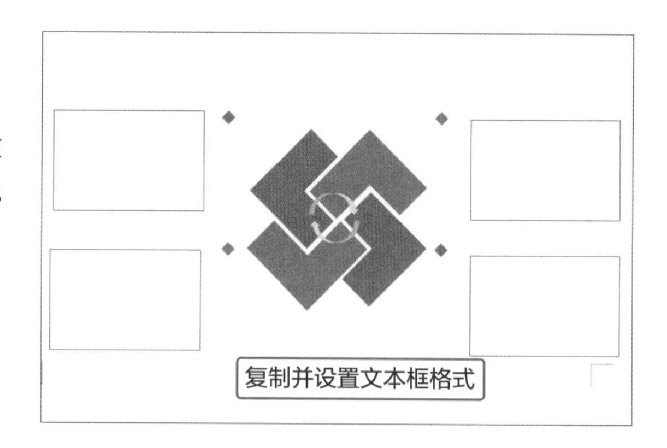

5

选择上方两个文本框，切换至“绘图工具-格式”选项卡，单击“排列”选项组中“对齐”下三角按钮，在列表中选择“顶端对齐”选项。

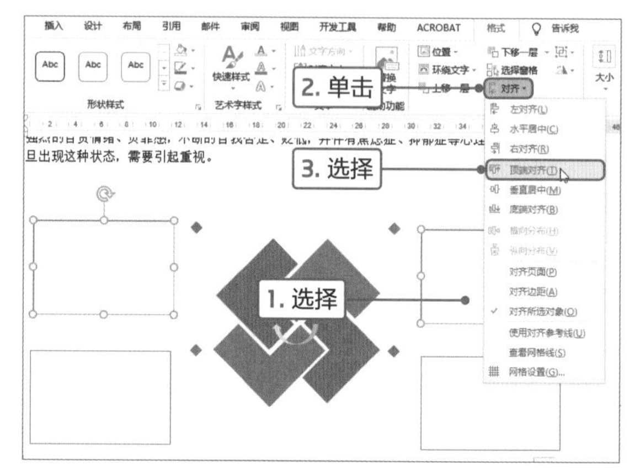

6

相同的方法让4个文本框对齐显示，这样整体比较整齐。

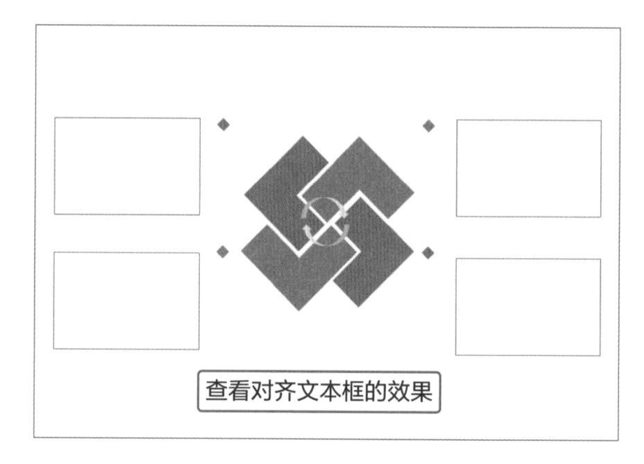

Tips 为形状应用效果

在Word中绘制形状后，除了设置填充和边框格式外，还可以为其应用其他效果。如绘制一个圆角矩形，单击“形状样式”选项组中“形状效果”下三角按钮，在列表中选择合适的效果选项，如应用棱台效果，如右图所示。在列表中还可以为形状应用阴影、映像、发光、柔化边缘、棱台和三维旋转等效果。

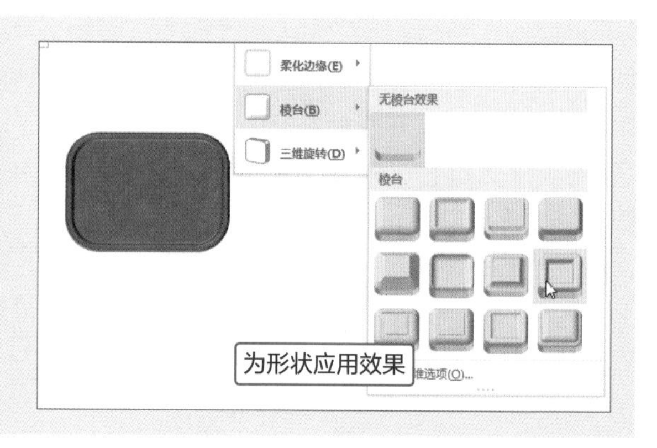

Point 3 输入治愈“拖延症”文本

关于治愈“拖延症”的练习方法总共有4种，在中心形状部分分别以英文第一个字母表示。然后在四周4个文本框中输入具体的练习方法。下面介绍具体操作步骤。

1

首先在中心形状上方绘制文本框，输入对应的英文字母，然后在“字体”选项卡中设置文本格式。

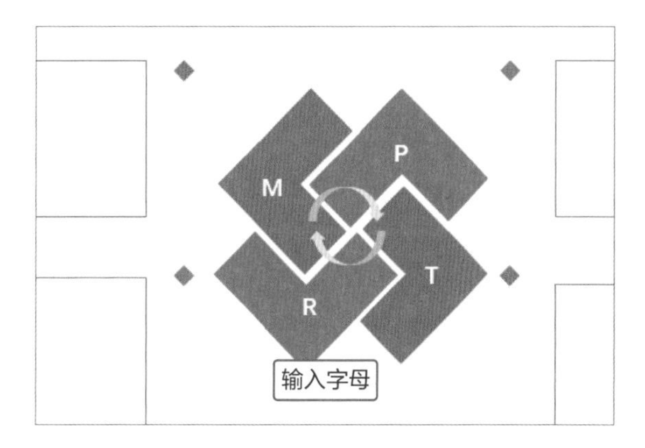

2

在左上角文本框中输入“制约机制”练习方法对应的内容。将“制约机制”文本加粗处理，在右侧输入对应的英文，然后设置该文本的段后为0.5行，最后设置下方文本的格式。

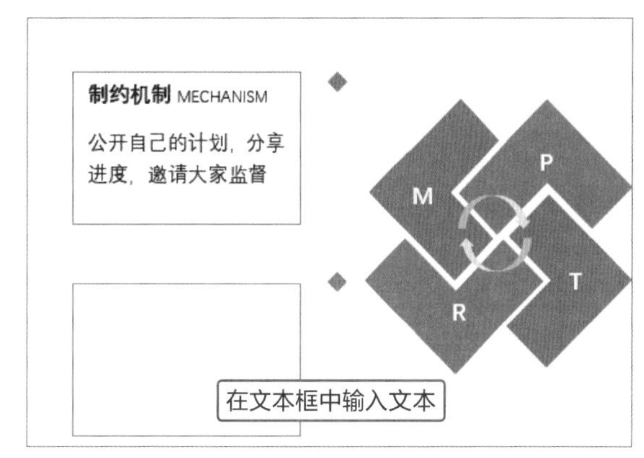

3

在其他文本框中输入对应的文本并设置相同的文本格式。
输入文本时，每个文本框中标题文本的字数最好是相同的，这样显得比较整齐。

Tips 快速设置英文字母为大写

在Word中输入英文字母时，如果需要将其全部设为大写，如何一招完成任务呢？选中英文文本，单击“字体”选项组中“更改大小写”下三角按钮，在列表中选择“大写”选项即可。

4

此时我们发现文本框中标题部分与正文之间距离有点大，接下来再添加修饰元素。首先在“形状”列表中选择直线形状，按住Shift键在标题下方绘制线段。线段离标题近一点。

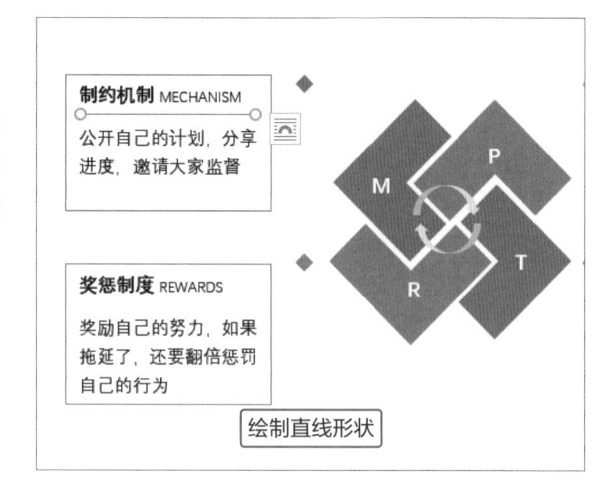

5

选择绘制的线段，在“形状样式”选项组中设置线段的颜色为浅灰色、宽度为1磅。

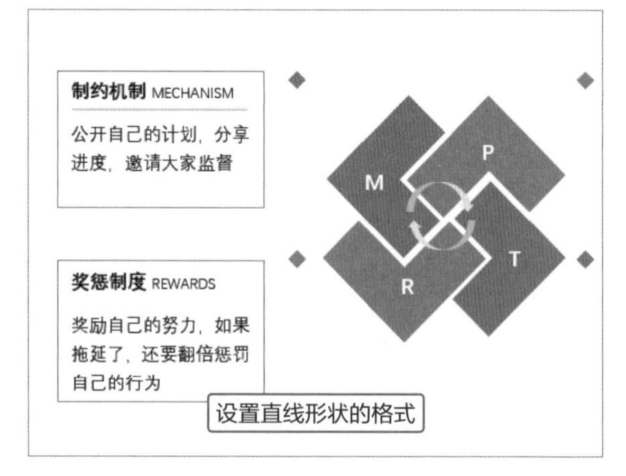

6

然后复制3份线段，并放在其他标题的下方，注意线段与文本左侧对齐。最后再适当设置段落文本的间距。至此，治愈“拖延症”流程图制作完成。

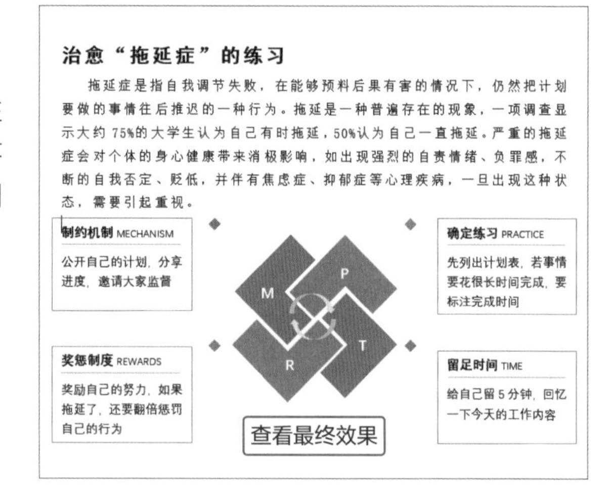

Tips 插入SmartArt图形

切换至“插入”选项卡，单击“插图”选项组中SmartArt按钮，如右图所示。在打开的对话框中选择合适的SmartArt图形，然后输入相关文本即可。

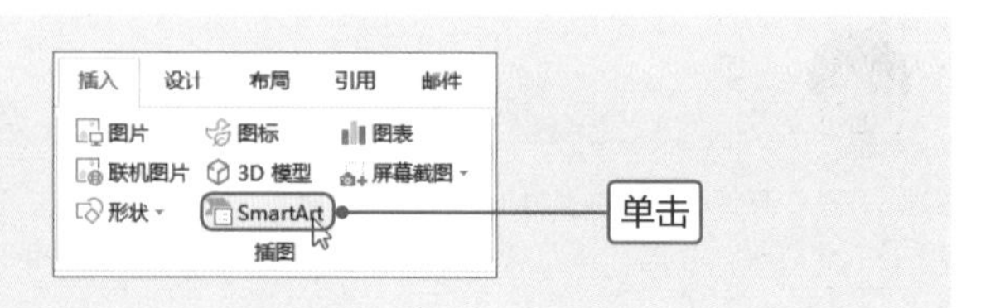

高效办公

设置形状填充效果

在Word中绘制形状后，在设置形状的填充时，可以填充纯色、图案、图片或渐变颜色。组合后的形状被视为一个形状进行编辑操作。下面介绍具体操作方法。

在页面中绘制一个正圆形，切换至“绘图工具-格式”选项卡，单击“形状样式”选项组中“形状填充”下三角按钮，在列表中选择“纹理”选项，在子列表中选择合适的纹理，即可将选中的纹理填充在形状中，如下左图所示。

再绘制一个矩形形状，在“形状填充”列表中选择“渐变”选项，在子列表中选择渐变类型，可见矩形应用了渐变，如下右图所示。

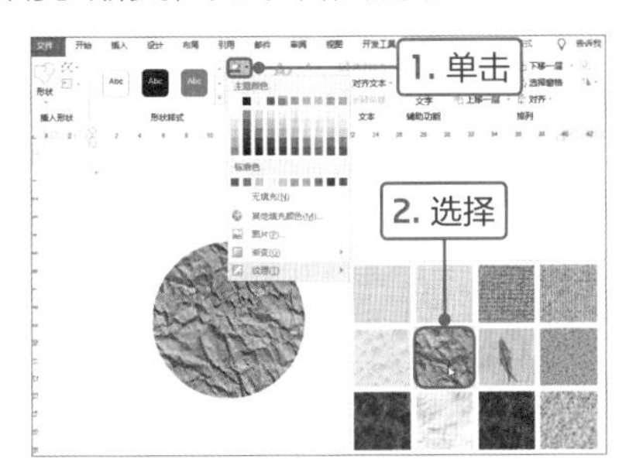

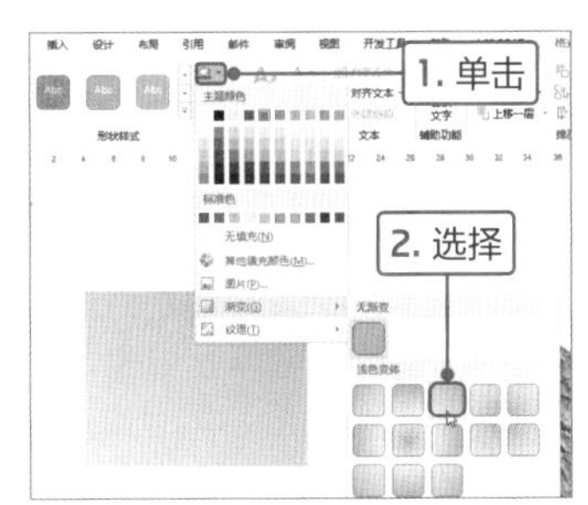

打开“设置形状格式”导航窗格，在“填充”选项区域中用户可以设置渐变的颜色、透明度、渐变类型等，即可为形状应用设置的渐变样式，如下左图所示。

在页面中绘制多个菱形形状，排列整齐并进行组合。在“形状填充”列表中选择“图片”选项，在打开的面板中选择“来自文件”选项，在打开的对话框中选择合适的图片，单击“插入”按钮，如下右图所示。

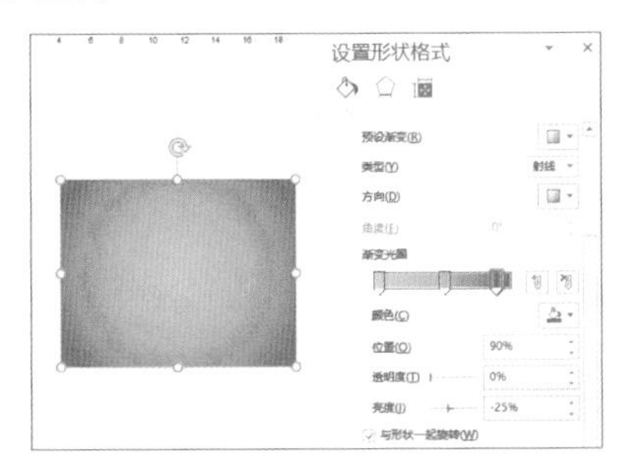

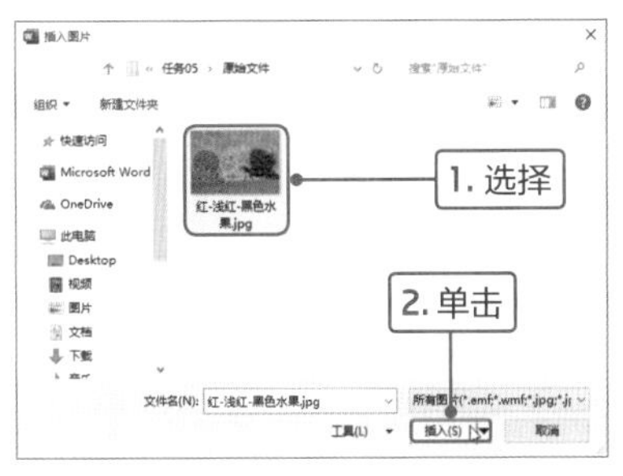

返回文档中，可见在组合的形状中填充选中的图片，如右图所示。

此时，在功能区中显示“绘图工具”和“图片工具”两个选项卡，用户可以根据需要对形状和图片进行编辑。

查看填充图片的效果

菜鸟加油站

图表的应用

Word 2019提供的图表功能，可以对数据进行简单地分析，从而清楚地表达数据的变化关系。Word 2019的图表类型包括柱形图、折线图、饼图、条形图、面积图、股价图等10多种，下面介绍常用的几种图表。

1.柱形图

柱形图是最常用的图表类型之一，用于表示以行与列排列的数据。柱形图对显示随时间变化而变化的数据很有用，在Word中包含平面和三维的柱形图。下左图为平面柱形图的效果，下右图为三维柱形图的效果。

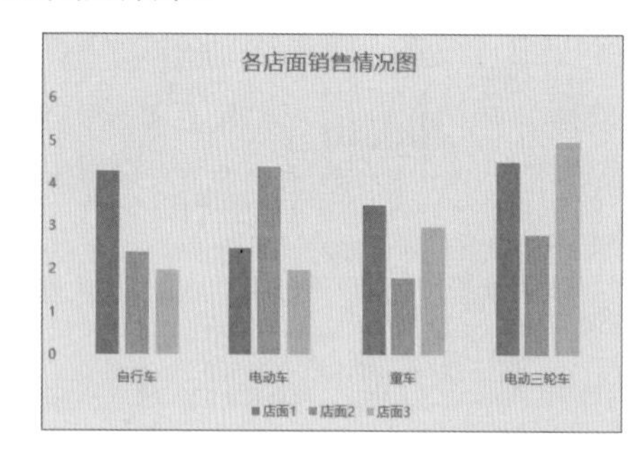

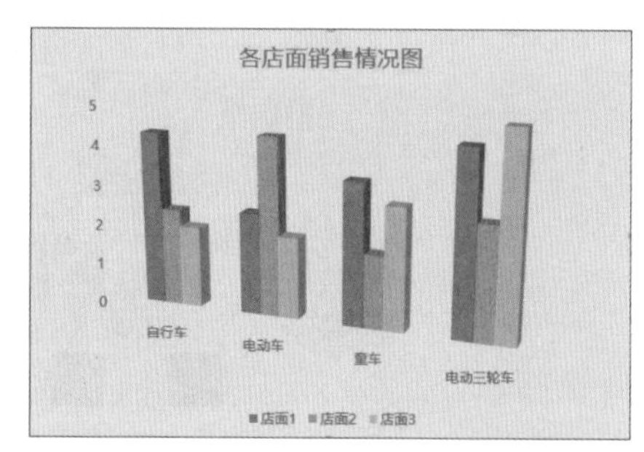

2.饼图

饼图用于只有一个数据系列，对各项的数值与总和比例的展示，在饼图中各数据点的大小表示占整个饼图的百分比。

饼图包括5个子类型，分别为“饼图”、“三维饼图”、“复合饼图”、“复合条饼图”和“圆环图”。下左图为饼图的效果。

圆环图可以显示多个数据系列，其中每个圆环代表一个数据系列，每个圆环的百分比总计为100%，如下右图所示。

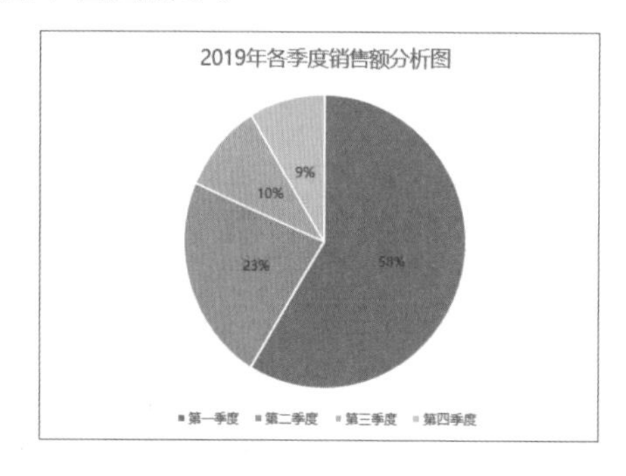

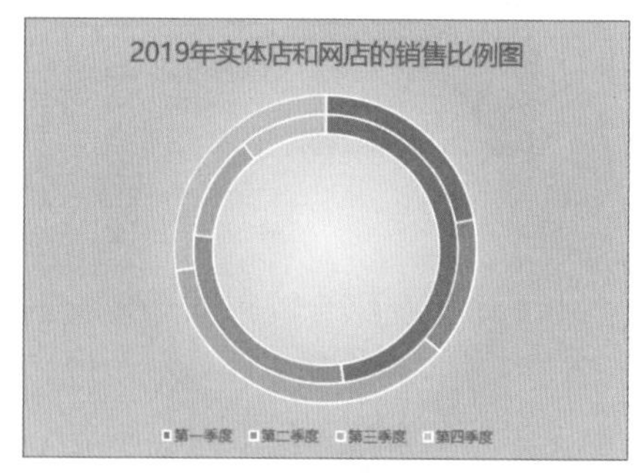

3.折线图

折线图是将某一个时间点上的数值用点来表示，并将多个点之间用线段连接而成的图表，这种图表很适合展示各种数据随时间发生变化的趋势。折线图包括7种子图表类型，如折线图、带数据的折线图以及三维折线图。下左图为折线图，下右图为三维折线图。

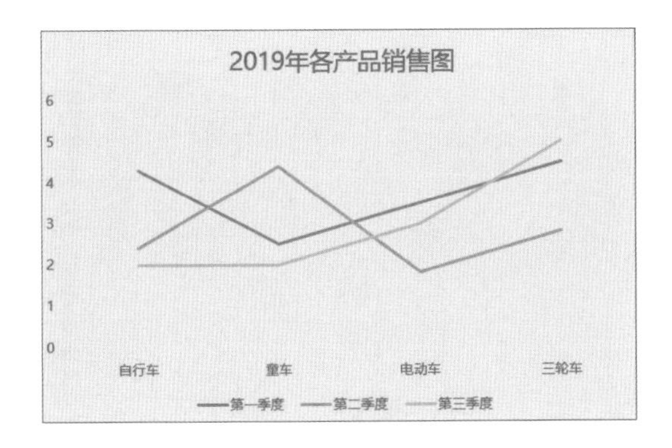

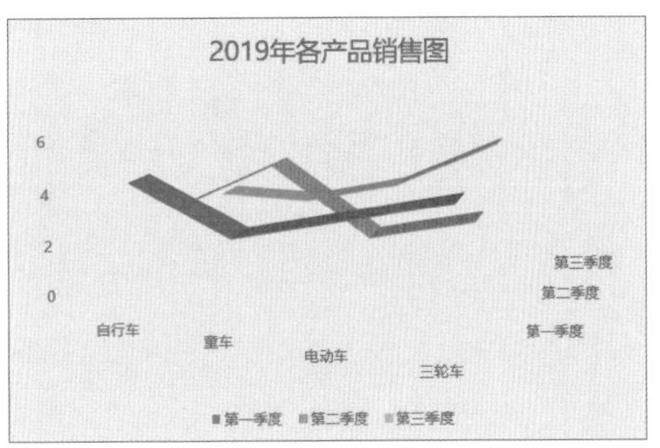

以上介绍了常用的3种图表类型，下面再介绍在Word中创建并编辑图表的方法。打开Word软件，切换至“插入”选项卡，单击“插图”选项组中“图表”按钮，如下左图所示。打开“插入图表”对话框，在“所有图表”选项卡中选择“饼图”选项，在右侧选择“饼图”，单击“确定”按钮，如下右图所示。

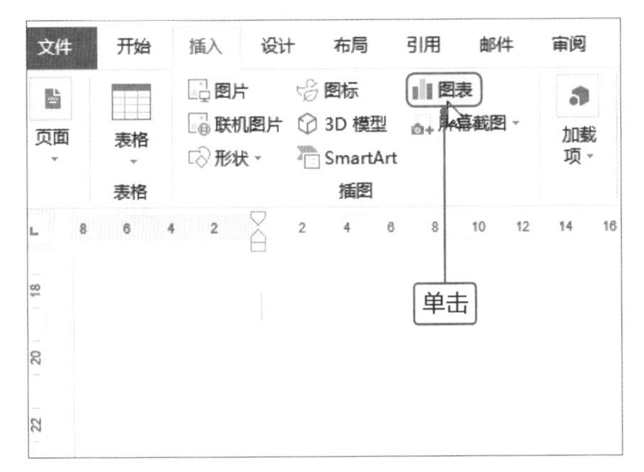

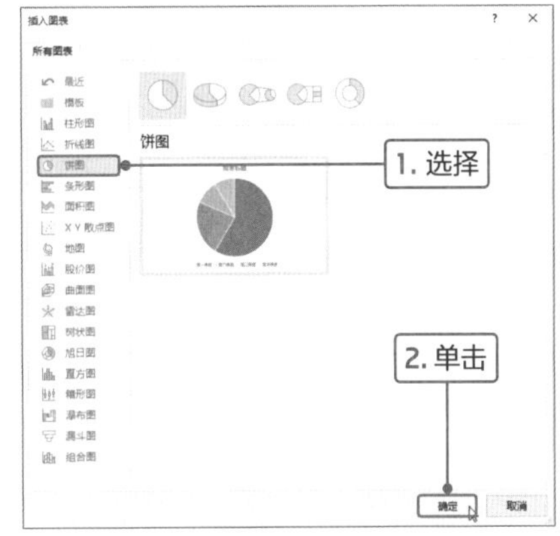

返回文档中，可见插入选中的饼图，同时打开Excel工作表，在表格内输入统计的数据，则Word中图表发生改变，如下左图所示。选中插入的饼图，切换至“图表工具-设计”选项卡，单击“图表布局”选项组中“添加图表元素”下三角按钮，在列表中选择“数据标签>居中”选项，即可在各扇区显示销售额数值，如下右图所示。

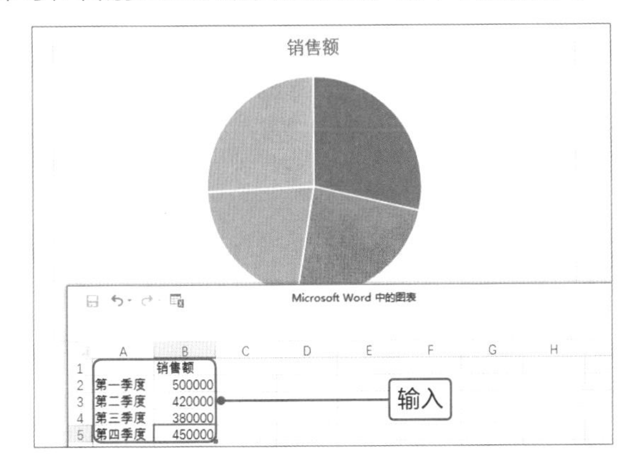

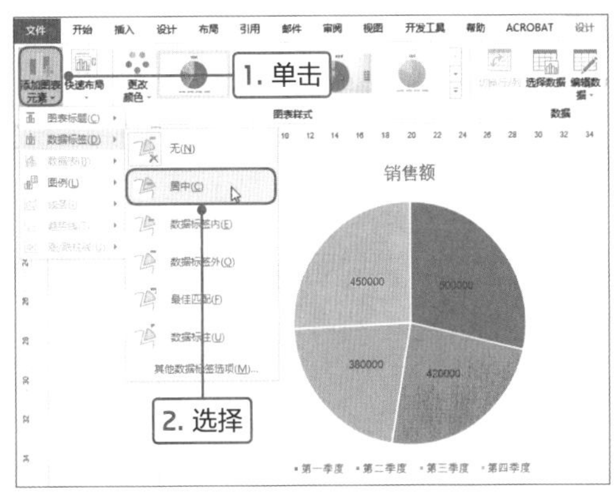

图表的基本编辑操作很多，由于篇幅有限，此处将不再详细介绍。读者可以参考本书Excel部分图表的相关操作。

读书笔记

Word文档的排版

在工作和学习中，我们经常会遇到包含大量文本的长文档，如聘用合同、企业文化手册、劳动合同、员工手册以及各种培训资料等。为了使长文档更美观，除了需要设置文本和段落格式外，还需要设置页眉和页脚、插入封面、应用样式、提取目录等操作。在审阅长文档时，为了更好地展示浏览者的意见和修改状态，还可以应用修订和批注功能。

本部分通过制作企业房屋租赁合同、公司文化手册以及公司章程文档，介绍关于长文档的排版知识，相信通过本部分学习，读者可以掌握文档排版的各种操作技巧。

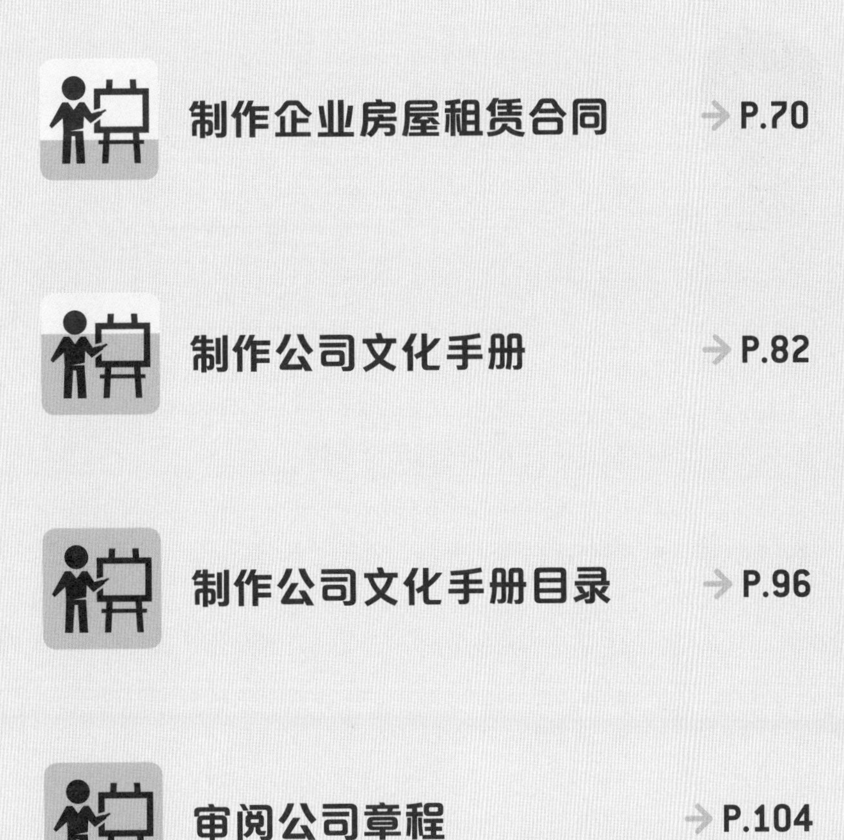

制作企业房屋租赁合同

企业为了扩大规模，现在需要租更大的办公场地。因为之前的合同范本过于简单，所以需要制作一份正式房屋租赁的合同。历历哥决定让刚到公司不久的小蔡负责这项任务，毕竟要给新人锻炼和发展的机会，小蔡得到该项任务后，正跃跃欲试使出全身解数完成该项任务。

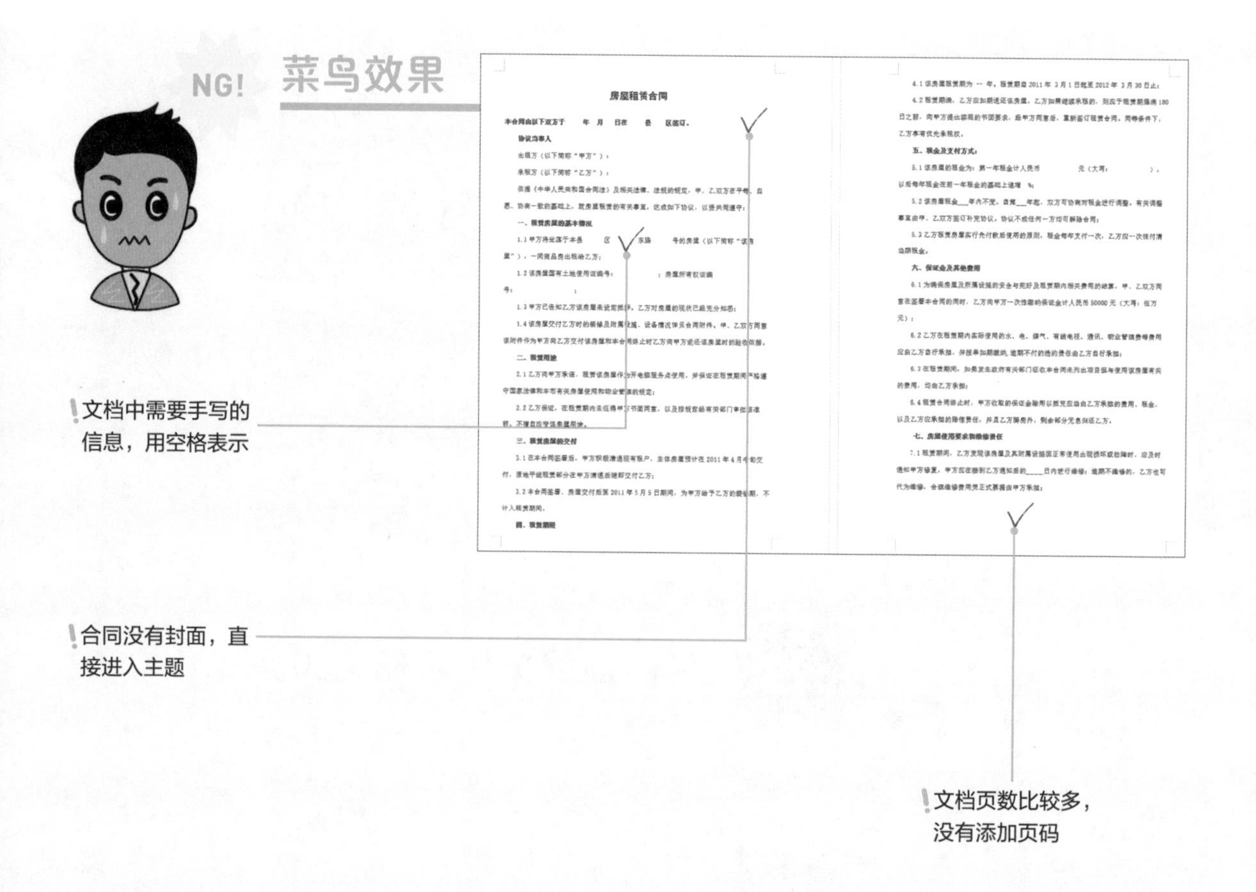

小蔡根据房屋租赁信息很快就制作好房屋租赁合同，第一页就直奔主题，显得合同不是很正式；在正文中需要签合同时手写的地方用空格表示，有的距离小的容易被忽视；合同中包含多页内容，没有添加页码，打印后容易使纸张错乱。

MISSION! 1

在Word中制作各种合同时，很多人会打开网页百度一下，然后下载相应的模版文档，输入相关信息即可完成工作。一般情况下，在网上下载的模版都需要修改才能使用，首先可以根据要求设置纸张的大小、页边距等。然后需要设置段落和文本格式，使文档更专业。最后还要为合同添加封面。

房屋租赁合同

甲方（单位或个人）

名　　称：

联系方式：

乙方（单位）

企业名称：

企业代码：

联 系 人：

联系方式：

房屋租赁合同

依据《中华人民共和国合同法》及相关法律、法规的规定，甲、乙双方在平等、自愿、协商一致的基础上，就房屋租赁的有关事宜，达成如下协议，以资共同遵守：

一、租赁房屋的基本情况

1.1 甲方将坐落于本县____区____东路____号的房屋（以下简称"该房屋"），一间商品房出租给乙方；

1.2 该房屋国有土地使用证编号：______，房屋所有权证编号：________；

1.3 甲方已告知乙方该房屋未设定抵押，乙方对房屋的现状已经充分知晓；

1.4 该房屋交付乙方时的装修及附属设施、设备情况详见合同附件。甲、乙双方同意该附件作为甲方向乙方交付该房屋和本合同终止时乙方向甲方返还该房屋时的验收依据。

二、租赁用途

2.1 乙方向甲方承诺，租赁该房屋作为干电脑服务点使用，并保证在租赁期间严格遵守国家法律和本市有关房屋使用和物业管理的规定；

2.2 乙方保证，在租赁期内未征得甲方书面同意，以及按规定经有关部门审批核准前，不擅自改变该房屋用途。

三、租赁房屋的交付

3.1 在本合同签署后，甲方积极清退现有租户，主体房屋预计在 2011 年 4 月中旬交付，原地平线租赁部分在甲方清退后随即交付乙方；

3.2 本合同签署、房屋交付后至 2011 年 5 月 5 日期间，为甲方给予乙方的装修期，不计入租赁期间。

四、租赁期限

4.1 该房屋租赁期为 一 年，租赁期自 2011 年 3 月 1 日起至 2012 年 3 月 30 日止；

4.2 租赁期满，乙方应如期返还该房屋。乙方如需继续承租的，则应于租赁期届满 180 日之前，向甲方提出续租的书面要求，经甲方同意后，重新签订租赁合同。同等条件下，乙方享有优先承租权。

添加封面，并输入甲乙双方基本信息

小蔡针对不足文档的之处进行修改，首先，为合同添加封面，除了显得更正式之外，还可以更直观显示合同的信息；在正文中需要手写的部分用下划线表示，很清晰；在正文添加页码，清楚显示当前页和总页数。

Point 1 设置文档页边距

在制作房屋租赁合同内容之前，需要设置纸张的大小、页边距，如果需要装订还要设置装订线的参数。下面介绍具体操作方法。

1

启动Word 2019软件，新建空白文档，切换至“布局”选项卡，单击“页面设置”选项组中“纸张大小”下三角按钮，在列表中选择A4选项。即可设置纸张大小为A4一样大小。

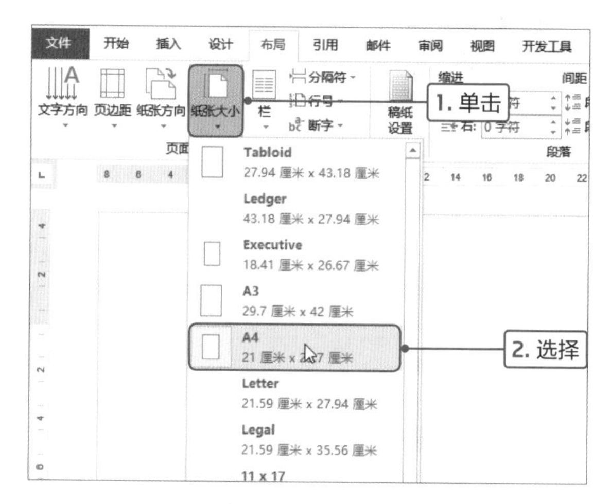

2

单击“页面设置”选项组的对话框启动器按钮，打开“页面设置”对话框，在“页边距”选项卡中设置页边距的上、下、左和右距离均为2.5厘米。然后设置装订线为0.3厘米、装订线位置为靠左，单击“确定”按钮。

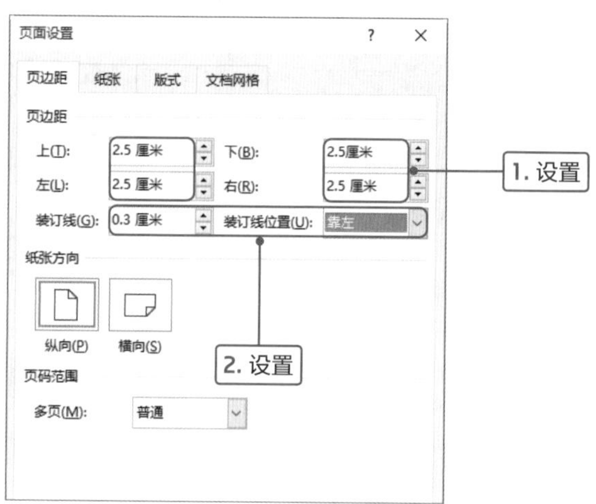

3

纸张的大小、页边距和装订线设置完成后，将房屋租赁合同的内容复制至当前页面中。

房屋租赁合同
本合同由以下双方于 年 月 日在 县 区签订。
协议当事人
出租方（以下简称“甲方”）：
承租方（以下简称“乙方”）：
依据《中华人民共和国合同法》及相关法律、法规的规定，甲、乙双方在平等、自愿、协商一致的基础上，就房屋租赁的有关事宜，达成如下协议，以资共同遵守：
一、租赁房屋的基本情况
1.1 甲方将坐落于本县 区 东路 号的房屋（以下简称“该房屋”），一间商品房出租给乙方；
1.2 该房屋国有土地使用证编号： ；房屋所有权证编号： ；
1.3 甲方已告知乙方该房屋未设定抵押。乙方对房屋的现状已经充分知悉；
1.4 该房屋交付乙方时的装修及附属设施、设备情况详见合同附件。甲、乙双方同意该附件作为甲方向乙方交付该房屋和本合同终止时乙方向甲方返还该房屋时的验收依据。
二、租赁用途
2.1 乙方向甲方承诺，租赁该房屋作为开电脑服务点使用。并保证在租赁期间严格遵守国家法律和本市有关房屋使用和物业管理的规定；
2.2 乙方保证，在租赁期内未征得甲方书面同意，以及按规定经有关部门审批核准前，不擅自改变该房屋用途。

复制文本内容

Tips 设置纸张方向

在Word 2019中，用户可以根据需要设置纸张的方向，即在“布局”选项卡的“页面设置”选项组中单击“纸张方向”下三角按钮，在下拉列表中选择“横向”或“纵向”选项。

Point 2 为文档添加封面

一份正式的合同包括封面和正文两部分。封面提供了文档的简介或者需要呈现的双方信息，因此通过封面可以了解合同的内容。在Word中内置了多种文档的封面样式，用户可以直接使用，下面介绍具体的操作方法。

1

将光标定位在文档的最前面，切换至“插入”选项卡，单击“页面”选项组中“封面”下三角按钮，在列表中选择“丝状”封面效果选项。

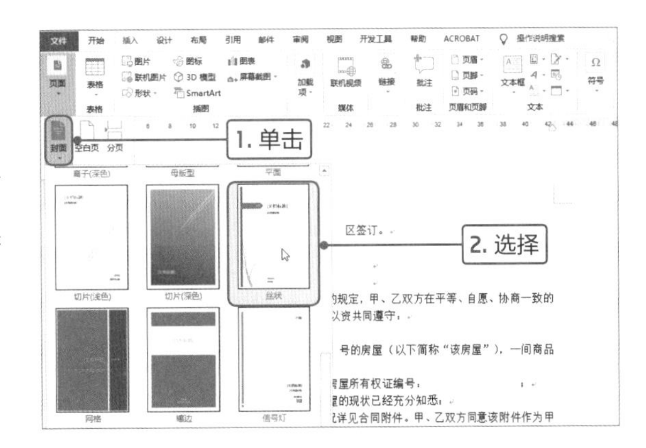

2

操作完成后，即可在插入点前插入一页封面。封面中包含各种形状、标题文本框等内容，用户可以根据需要对其进行编辑操作。

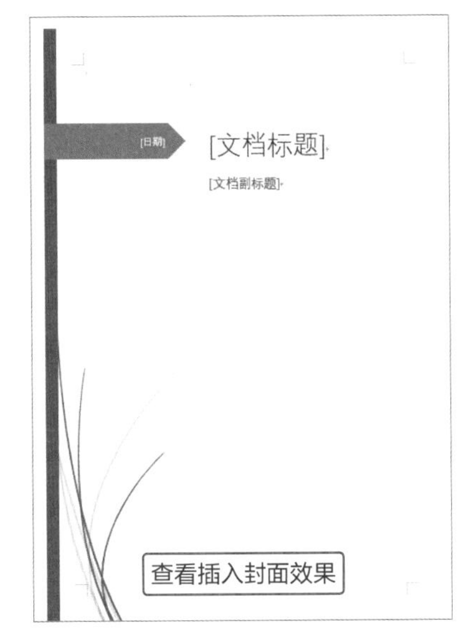

Tips 插入空白页

在“页面”选项组中单击“空白页”按钮，即可在插入点前插入一页空白页。

3

删除封面中不需要文本框，在标题文本框中输入“房屋租赁合同”文本，在“字体”选项组中设置字符间距、字体、字号等格式。

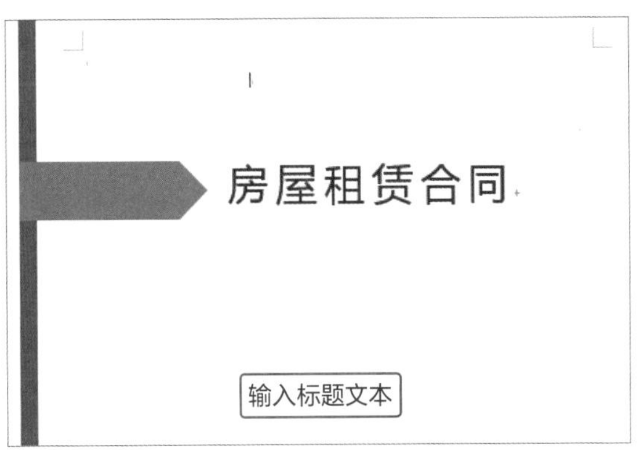

4

此时我们发现标题左侧的蓝色形状，不能融入封面其他内容。首先取消组合该形状，然后打开“设置形状格式”导航窗格，在“填充”选项区域中设置填充颜色和透明度。

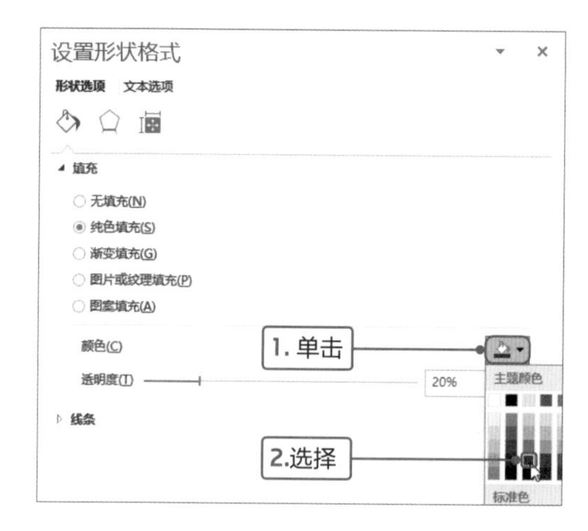

5

在标题文本框下方插入横排文本框，然后输入甲乙双方的相关信息内容。

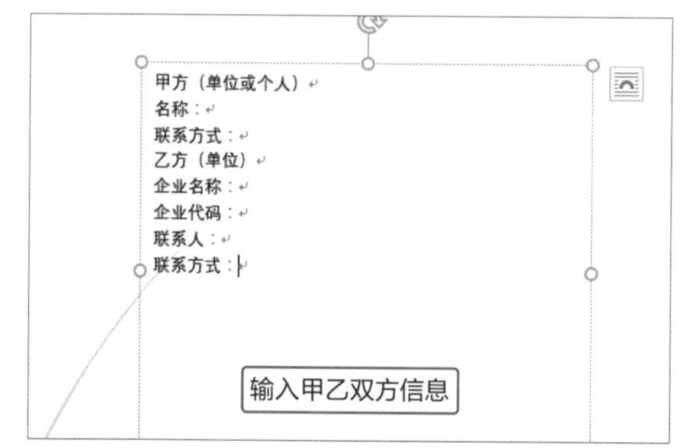

6

输入完成后设置文本格式为“宋体”、字号为五号，并分别加粗相应的文本。

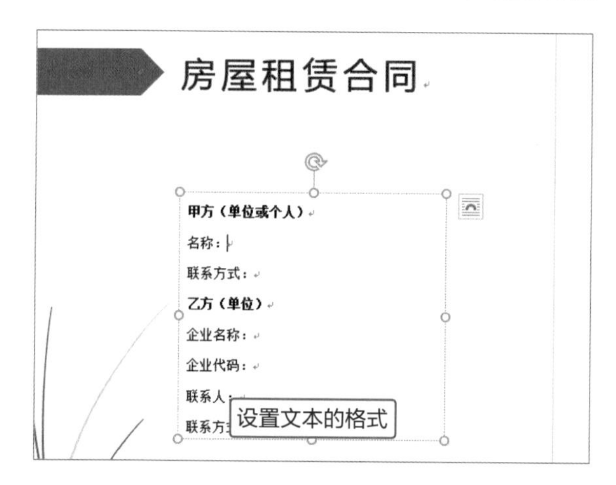

7

设置文本框内文本的行距为1.3磅，设置“甲方”的段后距离为1行、“乙方”的段前和段后均为1行。

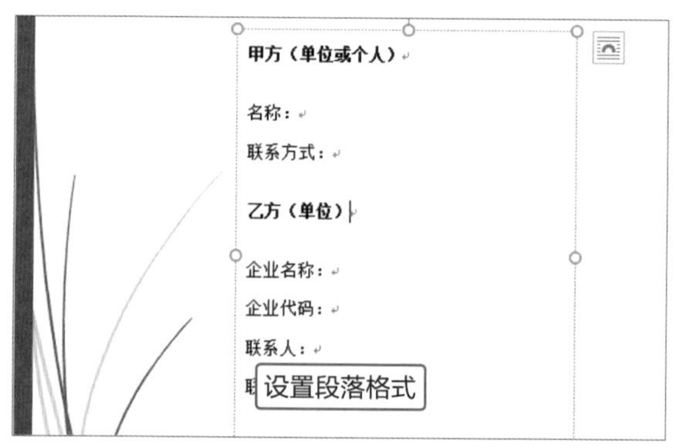

8

可见信息内容有的包含两个字有的是4个字，为了整体对齐还需要进行相应的设置。首先选中“名称”文本，单击“段落”选项组中的“分散对齐”按钮。

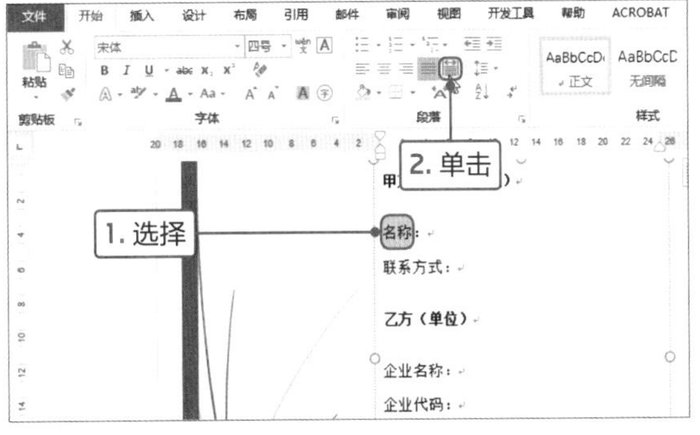

9

打开“调整宽度”对话框，将“新文字宽度”设置为“4字符”，单击“确定”按钮。

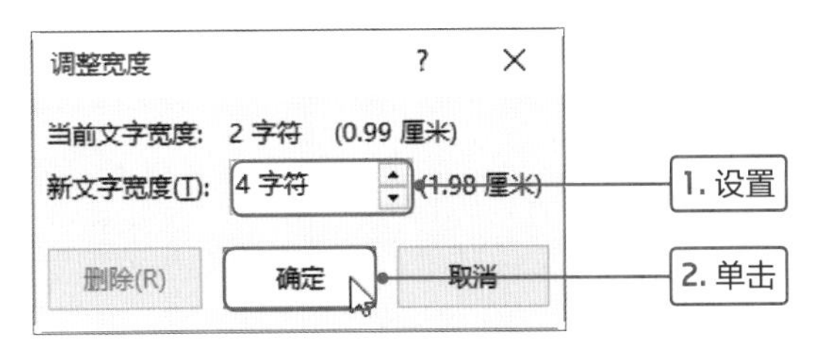

10

设置完成后，可见“名称”文本的宽度为4个字符的宽度，但是两个文本之间不是使用空格隔开的。

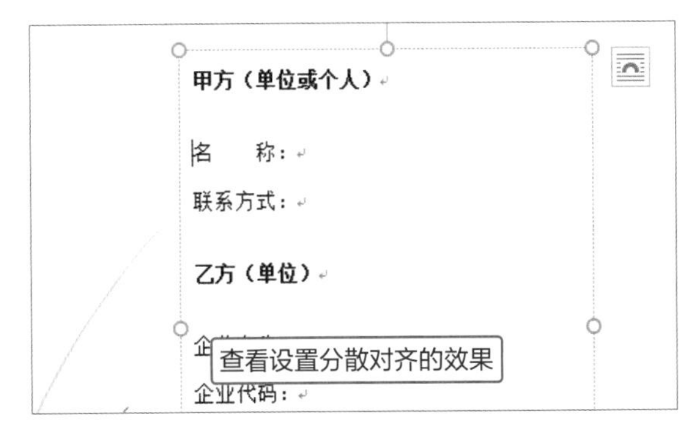

11

根据相同的方法，对其他需要分散对齐的文本进行设置。然后设置相关文本首行缩进，使文本向右缩进。至此，封面设计完成。

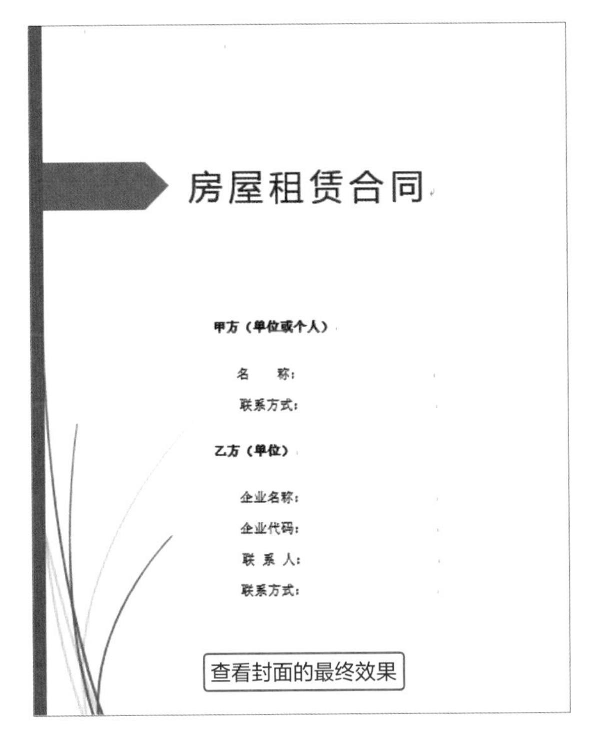

Point 3 将空格替换为下划线

在进行长文档编辑时，如果要快速查找文档中相关内容，或者将某些字符替换，可以使用“替换”功能。在本案例中，需要将带空格处添加下划线，如果逐个添加，其工作量是相当大的，下面介绍快捷操作方法。

1

切换至“开始”选项卡，单击“编辑”选项组中“替换”按钮。
用户也可以按Ctrl+H组合键，打开“查找和替换”对话框。

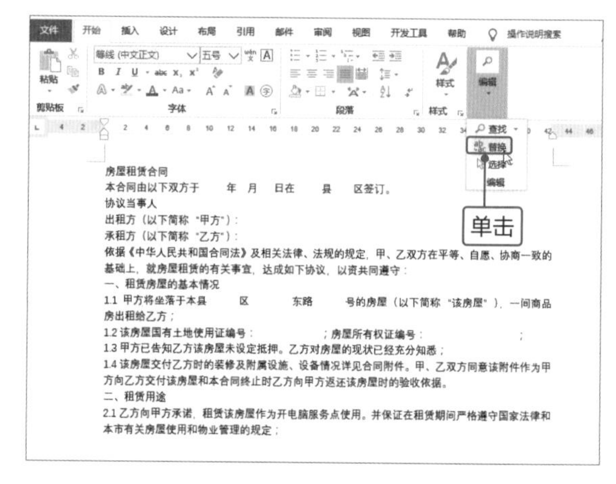

2

在“查找和替换”对话框的“查找内容”文本框中输入空格，单击“更多”按钮，在展开的区域单击“格式”下三角按钮，在列表中选择“字体”选项。

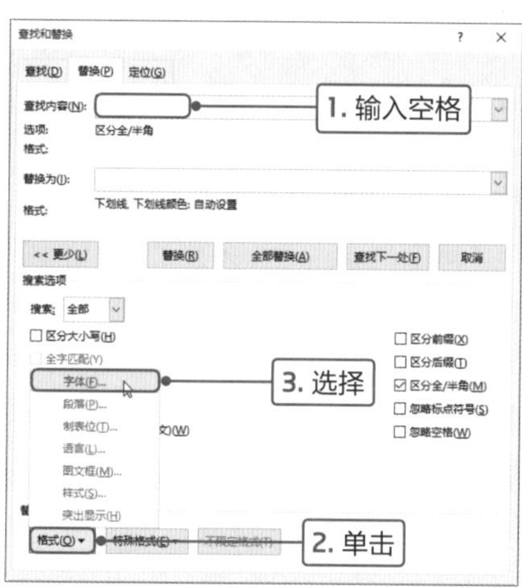

3

打开“查找字体”对话框，在“所有文字”选项区域中单击“下划线线型”下三角按钮，在列表中选择实线，设置下划线的颜色为黑色，单击“确定”按钮。

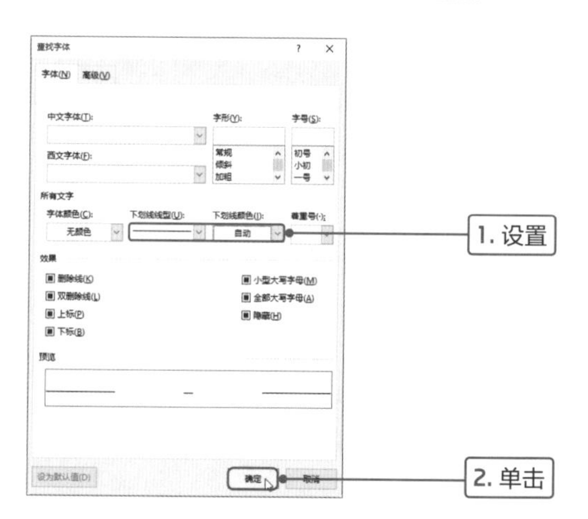

返回“查找和替换”对话，单击“全部替换”按钮，即可弹出提示对话框，显示总共替换多少处，然后依次单击“确定”按钮。

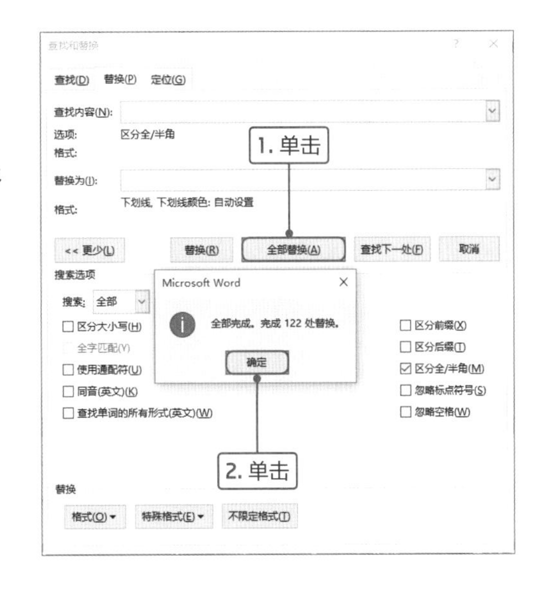

Tips 如何逐个替换内容

如果需要逐个替换内容，在“查找和替换”对话框中单击“查找下一处”按钮，在文档中选中满足查找条件的内容，如果需要替换，单击“替换”按钮即可。

5

操作完成后返回文档中，可见所有的空格都被替换成下划线，包括封面文本框中的空格。

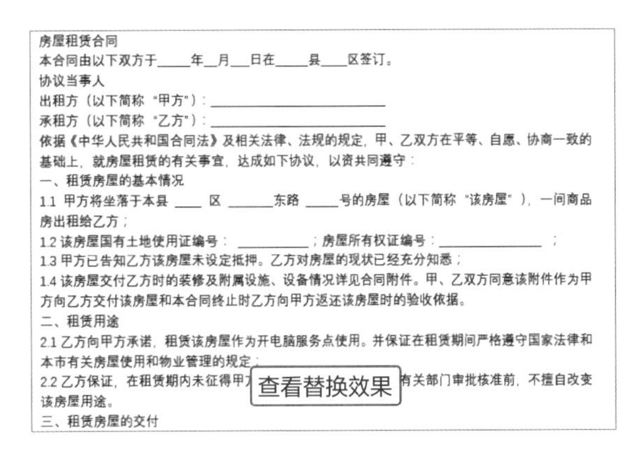

房屋租赁合同
本合同由以下双方于____年__月__日在____县___区签订。
协议当事人
出租方（以下简称“甲方”）：______________________
承租方（以下简称“乙方”）：______________________
依据《中华人民共和国合同法》及相关法律、法规的规定，甲、乙双方在平等、自愿、协商一致的基础上，就房屋租赁的有关事宜，达成如下协议，以资共同遵守：
一、租赁房屋的基本情况
1.1 甲方将坐落于本县 ___ 区 _____东路 ____号的房屋（以下简称“该房屋”），一间商品房出租给乙方；
1.2 该房屋国有土地使用证编号：_________；房屋所有权证编号：_____________；
1.3 甲方已告知乙方该房屋未设定抵押。乙方对房屋的现状已经充分知悉；
1.4 该房屋交付乙方时的装修及附属设施、设备情况详见合同附件。甲、乙双方同意该附件作为甲方向乙方交付该房屋和本合同终止时乙方向甲方返还该房屋时的验收依据。
二、租赁用途
2.1 乙方向甲方承诺，租赁该房屋作为开电脑服务点使用。并保证在租赁期间严格遵守国家法律和本市有关房屋使用和物业管理的规定；
2.2 乙方保证，在租赁期内未征得甲方……有关部门审批核准前，不擅自改变该房屋用途。
三、租赁房屋的交付

Tips 在Word中不显示下划线

如果在Word中添加下划线，但是没有显示，那该如何让其显示呢？单击“文件”标签，选择“选项”选项。打开“Word选项”对话框，在“高级”选项区域的“以下对象的布局选项”选项区域中勾选“为尾部空格添加下划线”复选框，单击“确定”按钮即可。

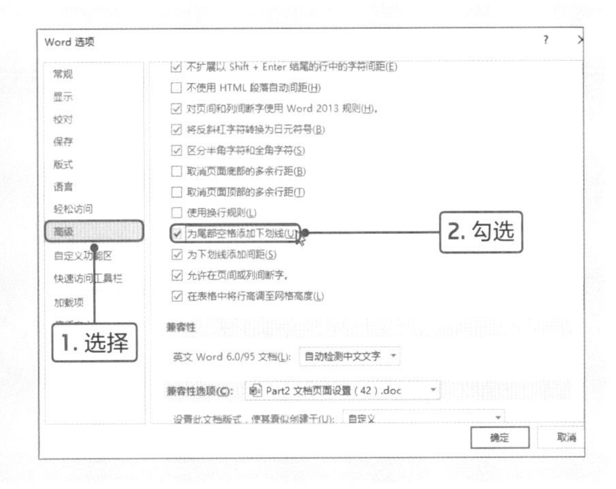

Point 4 为文档添加页码

在编辑长文档时，由于页面比较多，为了防止打印后纸张顺序颠倒，用户可以为其添加页码。页码添加后，还可以根据需要对页码的格式进行编辑，下面介绍具体操作方法。

1

在添加页码前，用户可以先对合同内容设置文本和段落格式。

房屋租赁合同

依据《中华人民共和国合同法》及相关法律、法规的规定，甲、乙双方在平等、自愿、协商一致的基础上，就房屋租赁的有关事宜，达成如下协议，以资共同遵守：

一、租赁房屋的基本情况

1.1 甲方将坐落于本县_____区_____ 东路_____号的房屋（以下简称“该房屋”），一间商品房出租给乙方；

1.2 该房屋国有土地使用证编号：__________，房屋所有权证编号：____________ ；

1.3 甲方已告知乙方该房屋未设定抵押。乙方对房屋的现状已经充分知悉；

1.4 该房屋交付乙方时的装修及附属设施、设备情况详见合同附件。甲、乙双方同意该附件作为甲方向乙方交付该房屋和本合同终止时乙方向甲方返还该房屋时的验收依据。

二、租赁用途

2.1 乙方向甲方承诺，租赁该……保证在租赁期间严格遵守国家法律和本市有关房屋使用和物业管理的规定；

设置文档的格式

2

切换至“插入”选项卡，单击“页眉和页脚”选项组中“页码”下三角按钮，在列表中选择“页面底端>加粗显示的数字2”选项。

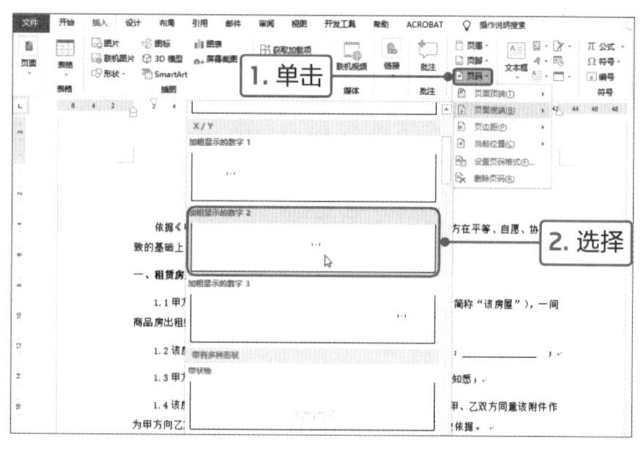

3

可见文档中除了封面外所有页面均添加页码，斜线左侧数字表示当前页码，右侧数字表示文档除了封面后总页数。

4.2 租赁期满，乙方应如期退还该房屋。乙方如需继续承租的，则应于租赁期届满 180 日之前，向甲方提出续租的书面要求，经甲方同意后，重新签订租赁合同。同等条件下，乙方享有优先承租权。

1 / 5

五、租金及支付方式：

5.1 该房屋的租金为：第一年租金计人民币________ 元（大写：________ ）。以后每年租金在前一年租金的基础上递增 %；

5.2 该房屋租金___年内不变。……进行调整。有关调整事宜由甲、乙双方签订补充协议。协议不成任何一方均可解除合同；

查看插入页码效果

4

在页码中输入相关文本后，选中所有文本，在“字体”选项组中设置字体的格式。

四、租赁期限

4.1 该房屋租赁期为 一 年。租赁期自 2011 年 3 月 1 日起至 2012 年 3 月 30 日止；

4.2 租赁期满，乙方应如期退还该房屋。乙方如需继续承租的，则应于租赁期届满 180 日之前，向甲方提出续租的书面要求，经甲方同意后，重新签订租赁合同。同等条件下，乙方享有优先承租权。

第 1 页/共 5 页

五、租金及支付方式：

5.1 该房屋的租金为：第一 …… ）。以后每年租金在前一年租金的基础上递增 ……

输入文本并设置格式

5

在“形状”列表中选择合适的形状，并在“形状样式”选项组中设置形状填充颜色为浅绿色、无轮廓。

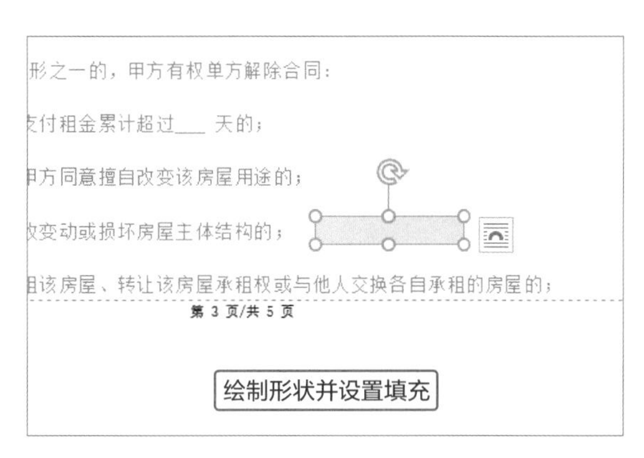

6

将形状移到页面上方，并适当调整其大小。选中形状，在“绘图工具-格式”选项卡下单击“环绕文字”下三角按钮，在下拉列表中选择“衬于文字下方”选项。

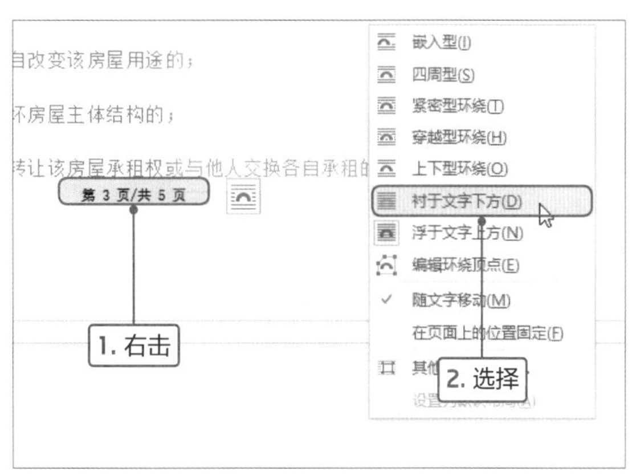

7

设置完成后，切换至“页眉和页脚工具-设计”选项卡，单击“关闭”选项组中“关闭页眉和页脚”按钮。查看添加页码的效果。

10.2 乙方有下列情形之一的，甲方有权单方解除合同：

10.21 乙方逾期不支付租金累计超过___ 天的；

10.22 乙方未征得甲方同意擅自改变该房屋用途的；

10.23 乙方擅自拆改变动或损坏房屋主体结构的；

10.24 乙方擅自转租该房屋、转让该房屋承租权或与他人交换各自承租的房屋的；

第 3 页/共 5 页

查看页码的最终效果

文档的打印

文档编辑完成后，用户可以将其打印出来传阅。在打印Word文档时，不仅可以打印当前文档，还可以利用一些小技巧打印文档。下面介绍具体操作方法。

1.打印文档中部分内容

用户在打印文档时，可以只打印其中部分内容。打开文档，在页面中选择需要打印的文本，单击“文件”标签，选择“打印”选项。在“设置”选项区域中单击“打印所有页”下三角按钮，在列表中选择“打印选定区域”选项，然后单击“打印”按钮，即可只打印选中的文本，如下图所示。

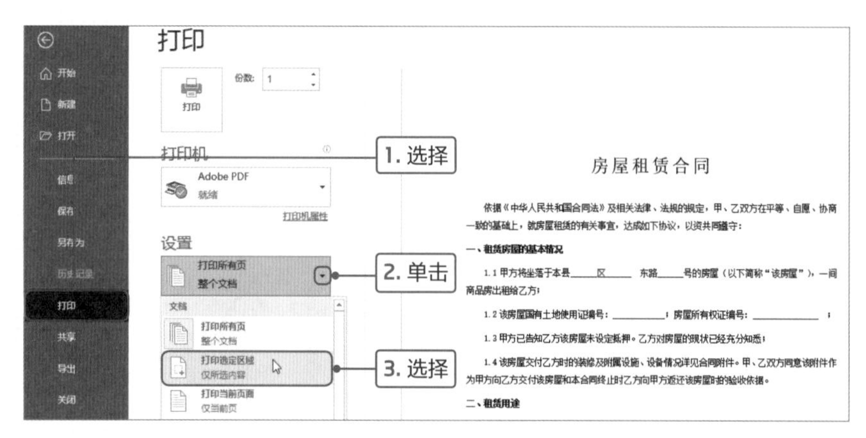

2.缩放打印

在打印文档时，默认情况下是一页内容打印在一页的，用户可以设置将多个页面打印在一页上。单击“文件”标签，选择“打印”选项。在“设置”选项区域中单击“每版打印1页”下三角按钮，在列表中选择合适的选项，然后单击“打印”按钮，即可进行缩放打印，如下图所示。

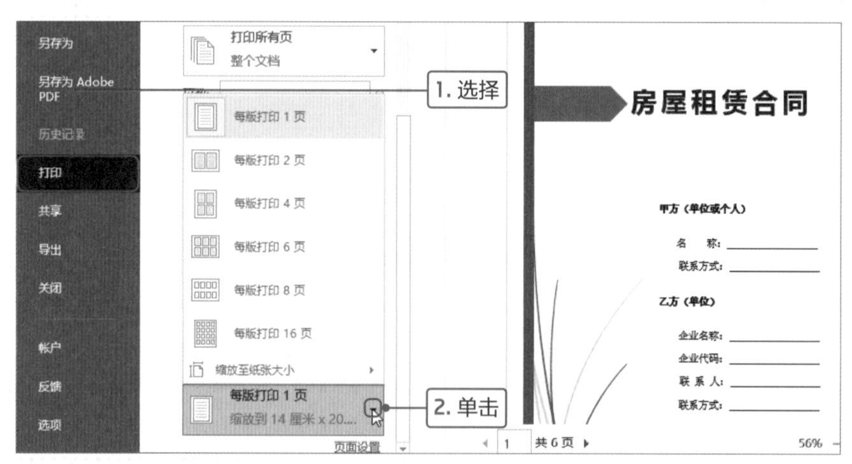

在“每打印1页”列表中包含多个预设的缩放打印版式，如每版打印2页、每版打印4页等。在列表中若选择“缩放至纸张大小”选项，还可以设置纸张的大小。

3.打印指定的页

在Word中，用户可以根据需要打印指定的页，也就是说可打印部分页面的内容。在设置打印指定的页时，可以是连续的页也可以是不连续的页，下面介绍具体的操作方法。

单击“文件”标签，选择“打印”选项。在“设置”选项区域中单击“打印所有页”下三角按钮，在列表中选择“自定义打印范围”选项，如下左图所示。在“页数”文本框中输入需要打印的页码，然后设置打印的份数，单击“打印”按钮即可，如下右图所示。

在设置需要打印的页码时，如果是连续的页码，可以使用英文半角连接符；如果是不连续的页码，需要使用英文半角的逗号隔开。

4.双面打印文档

在Word中打印文档时，可进行奇偶页双面打印操作。单击“文件”标签，选择“打印”选项。在“设置”选项区域中单击“单面打印”下三角按钮，在列表中选择“手动双面打印”选项，然后开始打印即可，如下图所示。

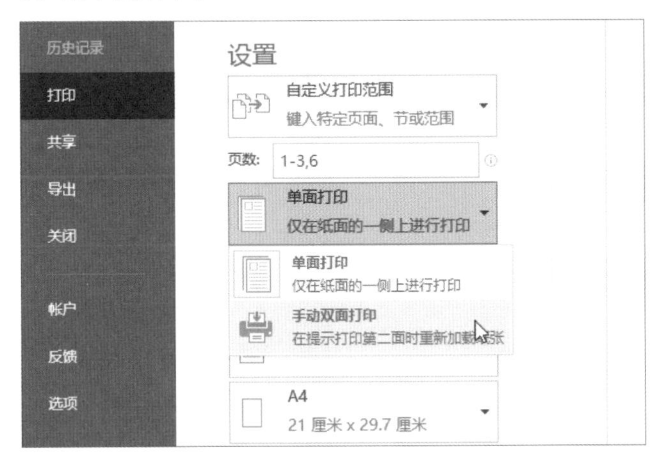

用户除了将文档打印出来与他人共享外，还可以使用OneDrive、云、电子邮件或局域网等功能实现共享。

Mission

图片
要这么用

制作公司文化手册

为了让员工更好地了解公司的文化，使员工和公司共同发展，历历哥决定制作公司文化手册。然后通过公司文化手册，对新老员工进行培训，以增强企业的向心力和凝聚力。历历哥将公司文化的相关资料发给小蔡，让他尽快整理制作成手册。小蔡觉着这种简单文字处理的工作分分钟就解决了，于是他打开Word开始忙碌。

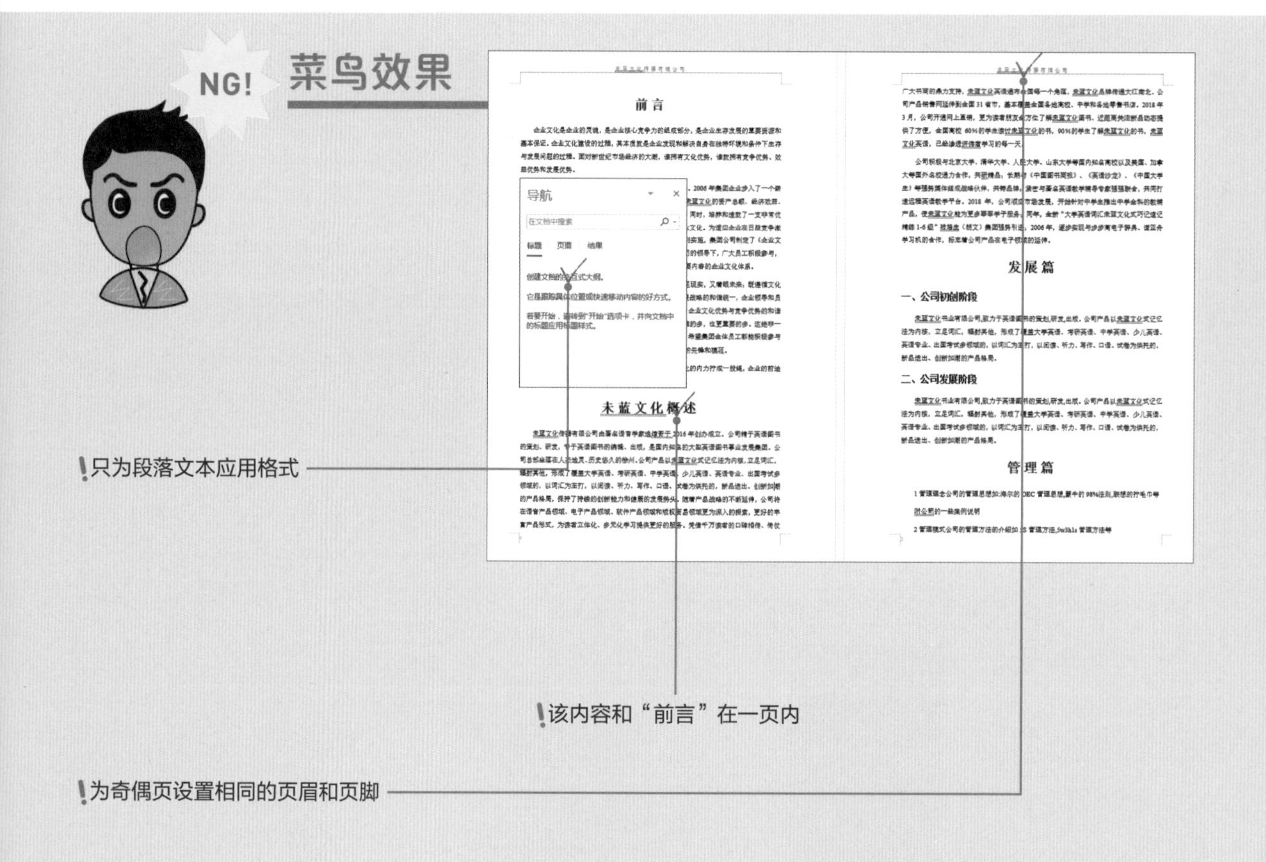

小蔡制作的公司文化手册，整体感觉层次很清晰，内容展示效果也不错，但是“前言”内容一般是单独一页的；页码都设置在页面左侧，查看偶数页页码时不符合阅读习惯；在设置段落标题时，只是设置了格式，没有应用样式，在查看内容时，不能通过“导航”窗格快速查找指定页面。

MISSION! 2

公司文化是一个组织由其价值观、信念、仪式、符号、处事方式等组成的特有的文化形象，简单而言，就是企业在日常运行中所表现出的各方各面。对于公司来说，能让员工了解公司文化，并与员工建立共同的文化体系才能使员工有归属感。在制作公司文化手册时，手册的层次要清晰、段落要明了。

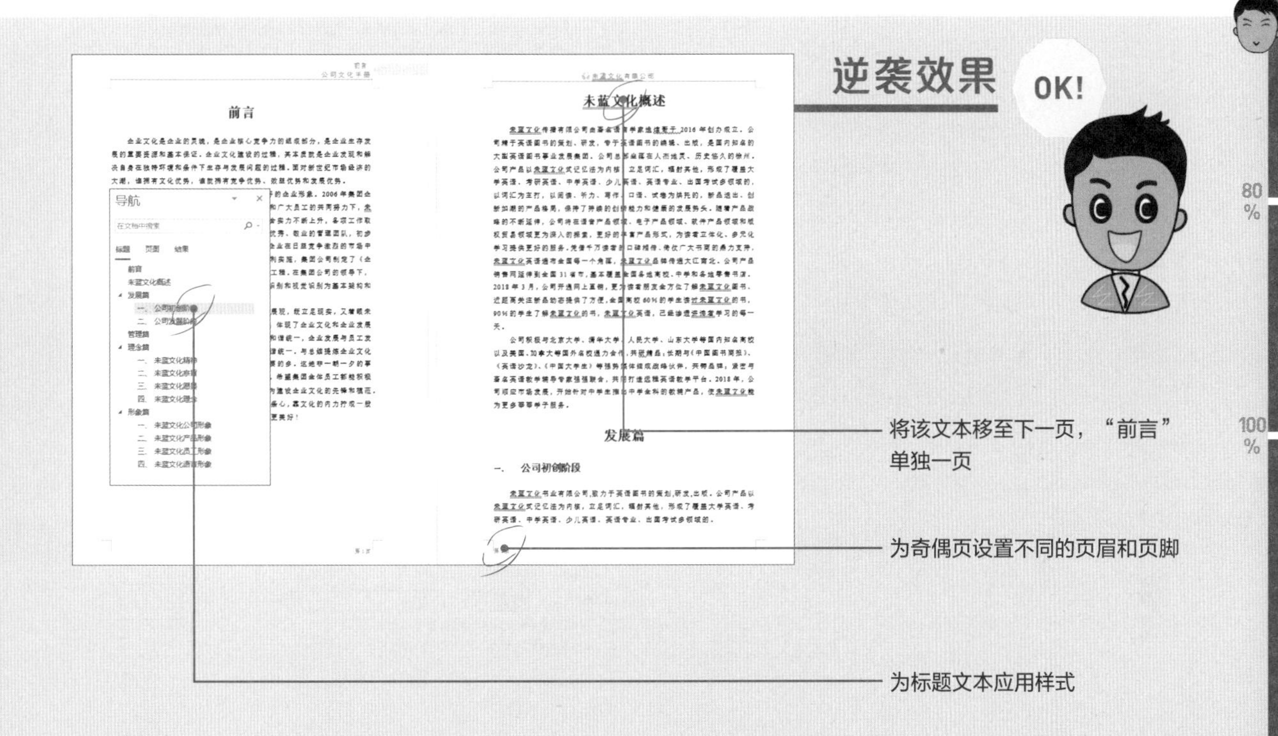

小蔡经过指点进一步修改文化手册文档，首先，将“前言”内容单独显示在一页；然后为奇偶页设置不同的页眉和页脚，在奇数页页眉设置该页标题内容，页码设置在右侧。在偶数页设置页眉显示公司名称，页码在左侧；最后为段落标题文本应用不同的样式，可以更清晰地查看文档的层次结构。

Point 1 设置文本和段落格式

在文档中输入公司文化手册的相关内容后，将每章的标题和节标题单独显示在一行。所有文本均为默认的格式，为了减少阅读者对文本的阅读压力，可以设置文本和段落格式，下面介绍具体操作方法。

1

打开Word文档，输入相关内容后，按Ctrl+A组合键全选文本。然后单击“段落”选项组中对话框启动器按钮。

2

打开“段落”对话框，在“缩进和间距”选项卡的“间距”选项区域中设置段前、段后以及行距的值，单击“确定”按钮。

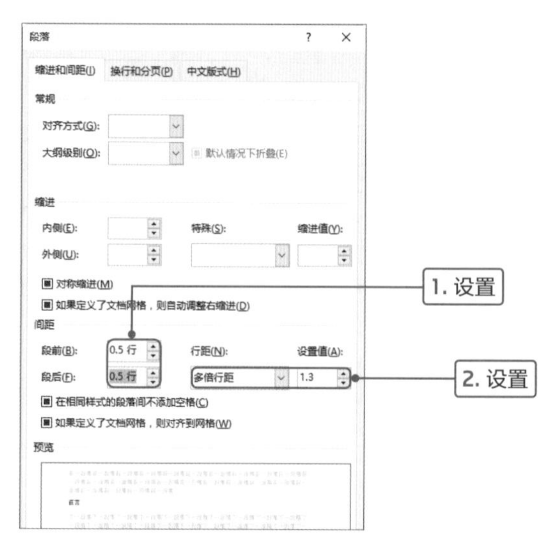

3

按住Ctrl键依次选择每章中的节标题文本，单击“段落”选项组中“编号”下三角按钮，在列表中选择合适的编号样式。
根据相同的方法，为其他需要添加编号的文本设置编号。

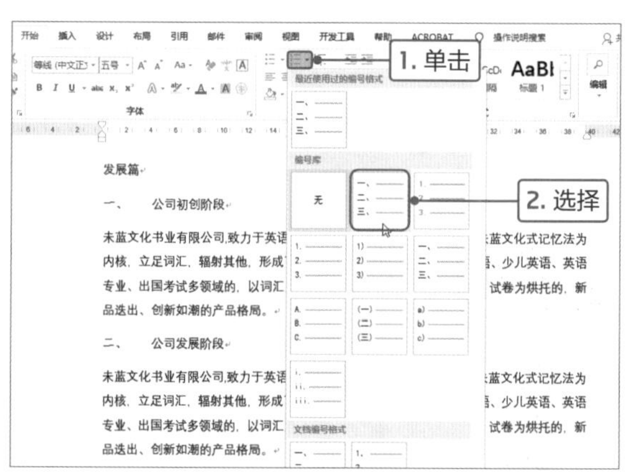

4

接着再为每段文本设置首行缩进。按住Ctrl键选择除标题文本的所有段落，然后单击“段落”选项组的对话框启动器按钮。

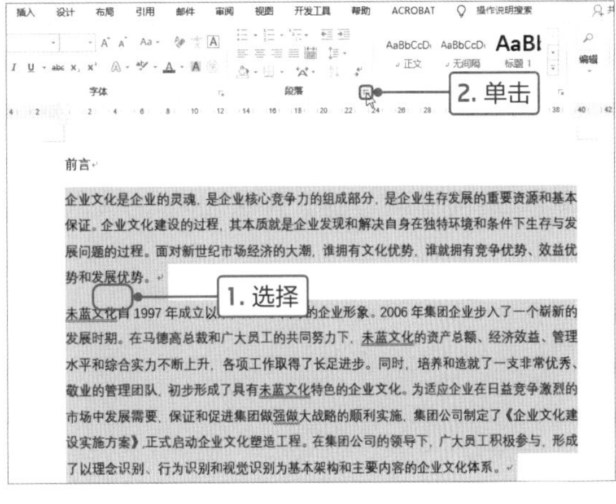

5

在打开的“段落”对话框中设置首行缩进2个字符，单击”确定“按钮。

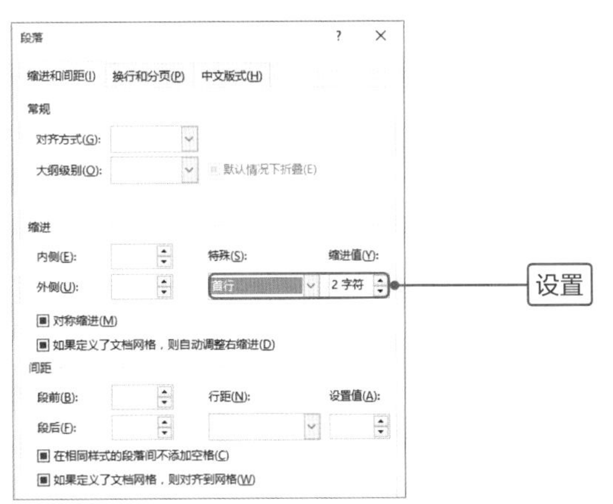

6

返回文档中，可见选中的段落首行向右缩进两个字符。至此，文本的格式设置完成，可见文档段落清晰、行距适当，适合阅读。

前言

企业文化是企业的灵魂，是企业核心竞争力的组成部分，是企业生存发展的重要资源和基本保证。企业文化建设的过程，其本质就是企业发现和解决自身在独特环境和条件下生存与发展问题的过程。面对新世纪市场经济的大潮，谁拥有文化优势，谁就拥有竞争优势、效益优势和发展优势。

未蓝文化自 2017 年成立以来，树立了良好的企业形象。2018 年集团企业步入了一个崭新的发展时期。在总裁和广大员工的共同努力下，未蓝文化的资产总额、经济效益、管理水平和综合实力不断上升，各项工作取得了长足进步。同时，培养和造就了一支非常优秀、敬业的管理团队，初步形成了具有未蓝文化特色的企业文化。为适应企业在日益竞争激烈的市场中发展需要，保证和促进集团做强做大战略的顺利实施，集团公司制定了《企业文化建设实施方案》正式启动企业文化……广大员工积极参与，形成了以理念识别、行为识别和视觉识别为基本架构和主要内容的企业文化体系。

查看设置格式效果

Tips 快速缩进段落

将光标定位在需要设置段落缩进的文本中，在“开始”选项卡的“段落”选项组中单击“增加缩进量”或“减少缩进量”按钮，进行相应的段落缩进操作，则整段文本会进行缩进，如右图所示。

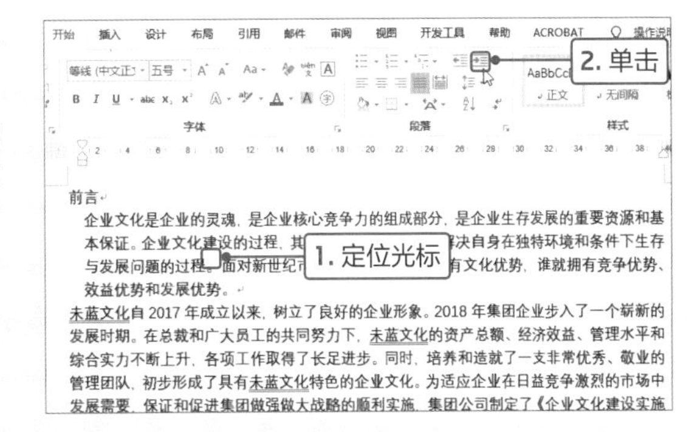

Point 2 为标题文本应用样式

样式是一种带有名称且保持在文档或模板中的格式设置集合，Word 2019提供了多种不同的文本样式集。在本案例中，将为不同级别的标题应用不同的样式，下面介绍具体操作方法。

1

选择“前言”文本，切换至“开始”选项卡，单击“样式”选项组中“其他”按钮，在列表中选择“标题2”样式。可见选中文本应用了该样式。

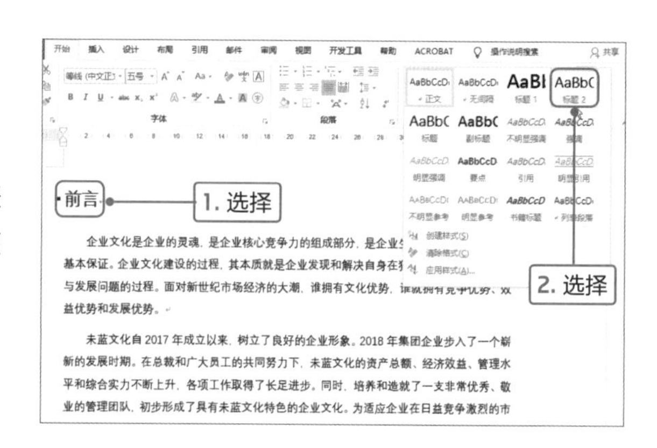

2

接着为相同级别的文本应用“标题2”样式。用户也可以使用“格式刷”功能快速应用相同样式。操作方法为：选中“前言”文本，双击“剪贴板”选项组中“格式刷”按钮。

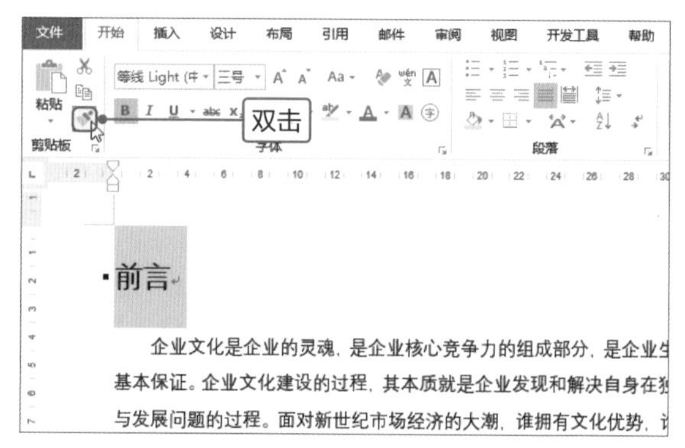

3

然后依次选中需要应用相同级别的文本，如“未蓝文化概述”文本，则该文本应用了“前言”文本的样式。

Tips 清除应用的样式

如果需要清除为文本应用的样式，则选中该文本，单击“样式”选项组的“其他”按钮，在列表中选择“清除格式”选项即可。

4

按住Ctrl键选中节标题文本，在“样式”选项组的“其他”列表中选择“标题3”样式，即可为选中的文本应用该样式。

5

可见标题2和标题3文本大小差别不大，为了使标题层次更清晰，可以对标题样式进行修改。在列表中右击“标题3”样式，在快捷菜单中选择“修改”命令。

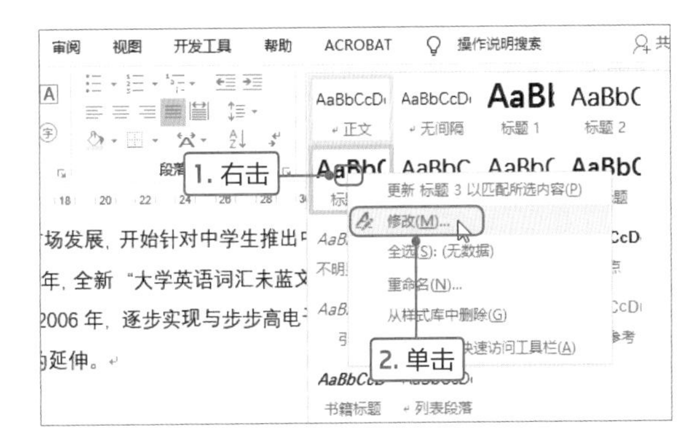

6

打开“修改样式”对话框，用户可以在“格式”选项区域中设置文本格式，也可通过对话框更详细地设置，即单击“格式”下三角按钮，在列表中选择“字体”选项。

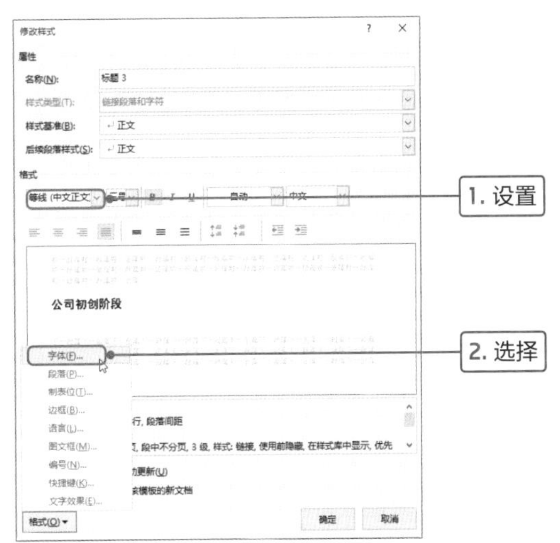

7

打开“字体”对话框，在“字体”选项卡中设置文本的格式，也可以在“高级”选项卡中设置字符间距等参数，设置完成后单击“确定”按钮。

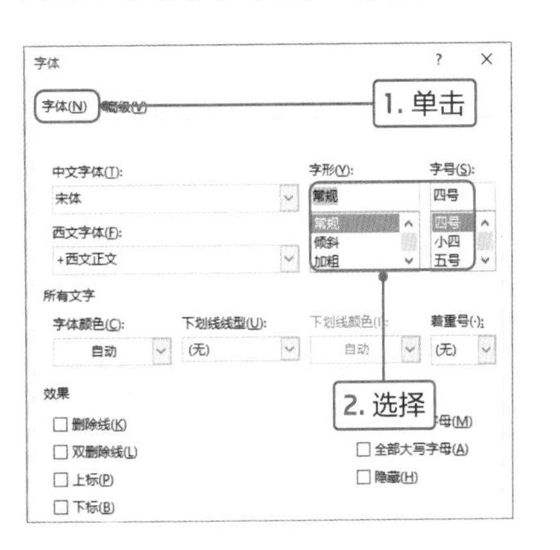

8

返回“修改样式”对话框，根据相同的方法打开“段落”对话框，设置段落的格式，如段前、段后和行距等，最后单击“确定”按钮。

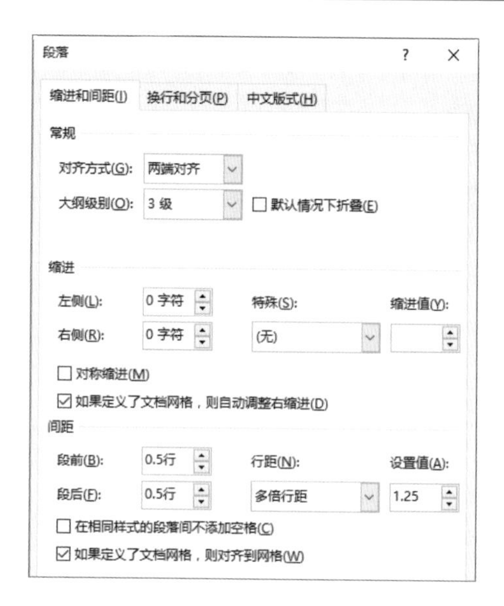

9

返回上级对话框，单击“确定”按钮，可见应用标题3样式的文本自动修改为设置的样式。然后在标题前添加标号，使顺序更加清楚。

发展篇

一、公司初创阶段

未蓝文化书业有限公司,致力于英语图书的策划,研发,出法为内核，立足词汇，辐射其他，形成了覆盖大学英语、考英语专业、出国考试多领域的，以词汇为主打，以阅读、听力新品迭出、创新如潮的产品格局。

二、公司发展阶段

10

根据相同的方法对“标题2”样式进行修改，用户根据个人需要修改即可，此处，不再进行详细介绍。

发展篇

一、公司初创阶段

未蓝文化书业有限公司,致力于英语图书的策划,研发,出版。公司产品以未蓝文化式记忆法为内核，立足词汇，辐射其他，形成了覆盖大学英语、考研英语、中学英语、少儿英语、英语专业、出国考试多领域的，以词汇为主打，以阅读、听力、写作、口语、试卷为烘托的，新品迭出、创新如潮的产品格局。

二、公司发展阶段

11

段落标题文本的样式应用完成后，要查看效果，则切换至“视图”选项卡，在“显示”选项组中勾选“导航窗格”复选框，可见在文档的左侧显示“导航”导航窗格，在“标题”选项区域中显示应用样式的文本，可以清晰查看文档的内容结构。

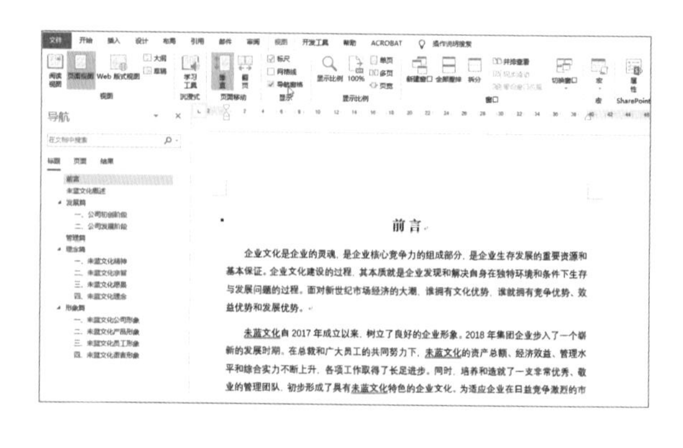

Point 3 设置段落换行

在制作长文档时，“前言”的内容一般是单独显示在页上的，所以需要将多余的文本显示在下一页。如果在一页开头有一行文本，还可以进行进一步设置，下面介绍具体操作步骤。

1

要将“前言”内容单独显示在一页，则将光标定位在“未蓝文化概述”文本左侧，单击“段落”选项组的对话框启器按钮。

2

打开“段落”对话框，切换至“换行和分布”选项卡，在“分页”选项区域中勾选“段前分页”复选框，然后单击“确定”按钮。

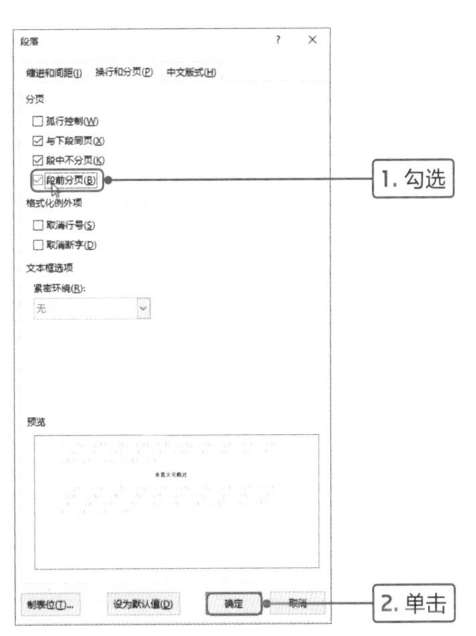

3

返回文档中，可见光标后面的所有文本均显示在下一页，“前言”内容单独显示在一页。

有的用户会使用空格将文本移到下一页，但是该方法在打印或其他排版时很容易出现版式问题。

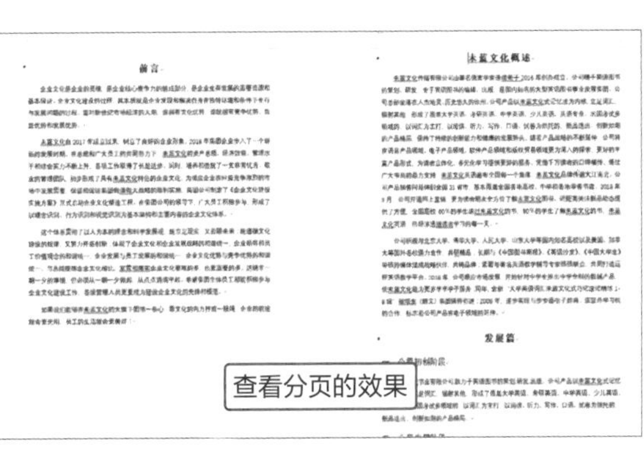

4

在文档中难免会出现在一页第一行显示上一段文本的内容，此时需要进行相关设置才能符合排版要求。首先将光标定位在该行，单击“段落”选项组的对话框启动器按钮。

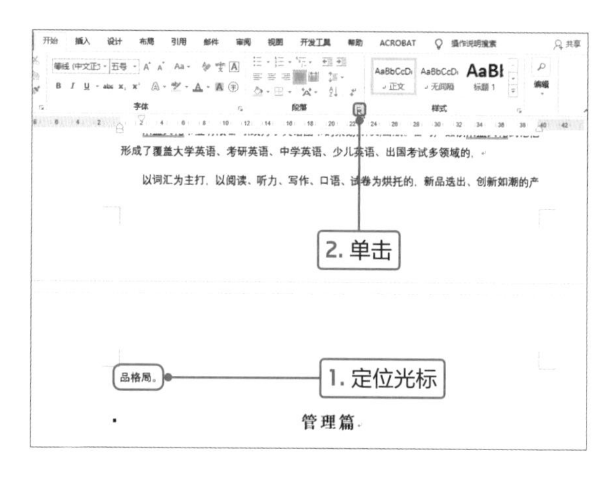

5

在打开的“段落”对话框中勾选“孤行控制”复选框，单击“确定”按钮。

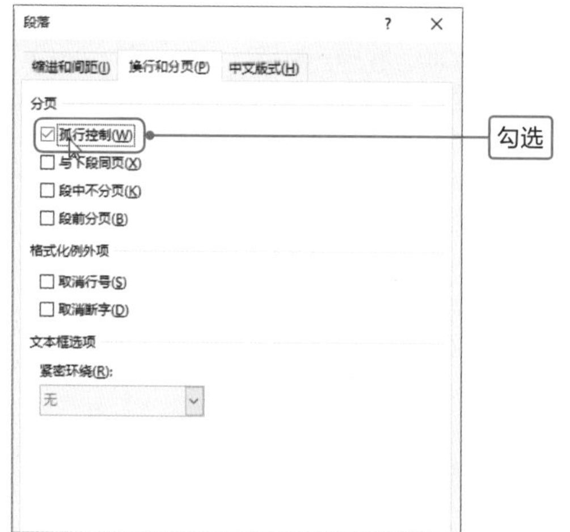

6

可见Word将上一页中一行文本调整到该页面中，这样使得该页面看起来更加完整。

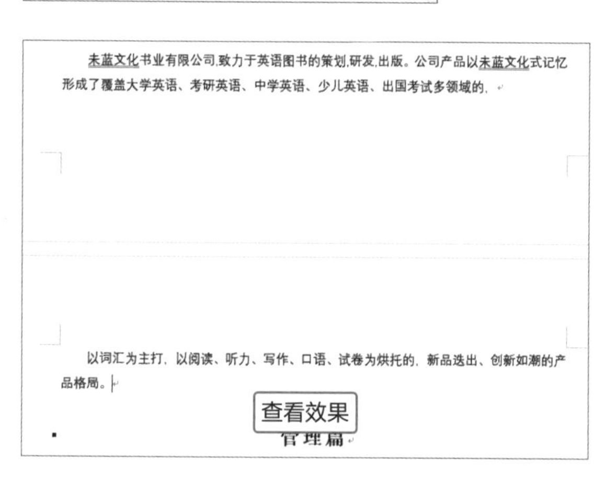

“分页”选项区域中各复选框的含义

- 孤行控制：该复选框会使Word自动调整分页，以避免将段落的第一行留在上页，或将段落的最后一行推至下一页。
- 与下段同页：该复选框可使当前段落与下一段落共处于同一页中。
- 段中不分页：该复选框会使一个段落的所有行共处于同一页中，中间不得分页。
- 段前分页：该复选框可使当前段落排在新页的开头。

Point 4 添加页眉和页脚

在制作公司文化手册文档时，可以添加页眉和页脚，然后在页眉中输入企业的名称和Logo，在页脚中插入页码、时间等。用户还可以为奇偶页设置不同的页眉和页脚，下面介绍具体操作步骤。

1

将光标定位在文档中，切换至“插入”选项卡，单击“页眉和页脚”选项组中“页眉”下三角按钮，在列表中选择“运动型（奇数页）”选项。

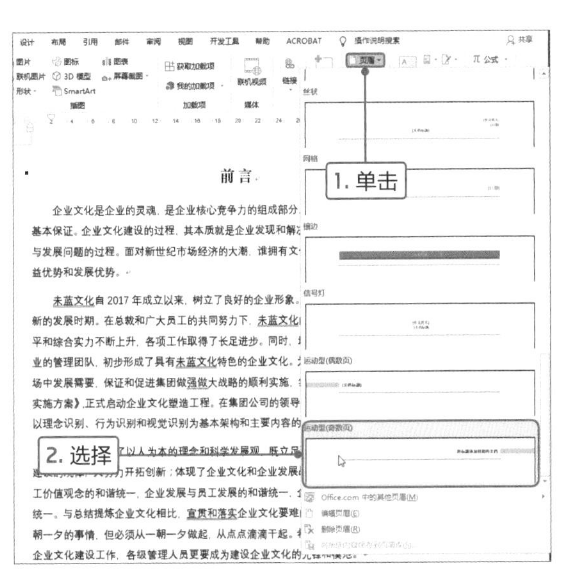

2

操作完成后，可以看到每页的页眉均为可编辑状态，切换至“页眉和页脚工具-设计”选项卡，在“选项”选项组中勾选“奇偶页不同”复选框，然后在奇数页页眉中编辑文字，并设置文字的格式。

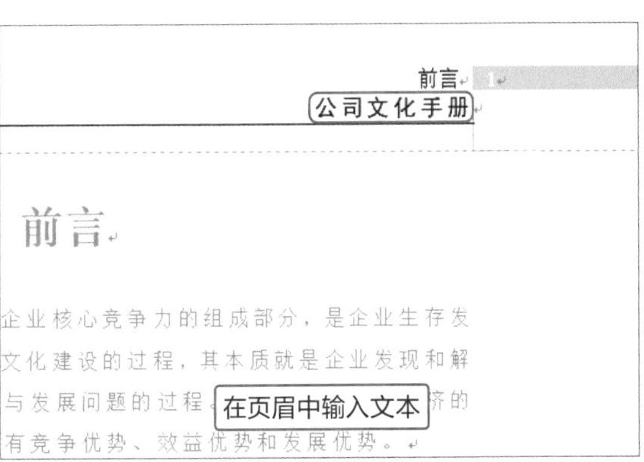

3

删除形状中的文本，并选中该形状，切换至“绘图工具-格式”选项卡，单击“插入形状”选项组中“编辑形状”下三角按钮，在列表中选择“更改形状”选项，在子列表中选择合适的形状。

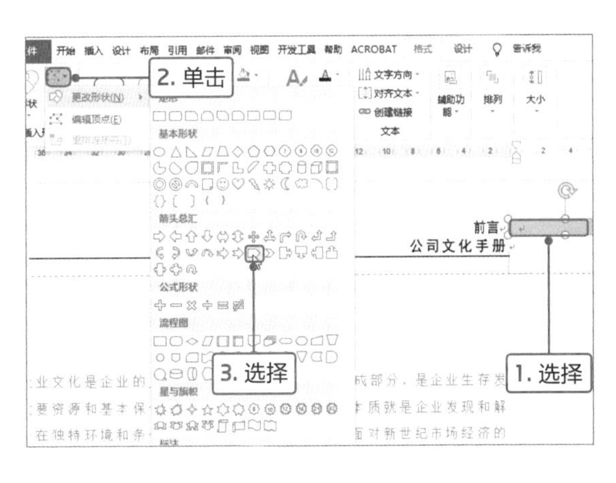

4

在“排列”选项组中单击“旋转”下三角按钮，在列表中选择“水平翻转”选项。在“形状样式”选项组中设置形状的填充颜色为浅蓝色。

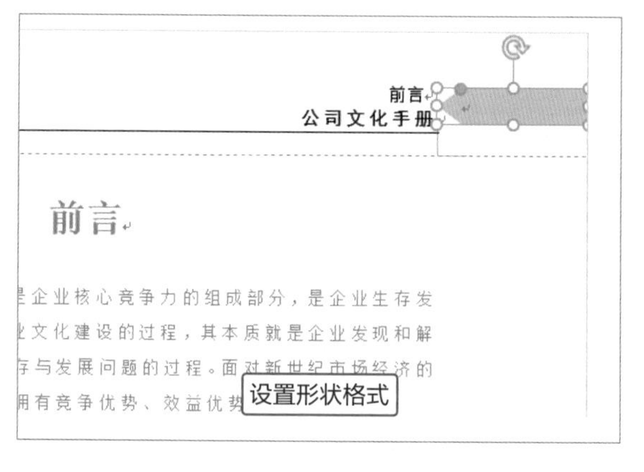

5

切换至偶数页页眉，然后在“插入”选项卡下单击“插图”选项组的“图片”按钮。

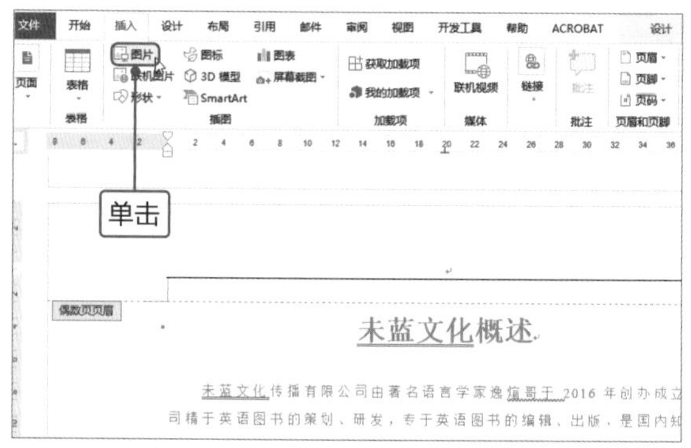

6

在打开的对话框中选择企业Logo图片，单击“插入”按钮。

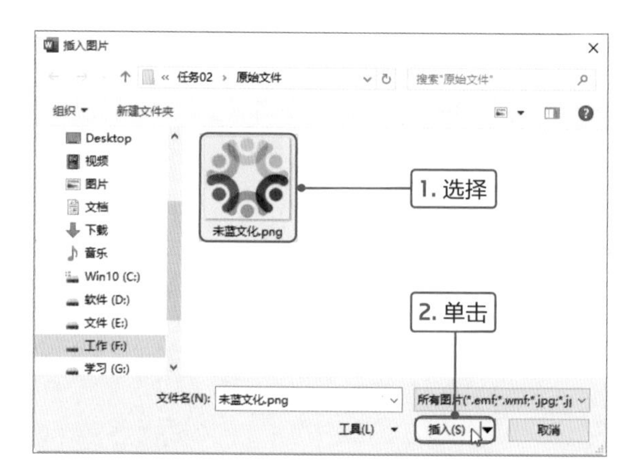

7

适当调整Logo图片的大小，并设置图片浮于文字上方。然后在页眉中输入公司名称并设置格式。

偶数页页眉设置效果

8

将光标定位在奇数页的页脚，切换至“页眉和页脚工具-设计”选项卡，单击“页眉和页脚”选项组中“页码”下三角按钮，在列表中选择合适选项。

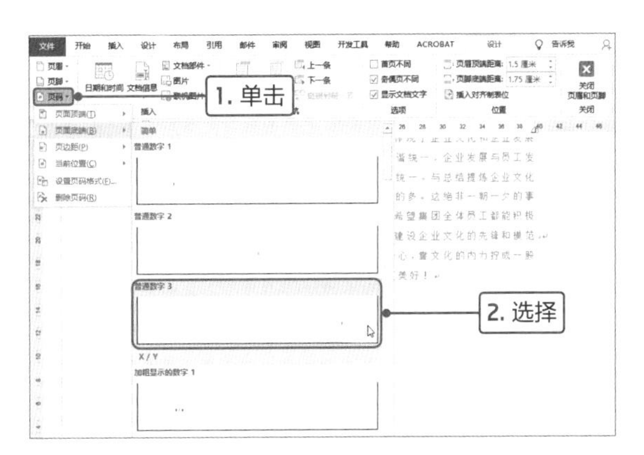

9

即可在奇数页页脚的右侧应用选中的页码，然后输入相关文本，并设置文本格式。

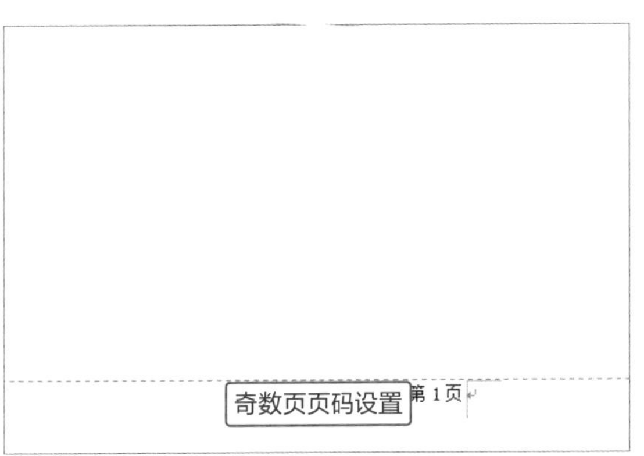

10

根据相同的方法在偶数页页脚的左侧插入页码，并设置。至此，公司文化手册制作完成。

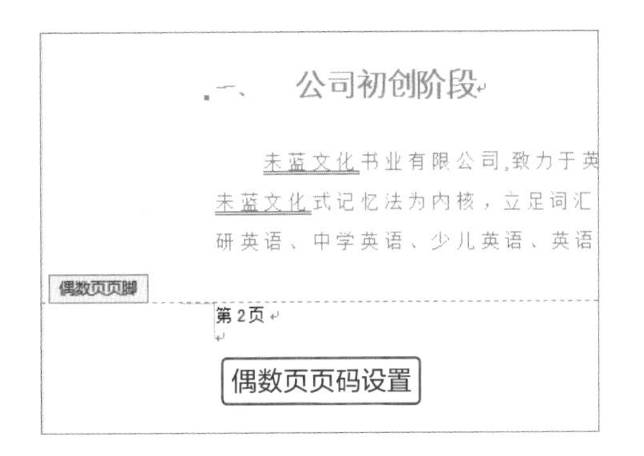

Tips **设置页码格式**

在“页码”列表中选择“设置页码格式”选项，打开“页码格式”对话框，设置页码的编号格式等参数即可。在“页码格”对话框中若勾选“包含章节号”，则可以将章节号插入到面码中；若选择“续前节”单选按钮，表示接着上一节的页码连续设置页码；若选择“起始页码”单选按钮，则在右侧数值框中设置起始的页码数。

高效办公

插入分隔符和设置页脚样式

为了使文档整体显示效果更加专业，我们还可以对部分文本设置分隔符、页眉和页脚。下面介绍分隔符和页脚的设置方法。

1.插入分隔符

分隔符包括分页符和分节符。在Word中，当页面中内容充满时，会自动插入一个分页符并开始新的一页。用户也可以根据需要强制分页，像上述使用“段前分页”功能将内容分页。

分节符是指为表示节的结尾插入的标记，它起着分隔前面文本格式的作用，如果删除某个分节符，前面的文本会合并到后面章节中并应用后面的格式。

打开文档，将光标定位在需要插入分节符的位置，如“三、未蓝文化员工形象”文本左侧，切换至“布局”选项卡，单击“页面设置”选项组中“分隔符”下三角按钮，在下拉列表的“分节符”区域中选择“下一页”选项，如下左图所示。此时在文档中插入一个分节符，光标后的文本切换至下一页，如下右图所示。

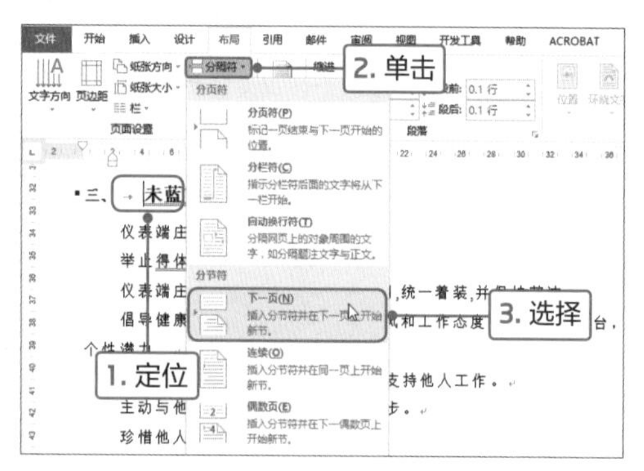

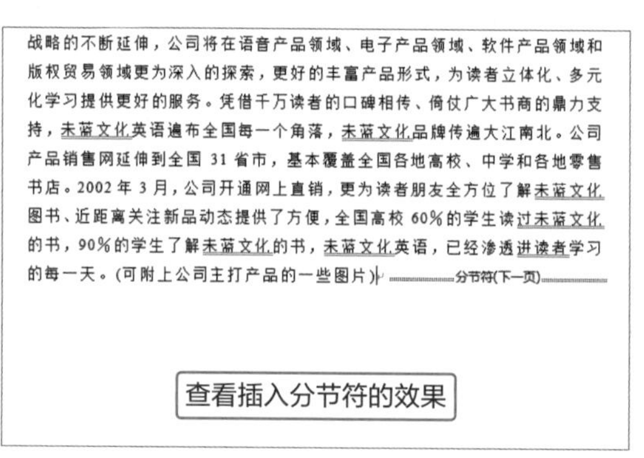

如果用户在页面中看不到分节符，可以切换至“开始”选项卡，单击“段落”选项组中“显示/隐藏编辑标记”按钮，即可显示分节符。

分页符也是一种符号，显示在一页结束或下一页开始的位置。将光标定位在需要插入分页符的位置，如“未蓝文化概述”文本左侧，单击“分隔符”下三角按钮，在列表中选择“分页符”选项，如下左图所示。即可在光标处插入分页符，光标后面文本移至下一页，如下右图所示。

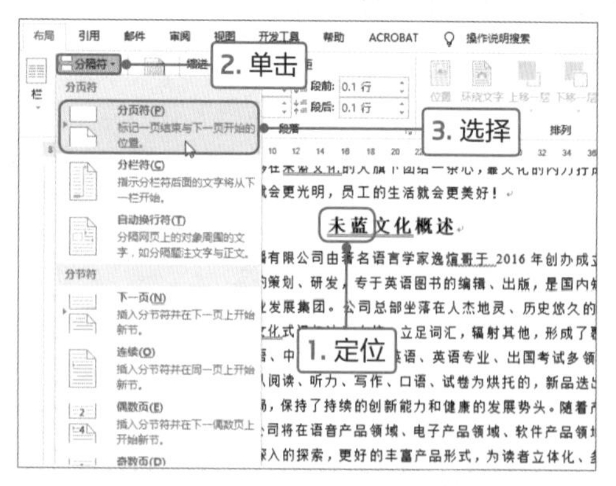

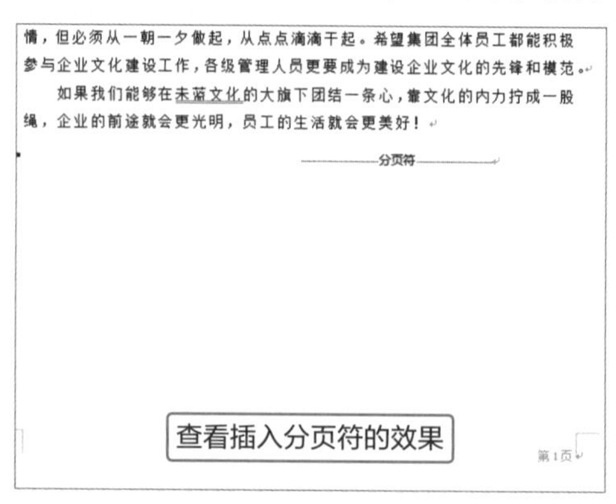

除了上述介绍的插入分页符的方法外，用户还可以定位光标，切换至“插入”选项卡，单击“页面”选项组中“分页”按钮，如下图所示。即可完成分页符的插入。

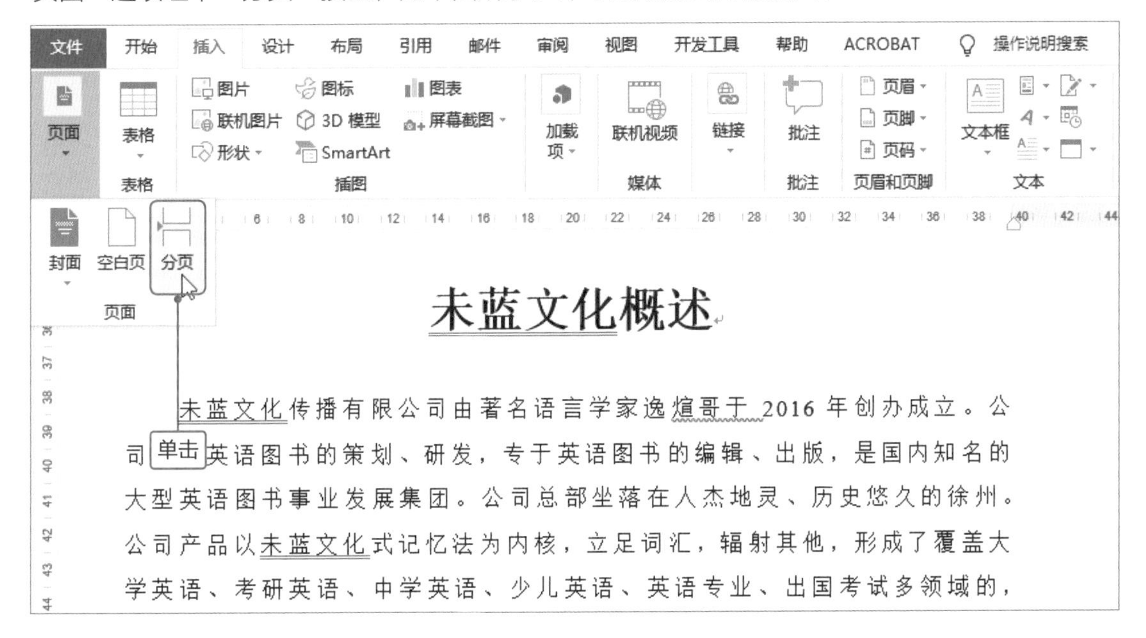

2.设置页脚的显示信息

在页眉和页脚中可以显示文档的附加信息，下面介绍设置页脚显示信息的方法。在页脚处双击，将光标定位在页脚中。然后切换至“页眉和页脚工具-设计”选项卡，单击“插入”选项组中“日期和时间”按钮，如下左图所示。在打开的对话框中选择合适的日期显示方式，单击“确定”按钮，即可在页脚中显示日期，如下右图所示。

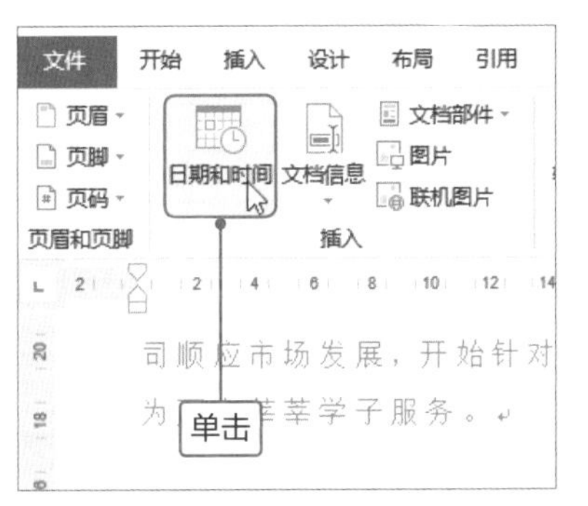

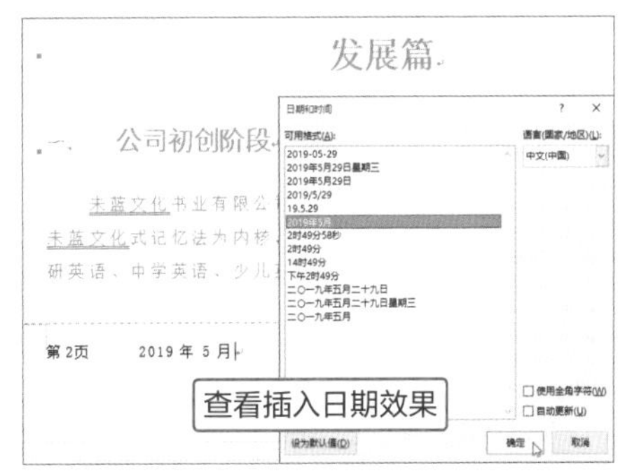

用户还可以在页脚中插入文档的相关信息，即单击“插入”选项组中“文档信息”下三角按钮，在列表中选择合适的选项即可。如作者、文件名、文件路径、文档标题等信息。

图片
要这么用

制作公司文化手册目录

历历哥在早会后夸奖小蔡制作的公司文化手册布局合理、内容符合公司的需要。但是还缺少目录内容，所以小蔡还需辛苦一下，制作手册的目录。小蔡恍然大悟，一心放在如何制作好公司文化手册的内容上，结果把重要的部分给遗忘了。他欣然接受历历哥的任务，并保证尽快完成任务，因为他知道如何制作目录页。

NG! 菜鸟效果

目 录

!不需要将“前言”显示在目录中

!标题的等级不是很明显

!使用楷体字体，并设置倾斜显示，辨识度不高

小蔡快速在文档最前面插入空白页并提取目录，因此“前言”内容显示在目录中，但正式文档前言是在目录之前的，所以不该显示在目录中；设置目录文本的字体为楷体、倾斜显示，文本的辨识度不高，浏览者很难认清文字；在设置标题等级时，没有设置正确，导致标题等级层次不清。

MISSION! 3

公司文化手册制作完成后，还需要添加目录，通过目录可以很清晰地了解文档的页数、内容、层次和结构等。因为是公司文化手册，所以对于目录页的制作要求不要过于花哨，侧重商务，简洁、明了、清晰即可。在制作目录内容时，采用统一的字体，通过字号和加粗区分不同级别的文本。

目 录

逆袭效果 OK!

没有显示“前言”内容

标题等级很明显，层次清晰

使用宋体字体，使整个文档很整齐

小蔡对文档中各标题的样式进行重新设置，并清除“前言”的样式，因此在目录中不显示该内容；设置目录文本的字体为宋体，显得很正式，而且辨识度提高了；最后为不同标题等级应用不同的文本格式，增加目录层次感，浏览者可以通过目录清楚了解文档的结构。

Point 1 修改文档的标题样式

在目录中若不需要包括“前言”，所以需要设置该文本的格式，同时还需要对各级标题进行修改。若文档中应用相同的样式，无法明确显示标题的级别，下面介绍修改文档中标题样式的具体操作方法。

1

打开“公司文化手册.docx”文档，选中“前言”文本，切换至“开始”选项卡，单击“样式”选项组中“其他”按钮，在列表中选择“清除格式”选项。然后在“字体”选项组中设置“前言”文本的格式。

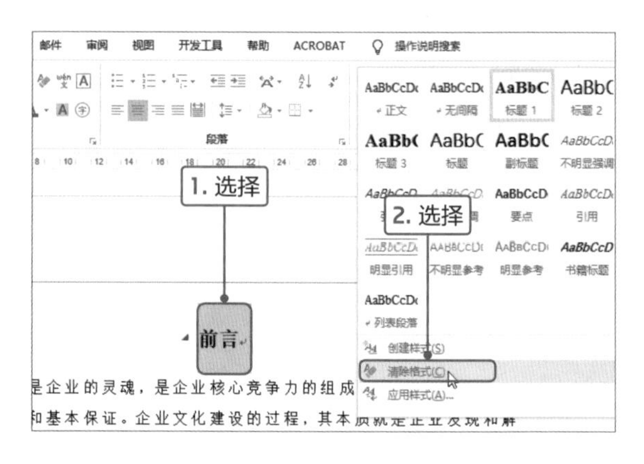

2

按住Ctrl键选择二级标题文档，在“样式”选项组中“其他”列表中选择“标题2”样式，为其降级。

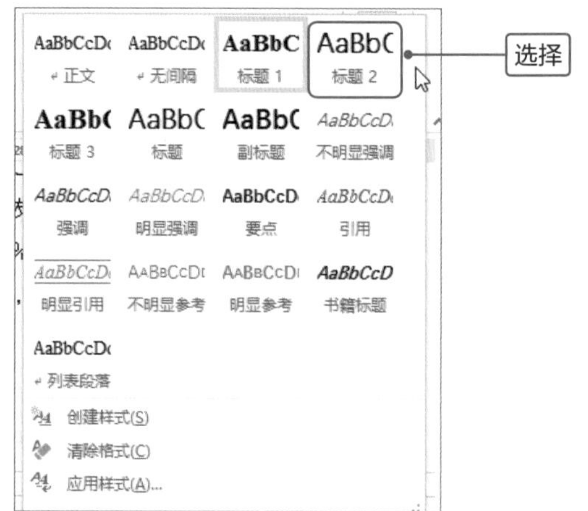

3

然后设置标题2的样式，如字体格式和段落格式。根据相同的方法再设置标题1的格式，使其能够区分不同级别。在修改不同级别标题的格式时，一定要注意，字号为加粗的使用。级别高的标题字号大点并且可以加粗，级别低的标题字号要小点。为了使文档更正式、专业，目录文本的字体最好和正文一致。

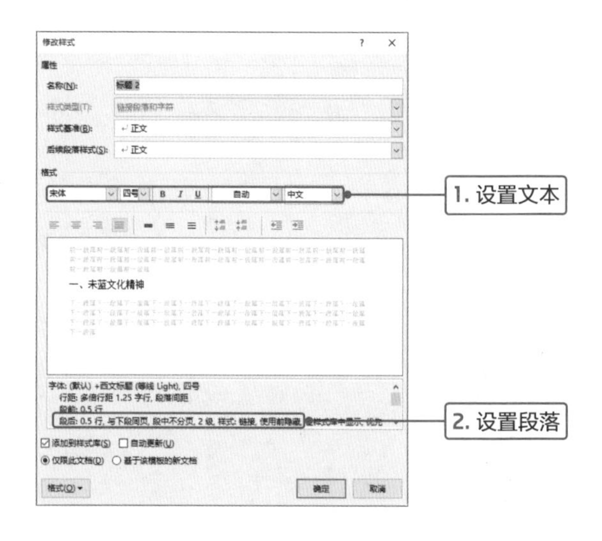

Point 2 快速提取目录

在文档中设置完标题样式后，用户可以通过“目录”功能快速准确地提取目录，不必逐个输入。下面介绍具体的操作方法。

1

首先需要插入空白页，将光标定位在“未蓝文化概述”文本的左侧，切换至“插入”选项卡，单击“页面”选项组中“空白页”按钮。

2

在空白页中输入“目录”文本，然后在“字体”选项组中设置字体格式，在“段落”选项组中设置段落格式。将光标定位在下一行，切换至“引用”选项卡，单击“目录”选项组中“目录”下三角按钮，在列表中选择“自定义目录”选项。

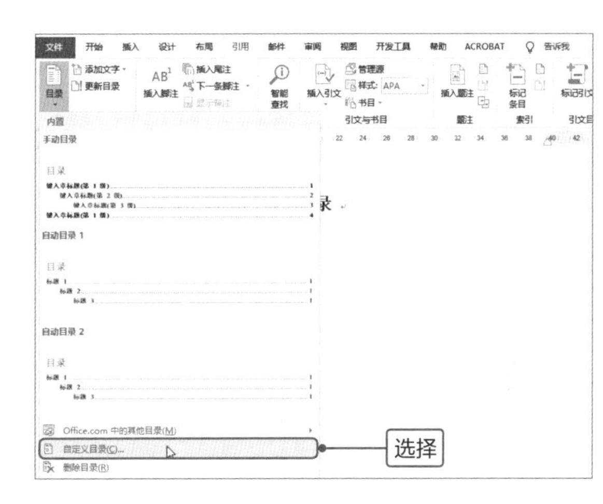

3

打开“目录”对话框，在“目录”选项卡的“常规”选项组中设置“格式”为“正式”，其他参数保持不变，单击“确定”按钮。
用户可以单击“制表符前导符”右侧下三角按钮，在列表中选择合适的线条样式。

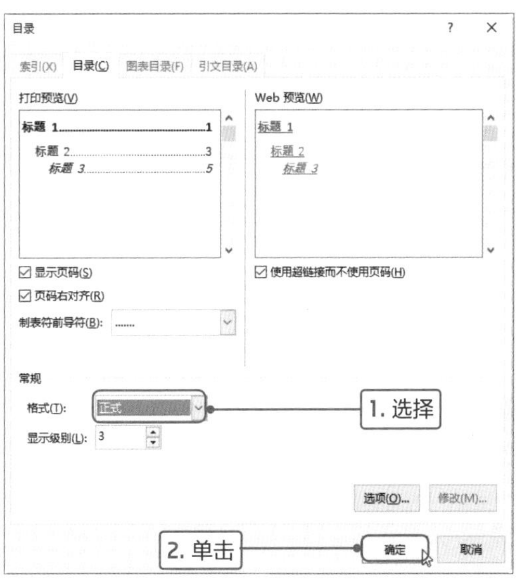

4

操作完成后，返回文档中，可见在光标处提取文档中设置标题样式的文本，并在右侧显示对应的页码。其中应用“标题2”的文本向右缩进1个字符，可以很好地区分不同级别的标题。

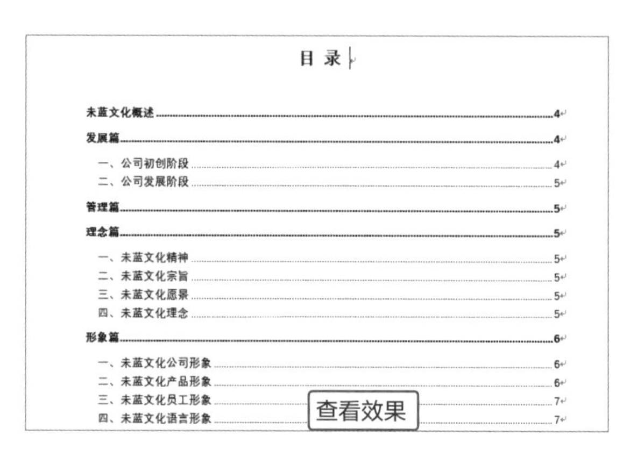

Tips **自动提取目录**

在“目录”下拉列表中若选择“自动目录1”或“自动目录2”选项，则可在光标插入点自动生成目录。

5

当光标移到目录文本上方，会显示“按住Ctrl键并单击可访问链接”提示，例如在“管理篇”文本上按住Ctlr键单击。

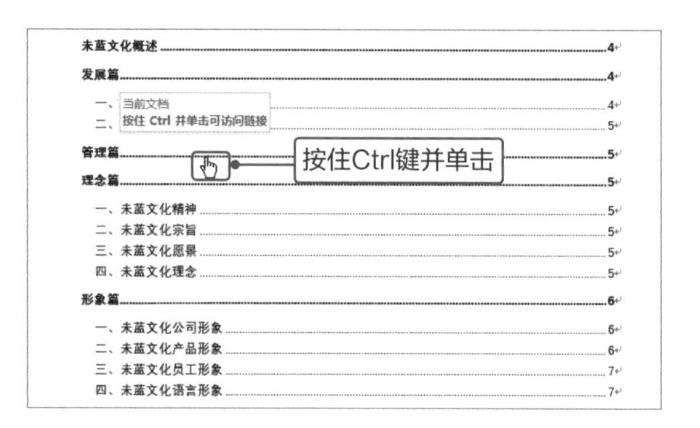

Tips **取消目录中的链接**

再次打开“目录”对话框，取消勾选“使用超链接而不使用页码”复选框，单击“确定”按钮，在弹出的提示对话框中单击“确定”按钮即可。

6

则系统自动跟踪链接，跳转到“管理篇”的页面，并且光标定位在该文本的最前面。

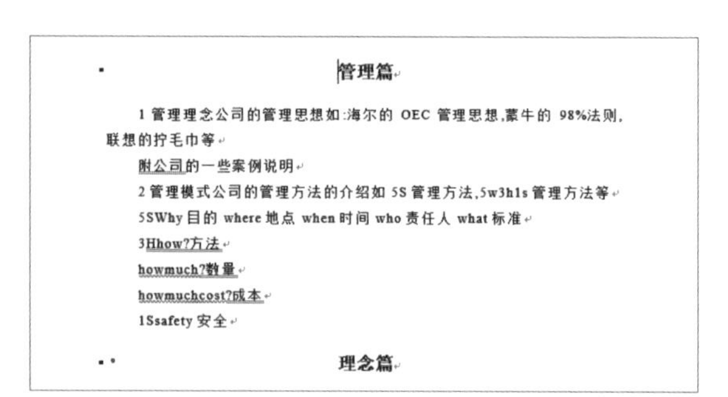

Tips **应用内置格式**

在“目录”对话框中，单击“格式”下三角按钮，在列表中包含“古典”、“优雅”、“流行”、“现代”、“正式”和“简单”几种格式，用户直接选择相应的格式即可。

Point 3 编辑目录格式

目录插入后，其文本为默认的格式，用户可以通过对其进行编辑，设置不同的文本格式以区别标题的级别。下面介绍编辑目录格式的具体操作方法。

1

首先切换至“引用”选项卡，单击“目录”选项组中“目录”下三角按钮，在列表中选择“自定义目录”选项，打开“目录”对话框，单击“修改”按钮。

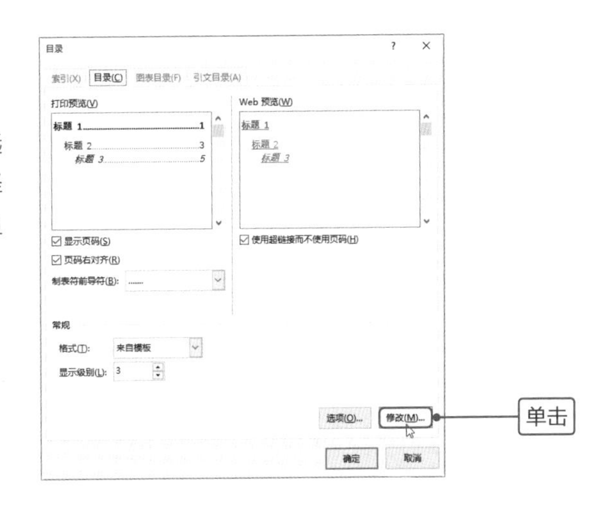

2

打开“样式”对话框，在“样式”选项框中选择需要修改的目录，此处选择“TOC1”，单击“修改”按钮。

在“预览”选项区域中可以查看选中目录的效果以及目录的格式参数。

1. 选择

2. 单击

3

打开“修改样式”对话框，修改目录1的相关参数，设置文本的字体为“宋体”、字号为四号并加粗显示，单击“确定”按钮。用户也可以单击“格式”下三角按钮，在列表中选择合适的选项，在打开的对话框中设置相关参数。

设置目录1的格式

4

返回“样式”对话框，然后根据相同的方法设置目录2的格式。其字号比目录1小点，并取消加粗显示。

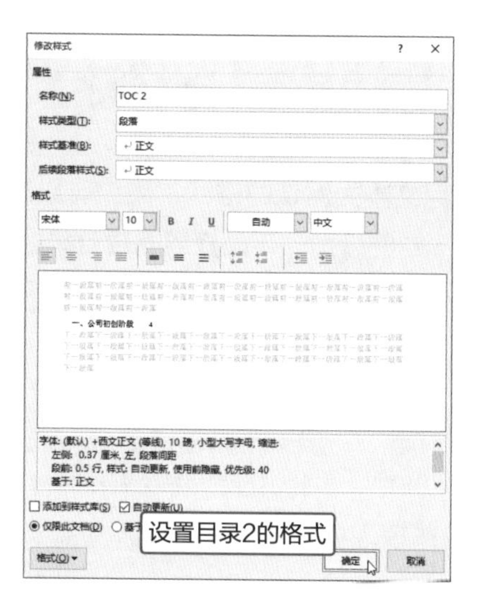

5

然后依次单击“确定”按钮，在弹出的系统提示对话框中单击“确定”按钮，替换原目录。

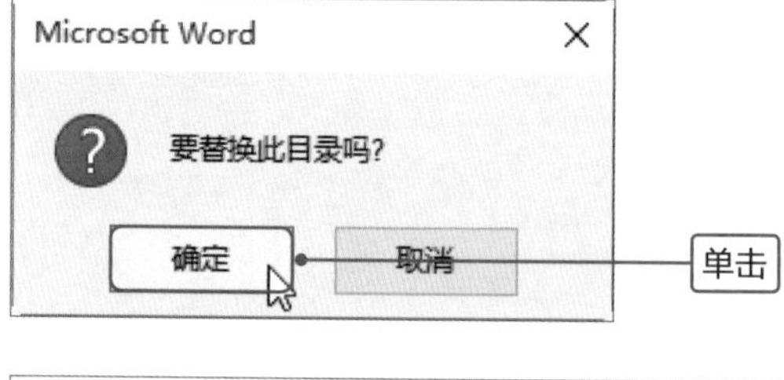

6

返回文档中，可见目录应用了设置的格式。通过文本的大小即可区分标题的等级。

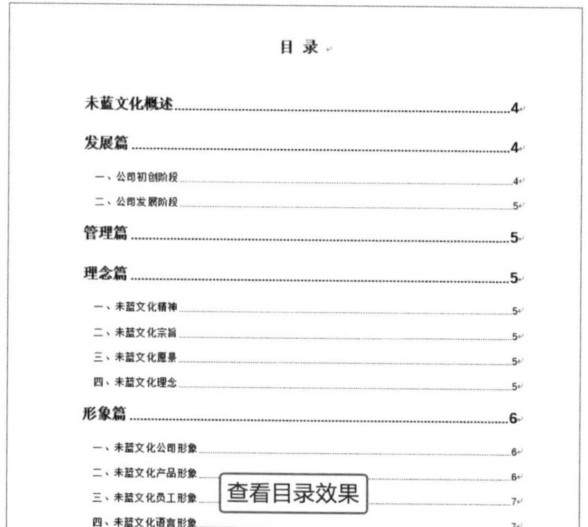

Tips **手动输入目录**

首先将光标定位在需要输入目录的位置，切换至“引用”选项卡，单击“目录”选项组中“目录”下三角按钮，在列表中选择“手动目录”选项，在光标处插入1级、2级和3级标题，将正文中需要录入标题的内容输入即可。

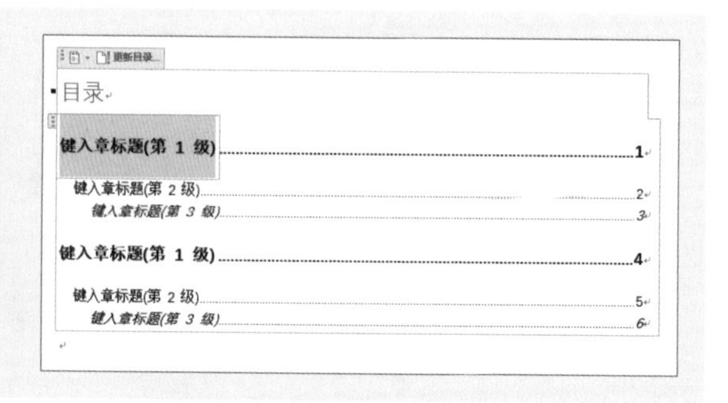

快速更新目录

在编辑文档时，如果目录的内容被修改了，是不能自动更新的，如果再重新提取并设置格式是很麻烦的事情。下面介绍快速更新目录的方法。

在文档中将“未蓝文化概述”修改为“未蓝文化简介”文本，其格式保持不变。切换至“引用”选项卡，单击“目录”选项组中“更新目录”按钮，如下左图所示。打开“更新目录”对话框，选中“更新整个目录”单选按钮，然后单击“确定”按钮，如下右图所示。

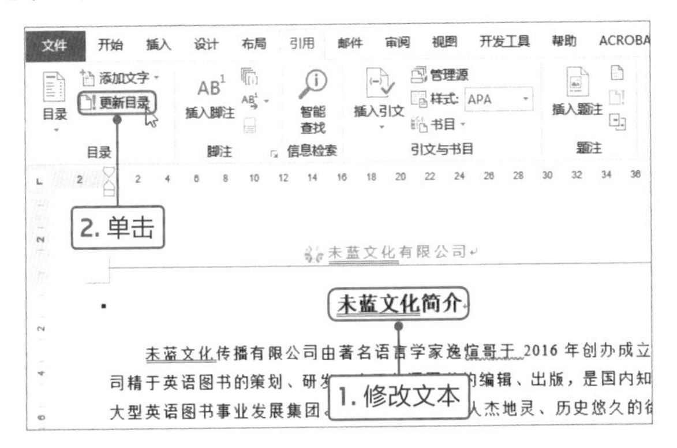

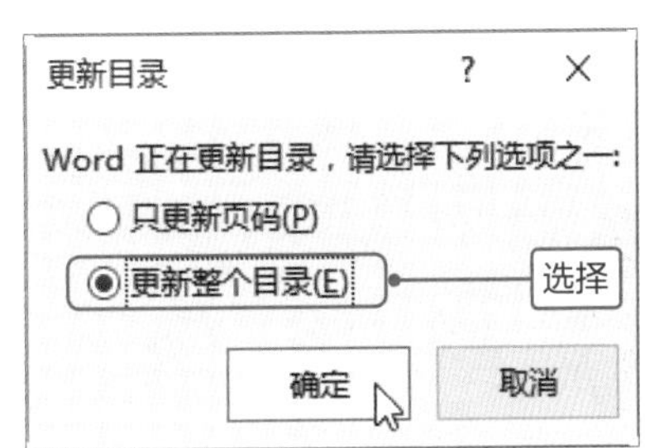

返回文档中，可见目录中显示修改后的内容，如下图所示。

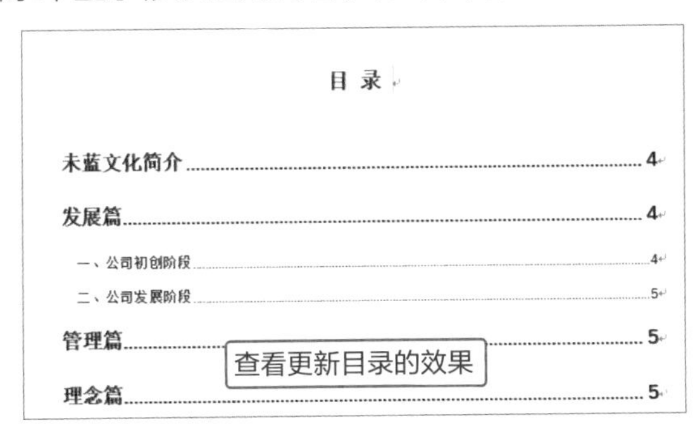

用户也可以通过快捷菜单的方法更新目录，则右击目录内容，在快捷菜单中选择“更新域”命令，如下图所示。即可打开“更新目录”对话框，然后对目录进行更新即可。

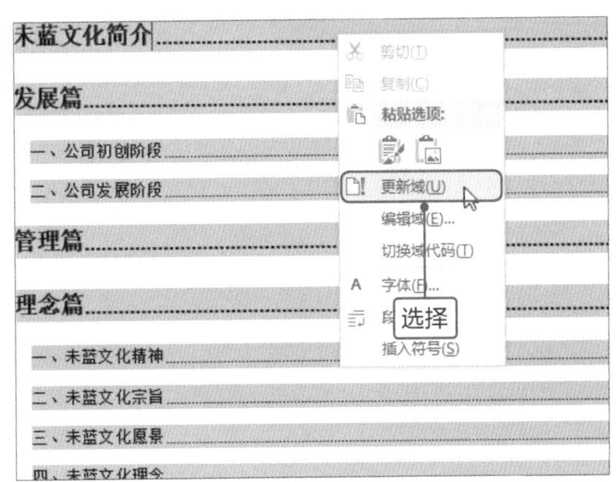

图片
要这么用

审阅公司章程

企业为了进一步在外地扩张业务，申请成立了分公司，现在需要总公司拟订一份公司章程。公司以历历哥的名义开办分公司，他最近在外地出差，于是就吩咐小蔡帮他制作一份分公司的章程。小蔡按照企业公司章程的模版制作完成后，感觉还是有几点需要修改，他在原文档中做了标记并发给历历哥让他审阅一下。

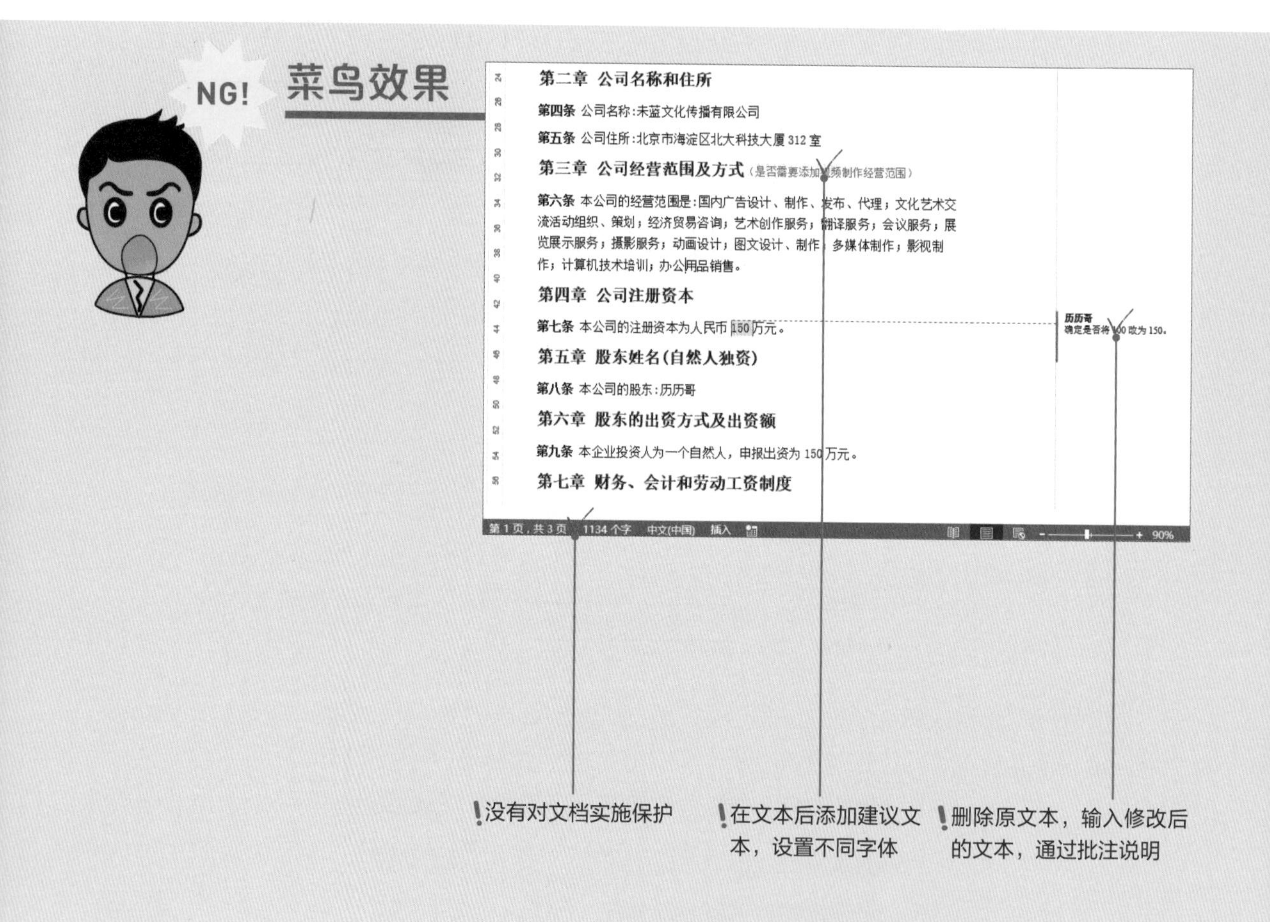

小蔡制作公司章程的格式都没有问题，但是他添加的意见和修改文本时不是很合理，如直接在文本右侧添加意见内容，很不专业，而且与他人不容易交流；直接将原文本删除输入修改后的文本，他人在浏览时不方便对比修改的效果；最后没有对重要的文档实施保护。

公司章程，是指公司依法制定的规定公司名称、住所、经营范围、经营管理制度等重大事项的基本文件，也是公司必备的规定公司组织及活动基本规则的书面文件。所以章程的内容需要慎重考虑，并经过反复研究和推敲。在浏览章程并修改内容时，尽量能清晰地查看原内容和修改后的内容。

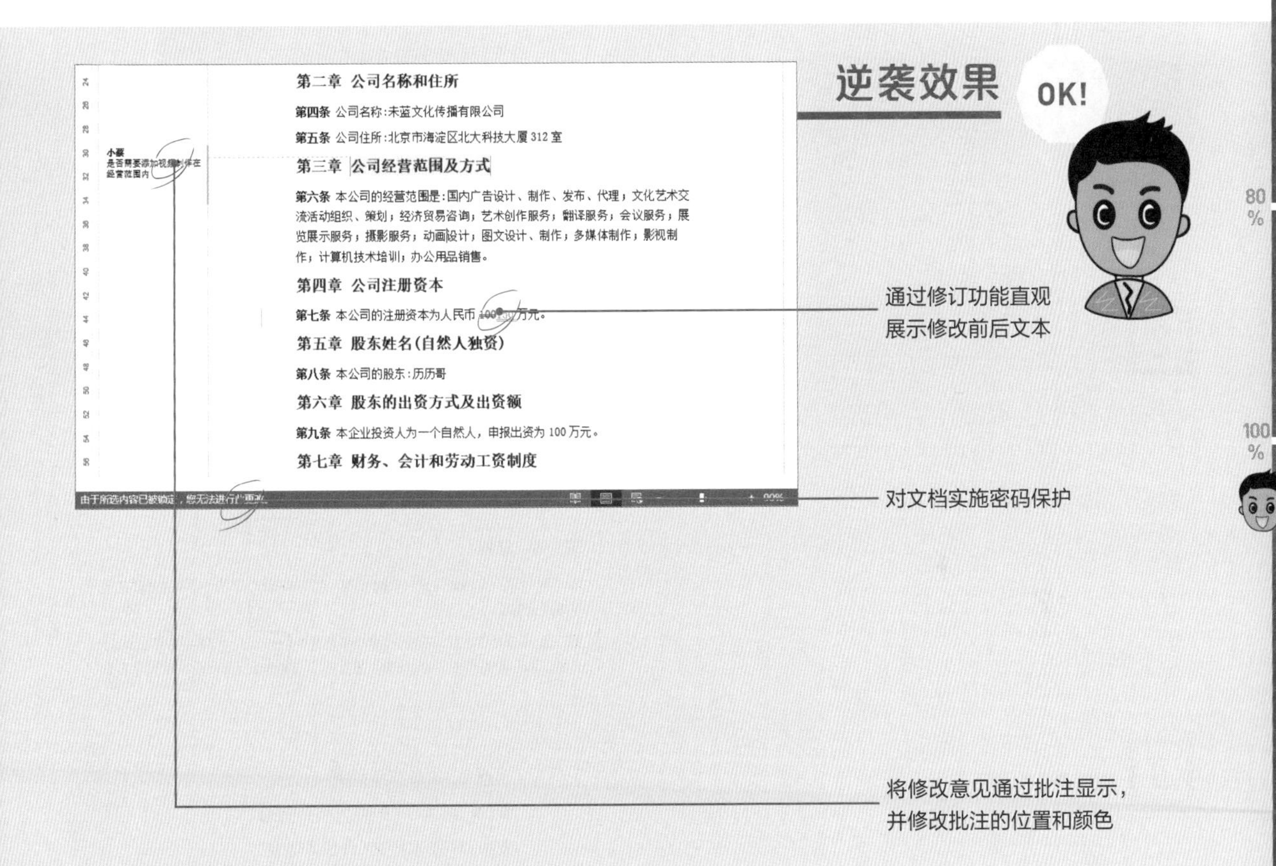

第二章 公司名称和住所

第四条 公司名称：未蓝文化传播有限公司

第五条 公司住所：北京市海淀区北大科技大厦312室

第三章 公司经营范围及方式

第六条 本公司的经营范围是：国内广告设计、制作、发布、代理；文化艺术交流活动组织、策划；经济贸易咨询；艺术创作服务；翻译服务；会议服务；展览展示服务；摄影服务；动画设计；图文设计、制作；多媒体制作；影视制作；计算机技术培训；办公用品销售。

第四章 公司注册资本

第七条 本公司的注册资本为人民币100万元。

第五章 股东姓名（自然人独资）

第八条 本公司的股东：历历哥

第六章 股东的出资方式及出资额

第九条 本企业投资人为一个自然人，申报出资为100万元。

第七章 财务、会计和劳动工资制度

小蔡经过指点后，对文档进行重新审阅，首先，将意见通过批注框显示在右侧，离文本比较近，而且修改颜色为绿色，这样操作会让他人容易查看批注内容，颜色也不会太让人产生压力；使用修订功能修改文本，可以直观地展示修改前后的内容；对文档进行密码保护，可以有效地保护重要文档的内容。

Point 1 修订文档

在修改文档的内容时，如果对其中内容需要删除，再重新输入新内容，保存后就无法查看修改前的内容了，其他人再阅读文档时也很难发现修改什么内容。下面介绍使用“修订”功能修改文档的方法。

1

打开“公司章程.docx”文档，首先需要设置用户名，单击“文件”标签，在列表中选择“选项”选项。在打开的“Word选项”对话框中将用户名设置为“小蔡”，单击“确定”按钮。

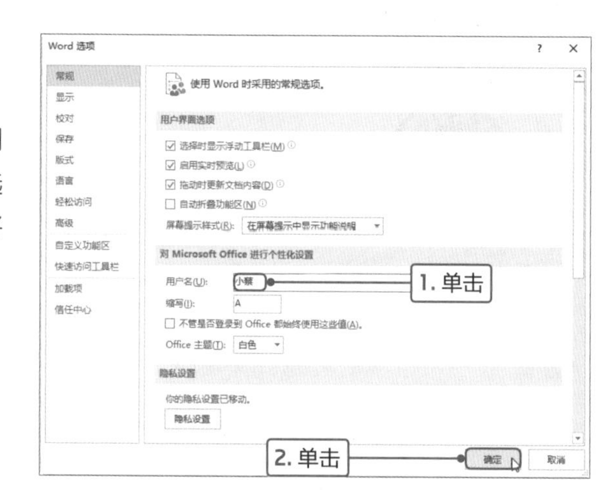

2

切换至“审阅”选项卡，单击“修订”选项组中“修订”下三角按钮，在下拉列表中选择“修订”选项。

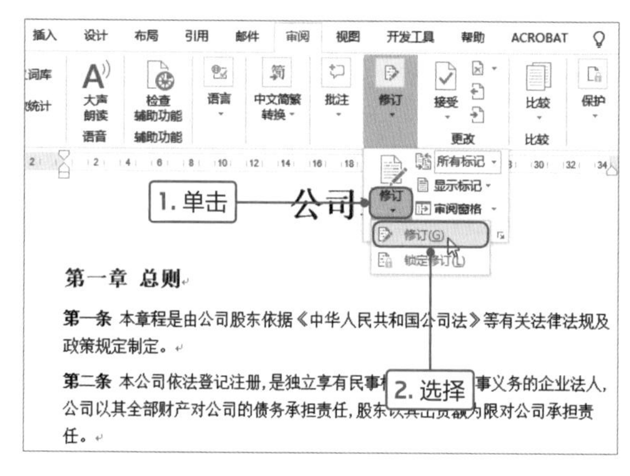

3

在正文中选中需要删除的文本，然后按Delete键删除，此时文本显示为红色并在文本上出现删除线。如果是非修订模式下的文档，按Delete键后选中的文本直接被删除。

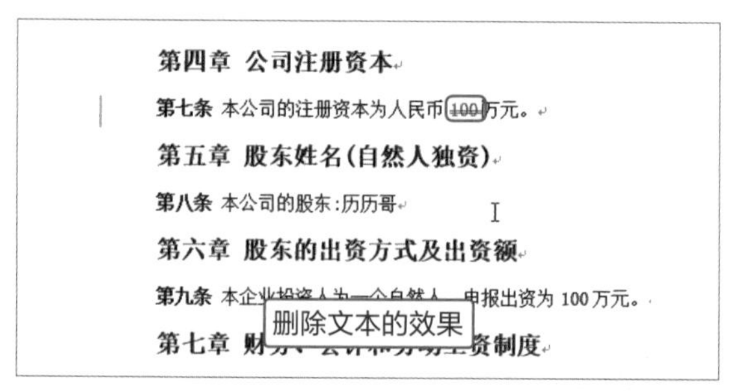

Tips **通过组合键进入修订模式**

除了上述介绍的通过功能区进入修订模式外，还可以按Ctrl+Shift+E组合键进入文档的修订模式。

4

然后输入需要修改的文本，则在删除文本右侧显示。文本为红色并在下方添加下划线，这样就很明了删除了什么文本，以及被修改为什么文本了。

第四章 公司注册资本

第七条 本公司的注册资本为人民币100150万元。

第五章 股东姓名(自然人独资)

第八条 本公司的股东:历历哥

第六章 股东的出资方式及出资额

第九条 本企业投资人为一个自然人，申报出资为 100 万元。

第七章 财……工资制度

修改文本的效果

5

为了使修改后文本和删除文本更加明显，可以设置其颜色。即切换至“审阅”选项卡，单击“修订”选项组中“修订选项”按钮。

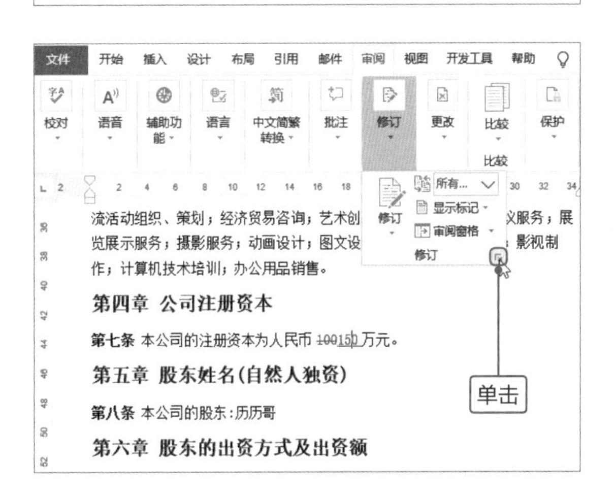

6

打开“修订选项”对话框，保持各参数为默认设置，单击“高级选项”按钮。

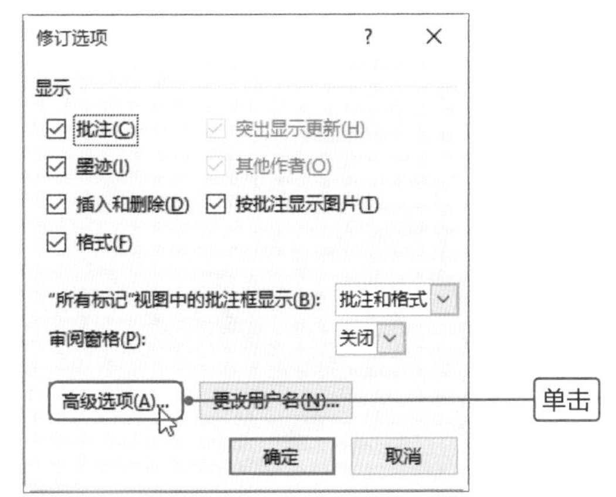

Tips 设置修订线

对文档内容进行修订后，在该行的左侧会出现竖直的修订线，默认颜色为灰色，如果单击该修订线，则会隐藏删除的内容，修订线为红色。用户可以在“高级修订选项”对话框中设置修订线的位置，单击“修订行”右侧下三角按钮，在列表中选择相应的选项即可，包括“无”、“左侧框线”、“右侧框线”和“外侧框线”4个选项。

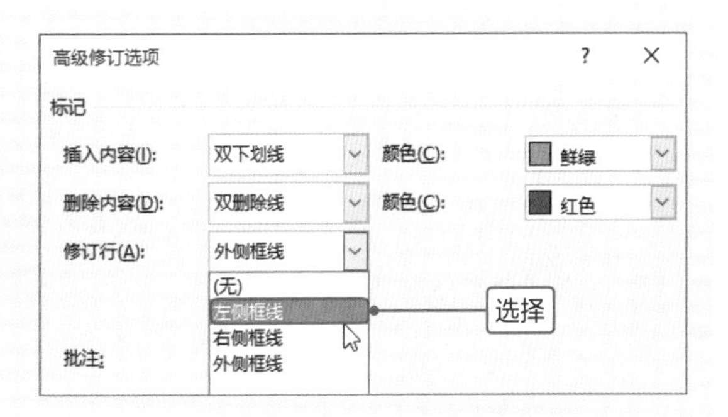

7

打开“高级修订选项”对话框，在“标记”选项区域中单击“插入内容”下三角按钮，在列表中选择“双下划线”选项，在右侧颜色列表中选择“鲜绿”，单击“确定”按钮。

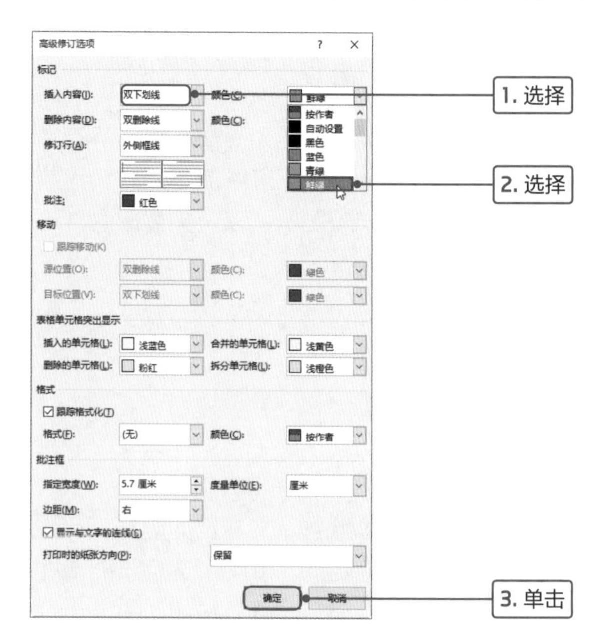

返回“修订选项”对话框，单击“确定”按钮，返回文档中可见修改的内容颜色为绿色，下面显示双下划线。修改后文本更能清晰展示删除和修改内容。

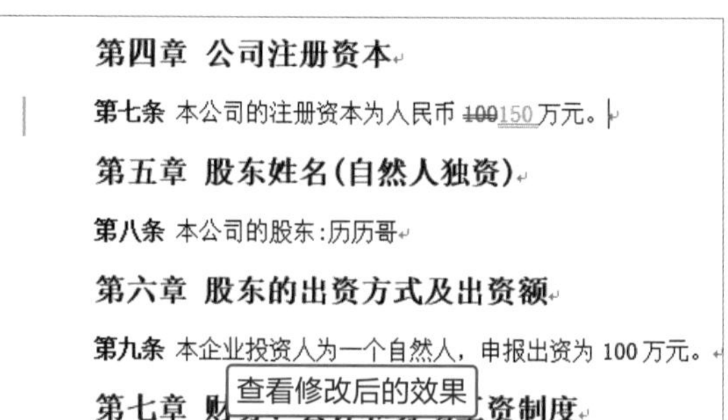

Tips 查看修订

如果在文档中修订的内容比较多，逐条查看修订比较费时费力，我们可以使用“审阅窗格”功能将所有修订在左侧或在下方统一显示。切换至“审阅”选项卡，单击“修订”选项组中“审阅窗格”下三角按钮，列表中包含“垂直审阅窗格”和“水平审阅窗格”两个选项。下左图为垂直审阅窗格，下右图为水平审阅窗格。

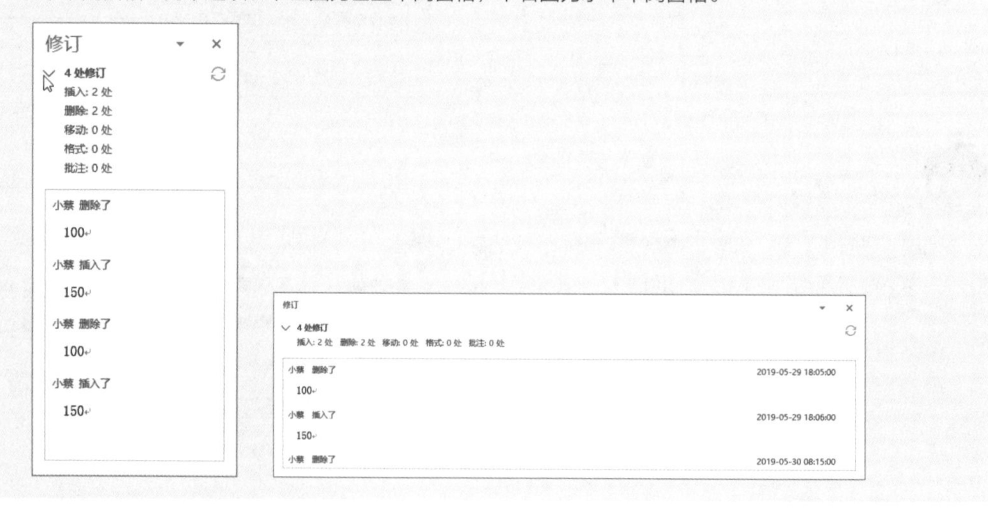

Point 2 添加并编辑批注

在审阅文档时，审阅者若需要添加自己的建议或说明等文本，可以通过添加批注的方法和其他审阅者交流。批注添加完成后还可以对其格式进行设置，下面介绍具体的操作方法。

1

在文档中选择需要添加批注的文本，切换至“审阅”选项卡，单击“批注”选项组中“新建批注”按钮。

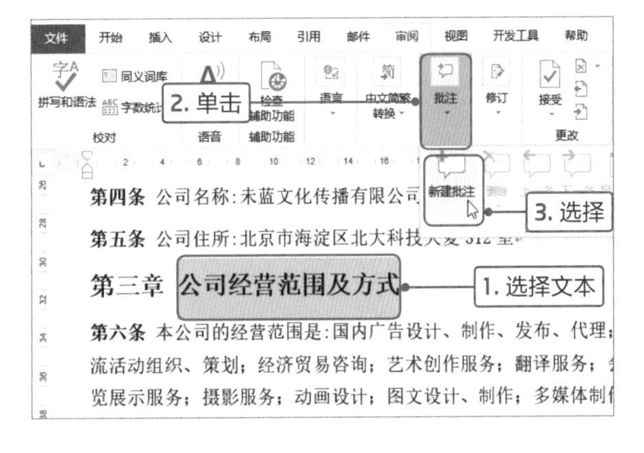

2

在页面右侧将出现批注框，然后输入批注的内容，输入完成后单击批注框以外的任意位置，即可完成批注的创建。

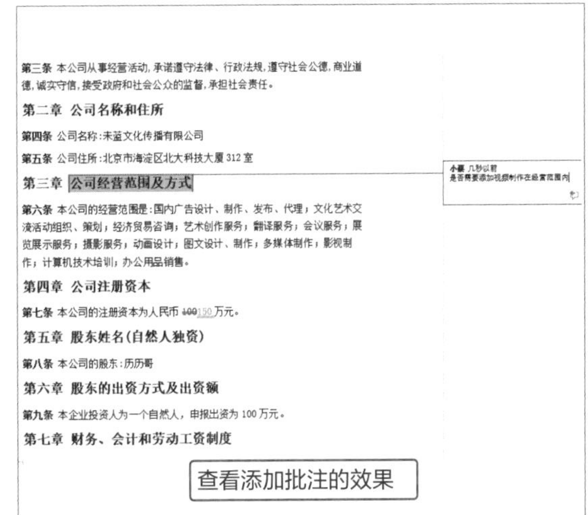

Tips 删除批注

选中需要删除的批注，切换至“审阅”选项卡，单击“批注”选项组中“删除”按钮，或者单击“删除”下三角按钮，在列表中选择合适的选项，如右图所示。

除此之外，用户也可以右击批注，在快捷菜单中选择“删除批注”命令，对批注进行删除。

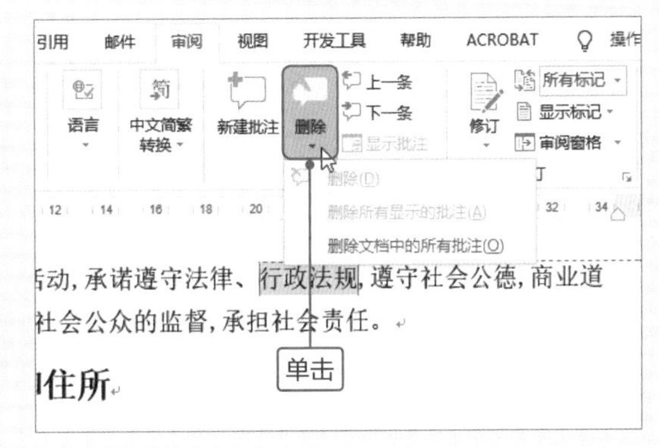

3

如果觉得在右侧添加批注离文本太远，而且红色让人感觉不舒适，可以对其进行修改。首先切换至“审阅”选项卡，单击“修订”选项组中“修订选项”按钮。打开“修订选项”对话框，保持各参数为默认设置，单击“高级选项”按钮。

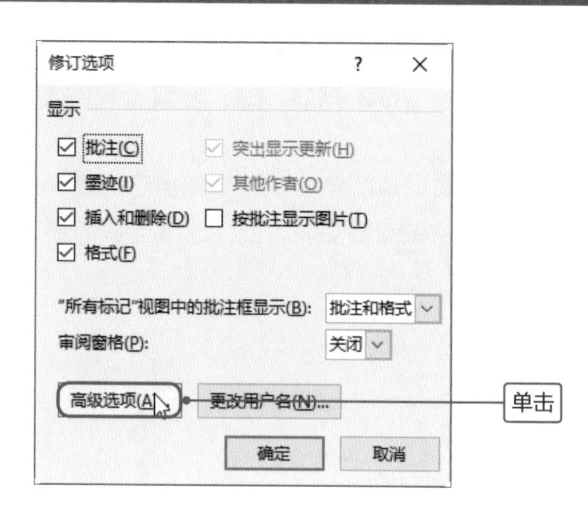

4

打开“高级修订选项”对话框，单击“批注”下三角按钮，选择“绿色”选项。然后在“批注框”选项区域中设置“指定宽度”为6厘米、“边距”为“左”，然后依次单击“确定”按钮。

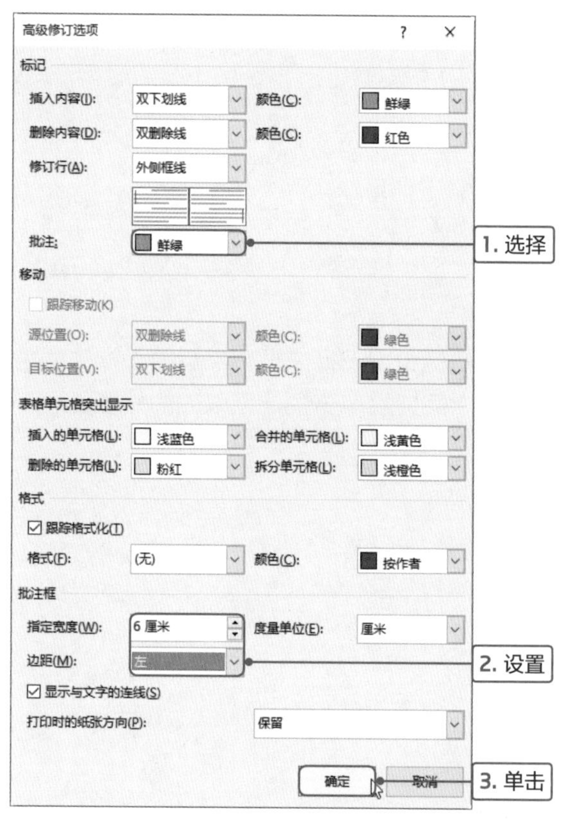

5

返回文档中，可见批注的颜色变为绿色，位置移到右侧。设置完成后颜色不会给人太大的阅读压力，并且批注内容离对应的文本更接近。

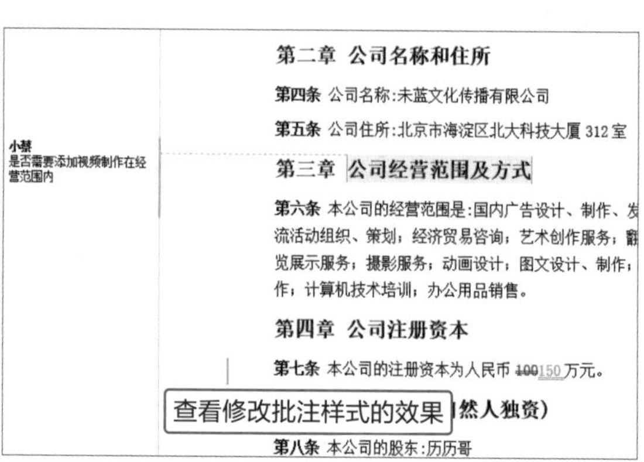

Point 3 保护批注和修订内容

在文档中添加了批注或修订后，为了防止在传阅的过程中被人修改，可以为其添加密码保护，只有授权密码的人才能进一步修改批注和修订，而没有授权密码的只能以只读方式浏览。下面介绍具体的操作方法。

1

切换至“审阅”选项卡，单击“保护”选项组中的“限制编辑”按钮。

2

打开“限制编辑”导航窗格，在“编辑限制”选项区域中勾选“仅允许在文档中进行此类型的编辑”复选框，然后在下方列表中选择“不允许任何更改（只读）”选项，然后单击“是，启动强制保护”按钮。

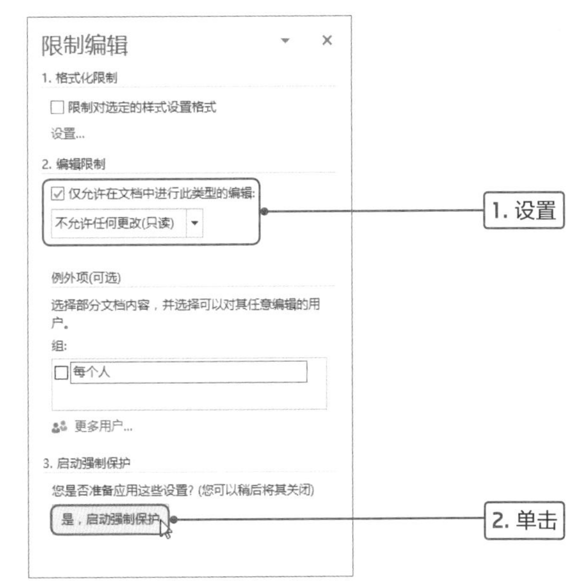

3

打开“启动强制保护”对话框，在“新密码（可选）”数值框中输入密码，如123456，在“确认新密码”数值框中输入同样的密码，然后单击“确定”按钮。

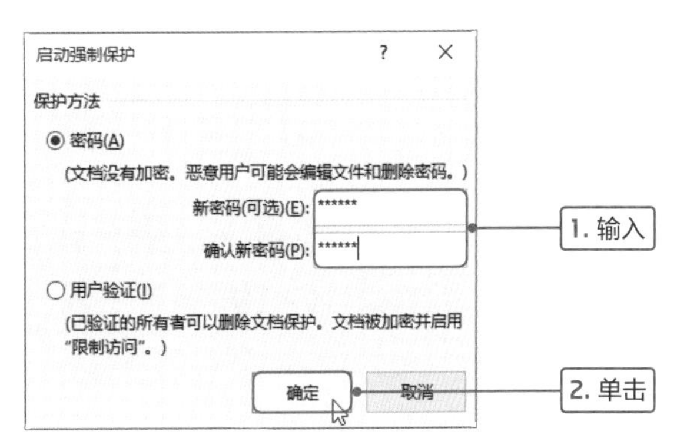

4

设置完成后返回文档，如果对添加的批注或修订进行修改，则在文档的状态栏中显示“由于所选内容已被锁定，您无法进行此更改”的提示。

第三章 公司经营范围及方式

第六条 本公司的经营范围是:国内广告设计、制作、发布、代理；文化艺术交流活动组织、策划；经济贸易咨询；艺术创作服务；翻译服务；会议服务；展览展示服务；摄影服务；动画设计；图文设计、制作；多媒体制作；影视制作；计算机技术培训；办公用品销售。

第四章 公司注册资本

第七条 本公司的注册资本为人民币 100150 万元。

第五章 股东姓名(自然人独资)

第八条 本公司的股东:历历哥

第六章 股东的出资方式及出资额

第九条 本企业投资人为一个自然人，申报出资为 100 万元。

由于所选内容已被锁定，您无法进行此更改。

Tips 设置限制编辑范围

在设置“编辑限制”时，其列表中包含“修订”、“批注”、“填写窗体”和“不允许任何更改（只读）”4个选项，用户可以根据需要选择不同的选项。

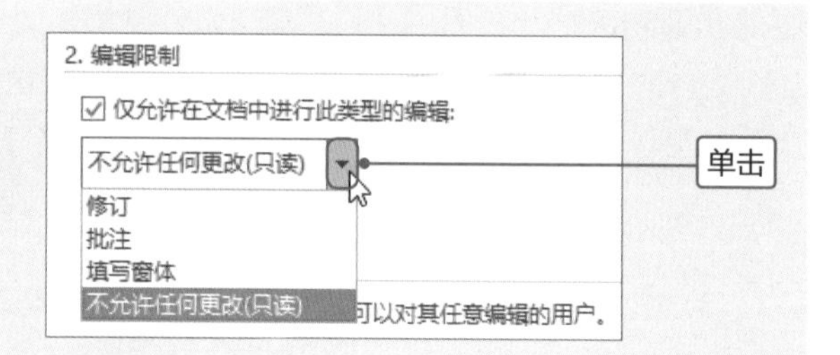

5

如果是被授权密码的用户，可以取消密码并对文档内容进行编辑等操作，方法是打开“限制编辑”导航窗格，单击底部的“停止保护”按钮。

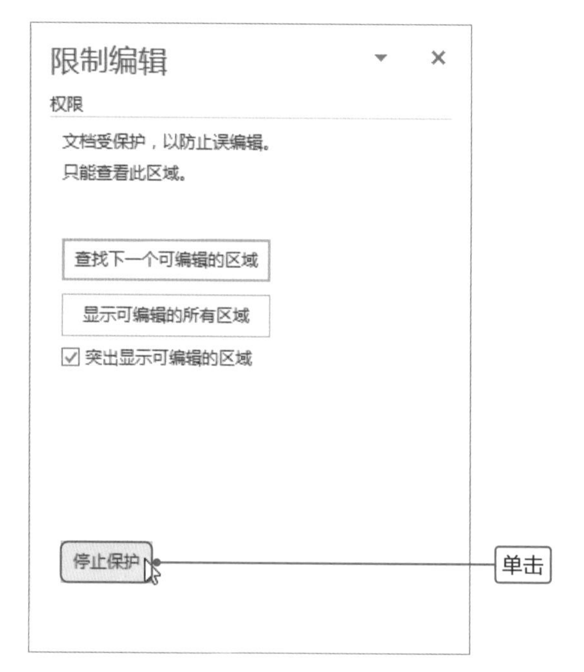

6

打开“取消保护文档”对话框，在“密码”数值框中输入保护密码123456，然后单击“确定”按钮即可。

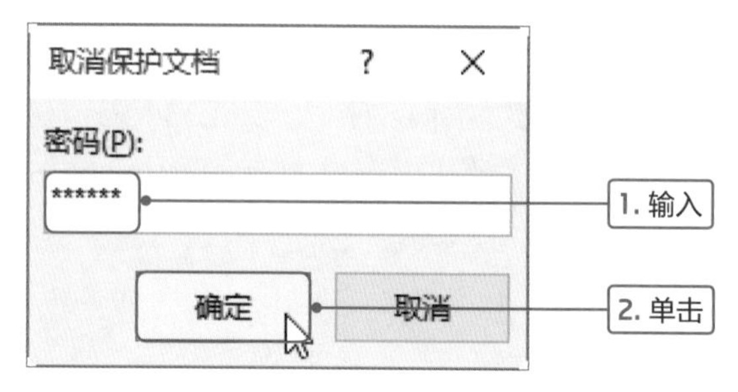

高效办公

接受或拒绝修订

在查看文档时，针对修订的信息进行协商并给予回复，则回复的结果是接受修订或者拒绝修订两种选择。那么在Word文档中该如何操作呢？下面介绍具体操作方法。

1.接受修订

打开文档，将光标移至需要接受修订的位置，切换至“审阅”选项卡，单击“更改”选项组中“接受”按钮，如下左图所示。可见选中修订的修改后文本变为和正文文本相同格式，如下右图所示。如果再单击“接受”按钮，则删除的文本会被彻底删除，在正文中不显示该内容。

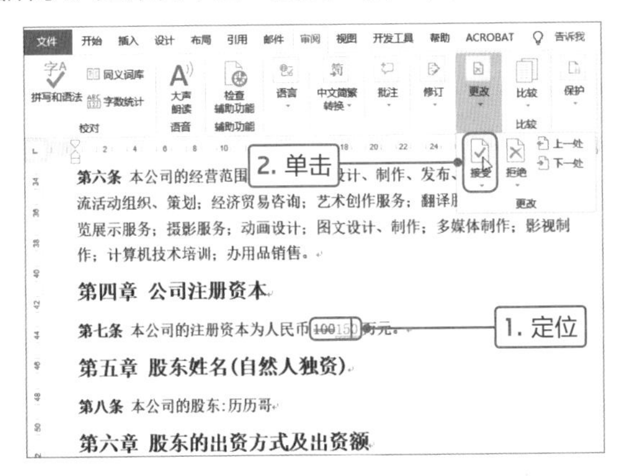

第六条 本公司的经营范围是:国内广告设计、制作、发
流活动组织、策划；经济贸易咨询；艺术创作服务；翻
览展示服务；摄影服务；动画设计；图文设计、制作；
作；计算机技术培训；办公用品销售。

第四章 公司注册资本

第七条 本公司的注册资本为人民币 100150 万元。

第五章 股东姓名(自然人独资)

第八条 本公司的股东:历历哥

查看接受修订的效果

2.拒绝修订

选择需要拒绝修订的位置，切换至“审阅”选项卡，单击“更改”选项组中“拒绝”下三角按钮，在列表中选择“拒绝更改”选项，如下左图所示。在文档中清除插入的内容，但是原内容仍然有删除线，如下右图所示。再次单击“拒绝”下三角按钮，在列表中选择“拒绝并移到下一处”选项，操作完成后，恢复原内容，光标移至下一处。

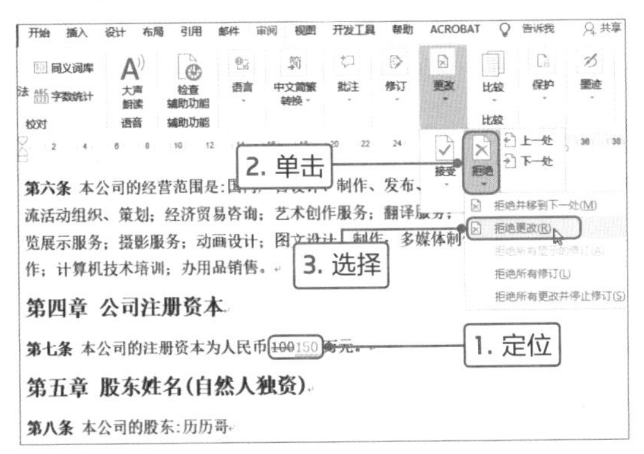

第六条 本公司的经营范围是:国内广告设计、制作、发
流活动组织、策划；经济贸易咨询；艺术创作服务；翻
览展示服务；摄影服务；动画设计；图文设计、制作；
作；计算机技术培训；办公用品销售。

第四章 公司注册资本

第七条 本公司的注册资本为人民币 100 万元。

第五章 股东姓名(自然人独资)

第八条 本公司的股东:历历哥

查看拒绝修订的效果

如果接受所有的修订，则切换至“审阅”选项卡，单击“更改”选项组中“接受”下三角按钮，在下拉列表中选择“接受所有修订”选项即可。

如果拒绝所有的修订，则切换至“审阅”选项卡，单击“更改”选项组中“拒绝”下三角按钮，在列表中选择“拒绝所有修订”选项即可。

菜鸟加油站

为文档添加双密码保护

在Word中，对于重要的文档要添加密码进行保护，我们可以为文档设置打开密码和修改密码，并为不同浏览者授权不同的密码。下面介绍使用双密码保护文档的方法。

步骤01 打开需要保护的文档，单击“文件”标签，选择“另存为”选项，在右侧选择“浏览”选项，如下左图所示。

步骤02 打开“另存为”对话框，选择存储路径，设置文件名，单击“工具”下三角按钮，在列表中选择“常规选项”选项，如下右图所示。

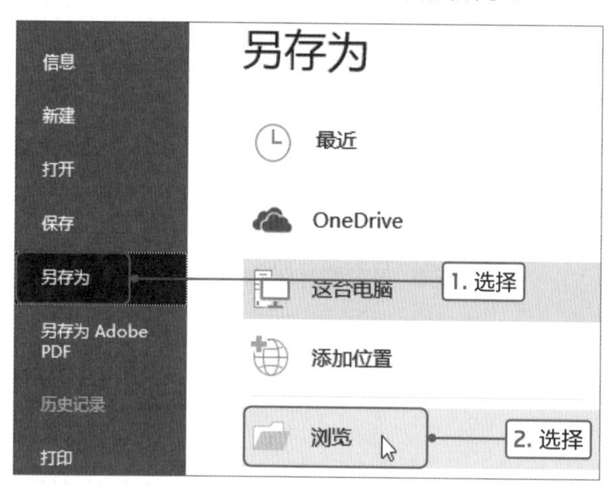

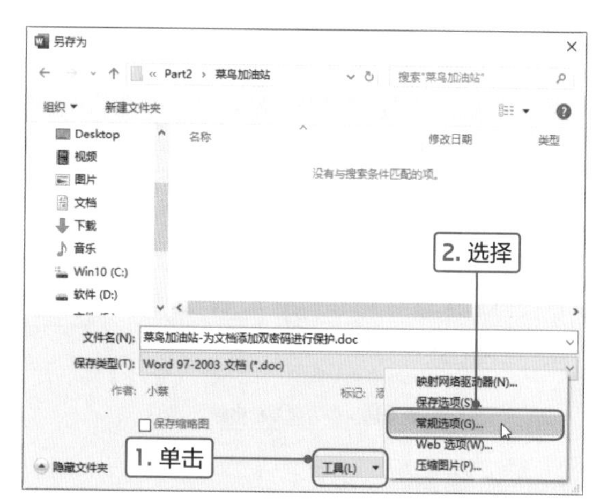

步骤03 打开“常规选项”对话框，在“打开文件时的密码”数值框中输入密码123，在“修改文件时的密码”数值框中输入456，然后单击“确定”按钮，如下左图所示。

步骤04 打开“确认密码”对话框，在“请再次键入打开文件时的密码”数值框中输入打开密码123，单击“确定”按钮，如下右图所示。

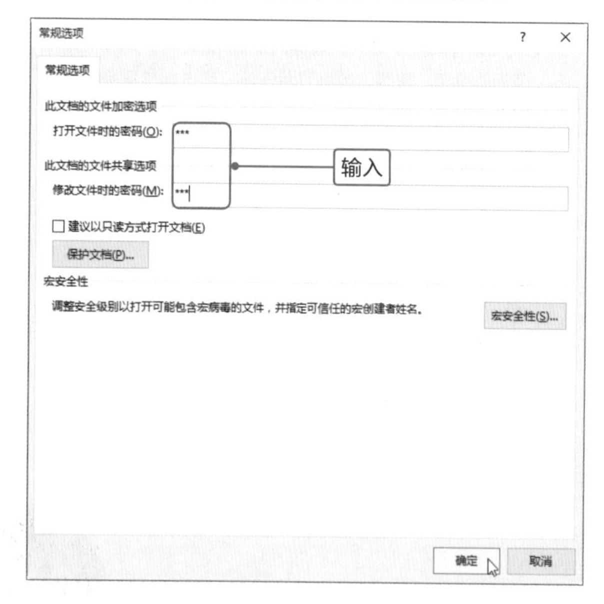

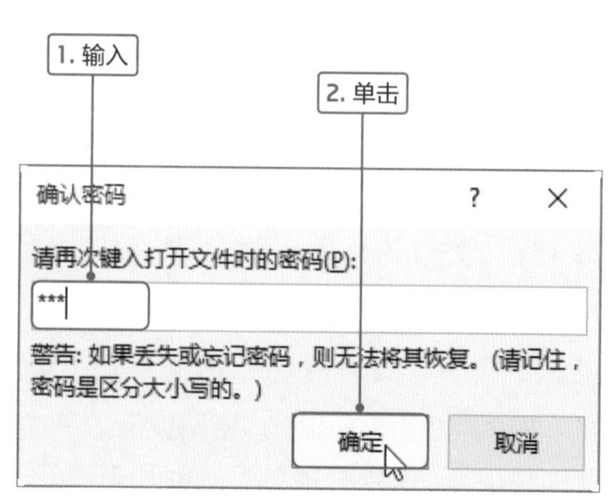

步骤05 在打开的对话框的“请再次键入修改文件时的密码”数值框中输入修改密码456，单击“确定”按钮。

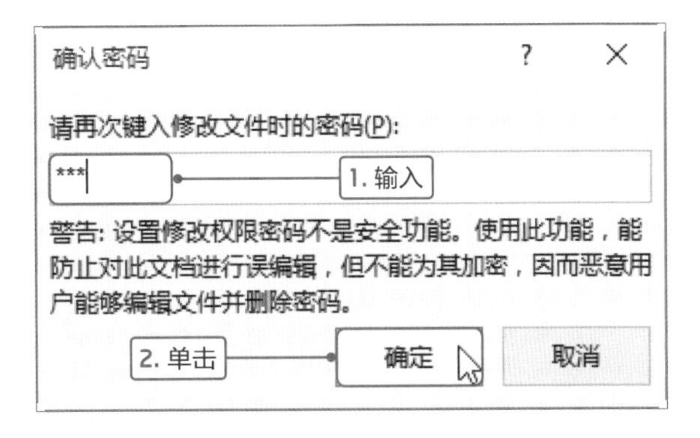

步骤06 返回“另存为”对话框，单击“保存”按钮，然后关闭该文档。再次打开该文档时，将打开“密码”对话框，在“请键入打开文件所需的密码”数值框中输入123，单击“确定”按钮，如下左图所示。

步骤07 在打开的对话框中，如果授权修改密码，则在“密码”数值框中输入密码，如果没有授权修改密码，则单击“只读”按钮，如下右图所示。

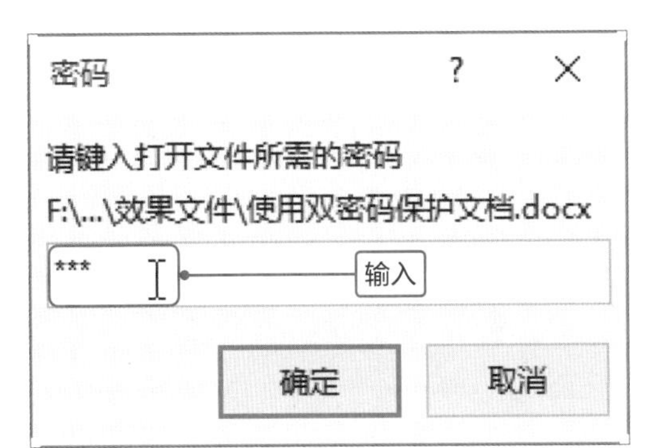

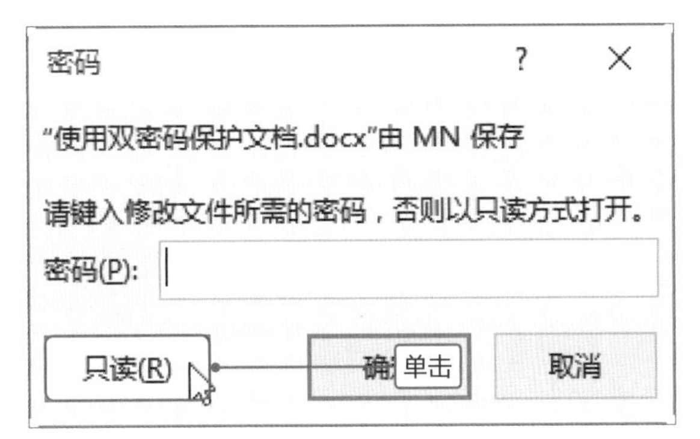

步骤08 单击“只读”按钮后，打开该文档，在文档名称的右侧显示“只读”文字，如下左图所示。文档以只读方式显示后，如果浏览者对内容进行修改，是无法进行保存的，只能另存为文档。

步骤09 用户如果需要删除密码，则再次打开“常规选项”对话框，然后根据需要删除所有密码或删除某个密码，然后单击“确定”按钮即可，如下右图所示。

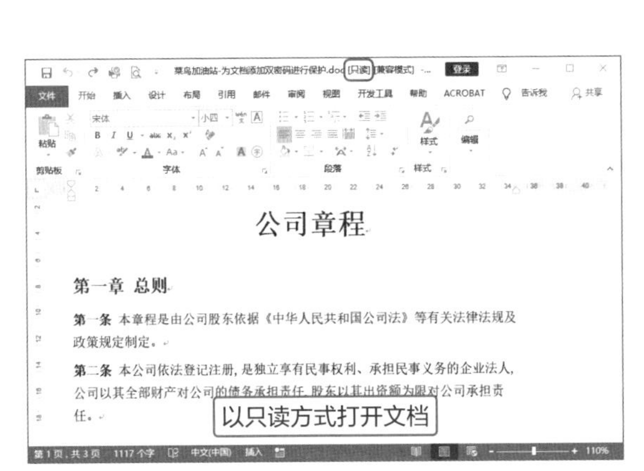

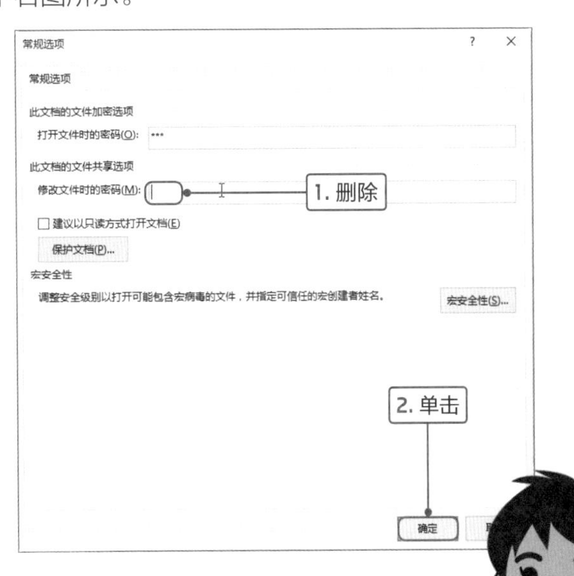

读书笔记

Excel电子表格的制作

Excel 2019是Office办公组件中重要的组成部分，是一款非常强大的数据处理软件。利用Excel电子表格可以对大量数据进行统计、分析、运算和展示等操作。在此之前，我们需要学会如何制作美观、合理的Excel电子表格。

本部分通过相关案例介绍表格的美化、数据的输入、条件格式等功能的应用。首先通过设置表格的边框、底纹来美化表格，然后通过设置单元格格式以及数据验证等功能完成数据的输入，最后通过条件格式功能突出显示指定的数据。

制作采购统计表

母婴店内婴儿奶粉的库存已经不足了，而且快赶上促销日，所以急需要采购一批奶粉。历历哥吩咐刚入职的小蔡，让他去店内统计一下需要采购各品牌奶粉的数量以及价格等详细的信息。小蔡欣然接受此次任务，刚到公司就能参与这么重要的工作，感受到领导对他的信任。

NG! 菜鸟效果

采购统计表

采购单号	品牌	商品名称	容量	数量	采购单价	采购总额
256800	飞鹤	星飞帆3段	700克	50桶	278元	13900元
5682	飞鹤	星飞帆1段	700克	50桶	368元	18400元
15483	飞鹤	星飞帆2段	700克	50桶	265元	13250元
25648	飞鹤	飞帆3段	900克	50桶	165元	8250元
21256	飞鹤	臻爱3段	900克	20桶	259元	5180元
259822	飞鹤	臻爱2段	900克	20桶	289元	5780元
15498	飞鹤	臻爱1段	900克	20桶	332元	6640元
326598	惠氏	启赋1段	400克	60桶	168元	10080元
256	惠氏	启赋2段	900克	20桶	288元	5760元
1549898	惠氏	启赋3段	900克	20桶	248元	4960元

!采购单号的数据不整齐，很乱

!没有为表格添加边框

!在数据右侧输入单位，不利于计算

小蔡刚进公司，为了制作采购统计表也煞费苦心，但是还有不少问题。首先没有为表格添加边框，使表格显得很随意；采购单号参差不齐，很零乱；为相关的数值输入单位，使数据无法参于计算。

MISSION! 1

在Excel中制作采购统计表时，一定要详细记录各产品的采购信息，如品牌、商品名称、规格型号、数量、单价以及总金额等。既然涉及到金额就少不了数据计算，我们可以通过公式计算出采购总金额。最后为了表格的整体美观、整齐，还需要为表格添加合适的边框并设置对齐方式。

逆袭效果 OK!

采购统计表

日期 2019年8月20日

采购单号	品牌	商品名称	容量	数量	采购单价	采购总额
00005682	飞鹤	星飞帆1段	700克/桶	50桶	¥368.00	¥18,400.00
00015483	飞鹤	星飞帆2段	700克/桶	50桶	¥265.00	¥13,250.00
00256800	飞鹤	星飞帆3段	700克/桶	50桶	¥278.00	¥13,900.00
00025648	飞鹤	飞帆3段	900克/桶	50桶	¥165.00	¥8,250.00
00015498	飞鹤	臻爱1段	900克/桶	20桶	¥332.00	¥6,640.00
00259822	飞鹤	臻爱2段	900克/桶	20桶	¥289.00	¥5,780.00
00021256	飞鹤	臻爱3段	900克/桶	20桶	¥259.00	¥5,180.00
00326598	惠氏	启赋1段	400克/桶	60桶	¥168.00	¥10,080.00
00000256	惠氏	启赋2段	900克/桶	20桶	¥288.00	¥5,760.00
01549898	惠氏	启赋3段	900克/桶	20桶	¥248.00	¥4,960.00

通过单元格格式功能为数据添加单位，不影响计算

为表格添加边框

采购单号为8位数，效果很整齐

小蔡对采购统计表进一步修改，首先为表格添加边框，内外边框设置很合理，表格整体很整齐、美观；设置采购单号统一为8位数，不会显得零乱；通过设置单元格格式添加单位，不影响数值参于计算。

Point 1 新建并保存工作簿

工作簿主要用于存储和处理数据，首先用户需要创建工作簿，然后输入数据并进行编辑，操作完成后还需要对其进行保存。下面介绍新建工作簿和保存工作簿的操作方法。

1

首先单击桌面左下角的开始按钮，在打开的列表中选择Excel选项。

2

系统将自动启动Excel应用程序，在打开的Excel开始面板中选择“空白工作簿”选项。

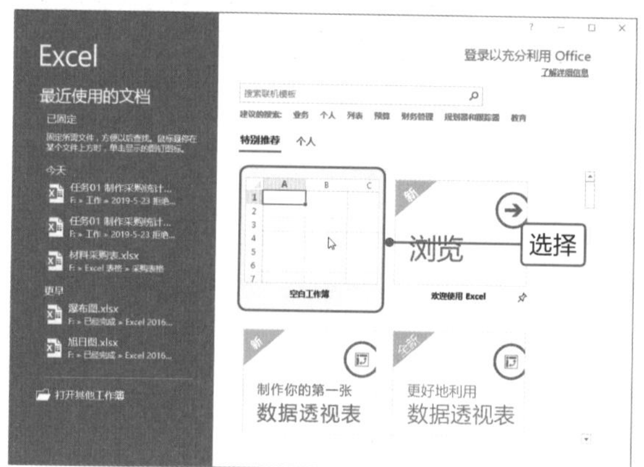

Tips 其他创建空白工作簿的方法

在操作系统桌面上或者在文件夹中单击鼠标右键，在弹出的快捷菜单中选择“新建>Microsoft Excel工作表”命令，即可新建名为“新建 Microsoft Excel工作表.xlsx”的空白工作簿，然后双击即可打开。

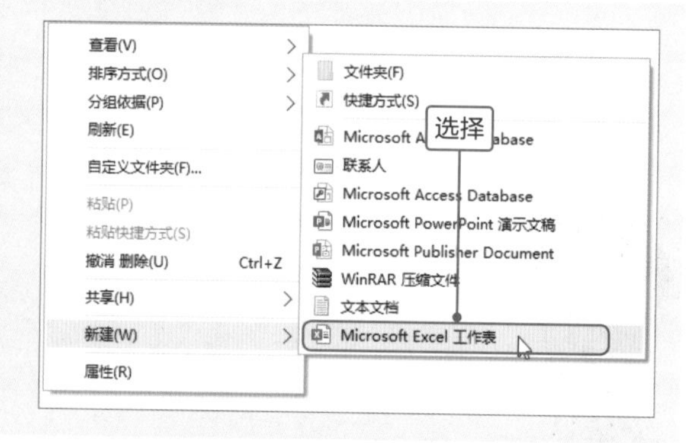

3

进入Excel 2019的操作界面后，接下来对创建的工作簿进行保存。用户可以单击界面左上角“保存”按钮，或者按Ctrl+S组合键。

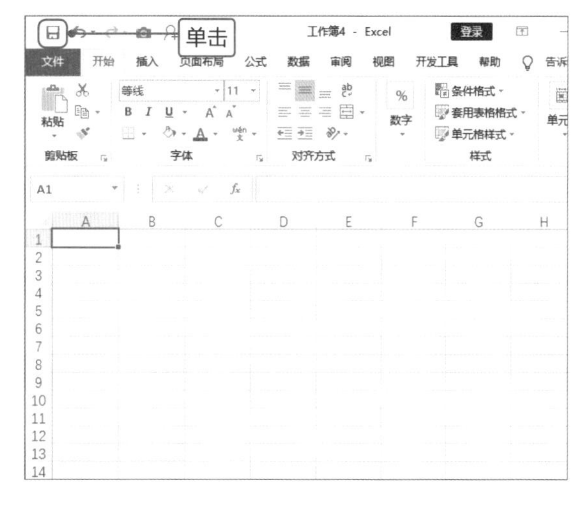

4

Excel会打开“另存为”选项面板，在右侧“另存为”选项区域中选择“浏览”选项。

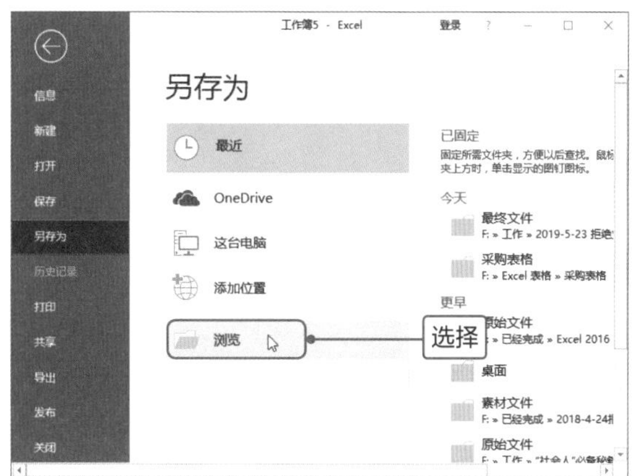

5

在打开的“另存为”对话框中选择新建工作簿的保存位置后，在“文件名”文本框中输入新建工作簿的名称为“产品采购统计表”，然后单击“确定”按钮。

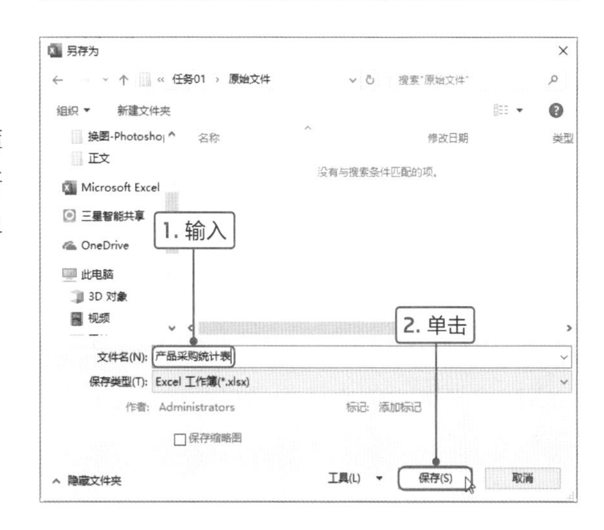

Tips 单击“关闭”按钮执行保存操作

新建工作簿后，可以进行文本的输入和编辑操作，编辑完成后单击界面右上角的“关闭”按钮，将打开Microsoft Excel提示对话框，提示用户对编辑的工作簿进行保存。

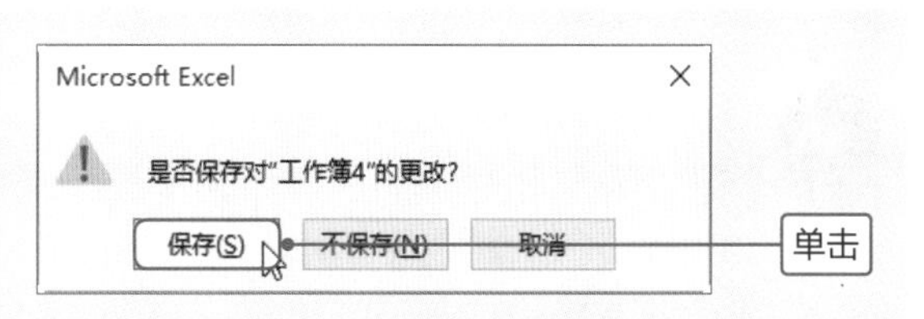

Point 2 输入采购产品的信息

工作簿创建完成后，用户需要在其中输入产品采购的相关数据，如文本、数值等，还可以输入公式等。在本案例中输入最多为文本和数值，下面介绍具体的操作方法。

1

选中A1单元格，然后直接输入“采购统计表”文本，按Enter键或切换单元格，即可完成输入操作。根据相同的方法输入表格的标题内容，可见在Excel中输入文本时，默认情况下是左对齐。

2

选择A3单元格，然后输入采购单号，根据相同的方法输入其他产品的单号，采购单号以随机的8位数字表示。

A12　　1549898

	A	B	C	D	E	F	G
1	采购统计表						
2	采购单号	品牌	商品名称	容量	数量	采购单价	采购总
3	5682						
4	15483						
5	256800						
6	25648						
7	15498						
8	259822						
9	21256						
10	326598						
11	256						
12	1549898						
13							
14							

输入采购单号

3

在B3单元格中输入品牌“飞鹤”，然后选中该单元格，将光标移到右下角变为黑色十字形状时，按住鼠标左键向下拖曳，最后释放鼠标左键，即可在选中的单元格区域中输入相同的文本。

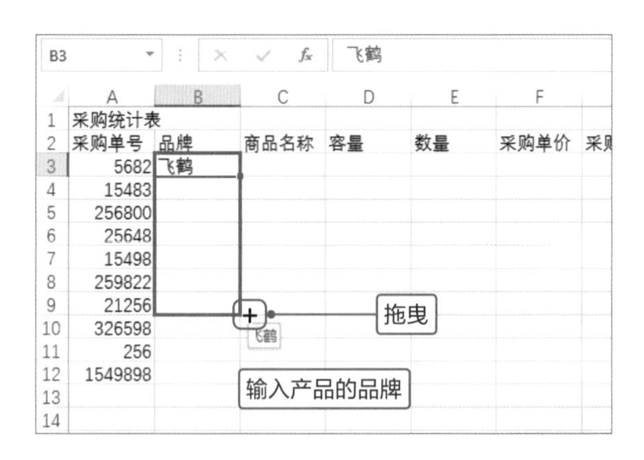

Tips 在不连续单元格中输入相同的文本

上述介绍在连续单元格中输入相同文本的方法，那么如果在不连续单元格中输入相同的文本，该如何操作呢？首先，按住Ctrl键选中需要输入相同文本的不连续单元格，然后输入文本，最后按Ctrl+Enter组合键即可。

4

在C3单元格中输入“星飞帆1段”文本，然后拖曳该单元格的填充柄向下至C5单元格。文本内容向下填充，数字按步长值为1逐渐增涨。如果填充后文本和数值保持不变，只需单击单元格区域右下角“自动填充选项”下三角按钮，在列表中选择“填充序列”单选按钮即可。

C3 星飞帆1段

	A	B	C	D	E	F
1	采购统计表					
2	采购单号	品牌	商品名称	容量	数量	采购单价
3	5682	飞鹤	星飞帆1段			
4	15483	飞鹤				
5	256800	飞鹤				
6	25648	飞鹤				
7	15498	飞鹤				
8	259822	飞鹤				
9	21256	飞鹤				
10	326598	惠氏				
11	256	惠氏				
12	1549898	惠氏				

拖曳
星飞帆3段
输入商品名称

5

将光标移至第2行的行号上，变为向右的黑色箭头时单击，即可选中该行。然后右击，在快捷菜单中选择“插入”命令。

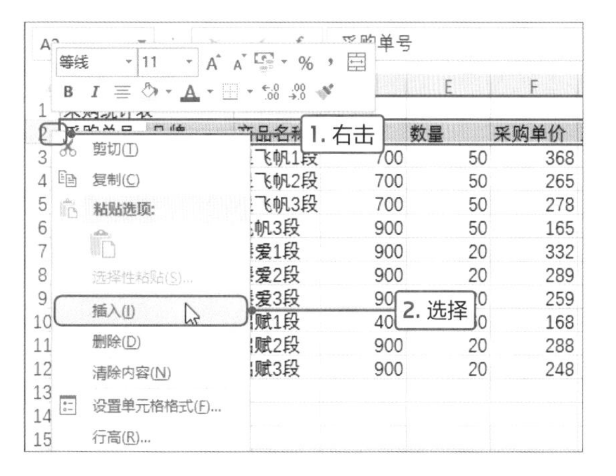

6

即可插入一行，然后在F2单元格中输入“日期”文本，接着在G2单元格中输入当前日期。

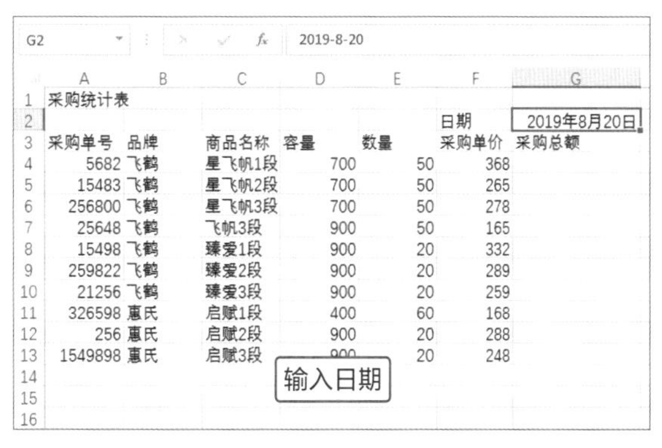

Tips 设置工作表标签的颜色

默认情况下工作表标签是没有颜色的，为其添加颜色，可以更加突出该工作表。

右击工作表标签，在快捷菜单中选择“工作表标签颜色”命令，在子菜单中选择合适的颜色即可。

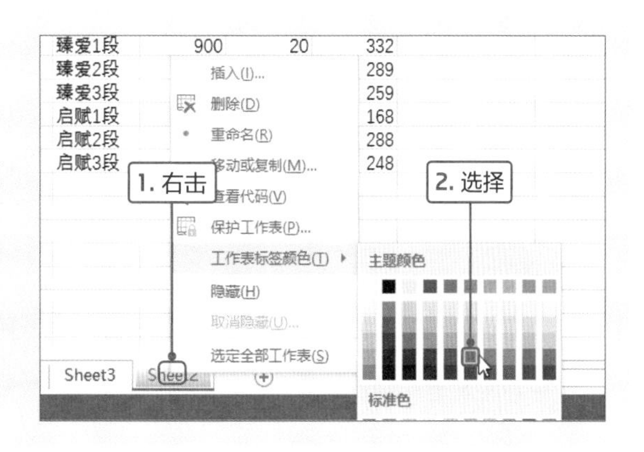

Point 3 设置单元格格式

文本输入完成后，效果参差不齐，数值表示的含义也无法理解。这时需要为不同的单元格设置格式，使数值整齐、含义清晰。下面介绍具体的操作方法。

1

选择A4:A13单元格区域，切换至“开始”选项卡，单击“数字”选项组对话框启动器按钮。

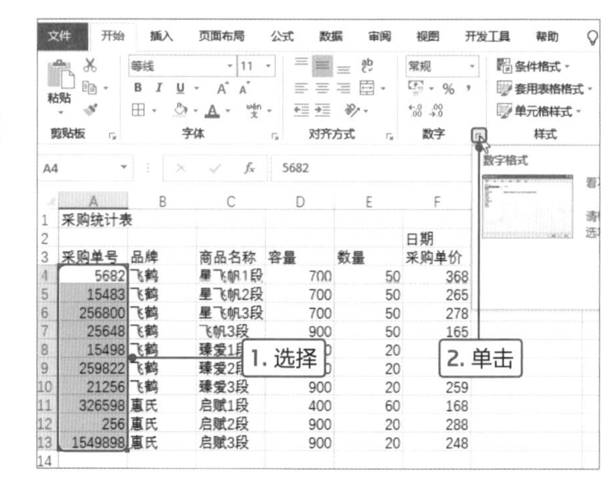

2

打开“设置单元格格式”对话框，在“数字”选项卡的“分类”列表框中选择“自定义”选项，在“类型”文本框中输入00000000，单击“确定”按钮。

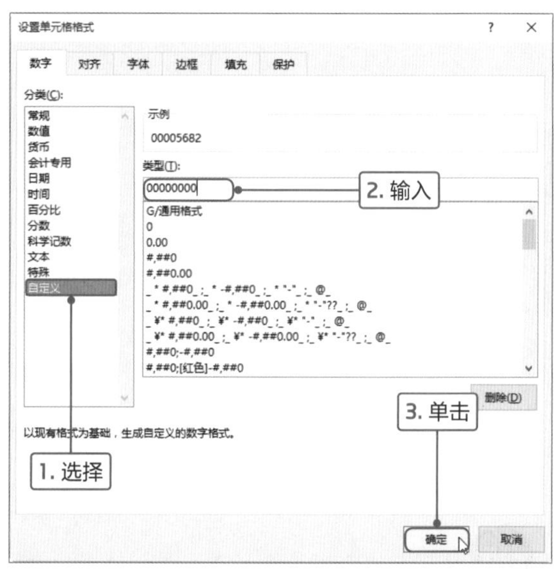

3

返回文档中，可见选中的采购单号显示8位数，位数不够的在开头添加0。设置完成后，采购单号更加整齐。

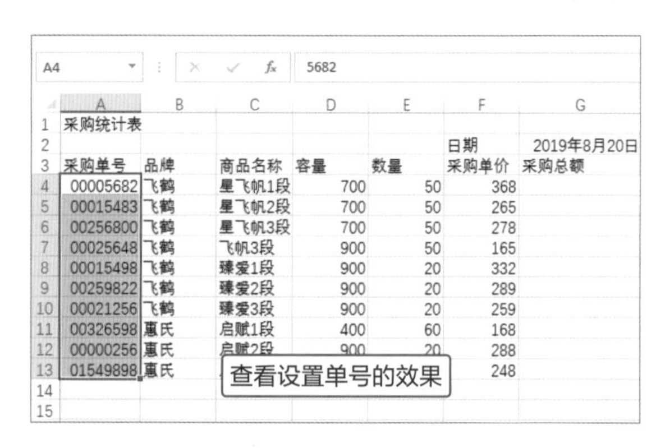

4

然后选中D4:D13单元格区域，按Ctrl+1组合键，打开“设置单元格格式”对话框，在“分类”列表框中选择“自定义”选项，在“类型”文本框中输入“#‘克/桶’”文本，然后单击“确定”按钮。即可为选中单元格内的数值添加单位，而且不影响数值参于计算。

按照相同的方法为E4:E13单元格区域内的数值添加“桶”单位。

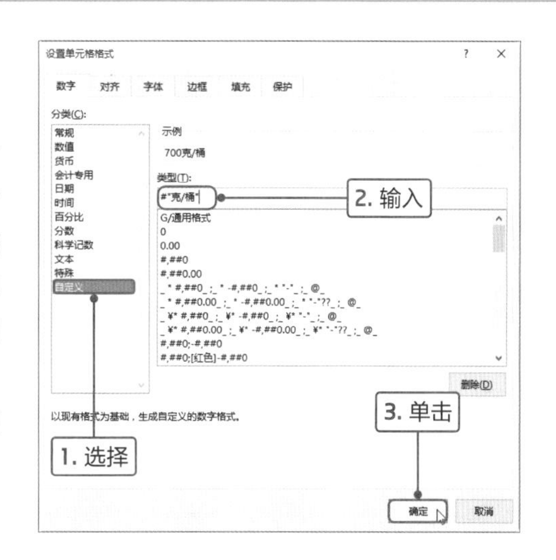

5

然后选中F4:G13单元格区域，按Ctrl+1组合键，打开“设置单元格格式”对话框，在“分类”列表框中选择“货币”选项，在右侧选项区域中设置“小数位数”为2，并选择所需的货币符号，最后单击“确定”按钮。即可为选中单元格区域内的数值添加货币符号。

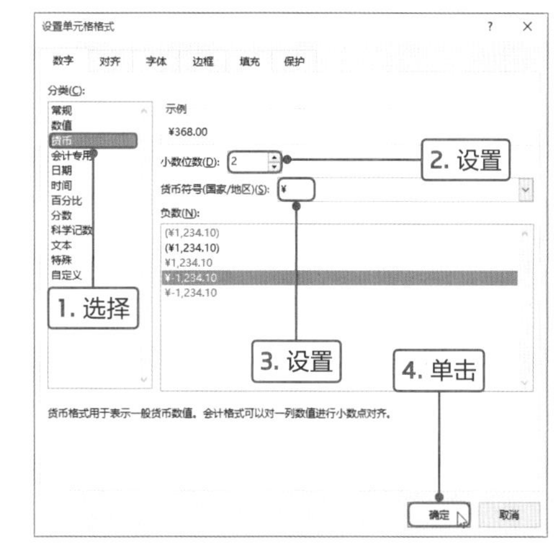

6

操作完成后返回工作簿中，可见各区域的数值含义很清晰，而且数据排列很整齐。

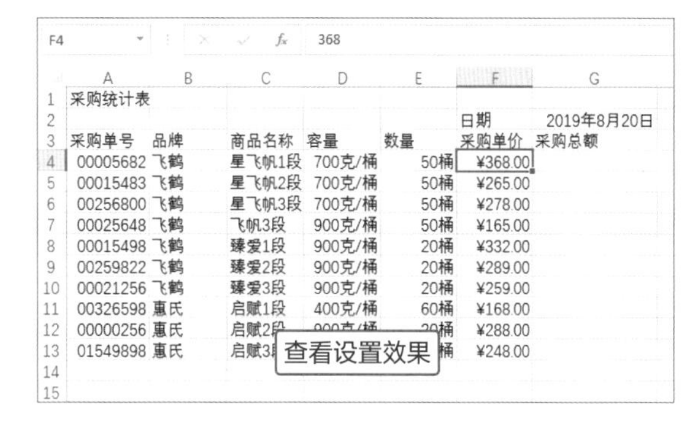

	A	B	C	D	E	F	G
1	采购统计表						
2						日期	2019年8月20日
3	采购单号	品牌	商品名称	容量	数量	采购单价	采购总额
4	00005682	飞鹤	星飞帆1段	700克/桶	50桶	¥368.00	
5	00015483	飞鹤	星飞帆2段	700克/桶	50桶	¥265.00	
6	00256800	飞鹤	星飞帆3段	700克/桶	50桶	¥278.00	
7	00025648	飞鹤	飞帆3段	900克/桶	50桶	¥165.00	
8	00015498	飞鹤	臻爱1段	900克/桶	20桶	¥332.00	
9	00259822	飞鹤	臻爱2段	900克/桶	20桶	¥289.00	
10	00021256	飞鹤	臻爱3段	900克/桶	20桶	¥259.00	
11	00326598	惠氏	启赋1段	400克/桶	60桶	¥168.00	
12	00000256	惠氏	启赋2段	900克/桶	20桶	¥288.00	
13	01549898	惠氏	启赋3段		桶	¥248.00	
14							
15							

Tips 快速设置单元格格式

选择单元格区域，单击“数字”选项组中“数字格式”下三角按钮，在列表中选择合适的选项。

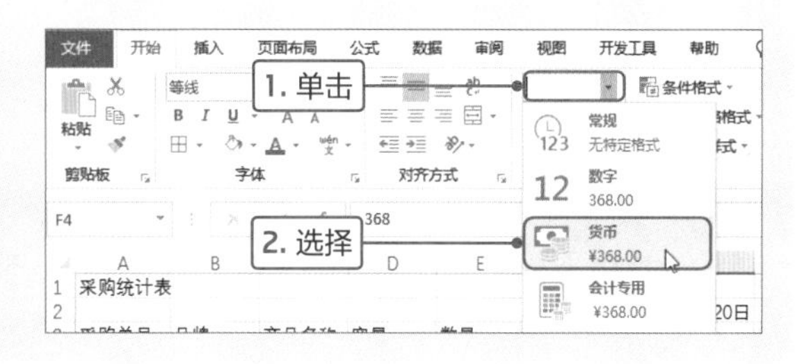

Point 4 设置边框和对齐方式

在工作表中，网格线只是辅助作用，如果需要打印工作表时是不被打印的。用户需要设置表格的边框才能使表格更加完善。为了表格的整齐、美观，还需要统一设置数据的对齐方式，下面介绍具体的操作方法。

1

在添加边框之前需要设置文本的格式，首先选择A1:G1单元格区域，单击“对齐方式”选项组的“合并后居中”按钮。

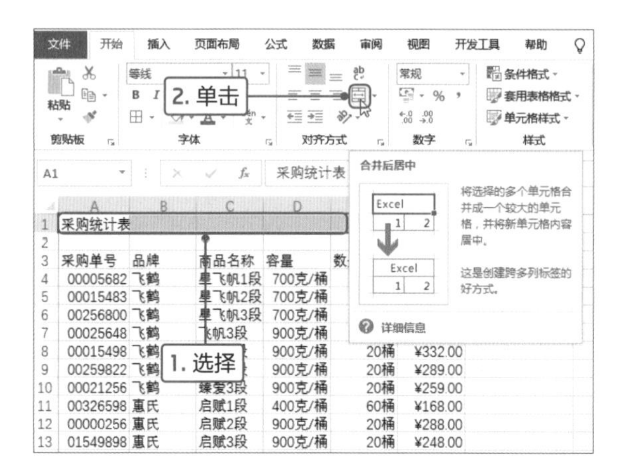

2

可见选中的单元格合并成一个大单元格，文本居中对齐。然后在“字体”选项组中设置标题文本的字号适当增大，并加粗显示。

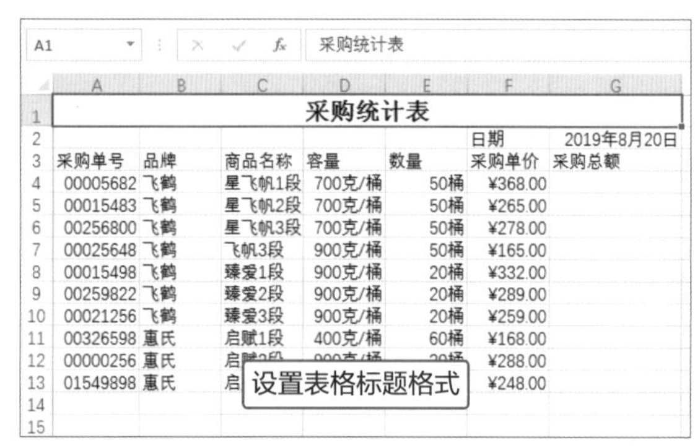

3

选中G4单元格，输入“=F4*E4”公式，用于计算出该商品的采购总额。输入完成后按Enter键执行计算。

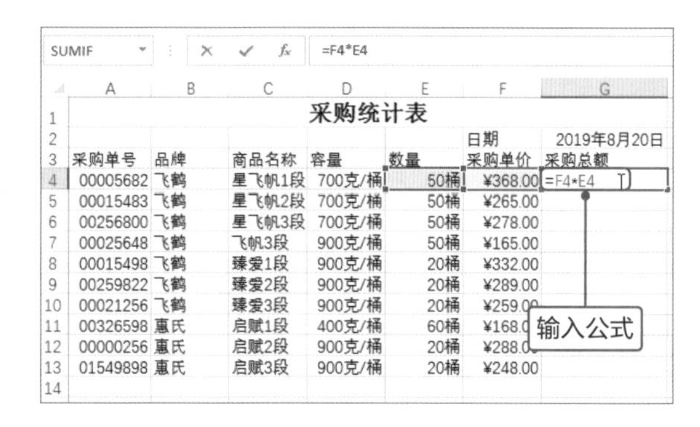

Tips 合并单元格

单击“合并后居中”下三角按钮，下拉列表中包含3种合并方式，分别为“合并后居中”、“跨越合并”和“合并单元格”。

4

选中该单元格，拖曳填充柄向下至G13单元格，即可将公式向下填充，并计算出结果。

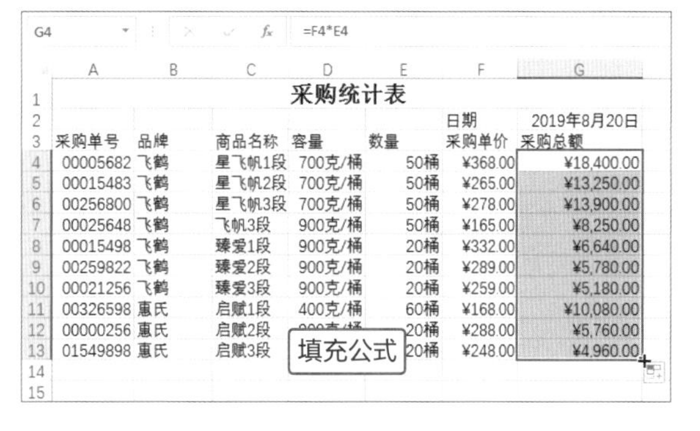

	A	B	C	D	E	F	G
1	采购统计表						
2						日期	2019年8月20日
3	采购单号	品牌	商品名称	容量	数量	采购单价	采购总额
4	00005682	飞鹤	星飞帆1段	700克/桶	50桶	¥368.00	¥18,400.00
5	00015483	飞鹤	星飞帆2段	700克/桶	50桶	¥265.00	¥13,250.00
6	00256800	飞鹤	星飞帆3段	700克/桶	50桶	¥278.00	¥13,900.00
7	00025648	飞鹤	飞帆3段	900克/桶	50桶	¥165.00	¥8,250.00
8	00015498	飞鹤	臻爱1段	900克/桶	20桶	¥332.00	¥6,640.00
9	00259822	飞鹤	臻爱2段	900克/桶	20桶	¥289.00	¥5,780.00
10	00021256	飞鹤	臻爱3段	900克/桶	20桶	¥259.00	¥5,180.00
11	00326598	惠氏	启赋1段	400克/桶	60桶	¥168.00	¥10,080.00
12	00000256	惠氏	启赋2段		20桶	¥288.00	¥5,760.00
13	01549898	惠氏	启赋3段		20桶	¥248.00	¥4,960.00

5

选中A4:G13单元格区域，按Ctrl+1组合键，打开“设置单元格格式”对话框，切换至“边框”选项卡，选择细一点的实线，单击“内部”按钮，为表格内部边框应用线条。根据相同的方法为表格外部边框应用稍粗一点的线条。用户可以通过“预览”选项区域查看设置边框的效果。

6

切换至“对齐”选项卡，设置水平对齐和垂直对齐均为“居中”，单击“确定”按钮。

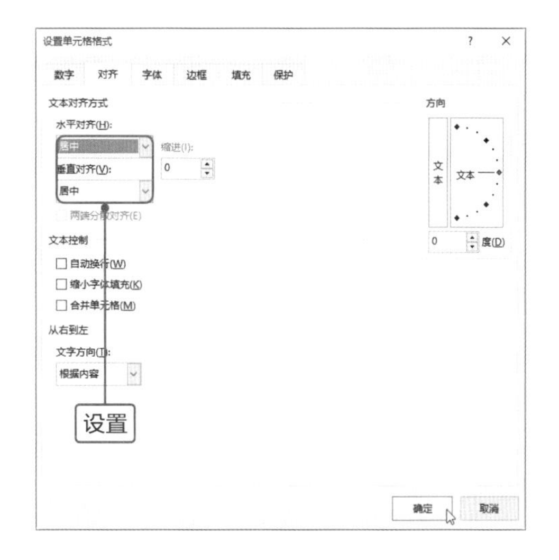

7

返回工作表，分别在第一列和第一行前插入列和行。在“视图”选项卡的“显示”选项组中取消勾选“网格线”复选框，然后查看表格的效果。

采购统计表

					日期	2019年8月20日
采购单号	品牌	商品名称	容量	数量	采购单价	采购总额
00005682	飞鹤	星飞帆1段	700克/桶	50桶	¥368.00	¥18,400.00
00015483	飞鹤	星飞帆2段	700克/桶	50桶	¥265.00	¥13,250.00
00256800	飞鹤	星飞帆3段	700克/桶	50桶	¥278.00	¥13,900.00
00025648	飞鹤	飞帆3段	900克/桶	50桶	¥165.00	¥8,250.00
00015498	飞鹤	臻爱1段	900克/桶	20桶	¥332.00	¥6,640.00
00259822	飞鹤	臻爱2段	900克/桶	20桶	¥289.00	¥5,780.00
00021256	飞鹤	臻爱3段	900克/桶	20桶	¥259.00	¥5,180.00
00326598	惠氏	启赋1段	400克/桶	60桶	¥168.00	¥10,080.00
00000256	惠氏	启赋2段			¥288.00	¥5,760.00
01549898	惠氏	启赋3段			¥248.00	¥4,960.00

查看最终效果

高效办公

工作表的基本操作

默认情况下Excel 2019新工作簿中只包含1个工作表，如果不能满足需要，可以新建工作表或者进行其他关于工作表的操作。

1.新建工作表

在打开的工作簿中单击工作表标签右侧“新工作表”按钮，如下左图所示。即可在选中工作表的右侧插入空白工作表，如下右图所示。

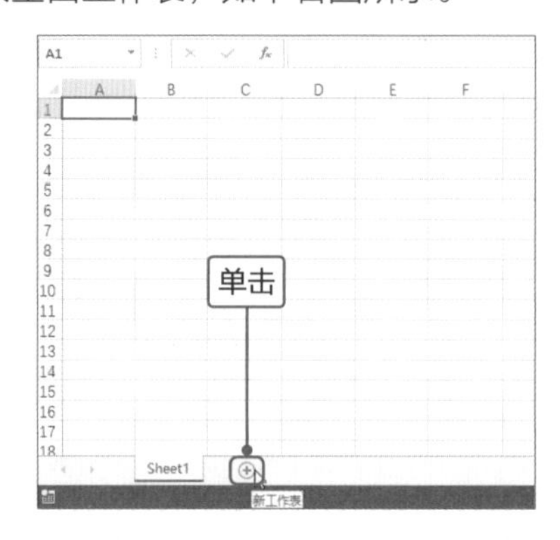

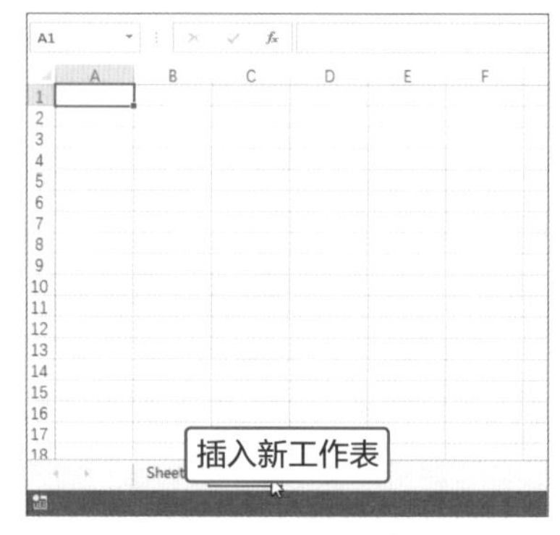

除此之外，用户也可以通过快捷菜单插入工作表。首先右击工作表标签，在快捷菜单中选择“插入”命令，如下左图所示。打开“插入”对话框，在“常用”选项卡中选择需要插入的内容，如果插入空白工作表，则选择“工作表”选项，单击“确定”按钮，如下右图所示。

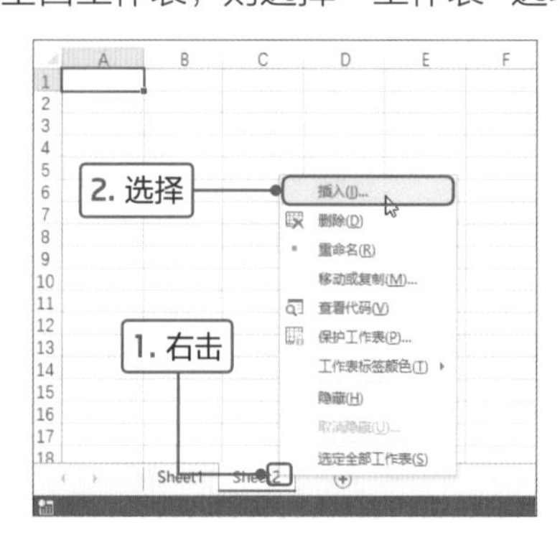

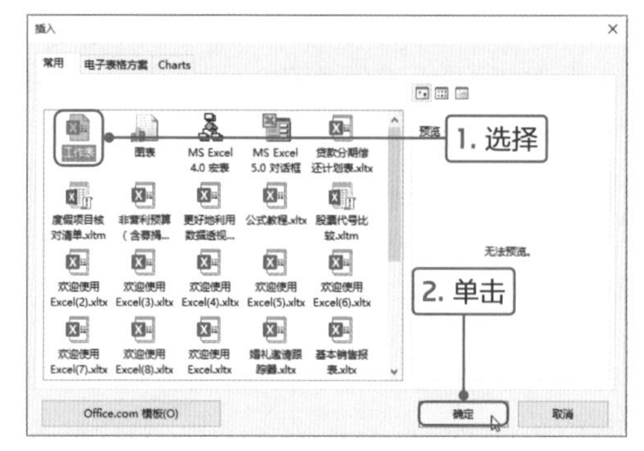

2.重命名工作表

新建工作表后，其工作表的名称默认以Sheet+数字表示，用户可以重命名工作表。首先在需要重命名的工作表标签上右击，在快捷菜单中选择“重命名”命令，如右图所示。此时工作表标签为可编辑状态，然后输入名称即可。

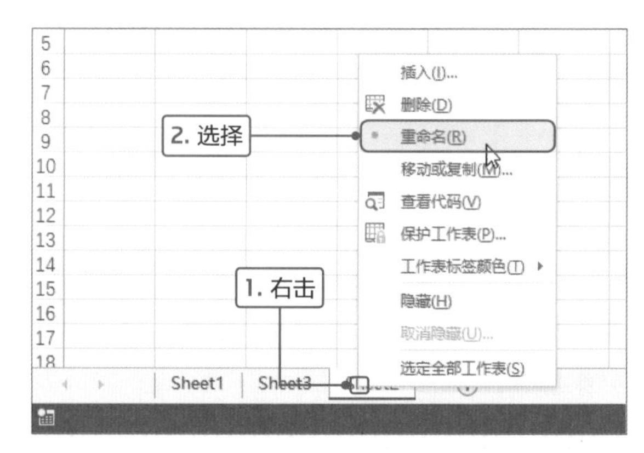

3.删除工作表

当不需要某工作表时，用户可以将其删除，下面介绍两种方法删除工作表的方法。方法1：右击工作表标签，在快捷菜单中选择“删除”命令，即可删除选中的工作表，如下左图所示。方法2：选中需要删除的工作表，切换至“开始”选项卡，单击“单元格”选项组中“删除”下三角按钮，在列表中选择“删除工作表”选项，如下右图所示。

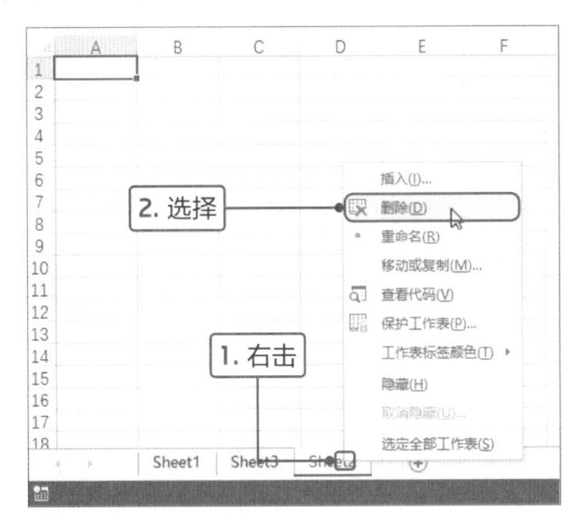

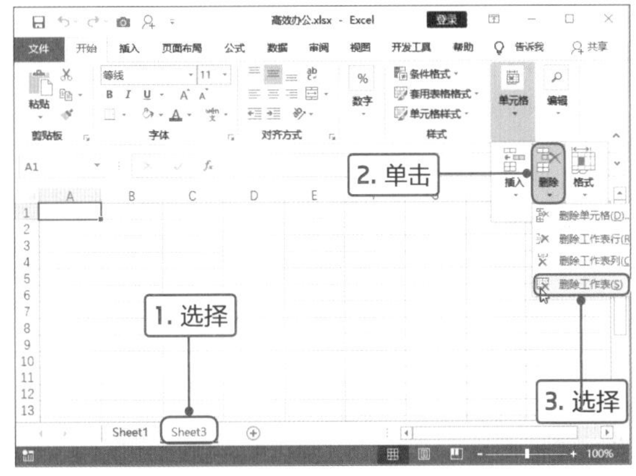

4.隐藏/显示工作表

选中需要隐藏的工作表并右击，在快捷菜单中选择“隐藏”命令，即可将该工作表隐藏起来，如下左图所示。如果需要显示隐藏的工作表，则选中任意工作表标签并右击，在快捷菜单中选择“取消隐藏”命令，如下右图所示。

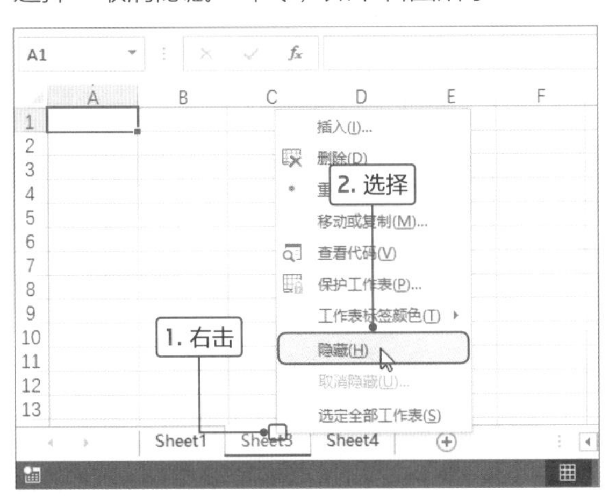

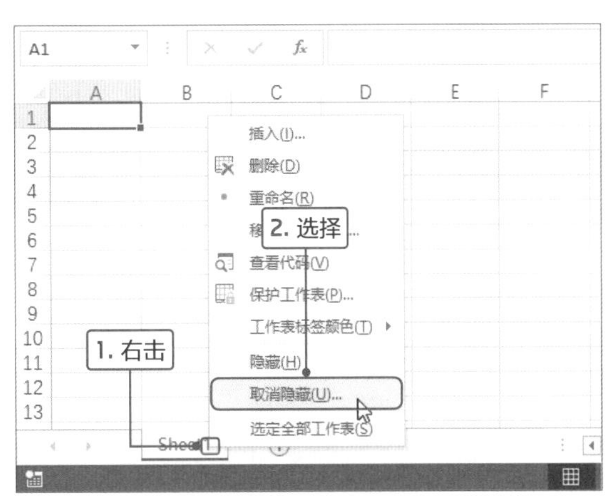

打开“取消隐藏”对话框，在“取消隐藏工作表”列表框中选择需要显示的工作表，然后单击“确定”按钮，即可显示该工作表。

制作年度投资完成情况一览表

企业为了更好地调控下半年投资，现在要统计出8月底之前所有投资完成情况，数据需要很详细，如统计项目的开支计划、项目开支以及开支的使用率等。历历哥召开部门会议，对数据进行统计、分类，并让小蔡将所有数据实事求是地录入Excel表格中。在会议结束，历历哥让善于好学的小蔡，将整理的数据制作成表格并对数据进行相应的计算，然后将表格发送给他。

NG! 菜鸟效果

2019年8月投资完成情况一览表

投资项目	年度续建项目开支计划	8月底前续建项目开支	续建项目开支使用率	2018年第一、第二批项目开支计划	8月底项目开支使用率	新建项目开支使用率
一、通信网	1258	1061	84.34%	3117	2572	82.52%
1、核心网	150	136	90.67%	260	120	46.15%
2、无线网	1058	875	82.70%	2698	2302	85.32%
3、家庭网	0	0		123	120	97.56%
4.其他配套	50	50	100.00%	36	30	83.33%
二、土地土建	5282	4785	90.59%	5909	5038	85.26%
1、郊区土地	2860	2596	90.77%	1690	1230	72.78%
2、商业土地	1532	1500	97.91%	2320	2153	92.80%
3、绿化土地	890	689	77.42%	1899	1655	87.15%
三、传输与网络	275	253	0.92	656	533	0.8125
1、数据与承载网	56	52	92.86%	69	60	86.96%
2、市内主干线	28	26	92.86%	365	333	91.23%
3、城内局域网	39	25	64.10%	163	120	73.62%
4、大数据网络	152	150	98.68%	59	20	33.90%
四、其他	41	35	85.37%	151	99	65.56%
1、其他	36	30	83.33%	62	30	48.39%
2、零销	5	5	100.00%	89	69	77.53%
3、库存	-	-	-	-	-	-
总计	6856	6134	84.90%	9833	8242	80.10%

！各区域标题文本不清晰

！表格内文字太挤，显得信息超载

！表格中颜色太多，太艳丽

小蔡在制作投资完成情况一览表时，整体感觉文字之间空隙太小，导致信息超载，让浏览者存在阅读压力；为了区分数据区域，使用太多、太艳的颜色作为底纹，让人眼花缭乱；各区域标题文本和正文文本格式一样，不容易区分。

MISSION! 2

在制作稍微复杂点的表格时，可以考虑减少表格美化操作，只使用横向或纵向线条以区分各数据区域。在使用填充底纹的方式区分数据区域时，也不需要使用太多的颜色，同时要使用较浅的颜色。在本案例中通过横向线条划分数据区域，可以引导浏览者横向阅读数据。最后再使用函数对数据进行计算，并设置数据的对齐方式，从而制作出整齐、合理的表格。

逆袭效果 OK!

2019年8月投资完成情况一览表

单位：万

投资项目	年度续建项目开支计划	8月前续建项目开支	续建项目开支使用率	2018年第一、第二批项目开支计划	8月底项目开支使用率	新建项目开支使用率
一、通信网	**1258**	**1061**	**84.34%**	**3117**	**2572**	**82.52%**
1、核心网	150	136	90.67%	260	120	46.15%
2、无线网	1058	875	82.70%	2698	2302	85.32%
3、家庭网	0	0		123	120	97.56%
4.其他配套	50	50	100.00%	36	30	83.33%
二、土地土建	**5282**	**4785**	**90.59%**	**5909**	**5038**	**85.26%**
1、郊区土地	2860	2596	90.77%	1690	1230	72.78%
2、商业土地	1532	1500	97.91%	2320	2153	92.80%
3、绿化土地	890	689	77.42%	1899	1655	87.15%
三、传输与网络	**275**	**253**	**92.00%**	**656**	**533**	**81.25%**
1、数据与承载网	56	52	92.86%	69	60	86.96%
2、市内主干线	28	26	92.86%	365	333	91.23%
3、城内局域网	39	25	64.10%	163	120	73.62%
4、大数据网络	152	150	98.68%	59	20	33.90%
四、其他	**41**	**35**	**85.37%**	**151**	**99**	**65.56%**
1、其他	36	30	83.33%	62	30	48.39%
2、零销	5	5	100.00%	89	69	77.53%
3、库存	-	-		-	-	
总计	**6856**	**6134**	**89.47%**	**9833**	**8242**	**83.82%**

表格内文字间距适中，容易阅读

表格中颜色简单，很好地区分各区域

各区域的标题比较明显

小蔡对表格进一步修改，增加列宽使表格中的数据显得不那么拥挤，而且更方便阅读；使用线条和浅灰色很好地区分各区域数据，明暗清楚，层次结构清晰；对各区域的标题文本加粗处理，很容易突出各区域的数据。

Point 1 输入文本并设置格式

在制作表格之前要做的事情就是输入文本，然后根据需要设置文本的格式。在本案例中，需要根据表格层次为文本设置不同的格式，下面详细介绍具体的操作方法。

1

新建Excel工作表并保存，然后在单元格中输入相关信息。可当输入的文本超出单元格的宽度时，若在右侧相邻单元格中输入文本，则超出部分的文本会隐藏起来。

文本输入过长的效果

2

根据统计的数据，在表格中依次输入文本。

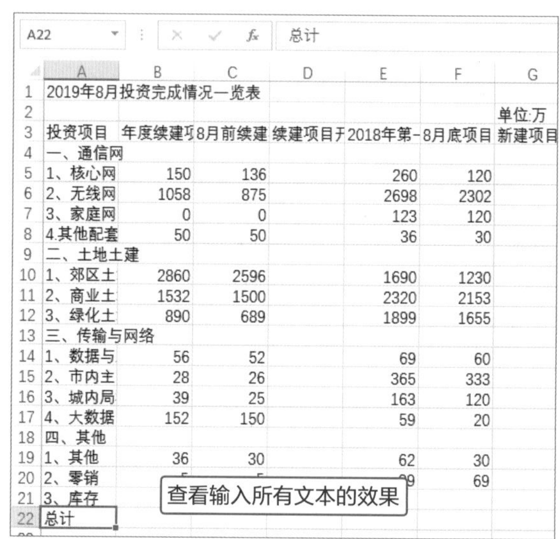

3

选中A1:G1单元格区域，单击“开始”选项卡下“对齐方式”选项组的“合并后居中”下三角按钮，在列表中选择“合并单元格”选项。

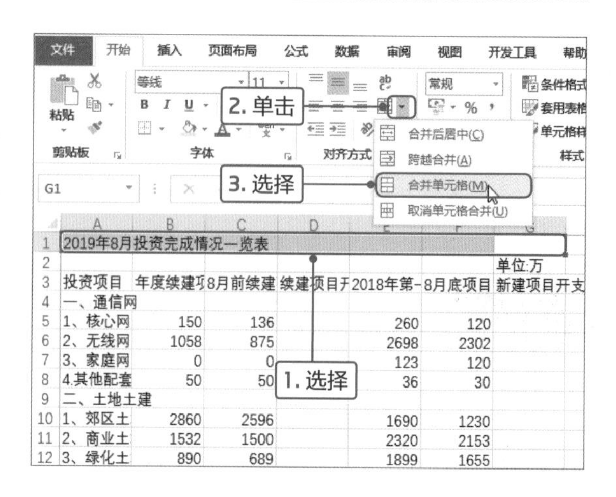

4

可见选中的单元格合并为一个单元格，文本的对齐方式没有变化。然后在“字体”选项组中设置文本的格式。

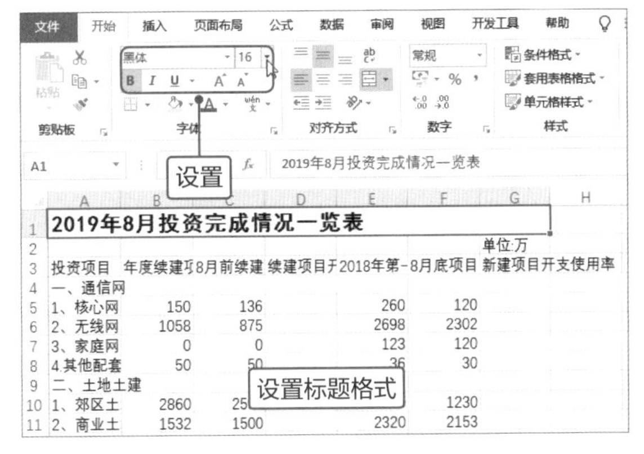

5

选择A2:G22单元格区域，在“字体”选项组中设置字体为宋体、字号为11。

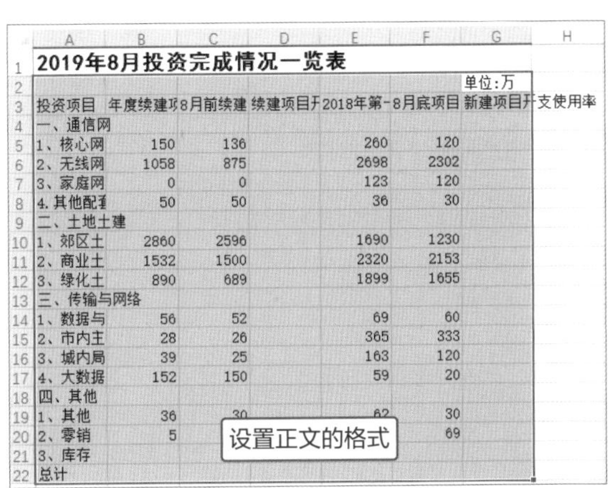

6

按住Ctrl键选择第4、9、13、18、22行，在“字体”选项组中单击“增大字号”按钮，调整选中文本的字号，再单击“加粗”按钮。至此，表格的文本格式设置完成。

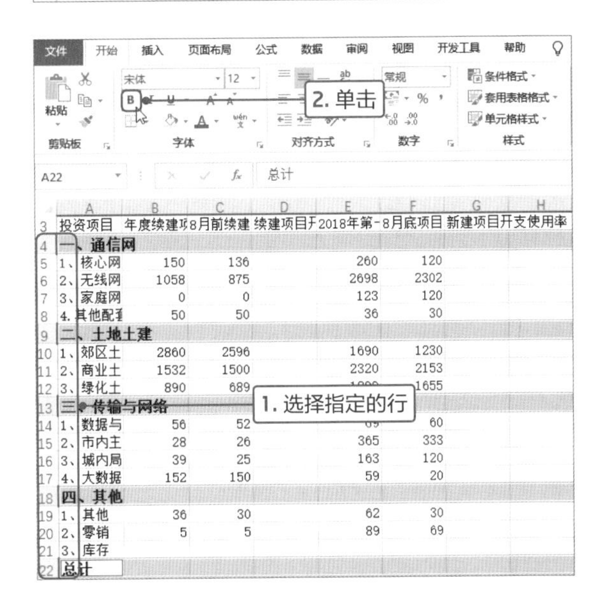

Tips 设置按Enter键后移动的方向

在Excel中默认情况下在单元格中输入文本后，按Enter键后选中下方的单元格。用户可以根据需要修改移动的方向。首先单击“文件”标签，在列表中选择“选项”选项，在打开的对话框中选择“高级”选项，在右侧单击“方向”下三角按钮，在列表中列表包括向下、向右、向上和向左几种方式，选择合适的选项即可。

Point 2 设置文本换行

在Excel中，当输入的文本超过单元格的宽度时，默认情况下是不会换行的。用户可以设置自动换行或者强制换行，最后再设置表格的行高和列宽，下面介绍具体操作方法。

1

在Excel工作表中可见A列的某些数据被B列覆盖，需要调整A列的宽度。将光标移至A列右侧的边界线上变为双向箭头时双击，即可自动调整列宽以显示全部文本。

B7 fx 0

双击

	A	B	C	D	E	F	G
1	2019年8月投资完成情况一览表						
2							单位:万
3	投资项目	年度续建项	8月前续建	续建项目开	2018年第一	8月底项目	新建项目开支
4	一、通信网						
5	1、核心网	150	136		260	120	
6	2、无线网	1058	875		2698	2302	
7	3、家庭网	0	0		123	120	
8	4. 其他配套	50	50		36	30	
9	二、土地土建						
10	1、郊区土	2860	2596		1690	1230	
11	2、商业土	1532	1500		2320	2153	
12	3、绿化土	890	689		1899	1655	
13	三、传输与网络						
14	1、数据与	56	52		69	60	
15	2、市内主	28	26		365	333	
16	3、城内局	39	25		163	120	
17	4、大数据	152	150		59	20	
18	四、其他						

2

表格第3行部分单元格中文本比较长，而对应的数据不是很大，所以需要进行换行处理。即选中B3:G3单元格区域，按下Ctrl+1组合键，打开"设置单元格格式"对话框，在"文本控制"选项区域中勾选"自动换行"复选框，单击"确定"按钮。

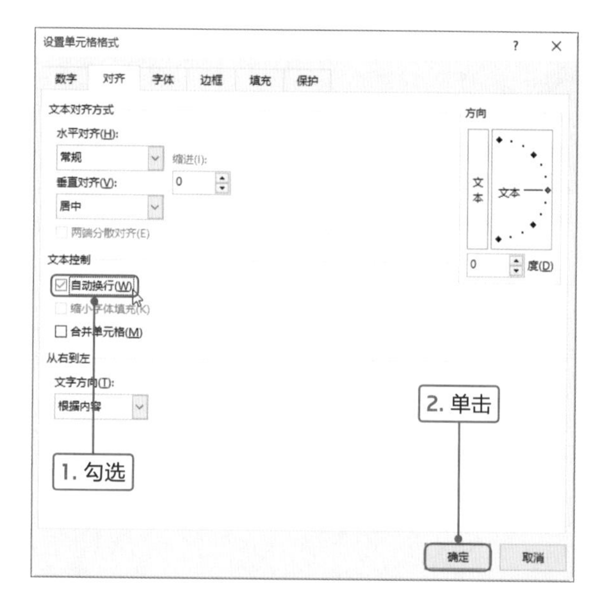

3

返回工作表中，可见选中单元格中的文本根据列宽自动换行。当调整列宽时，文本也在调整换行。

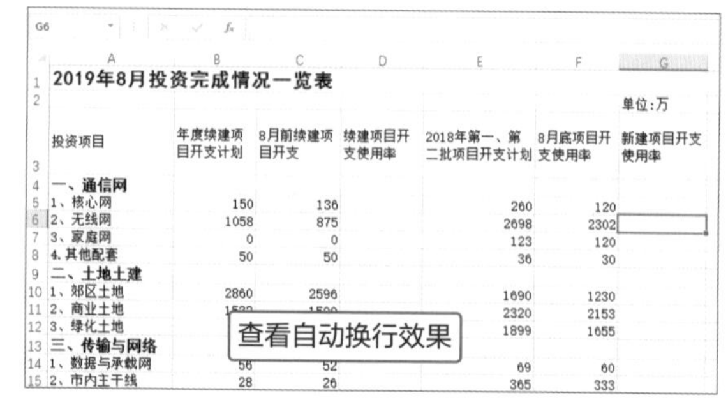

4

如果需要强制换行，则选中G3单元格，在“编辑栏”中定位光标在需要换行的位置。然后按住Alt+Enter组合键，即可进行强制换行操作。

G3 新建项目开支使用率

	A	B	C	D	E	F	G
1	2019年8月投资完成情况一览表						
2							单位:万
3	投资项目	年度续建项	8月前续建	续建项目于	2018年第一	8月底项目	开支使用
4	一、通信网						
5	1、核心网	[illegible]	[illegible]		[illegible]	120	
6	2、无线网	[illegible]	[illegible]		[illegible]	2302	
7	3、家庭网	[illegible]	[illegible]		[illegible]	120	
8	4. 其他配套	50	50		36	30	
9	二、土地土建						
10	1、郊区土地	2860	2596		1690	1230	
11	2、商业土地	1532	1500		2320	2153	
12	3、绿化土地	890	689		1899	1655	
13	三、传输与网络						
14	1、数据与承载网	56	52		69	60	
15	2、市内主干线	28	26		365	333	
16	3、城内局域网	39	25		163	120	
17	4、大数据网络	152	150		59	20	
18	四、其他						
19	1、其他	36	30		62	30	

定位，按Alt+Enter组合键

5

根据相同的方法对其他单元格中设置强制换行，然后适当调整列宽和行高。

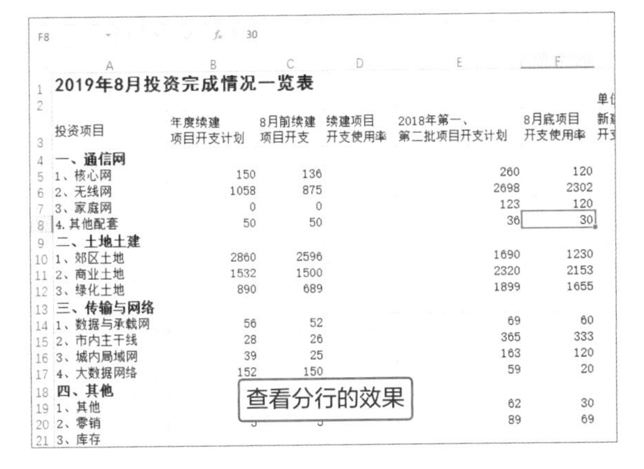

6

按住Ctrl键选中表格中相关行，然后切换至“开始”选项卡，单击“单击格”选项组中“格式”下三角按钮，在列表中选择“行高”选项。在打开的对话框中设置“行高”为16，单击“确定”按钮即可。

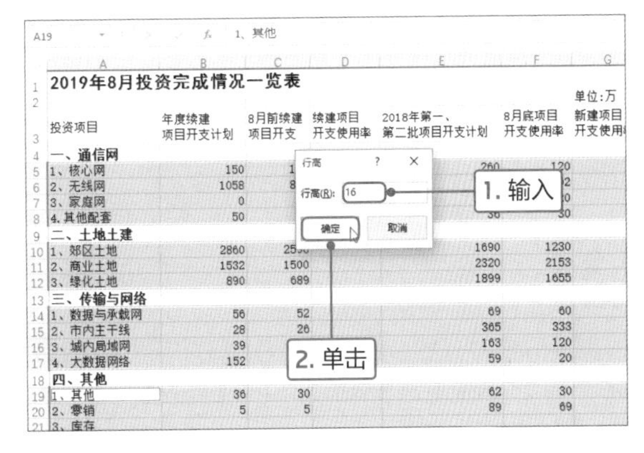

7

根据相同的方法将第4、9、13、18、22行的行高设置为18，查看设置换行、行高和列宽后的效果。

	A	B	C	D	E	F	G
1	2019年8月投资完成情况一览表						
2							单位:万
3	投资项目	年度续建 项目开支计划	8月前续建 项目开支	续建项目 开支使用率	2018年第一、 第二批项目开支计划	8月底项目 开支使用率	新建项目 开支使用率
4	一、通信网						
5	1、核心网	150	136		260	120	
6	2、无线网	1058	875		2698	2302	
7	3、家庭网	0	0		123	120	
8	4. 其他配套	50	50		36	30	
9	二、土地土建						
10	1、郊区土地	2860	2596		1690	1230	
11	2、商业土地	1532	1500		2320	2153	
12	3、绿化土地	890	689		1899	1655	
13	三、传输与网络						
14	1、数据与承载网	56	52		69	60	
15	2、市内主干线	28	26		365	333	
16	3、城内局域网	39	25		163	120	
17	4、大数据网络	152	150		59	20	
18	四、其他						
19	1、其他				62	30	
20	2、零销				89	69	
21	3、库存						
22	总计						

查看设置行高的效果

Point 3 美化表格

表格的内容设置完成后，接下对表格进行美化操作，在本案例中主要是使用线条和底纹填充的方法进行美化。下面介绍具体的操作步骤。

1

单击“字体”选项组中边框下三角按钮，在列表中选择“线条颜色”选项，在子列表中选择灰色。

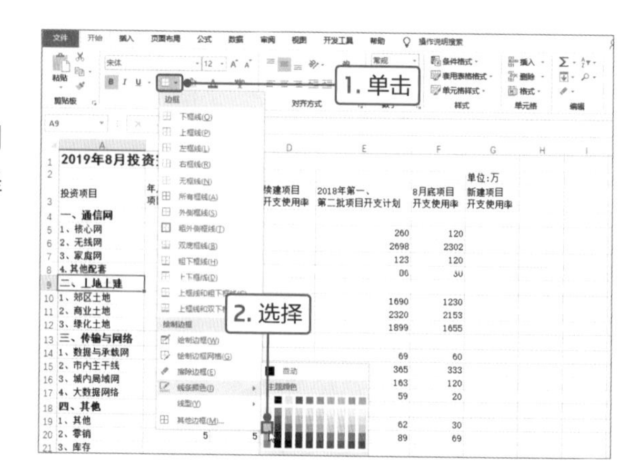

2

然后在列表中选择“线型”选项，在子列表中选择实线。此时光标变为铅笔形状，移到需要绘制该线条的边框上按住鼠标拖曳即可。

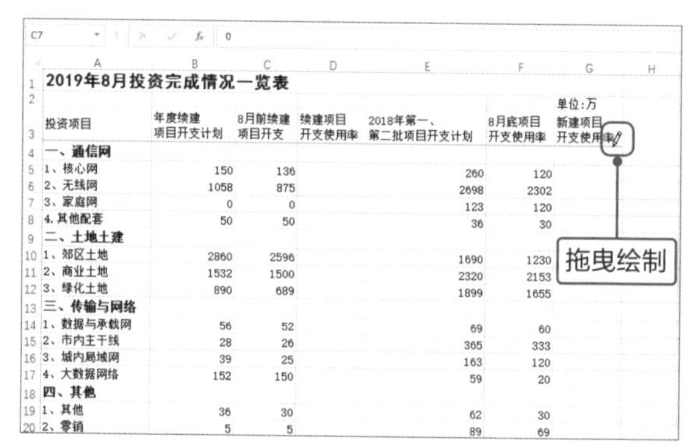

3

根据相同的方法，在“总计”行的下方绘制线条。为了使效果更加明显，切换至“视图”选项卡，在“显示”选项组中取消勾选“网格线”复选框，查看效果。

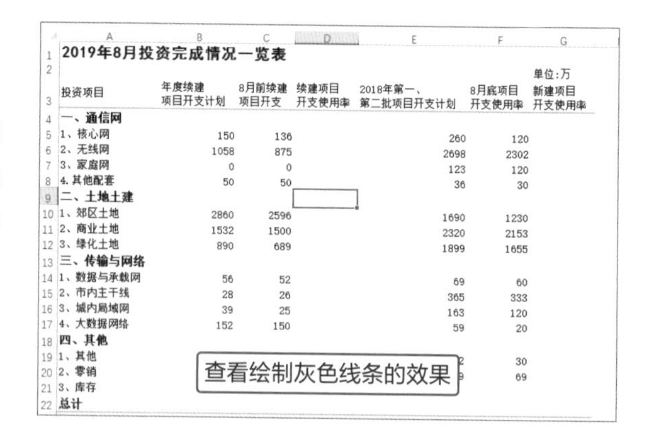

Tips 隐藏行号和列标

在Excel的界面上方显示列标，左侧显示行号，要想隐藏行号和列标，则在“视图”选项卡的“显示”选项组中取消勾选“标题”复选框，即可隐藏行号和列标。

4

按住Ctrl键选中第4、9、13、18、21行，在“字体”选项组的边框列表中设置线条颜色为橙色、线型为实线。然后在列表中取消激活“绘制边框”选项，最后在列表中选择“下框线”选项。

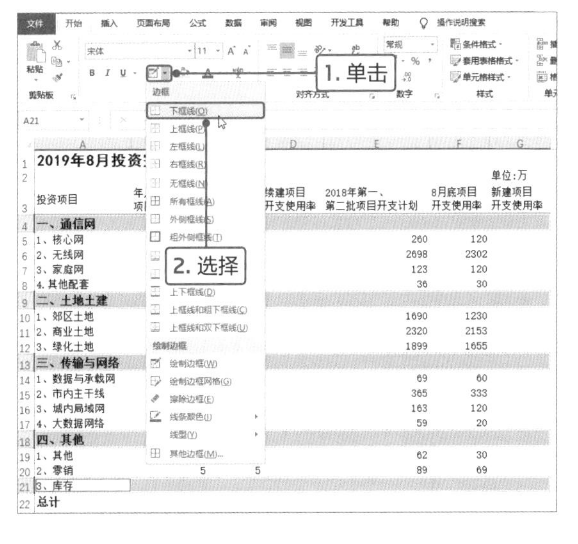

5

操作完成后，可见选中单元格区域的下边框应用了设置的线条样式。

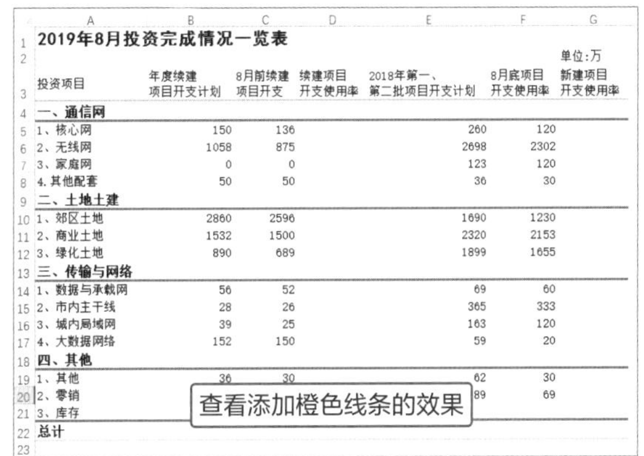

6

选择表格中相应的区域，单击“字体”选项组的“填充颜色”下三角按钮，在列表中选择浅灰色。至此，表格美化操作完成。

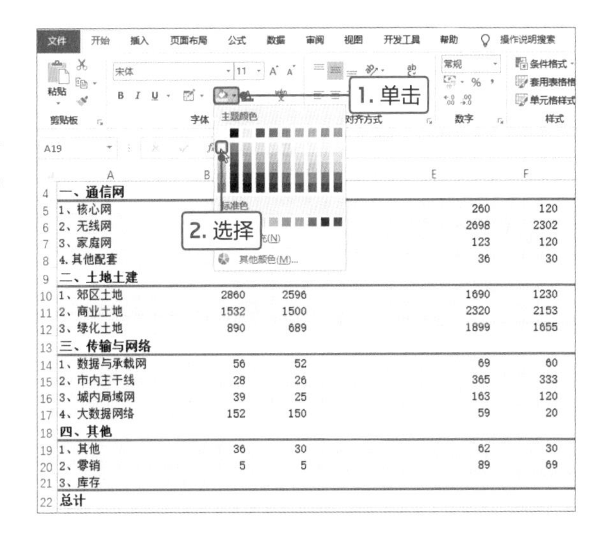

美化表格的思路

在本案例中，主要通过横向线条来区分不同的区域，同时也通过线条引导浏览者横向阅读数据，从而减少纵向的干扰。

Point 4 计算表格中的数据

表格制作完成后，还需要通过Excel的计算功能计算出相关数据。在本案例中主要计算各区域数据的总和，以及相应的百分比。下面介绍具体的操作步骤。

1

选中B4单元格，然后输入“=SUM(B5:B8)”公式，计算指定单元格区域内数据之和。

	A	B	C	D	E
1	2019年8月投资完成情况一览表				
2					
3	投资项目	年度续建项目开支计划	8月前续建项目开支	续建项目开支使用率	2018年第一、第二批项目开支计
4	一、通信网	=SUM(B5:B8)			
5	1、核心网	150	136		
6	2、无线网	1058	875		
7	3、家庭网	0	0		
8	4. 其他配套	50	50		
9	二、土地土建				
10	1、郊区土地	2860	2596		
11	2、商业土地	1532	1500		
12	3、绿化土地	890	689		
13	三、传输与网络				
14	1、数据与承载网	56	52		

2

选中B4单元格，按Ctrl+C组合键，选中D4、F4和G4单元格，然后按Ctrl+V组合键，即可将公式填充至指定的单元格中。

	A	B	C	D	E	F	G
1	2019年8月投资完成情况一览表						
2							单位:万
3	投资项目	年度续建项目开支计划	8月前续建项目开支	续建项目开支使用率	2018年第一、第二批项目开支计划	8月底项目开支使用率	新建项目开支使用率
4	一、通信网	1258	1061		3117	2572	
5	1、核心网	150	136		260	120	
6	2、无线网	1058	875		2698	2302	
7	3、家庭网	0	0		123	120	
8	4. 其他配套	50	50		36	30	
9	二、土地土建						
10	1、郊区土地	2860	2596		1690	1230	
11	2、商业土地	1532	1500		2320	2153	
12	3、绿化土地	890	689		1899	1655	
13	三、传输与网络						
14	1、数据与承载网	56	52		69	60	
15	2、市内主干线	28	26		365	333	
16	3、城内局域网	39			163	120	
17	4、大数据网络	152			59	20	
18	四、其他						

3

根据相同的方法，分别计算出各区域的数据之和，并填充公式。

	A	B	C	D	E	F	G
1	2019年8月投资完成情况一览表						
2							单位:万
3	投资项目	年度续建项目开支计划	8月前续建项目开支	续建项目开支使用率	2018年第一、第二批项目开支计划	8月底项目开支使用率	新建项目开支使用率
4	一、通信网	1258	1061		3117	2572	
5	1、核心网	150	136		260	120	
6	2、无线网	1058	875		2698	2302	
7	3、家庭网	0	0		123	120	
8	4. 其他配套	50	50		36	30	
9	二、土地土建	5282	4785		5909	5038	
10	1、郊区土地	2860	2596		1690	1230	
11	2、商业土地	1532	1500		2320	2153	
12	3、绿化土地	890	689		1899	1655	
13	三、传输与网络	275	253		656	533	
14	1、数据与承载网	56	52		69	60	
15	2、市内主干线	28	26		365	333	
16	3、城内局域网	39	25		163	120	
17	4、大数据网络	152	150		59	20	
18	四、其他	41	35		151	99	
19	1、其他	36	30		62	30	
20	2、零销				89	69	
21	3、库存						
22	总计						
23							

Tips SUM()函数简介

SUM()函数用于返回单元格区域内数字之和。

表达式：SUM（number1，number2，…）

4

选择B22单元格区域，然后输入“=SUM（B4,B9,B13,B18）”公式，在单元名称右侧用英文半角状态下逗号隔开。

	投资项目	年度续建项目开支计划	8月前续建项目开支	续建项目开支使用率	2018年第一、第二批项目开支计划	8月底项目开支使用率	新建开支
4	**一、通信网**	**1258**	**1061**		**3117**	**2572**	
5	1、核心网	150	136		260	120	
6	2、无线网	1058	875		2698	2302	
7	3、家庭网	0	0		123	120	
8	4.其他配套	50	50		36	30	
9	**二、土地土建**	**5282**	**4785**		**5909**	**5038**	
10	1、郊区土地	2860	2596		1690	1230	
11	2、商业土地	1532	1500		2320	2153	
12	3、绿化土地	890	689		1899	1655	
13	**三、传输与网络**	**275**	**253**		**656**	**533**	
14	1、数据与承载网	56	52		69	60	
15	2、市内主干线	28	26		365	333	
16	3、城内局域网	39	25		163	120	
17	4、大数据网络	152	150		59	20	
18	**四、其他**	**41**	**35**		**151**	**99**	
19	1、其他	36	30		62	30	
20	2、零销	5	5		89	69	
21	3、库存						
22	**总计**	=SUM(B4,B9,B13,B18)					
23							

输入公式

5

按Enter键执行计算，然后复制公式，并填充在C22、E22和F22单元格中。

	投资项目	年度续建项目开支计划	8月前续建项目开支	续建项目开支使用率	2018年第一、第二批项目开支计划	8月底项目开支使用率	新建项目开支使用率
4	**一、通信网**	**1258**	**1061**		**3117**	**2572**	
5	1、核心网	150	136		260	120	
6	2、无线网	1058	875		2698	2302	
7	3、家庭网	0	0		123	120	
8	4.其他配套	50	50		36	30	
9	**二、土地土建**	**5282**	**4785**		**5909**	**5038**	
10	1、郊区土地	2860	2596		1690	1230	
11	2、商业土地	1532	1500		2320	2153	
12	3、绿化土地	890	689		1899	1655	
13	**三、传输与网络**	**275**	**253**		**656**	**533**	
14	1、数据与承载网	56	52		69	60	
15	2、市内主干线	28	26		365	333	
16	3、城内局域网	39	25		163	120	
17	4、大数据网络	152	150		59	20	
18	**四、其他**	**41**	**35**		**151**	**99**	
19	1、其他	36	30		62	30	
20	2、零销	5	5		89	69	
21	3、库存						
22	**总计**	**6856**	**6**		**9833**	**8242**	
23							
24							

填充公式

6

接着计算其他区域中的使用率，首先设置单元格格式。选中D4:D22和G4:G22单元格区域，单击“数字”选项组中“数字格式”下三角按钮，在列表中选择“百分比”选项。

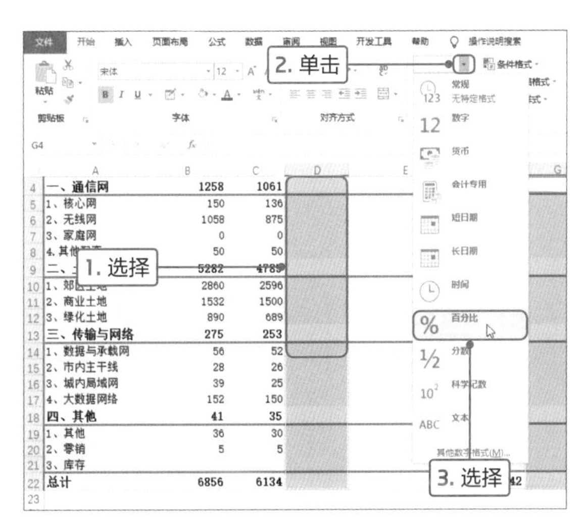

7

在D4单元格中输入“=C4/B4”公式，用于计算续建项目开支使用率。

	A	B	C	D	E
1	**2019年8月投资完成情况一览表**				
2					
3	投资项目	年度续建项目开支计划	8月前续建项目开支	续建项目开支使用率	2018年第一、第二批项目开支计划
4	**一、通信网**	**1258**	**1061**	=C4/B4	**3117**
5	1、核心网	150	136		260
6	2、无线网	1058	875		2698
7	3、家庭网	0	0		123
8	4.其他配套	50	50		36
9	**二、土地土建**	**5282**	**4785**		**5909**
10	1、郊区土地	2860			1690
11	2、商业土地	1532			2320
12	3、绿化土地	890	689		1899
13	**三、传输与网络**	**275**	**253**		**656**
14	1、数据与承载网	56	52		69
15	2、市内主干线	28	26		365

输入公式

8

按Enter键执行计算，并将公式向下填充至D22单元格，单击右下角“自动填充选项”下三角按钮，在列表中选择“不带格式填充”单选按钮。可见每个单元格下方保持原来的格式。

	A	B	C	D	E
4	一、通信网	1258	1061	84.34%	3117
5	1、核心网	150	136	90.67%	260
6	2、无线网	1058	875	82.70%	2698
7	3、家庭网	0	0	#DIV/0!	123
8	4.其他配套	50	50	100.00%	36
9	二、土地土建	5282	4785	90.59%	5909
10	1、郊区土地	2860	2596	90.77%	1690
11	2、商业土地	1532	1500	97.91%	2320
12	3、绿化土地	890	689	77.42%	1899
13	三、传输与网络	275	253	92.00%	656
14	1、数据与承载网	56	52	92.86%	69
15	2、市内主干线	28	26	92.86%	365
16	3、城内局域网	39	25	64.10%	163
17	4、大数据网络	152	150	98.68%	59
18	四、其他	41	35	85.37%	151
19	1、其他	36	30	83.33%	62
20	2、零销	5	5	100.00%	89
21	3、库存			#DIV/0!	
22	总计	6856	6134	89.47%	9833

1.单击

2.选择

复制单元格(C)
仅填充格式(F)
不带格式填充(O)
快速填充(F)

Sheet1 Sheet2

9

根据相同的方法计算G列的开支使用率，再将没有计算出百分比的单元格内数值删除。

2019年8月投资完成情况一览表

单位:万

投资项目	年度续建项目开支计划	8月前续建项目开支	续建项目开支使用率	2018年第一、第二批项目开支计划	8月底项目开支使用率	新建项目开支使用率
一、通信网	1258	1061	84.34%	3117	2572	82.52%
1、核心网	150	136	90.67%	260	120	46.15%
2、无线网	1058	875	82.70%	2698	2302	85.32%
3、家庭网	0	0		123	120	97.56%
4.其他配套	50	50	100.00%	36	30	83.33%
二、土地土建	5282	4785	90.59%	5909	5038	85.26%
1、郊区土地	2860	2596	90.77%	1690	1230	72.78%
2、商业土地	1532	1500	97.91%	2320	2153	92.80%
3、绿化土地	890	689	77.42%	1899	1655	87.15%
三、传输与网络	275	253	92.00%	656	533	81.25%
1、数据与承载网	56	52	92.86%	69	60	86.96%
2、市内主干线	28	26	92.86%	365	333	91.23%
3、城内局域网	39	25	64.10%	163	120	73.62%
4、大数据网络	152	150	98.68%	59	20	33.90%
四、其他	41	35	85.37%	151	99	65.56%
1、其他				62	30	48.39%
2、零销				89	69	77.53%
3、库存	-				-	
总计	6856	6134	89.47%	9833	8242	83.82%

查看计算数据的效果

10

选中B2:G22单元格区域，设置对齐方式为右对齐。将其他单元格的对齐方式设置为左对齐。至此，本案例制作完成，查看最终效果。

2019年8月投资完成情况一览表

单位:万

投资项目	年度续建项目开支计划	8月前续建项目开支	续建项目开支使用率	2018年第一、第二批项目开支计划	8月底项目开支使用率	新建项目开支使用率
一、通信网	1258	1061	84.34%	3117	2572	82.52%
1、核心网	150	136	90.67%	260	120	46.15%
2、无线网	1058	875	82.70%	2698	2302	85.32%
3、家庭网	0	0		123	120	97.56%
4.其他配套	50	50	100.00%	36	30	83.33%
二、土地土建	5282	4785	90.59%	5909	5038	85.26%
1、郊区土地	2860	2596	90.77%	1690	1230	72.78%
2、商业土地	1532	1500	97.91%	2320	2153	92.80%
3、绿化土地	890	689	77.42%	1899	1655	87.15%
三、传输与网络	275	253	92.00%	656	533	81.25%
1、数据与承载网	56	52	92.86%	69	60	86.96%
2、市内主干线	28	26	92.86%	365	333	91.23%
3、城内局域网	39	25	64.10%	163	120	73.62%
4、大数据网络	152	150	98.68%	59	20	33.90%
四、其他	41	35	85.37%	151	99	65.56%
1、其他	36	30	83.33%	62	30	48.39%
2、零销	5			89	69	77.53%
3、库存	-			-	-	
总计	6856			9833	8242	83.82%

设置对齐方式

Tips 对齐方式设置有讲究

在Excel工作表中，设置数据的对齐方式时，首先要确保数值的小数位数一致，然后设置右对齐。将左侧文本设置为左对齐，这样表格看起来充实，且左右两侧很整齐。用户可以将所有文本设置为居中、左、向等不同的对齐方式后，查看表格是否整齐。

高效办公

输入超过11位的数字

在Excel中，当在单元格中输入超过11位数字时，将记为科学记数法；当输入超过15位数字时，则超过部分的数字均显示为0，不能正确地显示输入的数字。下面以输入18位身份证号码为例，介绍输入超过11位数字的具体操作方法。

1.对话框设置

打开“员工档案.xlsx”工作表，在E3单元格中输入18位身份证号码，可见在单元格中以科学记数法显示，编辑栏中后3位以0表示，如下左图所示。选择E3:E20单元格区域，按Ctrl+1组合键，打开“设置单元格格式”对话框，在“数字”选项卡的“分类”列表框中选择“文本”选项，单击“确定”按钮，如下右图所示。然后在该单元格区域中输入身份证号码时，则显示全部的数字。

E3　110112199612052000

员工档案

序号	姓名	部门	联系方式	身份证号码	工龄
0001	张飞	行政部	15965426544	1.10112E+17	2
0002	艾明	行政部	13852465489		12
0003	赵杰	财务部	14754265832		8
0004	李志齐	人事部	13521459852		9
0005	钱昆	研发部	13254568721		6
0006	李二	销售部	13654821359		9
0007	孙胜	销售部	15965426325		10
0008	吴广	财务部	13754621548		15
0009	邹善	采购部	15922115486		7
0010	戴丽丽	采购部	13852465489		9
0011	崔米	财务部	15654789632		2
0012	张建国	销售部	13852468546		5
0013	李明飞	销售部	15854962546		6
0014	朱小明	行政部	13952296318		8
0015	[illegible]	[illegible]	[illegible]		5
0016	[illegible]	[illegible]	[illegible]		2
0017	[illegible]	[illegible]	[illegible]		8
0018	段飞	采购部	13954526584		7

查看输入身份证号码的效果

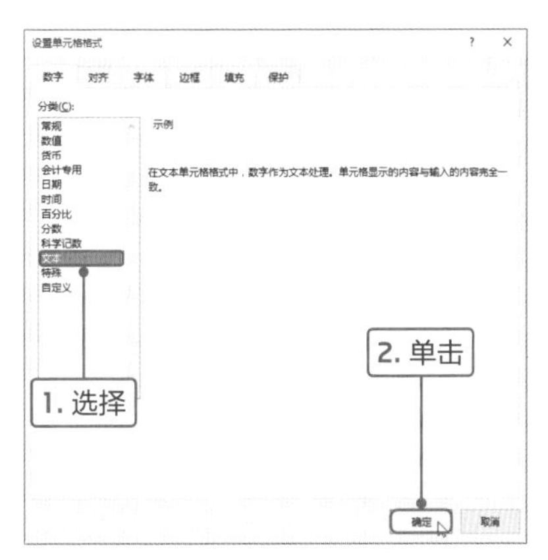

2.输入引号法

除了上述的方法外，用户还可以在输入身份证号码前先输入英文半角状态下的单引号，然后再输入身份证号码即可，如下图所示。可见单元格中显示完整的身份证号码，编辑栏中显示在身份证号码左侧有单引号。

E3　'110112199612052365

员工档案

序号	姓名	部门	联系方式	身份证号码	工龄
0001	张飞	行政部	15965426544	110112199612052365	2
0002	艾明	行政部	13852465489		12
0003	赵杰	财务部	14754265832		8
0004	李志齐	人事部	13521459852		9
0005	钱昆	研发部	13254568721		6
0006	李二	销售部	[illegible]		9
0007	孙胜	销售部	[illegible]		10
0008	吴广	财务部	13754621548		15

查看效果

我们还可以通过“设置单元格格式”对话框，为座机号码统一添加区号，如以北京区号010为例。选中单元格区域，打开“设置单元格格式”对话框，选择“自定义”选项，在“类型”文本框中输入“010-00000000”，然后单击“确定”按钮。然后在该单元格区域内只需要输入电话号码，不需要输入区号，即可自动添加设置的010区号。

制作员工销售统计表

8月份刚结束，历历哥就马上招集所有员工统计出该月各员工的销售数据，准备制作成报表。小蔡来公司已经有段时间了，他自认为制作表格的事情很简单，于是主动请历历哥安排该工作给他。历历哥也是看着小蔡逐渐成长的，所以就同意了。小蔡决定使用Excel制作出全面、美观的销售报表，坚决不辜负历历哥对他的信任。

NG! 菜鸟效果

序号	姓名	销售组	手机	电脑	平板	显示器	销售总金额
1	张飞	销售A组	¥28,101.00	¥34,489.00	¥44,910.00	¥28,770.00	¥136,270.00
2	艾明	销售2组	¥32,817.00	¥40,894.00	¥45,519.00	¥44,829.00	¥164,059.00
3	赵杰	销售3组	¥47,876.00	¥46,933.00	¥24,011.00	¥22,862.00	¥141,682.00
4	李志齐	销售C组	¥42,875.00	¥21,875.00	¥25,363.00	¥21,669.00	¥111,782.00
5	钱昆	销售2组	¥23,509.00	¥30,896.00	¥36,378.00	¥37,105.00	¥127,888.00
6	李二	销售3组	¥20,284.00	¥22,695.00	¥41,128.00	¥30,484.00	¥114,591.00
7	孙胜	销售B组	¥47,648.00	¥40,438.00	¥38,906.00	¥29,033.00	¥156,025.00
8	吴广	销售3组	¥38,726.00	¥29,113.00	¥49,446.00	¥47,529.00	¥164,814.00
9	邹善	销售2组	¥24,660.00	¥36,517.00	¥47,745.00	¥46,619.00	¥155,541.00
10	戴丽丽	销售3组	¥44,140.00	¥46,343.00	¥20,656.00	¥35,574.00	¥146,713.00
11	崔米	销售1组	¥35,685.00	¥25,758.00	¥40,517.00	¥47,408.00	¥149,368.00
12	张建国	销售3组	¥32,673.00	¥23,430.00	¥41,004.00	¥29,469.00	¥126,576.00
13	李明飞	销售1组	¥45,932.00	¥20,348.00	¥22,245.00	¥44,523.00	¥133,048.00
14	朱小明	销售3组	¥43,037.00	¥43,823.00	¥25,764.00	¥25,083.00	¥137,707.00
15	焦娇	销售2组	¥35,122.00	¥39,582.00	¥25,005.00	¥45,312.00	¥145,021.00
16	任我行	销售2组	¥22,358.00	¥24,493.00	¥32,508.00	¥36,153.00	¥115,512.00
17	任盈盈	销售2组	¥24,901.00	¥21,736.00	¥48,284.00	¥42,735.00	¥137,656.00
18	段飞	销售1组	¥25,622.00	¥43,522.00	¥45,124.00	¥36,876.00	¥151,144.00

! 该列数据输入不统一，有的是“销售1组”，有的是“销售A组”

! 为表格填充纯色，太单调乏味

! 为销售总金额数据设置字体颜色以突出显示

小蔡在制作8月份销售统计表时，为标题栏和正文区域填充不同的颜色美化表格，效果乏味单调；在输入“销售组”时，输入的数据也不统一，很不规范；为销售总额设置文本颜色，想突出显示该组数据，但没有具体的突出内容。

在Excel中制作表格时，会遇到怎么也对不齐的数据，如姓名，如果添加空格吧，又会影响到其他相关的操作，在本案例中将介绍更好的方法。如果需要规范某些数据的输入，可以使用“数据验证”功能。如果需要突出某些数据，可以使用“条件格式”功能。在进行美化表格时，如果已经厌倦了颜色填充，可以使用图片作为背景，使表格更加有灵气。

10%

50%

100%

逆袭效果

序号	姓名	销售组	手机	电脑	平板	显示器	销售金额
0001	张　飞	销售1组	¥28,101.00	¥34,489.00	¥44,910.00	¥28,770.00	¥136,270.00
0002	艾　明	销售2组	¥32,817.00	¥40,894.00	¥45,519.00	¥44,829.00	¥164,059.00
0003	赵　杰	销售3组	¥47,876.00	¥46,933.00	¥24,011.00	¥22,862.00	¥141,682.00
0004	李志齐	销售3组	¥42,875.00	¥21,875.00	¥25,363.00	¥21,669.00	¥111,782.00
0005	钱　昆	销售2组	¥23,509.00	¥30,896.00	¥36,378.00	¥37,105.00	¥127,888.00
0006	李　二	销售[illegible]	[illegible]	[illegible]695.00	¥41,128.00	¥30,484.00	¥114,591.00
0007	孙　胜	销售[illegible]	[illegible]	[illegible]438.00	¥38,906.00	¥29,033.00	¥156,025.00
0008	吴　广	销售[illegible]	[illegible]	[illegible]113.00	¥49,446.00	¥47,529.00	¥164,814.00
0009	邹　善	销售[illegible]	[illegible]	[illegible]517.00	¥47,745.00	¥46,619.00	¥155,541.00
0010	戴丽丽	销售[illegible]	[illegible]	[illegible]343.00	¥20,656.00	¥35,574.00	¥146,713.00
0011	崔　米	销售1组	¥35,685.00	¥25,758.00	¥40,517.00	¥47,408.00	¥149,368.00
0012	张建国	销售3组	¥32,673.00	¥23,430.00	¥41,004.00	¥29,469.00	¥126,576.00
0013	李明飞	销售1组	¥45,932.00	¥20,348.00	¥22,245.00	¥44,523.00	¥133,048.00
0014	朱小明	销售3组	¥43,037.00	¥43,823.00	¥25,764.00	¥25,083.00	¥137,707.00
0015	焦　娇	销售2组	¥35,122.00	¥39,582.00	¥25,005.00	¥45,312.00	¥145,021.00
0016	任我行	销售2组	¥22,358.00	¥24,493.00	¥32,508.00	¥36,153.00	¥115,512.00
0017	任盈盈	销售2组	¥24,901.00	¥21,736.00	¥48,284.00	¥42,735.00	¥137,656.00
0018	段　飞	销售1组	¥25,622.00	¥43,522.00	¥45,124.00	¥36,876.00	¥151,144.00

请从列表中选择组别！
单击右侧下三角按钮，在列表中选择组别。

使用条件格式突出销售最多的3个数据

使用数据验证功能规范数据

为表格应用背景图片，效果更美观

小蔡经过指点对表格进行修改，首先为表格应用图片作为背景，整个表格不呆板、有灵气；使用“数据验证”功能对“销售组”数据进行规范，输入的数据更统一；突出显示销售总额最多的3个数据，很有代表性，而且一目了然。

Point 1 输入文本并计算销售金额

在制作销售统计表时，首先需要将统计的销售数据输入到表格中，然后根据需要对数据进行求和。然后通过相关设置，使姓名列两端分散对齐，下面介绍详细操作方法。

1

打开Excel软件，在工作表中输入统计的销售数据。

姓名	销售组	手机	电脑	平板	显示器	销售金额
张飞		¥28,101.00	¥34,489.00	¥44,910.00	¥28,770.00	
艾明		¥32,817.00	¥40,894.00	¥45,519.00	¥44,829.00	
赵杰		¥47,876.00	¥46,933.00	¥24,011.00	¥22,862.00	
李志齐		¥42,875.00	¥21,875.00	¥25,363.00	¥21,669.00	
钱昆		¥23,509.00	¥30,896.00	¥36,378.00	¥37,105.00	
李二		¥20,284.00	¥22,695.00	¥41,128.00	¥30,484.00	
孙胜		¥47,648.00	¥40,438.00	¥38,906.00	¥29,033.00	
吴广		¥38,726.00	¥29,113.00	¥49,446.00	¥47,529.00	
邹善		¥24,660.00	¥36,517.00	¥47,745.00	¥46,619.00	
戴丽丽		¥44,140.00	¥46,343.00	¥20,656.00	¥35,574.00	
崔米		¥35,685.00	¥25,758.00	¥40,517.00	¥47,408.00	
张建国		¥32,673.00	¥23,430.00	¥41,004.00	¥29,469.00	
李明飞		¥45,932.00	¥20,348.00	¥22,245.00	¥44,523.00	
朱小明		¥43,037.00	¥43,823.00	¥25,764.00	¥25,083.00	
焦娇		¥35,122.00	¥39,582.00	¥25,005.00	¥45,312.00	
任我行		¥22,358.00	¥24,493.00	¥32,508.00	¥36,153.00	
任盈盈		¥24,901.00	¥21,736.00	¥48,284.00	¥42,735.00	
段飞		¥25,622.	[illegible]	[illegible]	¥36,876.00	

输入统计的数据

2

选择H2单元格，切换至“开始”选项卡，单击“编辑”选项组中“自动求和”按钮。

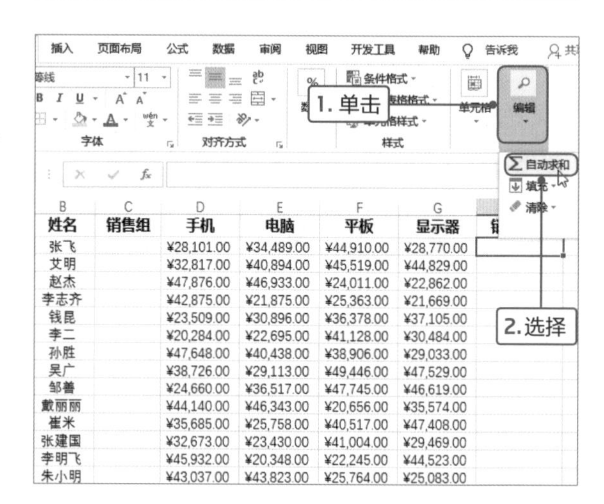

3

可见在H2单元格中显示SUM函数公式，用于计算出D2:G2单元格区域内的数据之和。

若单击“自动求和”下三角按钮，在列表中包含求和、平均值、计数、最大值、最小值等选项，可进行相应数据的计算。

销售组	手机	电脑	平板	显示器	销售金额
	¥28,101.00	¥34,489.00	¥44,910.00	¥28,770.00	=SUM(D2:G2)
	¥32,817.00	¥40,894.00	¥45,519.00	¥44,829.00	
	¥47,876.00	¥46,933.00	¥24,011.00	¥22,862.00	
	¥42,875.00	¥21,875.00	¥25,363.00	¥21,669.00	
	¥23,509.00	¥30,896.00	¥36,378.00	¥37,105.00	
	¥20,284.00	¥22,695.00	¥41,128.00	¥30,484.00	
	¥47,648.00	¥40,438.00	¥38,906.00	¥29,033.00	
	¥38,726.00	¥29,113.00	¥49,446.00	¥47,529.00	
	¥24,660.00	¥36,517.00	¥47,745.00	¥46,619.00	
	¥44,140.00	¥46,343.00	¥20,656.00	¥35,574.00	
	¥35,685.00	¥25,758.00	¥40,517.00	¥47,408.00	
	¥32,673.00	¥23,430.00	¥41,004.00	¥29,469.00	
	¥45,932.00	¥20,348.00	¥22,245.00	¥44,523.00	
	¥43,037.00	¥43,823.00	¥25,764.00	¥25,083.00	
	¥35,122.00	¥39,582.00	¥25,005.00	¥45,312.00	
	¥22,358.00	¥24,493.00	¥32,508.00	¥36,153.00	
	¥24,901.00	[illegible]	[illegible]	¥42,735.00	
	¥25,622.00	[illegible]	[illegible]	6,876.00	

显示求和的函数公式

4

按Enter键确认计算，然后将H2单元格的公式向下填充至H19单元格，计算出所有员工的销售金额。

	A	B	C	D	E	F	G	H
1	序号	姓名	销售组	手机	电脑	平板	显示器	销售金额
2	0001	张飞		¥28,101.00	¥34,489.00	¥44,910.00	¥28,770.00	¥136,270.00
3	0002	艾明		¥32,817.00	¥40,894.00	¥45,519.00	¥44,829.00	¥164,059.00
4	0003	赵杰		¥47,876.00	¥46,933.00	¥24,011.00	¥22,862.00	¥141,682.00
5	0004	李志齐		¥42,875.00	¥21,875.00	¥25,363.00	¥21,669.00	¥111,782.00
6	0005	钱昆		¥23,509.00	¥30,896.00	¥36,378.00	¥37,105.00	¥127,888.00
7	0006	李二		¥20,284.00	¥22,695.00	¥41,128.00	¥30,484.00	¥114,591.00
8	0007	孙胜		¥47,648.00	¥40,438.00	¥38,906.00	¥29,033.00	¥156,025.00
9	0008	吴广		¥38,726.00	¥29,113.00	¥49,446.00	¥47,529.00	¥164,814.00
10	0009	邹善		¥24,660.00	¥36,517.00	¥47,745.00	¥46,619.00	¥155,541.00
11	0010	戴丽丽		¥44,140.00	¥46,343.00	¥20,656.00	¥35,574.00	¥146,713.00
12	0011	崔米		¥35,685.00	¥25,758.00	¥40,517.00	¥47,408.00	¥149,368.00
13	0012	张建国		¥32,673.00	¥23,430.00	¥41,004.00	¥29,469.00	¥126,576.00
14	0013	李明飞		¥45,932.00	¥20,348.00	¥22,245.00	¥44,523.00	¥133,048.00
15	0014	朱小明		¥43,037.00	¥43,823.00	¥25,764.00	¥25,083.00	¥137,707.00
16	0015	焦娇		¥35,122.00	¥39,582.00	¥25,005.00	¥45,312.00	¥145,021.00
17	0016	任我行		¥22,358.00	¥24,493.00	¥32,508.00	¥36,153.00	¥115,512.00
18	0017	任盈盈		¥24,901.00	¥21,736.00	¥48,284.00	¥42,735.00	¥137,656.00
19	0018	段飞		[illegible]	[illegible]	[illegible]	¥36,876.00	¥151,144.00
20								
21								

5

选择所有数据区域，设置居中对齐方式。可见“姓名”列员工姓名有的两个字有的3个字，很不整齐，下面通过相关设置使姓名对齐。

	A	B	C	D	E	F	G	H
1	序号	姓名	销售组	手机	电脑	平板	显示器	销售金额
2	0001	张飞		¥28,101.00	¥34,489.00	¥44,910.00	¥28,770.00	¥136,270.00
3	0002	艾明		¥32,817.00	¥40,894.00	¥45,519.00	¥44,829.00	¥164,059.00
4	0003	赵杰		¥47,876.00	¥46,933.00	¥24,011.00	¥22,862.00	¥141,682.00
5	0004	李志齐		¥42,875.00	¥21,875.00	¥25,363.00	¥21,669.00	¥111,782.00
6	0005	钱昆		¥23,509.00	¥30,896.00	¥36,378.00	¥37,105.00	¥127,888.00
7	0006	李二		¥20,284.00	¥22,695.00	¥41,128.00	¥30,484.00	¥114,591.00
8	0007	孙胜		¥47,648.00	¥40,438.00	¥38,906.00	¥29,033.00	¥156,025.00
9	0008	吴广		¥38,726.00	¥29,113.00	¥49,446.00	¥47,529.00	¥164,814.00
10	0009	邹善		¥24,660.00	¥36,517.00	¥47,745.00	¥46,619.00	¥155,541.00
11	0010	戴丽丽		¥44,140.00	¥46,343.00	¥20,656.00	¥35,574.00	¥146,713.00
12	0011	崔米		¥35,685.00	¥25,758.00	¥40,517.00	¥47,408.00	¥149,368.00
13	0012	张建国		¥32,673.00	¥23,430.00	¥41,004.00	¥29,469.00	¥126,576.00
14	0013	李明飞		¥45,932.00	¥20,348.00	¥22,245.00	¥44,523.00	¥133,048.00
15	0014	朱小明		¥43,037.00	¥43,823.00	¥25,764.00	¥25,083.00	¥137,707.00
16	0015	焦娇		¥35,122.00	¥39,582.00	¥25,005.00	¥45,312.00	¥145,021.00
17	0016	任我行		¥22,358.00	¥24,493.00	¥32,508.00	¥36,153.00	¥115,512.00
18	0017	任盈盈		[illegible]	[illegible]	[illegible]	¥42,735.00	¥137,656.00
19	0018	段飞		[illegible]	[illegible]	[illegible]	¥36,876.00	¥151,144.00
20								

设置对齐方式

6

选择B2:B19单元格区域，按Ctrl+1组合键，打开“设置单元格格式”对话框。在“对齐”选项卡中设置水平对齐和垂直对齐的方式为分散对齐，然后单击“确定”按钮。

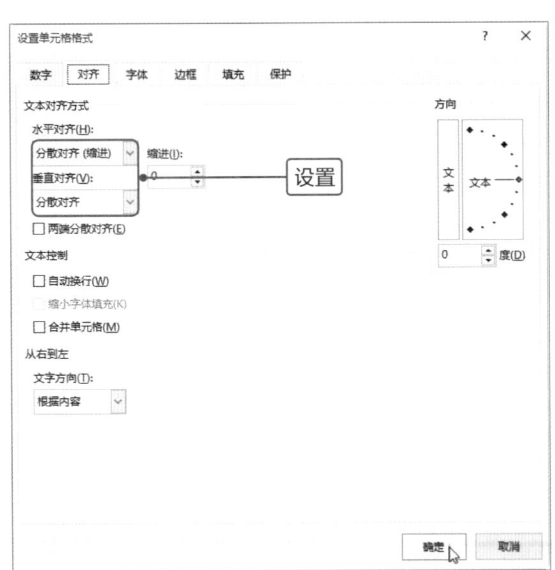

7

可见姓名列员工的姓名分散对齐，然后适当调整列宽，可见该列显得很整齐。

	A	B	C	D	E	F	G	H
1	序号	姓名	销售组	手机	电脑	平板	显示器	销售金额
2	0001	张　飞		¥28,101.00	¥34,489.00	¥44,910.00	¥28,770.00	¥136,270.00
3	0002	艾　明		¥32,817.00	¥40,894.00	¥45,519.00	¥44,829.00	¥164,059.00
4	0003	赵　杰		¥47,876.00	¥46,933.00	¥24,011.00	¥22,862.00	¥141,682.00
5	0004	李志齐		¥42,875.00	¥21,875.00	¥25,363.00	¥21,669.00	¥111,782.00
6	0005	钱　昆		¥23,509.00	¥30,896.00	¥36,378.00	¥37,105.00	¥127,888.00
7	0006	李　二		¥20,284.00	¥22,695.00	¥41,128.00	¥30,484.00	¥114,591.00
8	0007	孙　胜		¥47,648.00	¥40,438.00	¥38,906.00	¥29,033.00	¥156,025.00
9	0008	吴　广		¥38,726.00	¥29,113.00	¥49,446.00	¥47,529.00	¥164,814.00
10	0009	邹　善		¥24,660.00	¥36,517.00	¥47,745.00	¥46,619.00	¥155,541.00
11	0010	戴丽丽		¥44,140.00	¥46,343.00	¥20,656.00	¥35,574.00	¥146,713.00
12	0011	崔　米		¥35,685.00	¥25,758.00	¥40,517.00	¥47,408.00	¥149,368.00
13	0012	张建国		¥32,673.00	¥23,430.00	¥41,004.00	¥29,469.00	¥126,576.00
14	0013	李明飞		¥45,932.00	¥20,348.00	¥22,245.00	¥44,523.00	¥133,048.00
15	0014	朱小明		¥43,037.00	¥43,823.00	¥25,764.00	¥25,083.00	¥137,707.00
16	0015	焦　娇		¥35,122.00	¥39,582.00	¥25,005.00	¥45,312.00	¥145,021.00
17	0016	任我行		¥22,358.00	¥24,493.00	¥32,508.00	¥36,153.00	¥115,512.00
18	0017	任盈盈		[illegible]	[illegible]	¥48,284.00	¥42,735.00	¥137,656.00
19	0018	段　飞		[illegible]	[illegible]	[illegible]	¥36,876.00	¥151,144.00
20								

Point 2 规范数据的输入

在制作表格时，有时为了规范某项内容，需要使用“数据验证”功能进行限制。在本案例中，通过数据验证功能规范销售组的名称，下面介绍具体操作方法。

1

选择C2:C19单元格区域，切换至“数据”选项卡，单击“数据工具”选项组中“数据验证”按钮。

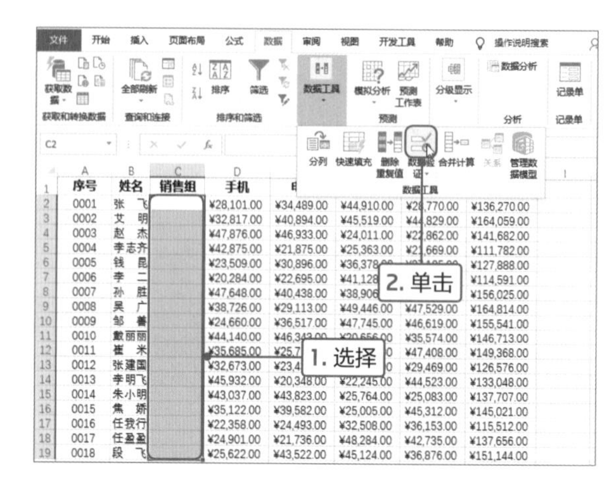

2

打开“数据验证”对话框，在“设置”选项卡中设置“允许”为“序列”，在“来源”文本框中输入“销售1组,销售2组,销售3组”文本。

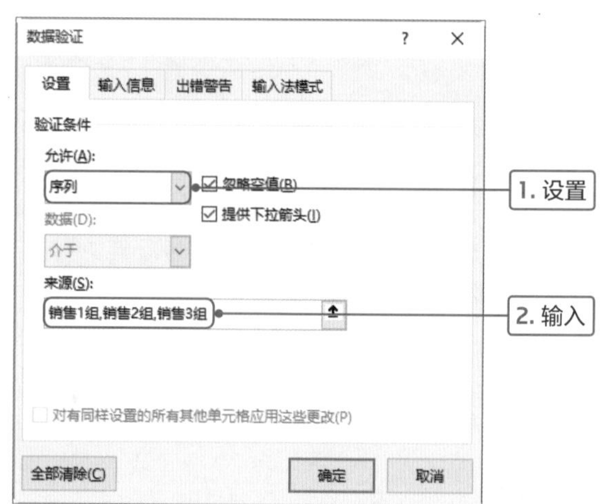

3

切换至“输入信息”选项卡，在“标题”和“输入信息”文本框中输入相关文本，单击“确定”按钮。

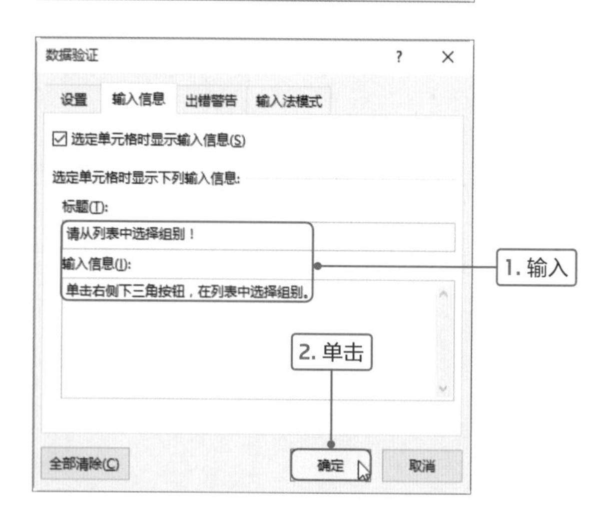

4

设置完成后，选中该区域内任意单元格，可见在右侧显示下三角按钮，在右下角显示提示文本框。在文本框中显示“输入信息”选项卡中设置的内容。

5

单击右侧下三角按钮，在列表中选择合适的选项即可。
列表中的内容是“设置”选项卡中“来源”文本框中的内容。

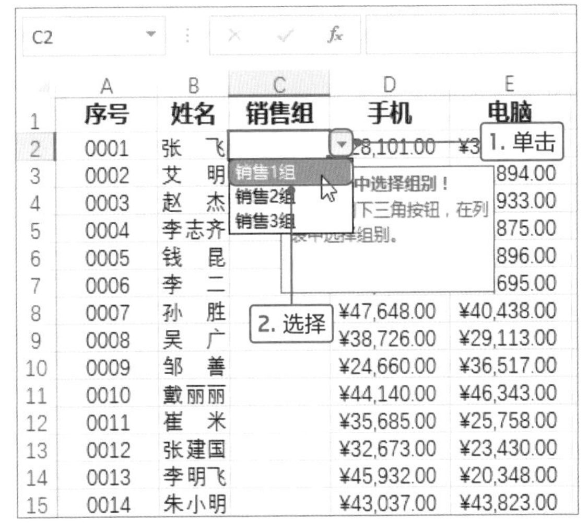

6

如果在该单元格区域内输入范围之外的内容，则弹出提示对话框，显示与单元格定义的数据验证不匹配。只能单击“取消”按钮，重新输入正确的文本。

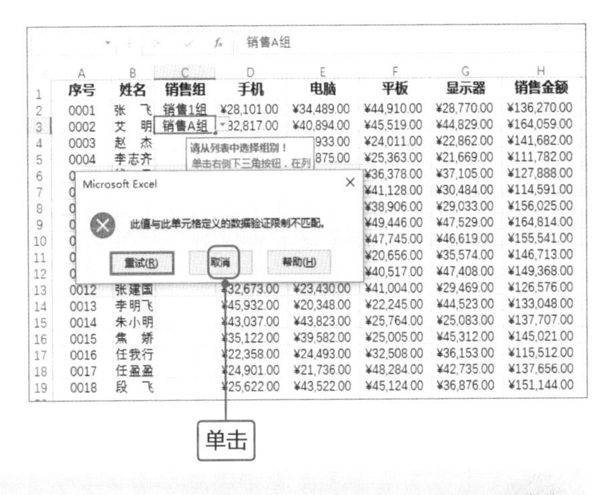

Tips “允许”的方式

在“数据验证”对话框中设置“允许”的方式有很多，如“任何值”、“整数”、“小数”、“日期”等。下面以设置文本长度为例介绍应用方法，首先选择所需的单元格区域，打开“数据验证”对话框，设置“允许”为“文本长度”，然后再设置“数据”为“等于”，在“长度”数值框中输入指定的长度，如11。则在选中的单元格区域内只能输入11位数字。

Point 3 使用条件格式突出销售金额

在Excel中使用条件格式可以突出显示满足条件的数据。在本案例中，需要突出显示销售金额最多的3个单元格，下面介绍具体操作方法。

1

选择H2:H19单元格区域，切换至“开始”选项卡，单击“样式”选项组中“条件格式”下三角按钮，在列表中选择“最前/最后规则>前10项”选项。

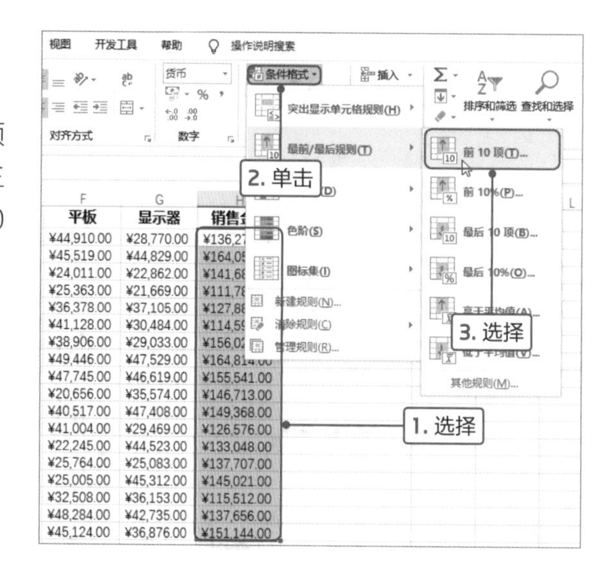

2

打开“前10项”对话框，在“为值最大的那些单元格设置格式”数值框中输入3，然后单击“确定”按钮。

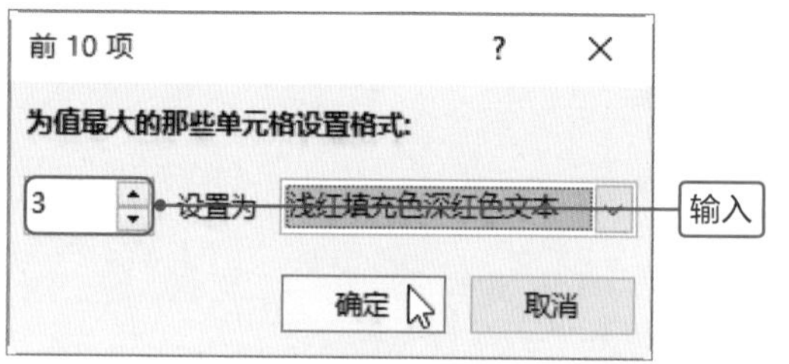

3

返回工作表中，可见在选中的单元格区域中突出显示值最高的3个单元格。

	A	B	C	D	E	F	G	H
1	序号	姓名	销售组	手机	电脑	平板	显示器	销售金额
2	0001	张　飞	销售1组	¥28,101.00	¥34,489.00	¥44,910.00	¥28,770.00	¥136,270.00
3	0002	艾　明	销售2组	¥32,817.00	¥40,894.00	¥45,519.00	¥44,829.00	¥164,059.00
4	0003	赵　杰	销售3组	¥47,876.00	¥46,933.00	¥24,011.00	¥22,862.00	¥141,682.00
5	0004	李志齐	销售3组	¥42,875.00	¥21,875.00	¥25,363.00	¥21,669.00	¥111,782.00
6	0005	钱　昆	销售2组	¥23,509.00	¥30,896.00	¥36,378.00	¥37,105.00	¥127,888.00
7	0006	李　二	销售3组	¥20,284.00	¥22,695.00	¥41,128.00	¥30,484.00	¥114,591.00
8	0007	孙　胜	销售2组	¥47,648.00	¥40,438.00	¥38,906.00	¥29,033.00	¥156,025.00
9	0008	吴　广	销售3组	¥38,726.00	¥29,113.00	¥49,446.00	¥47,529.00	¥164,814.00
10	0009	邹　善	销售2组	¥24,660.00	¥36,517.00	¥47,745.00	¥46,619.00	¥155,541.00
11	0010	戴丽丽	销售3组	¥44,140.00	¥46,343.00	¥20,656.00	¥35,574.00	¥146,713.00
12	0011	崔　米	销售1组	¥35,685.00	¥25,758.00	¥40,517.00	¥47,408.00	¥149,368.00
13	0012	张建国	销售3组	¥32,673.00	¥23,430.00	¥41,004.00	¥29,469.00	¥126,576.00
14	0013	李明飞	销售1组	¥45,932.00	¥20,348.00	¥22,245.00	¥44,523.00	¥133,048.00
15	0014	朱小明	销售3组	¥43,037.00	¥43,823.00	¥25,764.00	¥25,083.00	¥137,707.00
16	0015	焦　娇	销售2组	¥35,122.00	¥39,582.00	¥25,005.00	¥45,312.00	¥145,021.00
17	0016	任我行	销售2组	[illegible]	[illegible]	[illegible]	¥36,153.00	¥115,512.00
18	0017	任盈盈	销售2组	[illegible]	[illegible]	[illegible]	¥42,735.00	¥137,656.00
19	0018	段　飞	销售1组	[illegible]	[illegible]	[illegible]	¥36,876.00	¥151,144.00
20								

Tips 自定义突出显示的格式

用户可以自定义突出显示单元格的格式，在“前10项”对话框中单击右侧下三角按钮，在列表中选择“自定义格式”选项。在打开的“设置单元格格式”对话框中设置字体、边框和填充的格式即可。

Point 4 美化表格

表格内容制作完成后，还需要对表格样式进一步美化操作，如设置表格的边框或者填充底纹等。在本案例中将为表格设置填充图片，下面介绍具体操作方法。

1

选择数据区域任意单元格，按Ctrl+A组合键全选数据区域的单元格。按Ctrl+1组合键打开“设置单元格格式”对话框，设置框线为黑色实线，单击“外边框”按钮。

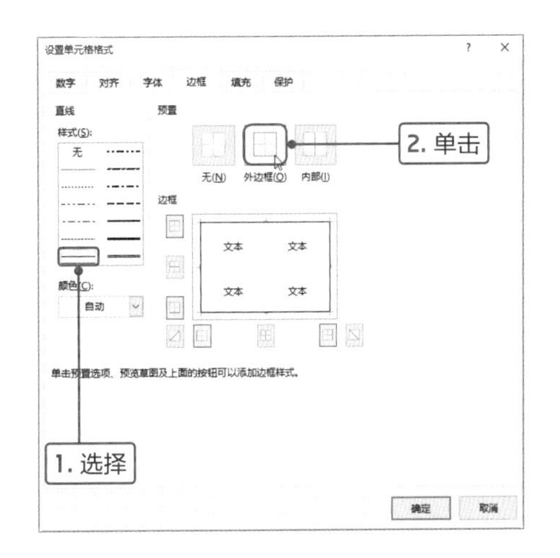

2

设置框线的颜色为浅灰色后，单击“边框”选项区域中的横向中间的按钮⊟。

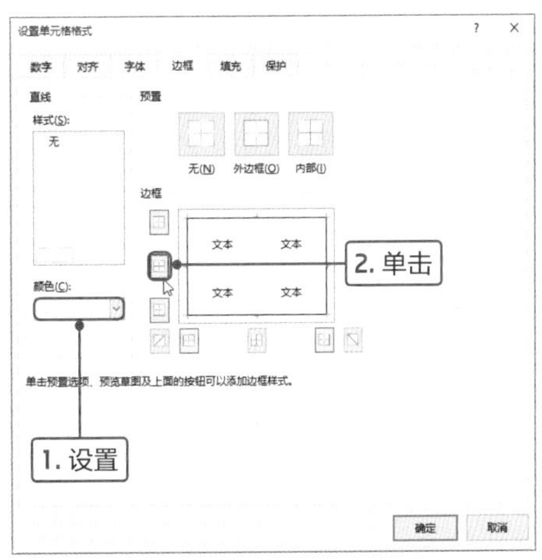

3

再设置框线的颜色为橙色，单击“边框”选项区域中的中间纵向的按钮⊞，单击“确定”按钮，即可完成表格内外框线的设置。

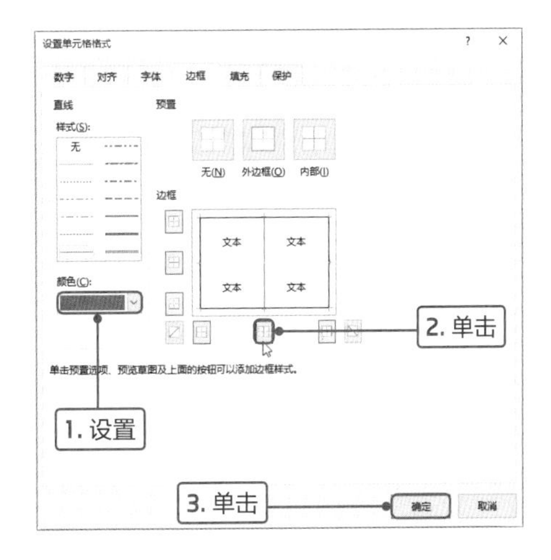

4

返回工作表中，可见表格的外边框为黑色实线，横向内边框为浅灰色实线，纵向内边框为橙色实线。

序号	姓名	销售组	手机	电脑	平板	显示器	销售金额
0001	张　飞	销售1组	¥28,101.00	¥34,489.00	¥44,910.00	¥28,770.00	¥136,270.00
0002	艾　明	销售2组	¥32,817.00	¥40,894.00	¥45,519.00	¥44,829.00	¥164,059.00
0003	赵　杰	销售3组	¥47,876.00	¥46,933.00	¥24,011.00	¥22,862.00	¥141,682.00
0004	李志齐	销售3组	¥42,875.00	¥21,875.00	¥25,363.00	¥21,669.00	¥111,782.00
0005	钱　昆	销售2组	¥23,509.00	¥30,896.00	¥36,378.00	¥37,105.00	¥127,888.00
0006	李　二	销售3组	¥20,284.00	¥22,695.00	¥41,128.00	¥30,484.00	¥114,591.00
0007	孙　胜	销售2组	¥47,648.00	¥40,438.00	¥38,906.00	¥29,033.00	¥156,025.00
0008	吴　广	销售3组	¥38,726.00	¥29,113.00	¥49,446.00	¥47,529.00	¥164,814.00
0009	邹　善	销售2组	¥24,660.00	¥36,517.00	¥47,745.00	¥46,619.00	¥155,541.00
0010	戴丽丽	销售3组	¥44,140.00	¥46,343.00	¥20,656.00	¥35,574.00	¥146,713.00
0011	崔　米	销售1组	¥35,685.00	¥25,758.00	¥40,517.00	¥47,408.00	¥149,368.00
0012	张建国	销售3组	¥32,673.00	¥23,430.00	¥41,004.00	¥29,469.00	¥126,576.00
0013	李明飞	销售1组	¥45,932.00	¥20,348.00	¥22,245.00	¥44,523.00	¥133,048.00
0014	朱小明	销售3组	¥43,037.00	¥43,823.00	¥25,764.00	¥25,083.00	¥137,707.00
0015	焦　娇	销售2组	¥35,122.00	¥39,582.00	¥25,005.00	¥45,312.00	¥145,021.00
0016	任我行	销售2组	[illegible]	[illegible]	[illegible]	¥36,153.00	¥115,512.00
0017	任盈盈	销售2组	[illegible]	[illegible]	[illegible]	¥42,735.00	¥137,656.00
0018	段　飞	销售1组	¥25,622.00	¥43,522.00	¥45,124.00	¥36,876.00	¥151,144.00

查看设置边框的效果

5

接着为表格添加图片作为背景。首先切换至“页面布局”选项卡，单击“页面设置”选项组的“背景”按钮。

序号	姓名	销售组	[illegible]	电脑	平板	显示器	销售金额
0001	张　飞	销售1组	[illegible]	¥34,489.00	¥44,910.00	¥28,770.00	¥136,270.00
0002	艾　明	销售2组	¥32,817.00	¥40,894.00	¥45,519.00	¥44,829.00	¥164,059.00
0003	赵　杰	销售3组	¥47,876.00	¥46,933.00	¥24,011.00	¥22,862.00	¥141,682.00
0004	李志齐	销售3组	¥42,875.00	¥21,875.00	¥25,363.00	¥21,669.00	¥111,782.00
0005	钱　昆	销售2组	¥23,509.00	¥30,896.00	¥36,378.00	¥37,105.00	¥127,888.00
0006	李　二	销售3组	¥20,284.00	¥22,695.00	¥41,128.00	¥30,484.00	¥114,591.00
0007	孙　胜	销售2组	¥47,648.00	¥40,438.00	¥38,906.00	¥29,033.00	¥156,025.00
0008	吴　广	销售3组	¥38,726.00	¥29,113.00	¥49,446.00	¥47,529.00	¥164,814.00
0009	邹　善	销售2组	¥24,660.00	¥36,517.00	¥47,745.00	¥46,619.00	¥155,541.00
0010	戴丽丽	销售3组	¥44,140.00	¥46,343.00	¥20,656.00	¥35,574.00	¥146,713.00
0011	崔　米	销售1组	¥35,685.00	¥25,758.00	¥40,517.00	¥47,408.00	¥149,368.00

单击

6

在打开的“插入图片”面板中单击“从文件”文本超链接，在打开的“工作表背景”对话框中选择合适的图片，单击“插入”按钮。

1. 选择

2. 单击

7

返回工作表中，可见在工作表以选中的图片作为背景。

序号	姓名	销售组	手机	电脑	平板	显示器	销售金额
0001	张　飞	销售1组	¥28,101.00	¥34,489.00	¥44,910.00	¥28,770.00	¥136,270.00
0002	艾　明	销售2组	¥32,817.00	¥40,894.00	¥45,519.00	¥44,829.00	¥164,059.00
0003	赵　杰	销售3组	¥47,876.00	¥46,933.00	¥24,011.00	¥22,862.00	¥141,682.00
0004	李志齐	销售3组	¥42,875.00	¥21,875.00	¥25,363.00	¥21,669.00	¥111,782.00
0005	钱　昆	销售2组	¥23,509.00	¥30,896.00	¥36,378.00	¥37,105.00	¥127,888.00
0006	李　二	销售3组	¥20,284.00	¥22,695.00	¥41,128.00	¥30,484.00	¥114,591.00
0007	孙　胜	销售2组	¥47,648.00	¥40,438.00	¥38,906.00	¥29,033.00	¥156,025.00
0008	吴　广	销售3组	¥38,726.00	¥29,113.00	¥49,446.00	¥47,529.00	¥164,814.00
0009	邹　善	销售2组	¥24,660.00	¥36,517.00	¥47,745.00	¥46,619.00	¥155,541.00
0010	戴丽丽	销售3组	¥44,140.00	¥46,343.00	¥20,656.00	¥35,574.00	¥146,713.00
0011	崔　米	销售1组	¥35,685.00	¥25,758.00	¥40,517.00	¥47,408.00	¥149,368.00
0012	张建国	销售3组	¥32,673.00	¥23,430.00	¥41,004.00	¥29,469.00	¥126,576.00
0013	李明飞	销售1组	¥45,932.00	¥20,348.00	¥22,245.00	¥44,523.00	¥133,048.00
0014	朱小明	销售3组	¥43,037.00	¥43,823.00	¥25,764.00	¥25,083.00	¥137,707.00
0015	焦　娇	销售2组	¥35,122.00	¥39,582.00	¥25,005.00	¥45,312.00	¥145,021.00
0016	任我行	销售2组	¥22,358.00	¥24,493.00	¥32,508.00	¥36,153.00	¥115,512.00
0017	任盈盈	销售2组	¥24,901.00	¥21,736.00	¥48,284.00	¥42,735.00	¥137,656.00
0018	段　飞	销售1组	¥25,622.00	¥43,522.00	¥45,124.00	¥36,876.00	¥151,144.00

查看添加图片的效果

8

接下来设置只填充表格的数据区域，首先单击工作表界面左上角◢按钮，选择工作表所有单元格区域。按Ctrl+1组合键，打开“设置单元格格式”对话框，在“填充”选项卡中设置填充颜色为纯白色，单击“确定”按钮。

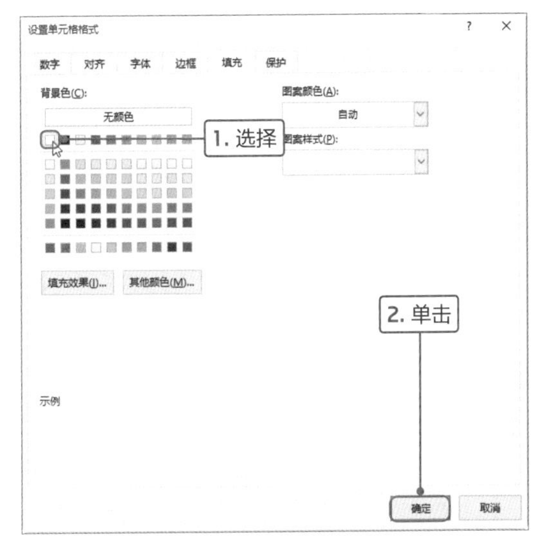

9

然后选中数据区域，打开“设置单元格格式”对话框，在“填充”选项卡中设置背景色为“无颜色”，单击“确定”按钮。

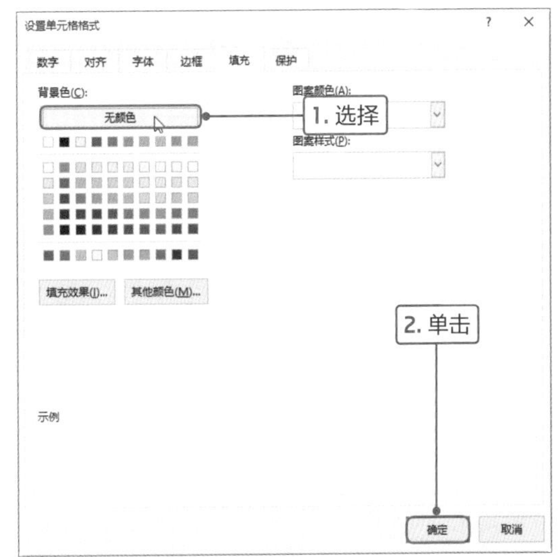

10

返回工作表中，可见只有数据区域才显示背景图片，其他区域不显。至此，8月份销售统计表制作完成。

Tips 设置图案填充

在“设置单元格格式”对话框的“填充”选项卡中，设置图案的颜色和图案样式，然后单击“确定”按钮，即可为表格中选择的区域填充设置的图案效果。

高效办公

“数据验证”功能的应用

使用“数据验证”功能可以有效地规范数据的输入，如数据的范围、数据的长度、数据的顺序等。下面介绍“数据验证”功能常见的使用方法。

1.控制工龄的范围

某企业规定员工的工龄达到40年后就需要退休，所以在制作员工档案时，员工的工龄范围不能超过40。打开“员工档案.xlsx”工作表，选择F3:F20单元格区域，切换至“数据”选项卡，单击“数据工具”选项组中“数据验证”按钮，如下左图所示。在弹出的“数据验证”对话框的“设置”选项卡中设置“允许”为“整数”、“数据”为“介于”，然后设置最小值为0、最大值为40，如下右图所示。

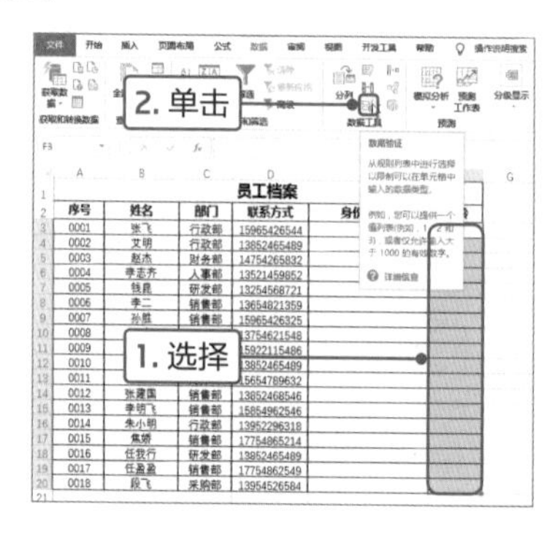

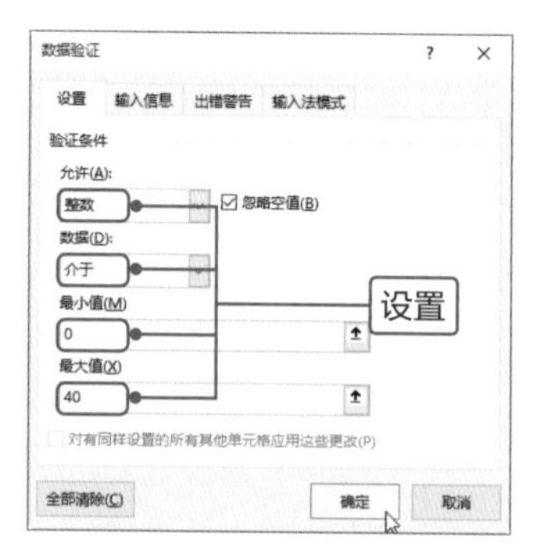

切换至“出错警告”选项卡,设置“样式”为“停止”，然后在“标题”和“错误信息”文本框中输入相关文本，单击“确定”按钮，如下左图所示。返回工作表中，在“工龄”列中输入员工的工龄，如果超过指定的范围，则弹出的提示对话框显示在“出错警告”选项卡中设置的内容，如下右图所示。

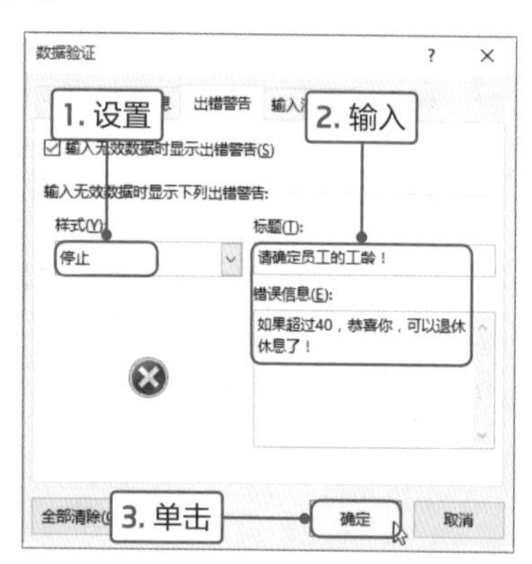

序号	姓名	部门	联系方式	身份证号码	工龄
0001	张飞	行政部	15965426544		1
0002	艾明	行政部	13852465489		15
0003	赵杰	财务部	14754265832		41
0004	李志齐	人事部	13521459852		
0005	钱昆	研发部	[illegible]		
0006	李二	销售部	[illegible]		
0007	孙胜	销售部	[illegible]		
0008	吴广	财务部	[illegible]		
0009	邹善	采购部	[illegible]		
0010	戴丽丽	采购部	[illegible]		
0011	崔米	财务部	[illegible]		
0012	张建国	销售部	13852468546		
0013	李明飞	销售部	15854962546		
0014	朱小明	行政部	13952296318		
0015	焦娇	销售部	17754865214		
0016	任我行	研发部	13852465489		
0017	任盈盈	销售部	17754862549		
0018	段飞	采购部	13954526584		

请确定员工的工龄！

如果超过40，恭喜你，可以退休休息了！

重试(R)　取消　帮助(H)

2.不允许输入空格

在制作表格时，有人习惯在员工姓名之间添加空格对齐文本，这会影响到姓名参与计算。为了避免这种情况，可以选择姓名列的单元格区域，打开“数据验证”对话框，在“设置”选项卡中设置“允许”为“自定义”，在“公式”文本框中输入“=LEN（B3）=LEN（SUBSTITUTE

（B3,“ ”,））”公式，如下左图所示。切换至“出错警告”选项卡，设置“样式”为“停止”，然后输入标题和错误信息内容，单击“确定”按钮，如下右图所示。如果在该单元格区域内输入空格，则弹出提示对话框，提示必须重新输入不带空格的内容。

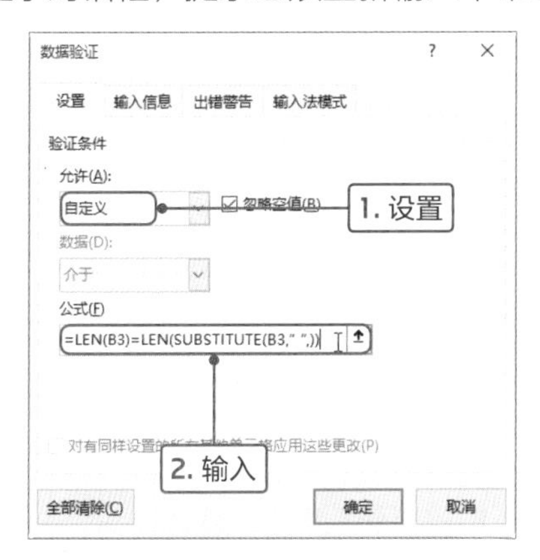

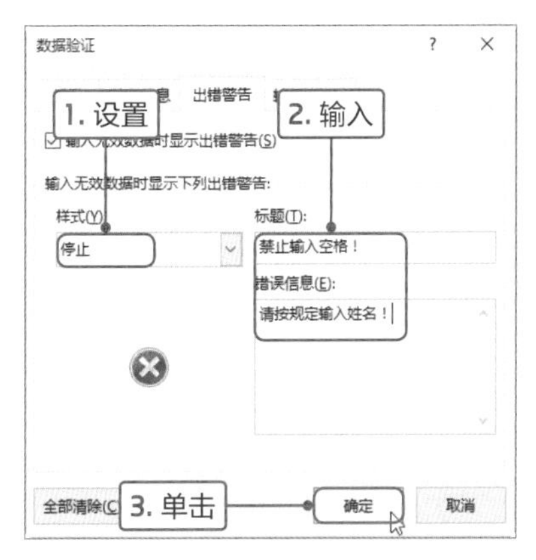

3.限制输入重复的数据

我们每个人的身份证号码都是唯一的，为了防止输入重复的号码，可以使用“数据验证”功能进行限制。首先选择“身份证号码”列的单元格区域，打开“数据验证”对话框，设置“允许”为“自定义”，在“公式”文本框中输入公式“=COUNTIF($E$3:$E$20,$E3)=1”，如下左图所示。然后在“出错警告”选项卡中设置出错提示。返回工作表中，如果输入的身份证号码重复，如在E13和E8单元格输入相同的身份证号码，则弹出提示对话框，如下右图所示。

员工档案

序号	姓名	部门	联系方式	身份证号码	工龄
0001	张飞	行政部	15965426544	320324198806280531	1
0002	艾明	行政部	13852465489	110100198111097862	15
0003	赵杰	财务部	14754265832	341231195512098818	2
0004	李志齐	人事部	13521459852	687451198808041197	5
0005	钱昆	研发部	13254568721	435412198610111232	3
0006	李二	销售部	13654821359	520214198306280431	16
0007	孙胜	销售部	15965426325	213100198511095365	25
0008	吴广	财务部	13754621548	212231198712097619	30
0009	邹善	采购部	15922115486	331213198808044377	2
0010	戴丽丽	采购部	13852465489	435326198106139878	9
0011	崔米	财务部	15654789632	520214198306280431	8
0012	张建国	销售部	13852468546		26
0013	李明飞				1
0014	朱小明				2
0015	焦娇				5
0016	任我行				8
0017	任盈盈				9
0018	段飞				6

4.按顺序输入日期

在按日期统计各种信息时，需要按照日期的顺序输入数据，此时，可以通过“数据验证”功能强制按顺序输入日期。首先选择所需的单元格区域，打开“数据验证”对话框，设置“允许”为“日期”、“数据”为“大于或等于”，然后在“开始日期”文本框中输入“=MAX($A$2:$A2)”公式，单击“确定”按钮即可。

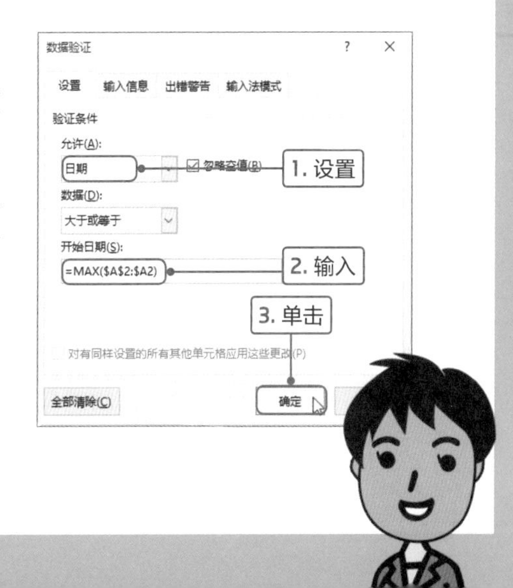

菜鸟加油站

条件格式的应用

之前介绍了条件格式中“最前/最后规则”的应用，在Excel中条件格式还包括突出显示单元格规则、数据条、色阶和图标集。下面将详细介绍各种条件格式的应用。

1.突出显示单元格规则

1

打开“菜鸟加油站条件格式的应用.xlsx”工作表，选中D2:D19单元格区域，单击“样式”选项组中“条件格式”下三角按钮，在列表中选择“大于”选项。

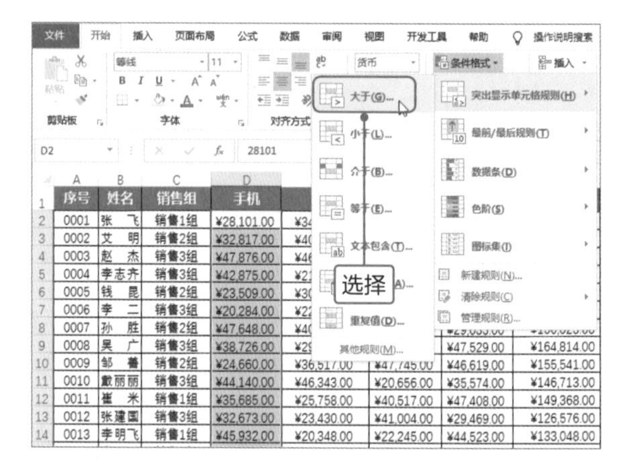

2

打开“大于”对话框，在文本框中输入“=AVERAGE(D2:D19)”公式，表示为大于平均值的单元格添加格式。

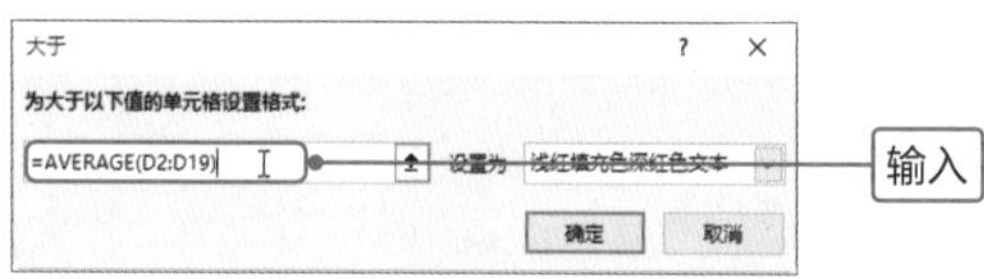

3

单击“设置为”右侧下三角按钮，在列表中选择“自定义格式”选项，打开“设置单元格格式”对话框，在“字体”和“填充”选项卡中设置满足条件单元格的格式，依次单击“确定”按钮。

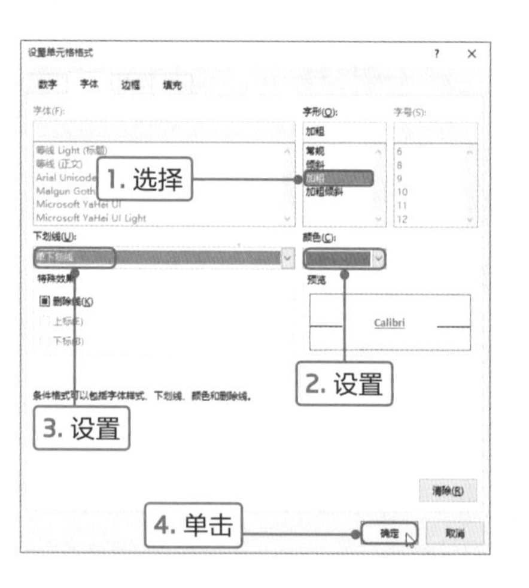

Tips 突出显示单元格规则的条件

在“突出显示单元格规则”列表中包含大于、小于、介于、等于、文本包含、发生日期、重复值等选项，可见除了对数值设置格式外，还可以对文本和日期进行设置。

选择相应的列表时，在打开的对话框中，设置条件的数值时，可以在对应的数值框中输入数值，也可以输入公式或者单击折叠按钮，在工作表中选择数值。

4

返回工作表中，可见目标单元格区域所有大于平均值的单元格均应用了设置的单元格格式。

D4 47876

序号	姓名	销售组	手机	电脑	平板	显示器	销售总金额
0001	张　飞	销售1组	¥28,101.00	¥34,489.00	¥44,910.00	¥28,770.00	¥136,270.00
0002	艾　明	销售2组	¥32,817.00	¥40,894.00	¥45,519.00	¥44,829.00	¥164,059.00
0003	赵　杰	销售3组	¥47,876.00	¥46,933.00	¥24,011.00	¥22,862.00	¥141,682.00
0004	李志齐	销售3组	¥42,875.00	¥21,875.00	¥25,363.00	¥21,669.00	¥111,782.00
0005	钱　昆	销售2组	¥23,509.00	¥30,896.00	¥36,378.00	¥37,105.00	¥127,888.00
0006	李　二	销售3组	¥20,284.00	¥22,695.00	¥41,128.00	¥30,484.00	¥114,591.00
0007	孙　胜	销售2组	¥47,648.00	¥40,438.00	¥38,906.00	¥29,033.00	¥156,025.00
0008	吴　广	销售3组	¥38,726.00	¥29,113.00	¥49,446.00	¥47,529.00	¥164,814.00
0009	邹　善	销售2组	¥24,660.00	¥36,517.00	¥47,745.00	¥46,619.00	¥155,541.00
0010	戴丽丽	销售3组	¥44,140.00	¥46,343.00	¥20,656.00	¥35,574.00	¥146,713.00
0011	崔　米	销售1组	¥35,685.00	¥25,758.00	¥40,517.00	¥47,408.00	¥149,368.00
0012	张建国	销售3组	¥32,673.00	¥23,430.00	¥41,004.00	¥29,469.00	¥126,576.00
0013	李明飞	销售1组	¥45,932.00	¥20,348.00	¥22,245.00	¥44,523.00	¥133,048.00
0014	朱小明	销售3组	¥43,037.00	¥43,823.00	¥25,764.00	¥25,083.00	¥137,707.00
0015	焦　娇	销售2组	¥35,122.00	¥39,582.00	¥25,005.00	¥45,312.00	¥145,021.00
0016	任我行	销售2组	[illegible]	[illegible]	¥32,508.00	¥36,153.00	¥115,512.00
0017	任盈盈	销售2组	[illegible]	[illegible]	¥48,284.00	¥42,735.00	¥137,656.00
0018	段　飞	销售1组	¥25,622.00	[illegible]	¥45,124.00	¥36,876.00	¥151,144.00

查看效果

2.数据条

1

选中E2:E19单元格区域，单击“样式”选项组中“条件格式”下三角按钮，在列表中选择“数据条>浅蓝色数据条”选项。可见选中单元区域应用了选中的数据条样式。

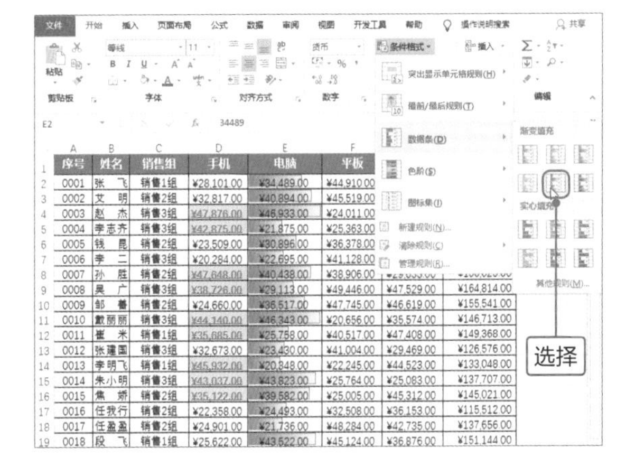

2

在“条件格式”列表中选择“数据条>其他规则”选项，打开“新建格式规则”对话框。在“条形图外观”选项区域中设置填充颜色、边框的颜色以及条形图的方向等，单击“确定”按钮。

3

返回工作表中，可见E2:E19单元格区域内的数据条发生了改变。

序号	姓名	销售组	手机	电脑	平板	显示器	销售总金额
0001	张　飞	销售1组	¥28,101.00	¥34,489.00	¥44,910.00	¥28,770.00	¥136,270.00
0002	艾　明	销售2组	¥32,817.00	¥40,894.00	¥45,519.00	¥44,829.00	¥164,059.00
0003	赵　杰	销售3组	¥47,876.00	¥46,933.00	¥24,011.00	¥22,862.00	¥141,682.00
0004	李志齐	销售3组	¥42,875.00	¥21,875.00	¥25,363.00	¥21,669.00	¥111,782.00
0005	钱　昆	销售2组	¥23,509.00	¥30,896.00	¥36,378.00	¥37,105.00	¥127,888.00
0006	李　二	销售3组	¥20,284.00	¥22,695.00	¥41,128.00	¥30,484.00	¥114,591.00
0007	孙　胜	销售2组	¥47,648.00	¥40,438.00	¥38,906.00	¥29,033.00	¥156,025.00
0008	吴　广	销售3组	¥38,726.00	¥29,113.00	¥49,446.00	¥47,529.00	¥164,814.00
0009	邹　善	销售2组	¥24,660.00	¥36,517.00	¥47,745.00	¥46,619.00	¥155,541.00
0010	戴丽丽	销售3组	¥44,140.00	¥46,343.00	¥20,656.00	¥35,574.00	¥146,713.00
0011	崔　米	销售1组	¥35,685.00	¥25,758.00	¥40,517.00	¥47,408.00	¥149,368.00
0012	张建国	销售3组	¥32,673.00	¥23,430.00	¥41,004.00	¥29,469.00	¥126,576.00
0013	李明飞	销售1组	¥45,932.00	¥20,348.00	¥22,245.00	¥44,523.00	¥133,048.00
0014	朱小明	销售3组	¥43,037.00	¥43,823.00	¥25,764.00	¥25,083.00	[illegible]
0015	焦　娇	销售2组	[illegible]	[illegible]	[illegible]	¥45,312.00	[illegible]
0016	任我行	销售2组	[illegible]	[illegible]	[illegible]	¥36,153.00	[illegible]
0017	任盈盈	销售2组	[illegible]	[illegible]	[illegible]	¥42,735.00	[illegible]
0018	段　飞	销售1组	¥25,622.00	¥43,522.00	¥45,124.00	¥36,876.00	[illegible]

3.色阶

1

选中F2:F19单元格区域，单击“样式”选项组中“条件格式”下三角按钮，在列表中选择“色阶>绿-黄-红色阶”选项。

2

返回工作表中，查看应用色阶后的效果。可见选中单元格区域的数值分为三种，数值最高的为绿色，其次是黄色，最低为红色。在相同等级数值区域，颜色深的表示该数值比较大。

序号	姓名	销售组	手机	电脑	平板	显示器	销售总金额
0001	张　飞	销售1组	¥28,101.00	¥34,489.00	¥44,910.00	¥28,770.00	¥136,270.00
0002	艾　明	销售2组	¥32,817.00	¥40,894.00	¥45,519.00	¥44,829.00	¥164,059.00
0003	赵　杰	销售3组	¥47,876.00	¥46,933.00	¥24,011.00	¥22,862.00	¥141,682.00
0004	李志齐	销售3组	¥42,875.00	¥21,875.00	¥25,363.00	¥21,669.00	¥111,782.00
0005	钱　昆	销售2组	¥23,509.00	¥30,896.00	¥36,378.00	¥37,105.00	¥127,888.00
0006	李　二	销售3组	¥20,284.00	¥22,695.00	¥41,128.00	¥30,484.00	¥114,591.00
0007	孙　胜	销售2组	¥47,648.00	¥40,438.00	¥38,906.00	¥29,033.00	¥156,025.00
0008	吴　广	销售3组	¥38,726.00	¥29,113.00	¥49,446.00	¥47,529.00	¥164,814.00
0009	邹　善	销售2组	¥24,660.00	¥36,517.00	¥47,745.00	¥46,619.00	¥155,541.00
0010	戴丽丽	销售3组	¥44,140.00	¥46,343.00	¥20,656.00	¥35,574.00	¥146,713.00
0011	崔　米	销售1组	¥35,685.00	¥25,758.00	¥40,517.00	¥47,408.00	¥149,368.00
0012	张建国	销售3组	¥32,673.00	¥23,480.00	¥41,004.00	¥29,469.00	¥126,576.00
0013	李明飞	销售1组	¥45,932.00	¥20,348.00	¥22,245.00	¥44,523.00	¥133,048.00
0014	朱小明	销售3组	¥43,037.00	¥43,823.00	¥25,764.00	¥25,083.00	¥137,707.00
0015	焦　娇	销售2组	¥35,122.00	¥39,582.00	¥25,005.00	¥45,312.00	¥145,021.00
0016	任我行	销售2组	[illegible]	[illegible]	[illegible]	¥36,153.00	¥115,512.00
0017	任盈盈	销售2组	[illegible]	[illegible]	[illegible]	¥42,735.00	¥137,656.00
0018	段　飞	销售1组	[illegible]	[illegible]	[illegible]	¥36,876.00	¥151,144.00

3

保持该单元格区域为选中状态，单击“条件格式”下三角按钮，在列表中选择“色阶>其他规则”选项。打开“新建格式规则”对话框，单击“格式样式”下三角按钮，选择“双色刻度”选项，设置“类型”为“百分比”、“最小值”为60、“最大值”为100，根据需要设置颜色，单击“确定”按钮。

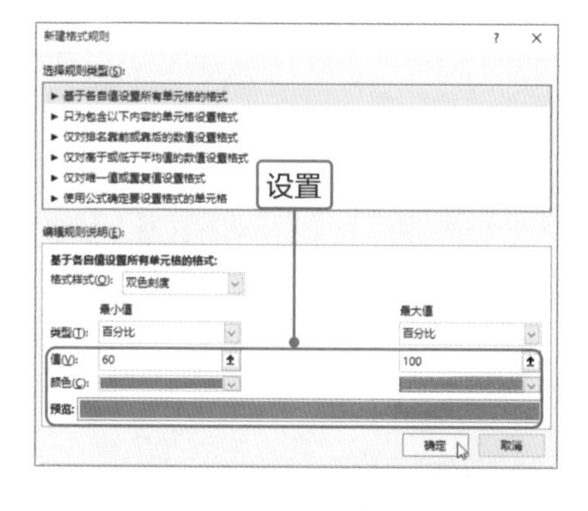

4

返回工作表中，其中颜色为绿色表示销售额在最大的40%区域，橙色表示在60%区域。

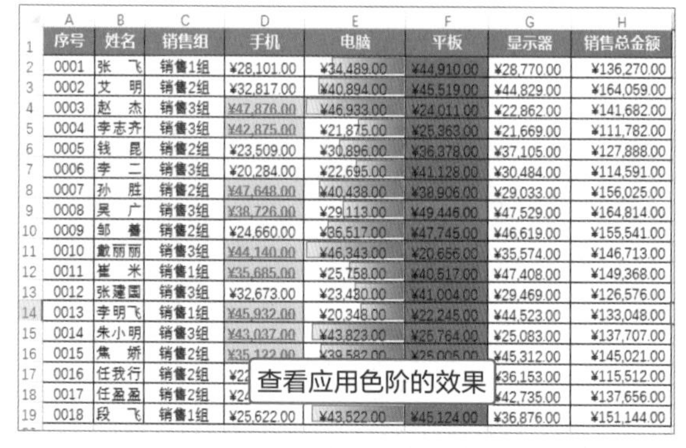

序号	姓名	销售组	手机	电脑	平板	显示器	销售总金额
0001	张　飞	销售1组	¥28,101.00	¥34,489.00	¥44,910.00	¥28,770.00	¥136,270.00
0002	艾　明	销售2组	¥32,817.00	¥40,894.00	¥45,519.00	¥44,829.00	¥164,059.00
0003	赵　杰	销售3组	¥47,876.00	¥46,933.00	¥24,011.00	¥22,862.00	¥141,682.00
0004	李志齐	销售3组	¥42,875.00	¥21,875.00	¥25,363.00	¥21,669.00	¥111,782.00
0005	钱　昆	销售2组	¥23,509.00	¥30,896.00	¥36,378.00	¥37,105.00	¥127,888.00
0006	李　二	销售3组	¥20,284.00	¥22,695.00	¥41,128.00	¥30,484.00	¥114,591.00
0007	孙　胜	销售2组	¥47,648.00	¥40,438.00	¥38,906.00	¥29,033.00	¥156,025.00
0008	吴　广	销售3组	¥38,726.00	¥29,113.00	¥49,446.00	¥47,529.00	¥164,814.00
0009	邹　善	销售2组	¥24,660.00	¥36,517.00	¥47,745.00	¥46,619.00	¥155,541.00
0010	戴丽丽	销售3组	¥44,140.00	¥46,343.00	¥20,656.00	¥35,574.00	¥146,713.00
0011	崔　米	销售1组	¥35,685.00	¥25,758.00	¥40,517.00	¥47,408.00	¥149,368.00
0012	张建国	销售3组	¥32,673.00	¥23,480.00	¥41,004.00	¥29,469.00	¥126,576.00
0013	李明飞	销售1组	¥45,932.00	¥20,348.00	¥22,245.00	¥44,523.00	¥133,048.00
0014	朱小明	销售3组	¥43,037.00	¥43,823.00	¥25,764.00	¥25,083.00	¥137,707.00
0015	焦　娇	销售2组	¥35,122.00	¥39,582.00	¥25,005.00	¥45,312.00	¥145,021.00
0016	任我行	销售2组	[illegible]	[illegible]	[illegible]	¥36,153.00	¥115,512.00
0017	任盈盈	销售2组	[illegible]	[illegible]	[illegible]	¥42,735.00	¥137,656.00
0018	段　飞	销售1组	¥25,622.00	¥43,522.00	¥45,124.00	¥36,876.00	¥151,144.00

4.图标集

1

选中G2:G19单元格区域，单击“样式”选项组中“条件格式”下三角按钮，在列表中选择“图标集>三标志”选项。

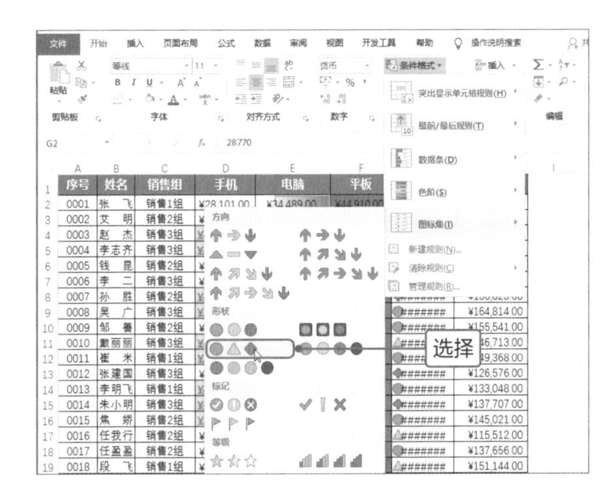

2

返回工作表中，查看应用图标集后的效果，可见将数值分为三等份，数值最高的用绿色圆表示，其次是黄色三角形，最低的用红色的菱形表示。

Tips 设置图标集各等级的范围

在使用图标集对数值进行分等级时，默认是等比例的，用户也可以根据需要对其进行设置。首先选择所需单元格区域，单击“条件格式”下三角按钮，在列表中选择“图标集>其他规则”选项，打开“新建格式规则”对话框，选择图标样式，在“根据以下规则显示各个图标”区域设置数据的等级范围。用户可以在“类型”列表中选择设置范围的依据，如数字、百分比、公式和百分点值。

读书笔记

Excel数据的分析和计算

Excel 最强大的功能是对数据进行分析和计算，如排序、筛选、分类汇总、图表、数据透视表等。Excel中还内置了十几种函数类型，总共包含几百个函数，对于复杂数据的计算可以游刃有余。用户若能够合理准确地使用Excel的分析和计算功能，可以快速提高工作效率。

本部分通过5个案例对Excel的数据排序、筛选、数据透视表、函数和图表等功能进行详细地介绍。相信通过本部分内容的学习，读者可以掌握应用Excel进行数据分析和计算的能力，当然还需要通过在日常工作和学习中多加运用，从而更灵活地使用这些Excel技能。

分析销售统计表

公司统计出当月各员工的销售数据，为了更好地了解员工的销售情况，现需要对销售数据进行分析。历历哥在例会上要求分析销售数据时，需要对表格进行保护，然后每位员工可以对数据进行筛选，以查看自己的销售数据。小蔡感觉自己又可以学到Excel的新知识，于是他自告奋勇接受这项任务。历历哥再三嘱咐，数据分析一定要实事求是，还要注意电子表格的保护。

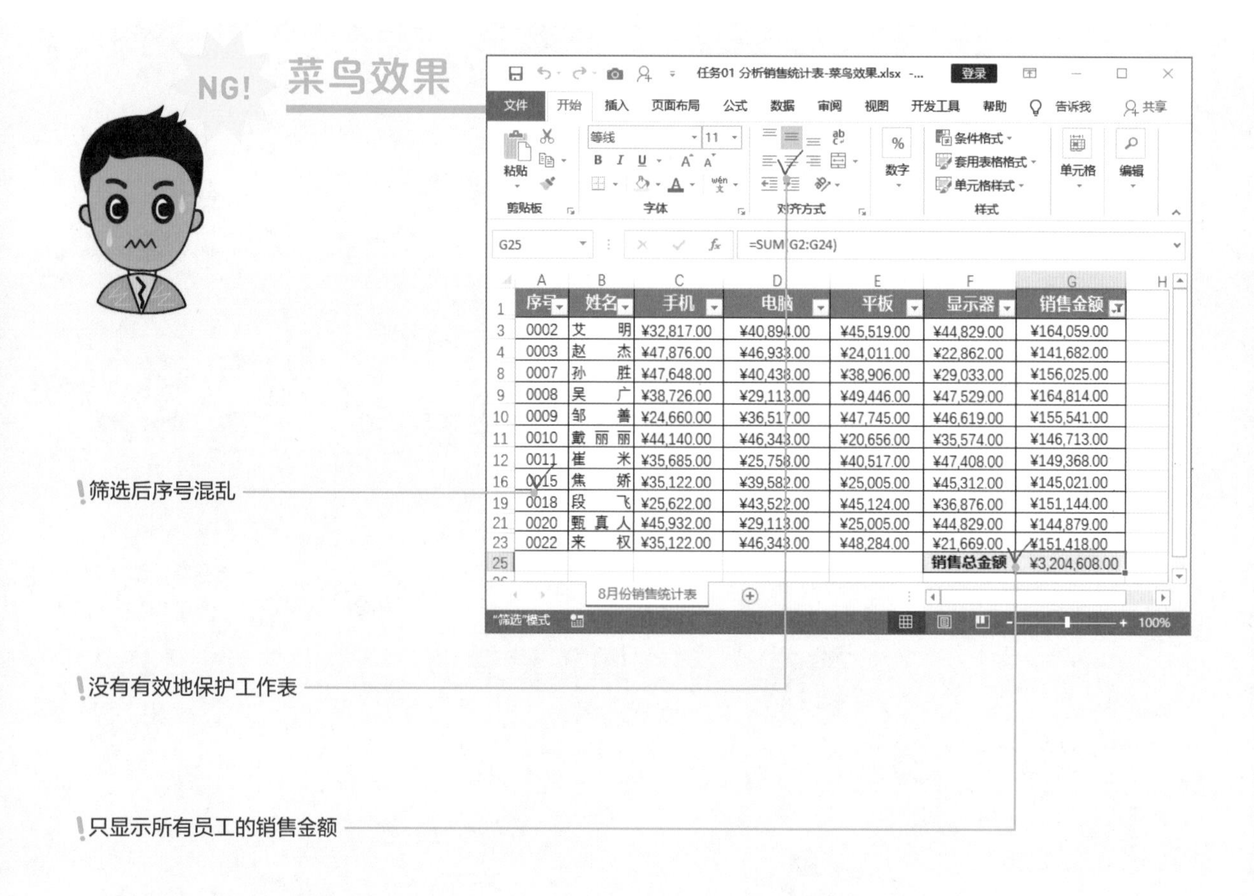

	序号	姓名	手机	电脑	平板	显示器	销售金额
3	0002	艾　明	¥32,817.00	¥40,894.00	¥45,519.00	¥44,829.00	¥164,059.00
4	0003	赵　杰	¥47,876.00	¥46,933.00	¥24,011.00	¥22,862.00	¥141,682.00
8	0007	孙　胜	¥47,648.00	¥40,438.00	¥38,906.00	¥29,033.00	¥156,025.00
9	0008	吴　广	¥38,726.00	¥29,113.00	¥49,446.00	¥47,529.00	¥164,814.00
10	0009	邹　善	¥24,660.00	¥36,517.00	¥47,745.00	¥46,619.00	¥155,541.00
11	0010	戴丽丽	¥44,140.00	¥46,343.00	¥20,656.00	¥35,574.00	¥146,713.00
12	0011	崔　米	¥35,685.00	¥25,758.00	¥40,517.00	¥47,408.00	¥149,368.00
16	0015	焦　娇	¥35,122.00	¥39,582.00	¥25,005.00	¥45,312.00	¥145,021.00
19	0018	段　飞	¥25,622.00	¥43,522.00	¥45,124.00	¥36,876.00	¥151,144.00
21	0020	甄真人	¥45,932.00	¥29,113.00	¥25,005.00	¥44,829.00	¥144,879.00
23	0022	来　权	¥35,122.00	¥46,343.00	¥48,284.00	¥21,669.00	¥151,418.00
25						销售总金额	¥3,204,608.00

小蔡要完成对销售数据的分析，首先通过为表格添加筛选按钮，方便员工筛选数据，但是筛选后序号很乱，无法直观显示满足条件的数据个数；只统计出所有员工的销售总金额，无法查看满足条件的指定员工的销售总金额；并且没有对工作表进行密码保护。

在Excel中统计完各种数据后，可以对数据进行分析操作，如对数据进行排序、筛选等常规分析操作。应用Excel的“排序”功能，可以让数据按从小到大或从大到小的顺序排列；应用Excel的“筛选”功能，可以筛选出满足条件的数据，将其他数据隐藏起来。在本案例中分析销售统计表时，需要筛选出销售金额大于或等于140000的员工信息。

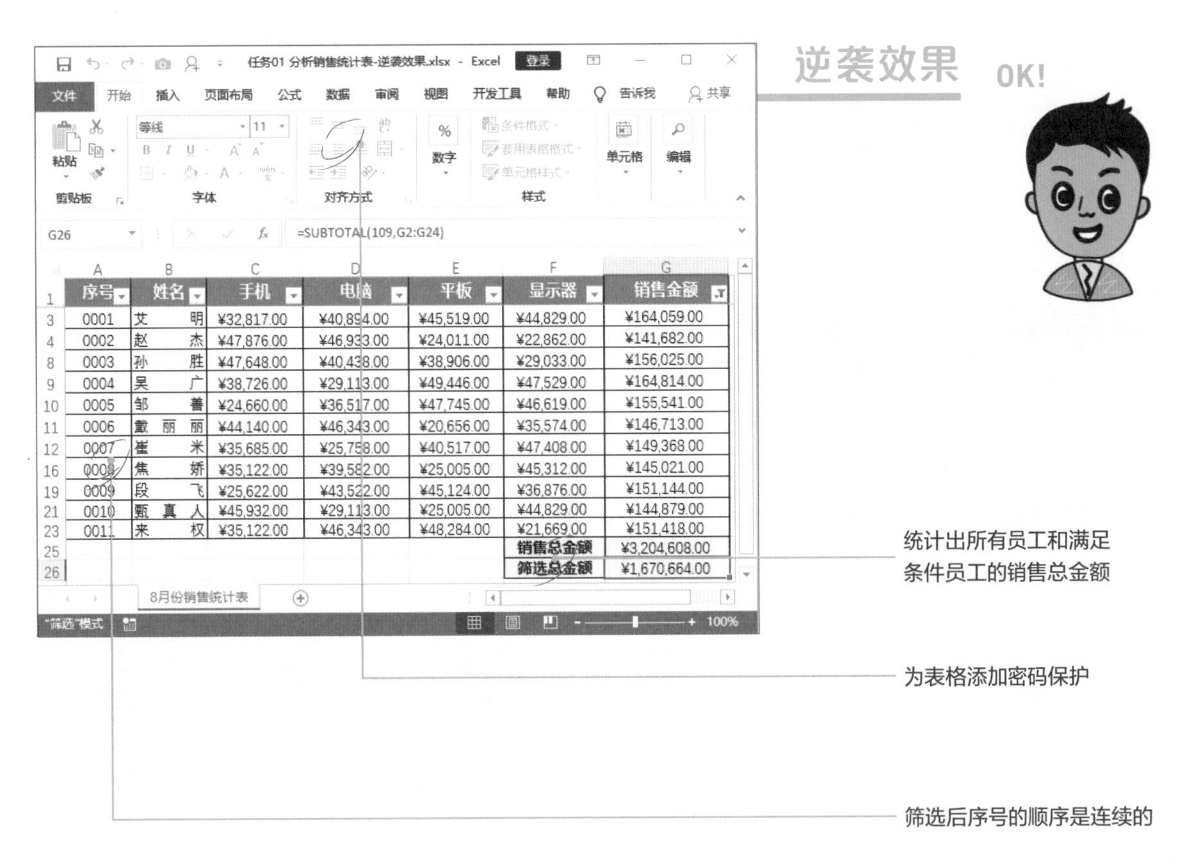

序号	姓名	手机	电脑	平板	显示器	销售金额
0001	艾　明	¥32,817.00	¥40,894.00	¥45,519.00	¥44,829.00	¥164,059.00
0002	赵　杰	¥47,876.00	¥46,933.00	¥24,011.00	¥22,862.00	¥141,682.00
0003	孙　胜	¥47,648.00	¥40,438.00	¥38,906.00	¥29,033.00	¥156,025.00
0004	吴　广	¥38,726.00	¥29,113.00	¥49,446.00	¥47,529.00	¥164,814.00
0005	邹　善	¥24,660.00	¥36,517.00	¥47,745.00	¥46,619.00	¥155,541.00
0006	戴丽丽	¥44,140.00	¥46,343.00	¥20,656.00	¥35,574.00	¥146,713.00
0007	崔　米	¥35,685.00	¥25,758.00	¥40,517.00	¥47,408.00	¥149,368.00
0008	焦　娇	¥35,122.00	¥39,582.00	¥25,005.00	¥45,312.00	¥145,021.00
0009	段　飞	¥25,622.00	¥43,522.00	¥45,124.00	¥36,876.00	¥151,144.00
0010	甄真人	¥45,932.00	¥29,113.00	¥25,005.00	¥44,829.00	¥144,879.00
0011	来　权	¥35,122.00	¥46,343.00	¥48,284.00	¥21,669.00	¥151,418.00
					销售总金额	¥3,204,608.00
					筛选总金额	¥1,670,664.00

小蔡对分析销售数据进行修改，首先使用SUBTOTAL函数显示序号，使筛选后序号为连续的，可以清楚显示满足条件的数量；然后使用SUM和SUBTOTAL两个函数计算所有员工和满足指定条件员工的销售金额；最后添加密码对工作表进行保护。

Point 1 设置筛选后的序号连续显示

在报表中，序号的功能是可以很清楚显示内容的数量，但是使用筛选功能对数据进行筛选后，由于部分行被隐藏，导致序号不连续。如何使序号一直保持连续显示呢？下面介绍具体的操作方法。

1

打开“销售统计表.xlsx”工作表，输入统计的数据，并计算出各员工的销售金额。然后选择A2单元格，输入“=SUBTOTAL（3,B$1:B2）-1”公式。

SUMIF　=SUBTOTAL(3,B$1:B2)-1

	A	B	C	D	E
1	序号	姓名	手机	电脑	平板
2	=SUBTOTAL(3,B$1:B2)-1	张　飞	¥28,101.00	¥34,489.00	¥44,910.00
3		艾　明	¥32,817.00	¥40,8[illegible]	[illegible]5,519.00
4		赵　杰	¥47,876.00	¥46,[illegible]	[illegible]24,011.00
5		李志齐	¥42,875.00	¥21,875.00	¥25,363.00
6		钱　昆	¥23,509.00	¥30,896.00	¥36,378.00
7		李　二	¥20,284.00	¥22,695.00	¥41,128.00
8		孙　胜	¥47,648.00	¥40,438.00	¥38,906.00
9		吴　广	¥38,726.00	¥29,113.00	¥49,446.00
10		邹　善	¥24,660.00	¥36,517.00	¥47,745.00
11		戴丽丽	¥44,140.00	¥46,343.00	¥20,656.00

输入公式

2

按Enter键执行计算，可以看到在A2单元格中显示数字1，然后将该单元格的公式向下填充至A24单元格，即按顺序在单元格中显示数字。

	A	B	C	D	E	F	G
1	序号	姓名	手机	电脑	平板	显示器	销售金额
2	1	张　飞	¥28,101.00	¥34,489.00	¥44,910.00	¥28,770.00	¥136,270.00
3	2	艾　明	¥32,817.00	¥40,894.00	¥45,519.00	¥44,829.00	¥164,059.00
4	3	赵　杰	¥47,876.00	¥46,933.00	¥24,011.00	¥22,862.00	¥141,682.00
5	4	李志齐	¥42,875.00	¥21,875.00	¥25,363.00	¥21,669.00	¥111,782.00
6	5	钱　昆	¥23,509.00	¥30,896.00	¥36,378.00	¥37,105.00	¥127,888.00
7	6	李　二	¥20,284.00	¥22,695.00	¥41,128.00	¥30,484.00	¥114,591.00
8	7	孙　胜	¥47,648.00	¥40,438.00	¥38,906.00	¥29,033.00	¥156,025.00
9	8	吴　广	¥38,726.00	¥29,113.00	¥49,446.00	¥47,529.00	¥164,814.00
10	9	邹　善	¥24,660.00	¥36,517.00	¥47,745.00	¥46,619.00	¥155,541.00
11	10	戴丽丽	¥44,140.00	¥46,343.00	¥20,656.00	¥35,574.00	¥146,713.00
12	11	崔　米	¥35,685.00	¥25,758.00	¥40,517.00	¥47,408.00	¥149,368.00
13	12	张建国	¥32,673.00	¥23,430.00	¥41,004.00	¥29,469.00	¥126,576.00
14	13	李明飞	¥45,932.00	¥20,348.00	¥22,245.00	¥44,523.00	¥133,048.00
15	14	朱小明	¥43,037.00	¥43,823.00	¥25,764.00	¥25,083.00	¥137,707.00
16	15	焦　娇	¥35,122.00	¥39,582.00	¥25,005.00	¥45,312.00	¥145,021.00
17	16	任我行	¥22,358.00	¥24,493.00	¥32,508.00	¥36,153.00	¥115,512.00
18	17	任盈盈	¥24,901.00	¥21,736.00	¥48,284.00	¥42,735.00	¥137,656.00
19	18	段　飞	¥25,622.00	¥43,522.00	¥45,124.00	¥36,876.00	¥151,144.00
20	19	余　良	¥32,673.00	¥40,438.00	¥25,764.00	¥28,770.00	¥127,645.00
21	20	甄真人	¥45,932.00	[illegible]	[illegible]	¥44,829.00	¥144,879.00
22	21	贾贵夫	¥43,037.00	[illegible]	[illegible]	¥22,862.00	¥134,924.00
23	22	来　权	¥35,122.00	[illegible]	[illegible]	¥21,669.00	¥151,418.00
24	23	蒙　挚	¥22,358.00	¥25,758.00	¥45,124.00	¥37,105.00	¥130,345.00

查看序号的效果

3

保持该单元格区域为选中状态，按Ctrl+1组合键，打开“设置单元格格式”对话框，在“数字”选项卡的“分类”列表框中选择“自定义”选项，在“类型”文本框中输入0000，单击“确定”按钮。

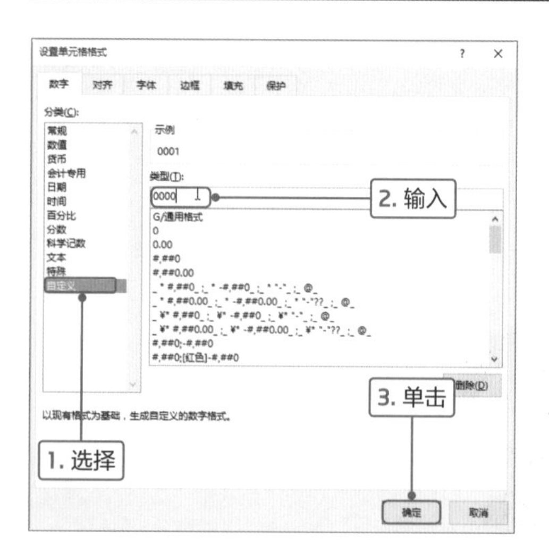

SUBTOTAL()函数简介

SUBTOTAL()函数用于返回列表或数据库中的分类汇总。

表达式：SUBTOTAL（function_num，ref1，ref2，...）

参数含义：Function_num 表示1 到 11（包含隐藏值）或 101 到 111（忽略隐藏值）之间的数字，用于指定使用何种函数在列表中进行分类汇总计算。Ref表示要对其进行分类汇总计算的第1至29个命名区域或引用，该参数必须是对单元格区域的引用。

下面通过表格介绍Function_num参数的取值和说明。

值（包含隐藏值）	值（忽略隐藏值）	函数	函数说明
1	101	AVERAGE	平均值
2	102	COUNT	非空值单元格计数
3	103	COUNTA	非空值单元格计数包括字母
4	104	MAX	最大值
5	105	MIN	最小值
6	106	PRODUCT	乘积
7	107	STDEV	标准偏差忽略逻辑值和文本
8	108	STDEVP	标准偏差值
9	109	SUM	求和
10	110	VAR	给定样本的方差
11	111	VARP	整个样本的总体方差

返回工作表中，查看设置序号的效果。其中SUBTOTAL函数的第1个参数为3，表示包含隐藏值，当应用筛选功能时，序号会自动连续显示。

	A	B	C	D	E	F	G
1	序号	姓名	手机	电脑	平板	显示器	销售金额
2	0001	张　飞	¥28,101.00	¥34,489.00	¥44,910.00	¥28,770.00	¥136,270.00
3	0002	艾　明	¥32,817.00	¥40,894.00	¥45,519.00	¥44,829.00	¥164,059.00
4	0003	赵　杰	¥47,876.00	¥46,933.00	¥24,011.00	¥22,862.00	¥141,682.00
5	0004	李志齐	¥42,875.00	¥21,875.00	¥25,363.00	¥21,669.00	¥111,782.00
6	0005	钱　昆	¥23,509.00	¥30,896.00	¥36,378.00	¥37,105.00	¥127,888.00
7	0006	李　二	¥20,284.00	¥22,695.00	¥41,128.00	¥30,484.00	¥114,591.00
8	0007	孙　胜	¥47,648.00	¥40,438.00	¥38,906.00	¥29,033.00	¥156,025.00
9	0008	吴　广	¥38,726.00	¥29,113.00	¥49,446.00	¥47,529.00	¥164,814.00
10	0009	邹　善	¥24,660.00	¥36,517.00	¥47,745.00	¥46,619.00	¥155,541.00
11	0010	戴丽丽	¥44,140.00	¥46,343.00	¥20,656.00	¥35,574.00	¥146,713.00
12	0011	崔　米	¥35,685.00	¥25,758.00	¥40,517.00	¥47,408.00	¥149,368.00
13	0012	张建国	¥32,673.00	¥23,430.00	¥41,004.00	¥29,469.00	¥126,576.00
14	0013	李明飞	¥45,932.00	¥20,348.00	¥22,245.00	¥44,523.00	¥133,048.00
15	0014	朱小明	¥43,037.00	¥43,823.00	¥25,764.00	¥25,083.00	¥137,707.00
16	0015	焦　娇	¥35,122.00	¥39,582.00	¥25,005.00	¥45,312.00	¥145,021.00
17	0016	任我行	¥22,358.00	¥24,493.00	¥32,508.00	¥36,153.00	¥115,512.00
18	0017	任盈盈	¥24,901.00	¥21,736.00	¥48,284.00	¥42,735.00	¥137,656.00
19	0018	段　飞	¥25,622.00	¥43,522.00	¥45,124.00	¥36,876.00	¥151,144.00
20	0019	余　良	¥32,673.00	¥40,438.00	¥25,764.00	¥28,770.00	¥127,645.00
21	0020	甄真人	¥45[illegible]	[illegible]	[illegible]	[illegible]	¥144,879.00
22	0021	贾贵夫	¥43[illegible]	[illegible]	[illegible]	[illegible]	¥134,924.00
23	0022	来　权	¥35,122.00	¥46,343.00	¥48,284.00	¥21,669.00	¥151,418.00
24	0023	蒙　挚	¥22,358.00	¥25,758.00	¥45,124.00	¥37,105.00	¥130,345.00

查看设置格式后的序号效果

设置隐藏行时序号连续

如果需要设置隐藏行后，序号为连续的，则将A2单元格公式中的第一个参数3修改为103即可。此处不展示效果，读者可以自行制作。

SUMIF　=SUBTOTAL(103,B$1:B2)-1

	A	B	C	D	E
1	序号	姓名	手机	电脑	平板
2	=SUBTOTAL(103,B$1:B2)-1	张　飞	¥28,101.00	¥34,489.00	¥44,910.00
3		艾　明	¥32,817[illegible]	[illegible]94.00	¥45,519.00
4		赵　杰	¥47,876.00	¥46,933.00	¥24,011.00
5	0004	李志齐	¥42,875.00	¥21,875.00	¥25,363.00
6	0005	钱　昆	¥23,509.00	¥30,896.00	¥36,378.00
7	0006	李　二	¥20,284.00	¥22,695.00	¥41,128.00

修改参数

Point 2 计算销售总金额

在统计完员工的销售金额后，还需要计算公司的总销售额，相信此时很多读者都想到SUM函数。如果还需要对数据进行筛选，那如何计算筛选后的销售总金额呢？下面介绍具体的操作方法。

1

选中G25单元格，然后输入“=SUM(G2:G24)”公式，按Enter键确认计算，即可计算出所有员工的销售总金额。

	A	B	C	D	E	F	G
1	序号	姓名	手机	电脑	平板	显示器	销售金额
8	0007	孙 胜	¥47,648.00	¥40,438.00	¥38,906.00	¥29,033.00	¥156,025.00
9	0008	吴 广	¥38,726.00	¥29,113.00	¥49,446.00	¥47,529.00	¥164,814.00
10	0009	邹 善	¥24,660.00	¥36,517.00	¥47,745.00	¥46,619.00	¥155,541.00
11	0010	戴 丽 丽	¥44,140.00	¥46,343.00	¥20,656.00	¥35,574.00	¥146,713.00
12	0011	崔 米	¥35,685.00	¥25,758.00	¥40,517.00	¥47,408.00	¥149,368.00
13	0012	张 建 国	¥32,673.00	¥23,430.00	¥41,004.00	¥29,469.00	¥126,576.00
14	0013	李 明 飞	¥45,932.00	¥20,348.00	¥22,245.00	¥44,523.00	¥133,048.00
15	0014	朱 小 明	¥43,037.00	¥43,823.00	¥25,764.00	¥25,083.00	¥137,707.00
16	0015	焦 娇	¥35,122.00	¥39,582.00	¥25,005.00	¥45,312.00	¥145,021.00
17	0016	任 我 行	¥22,358.00	¥24,493.00	¥32,508.00	¥36,153.00	¥115,512.00
18	0017	任 盈 盈	¥24,901.00	¥21,736.00	¥48,284.00	¥42,735.00	¥137,656.00
19	0018	段 飞	¥25,622.00	¥43,522.00	¥45,124.00	¥36,876.00	¥151,144.00
20	0019	余 良	¥32,673.00	¥40,438.00	¥25,764.00	¥28,770.00	¥127,645.00
21	0020	甄 真 人	¥45,932.00	¥29,113.00	¥25,005.00	¥44,829.00	¥144,879.00
22	0021	贾 贵 夫	¥43,037.00	¥36,517.00	¥32,508.00	¥22,862.00	¥134,924.00
23	0022	来 权	¥35,122.00	¥46,343.00	¥48,284.00	¥21,669.00	¥151,418.00
24	0023	蒙 挚			¥45,124.00	¥37,105.00	¥130,345.00
25						销售总金额	=SUM(G2:G24)
26						筛选总金额	
27							

输入求和公式

2

接着介绍使用SUBTOTAL函数对数据求和的方法。首先选中G26单元格，然后单击编辑栏中“插入函数”按钮。

G26　插入函数

	A	B	C	D	E	F	G
1	序号	姓名	手机	电脑	平板	显示器	销售金额
8	0007	孙 胜	¥47,648.00	¥40,438.00	¥38,906.00	¥29,033.00	¥156,025.00
9	0008	吴 广	¥38,726.00	¥29,113.00	¥49,446.00	¥47,529.00	¥164,814.00
10	0009	邹 善	¥24,660.00	¥36,517.00	¥47,745.00	¥46,619.00	¥155,541.00
11	0010	戴 丽 丽	¥44,140.00	¥46,343.00	¥20,656.00	¥35,574.00	¥146,713.00
12	0011	崔 米	¥35,685.00	¥25,758.00	¥40,517.00	¥47,408.00	¥149,368.00
13	0012	张 建 国	¥32,673.00	¥23,430.00	¥41,004.00	¥29,469.00	¥126,576.00
14	0013	李 明 飞		¥20,348.00	¥22,245.00	¥44,523.00	¥133,048.00
15	0014	朱 小 明		¥43,823.00	¥25,764.00	¥25,083.00	¥137,707.00
16	0015	焦 娇	¥35,122.00	¥39,582.00	¥25,005.00	¥45,312.00	¥145,021.00
17	0016	任 我 行	¥22,358.00	¥24,493.00	¥32,508.00	¥36,153.00	¥115,512.00
18	0017	任 盈 盈	¥24,901.00	¥21,736.00	¥48,284.00	¥42,735.00	¥137,656.00
19	0018	段 飞	¥25,622.00	¥43,522.00	¥45,124.00	¥36,876.00	¥151,144.00
20	0019	余 良	¥32,673.00	¥40,438.00	¥25,764.00	¥28,770.00	¥127,645.00
21	0020	甄 真 人	¥45,932.00	¥29,113.00	¥25,005.00	¥44,829.00	¥144,879.00
22	0021	贾 贵 夫	¥43,037.00	¥36,517.00	¥32,508.00	¥22,862.00	¥134,924.00
23	0022	来 权	¥35,122.00	¥46,343.00	¥48,284.00	¥21,669.00	¥151,418.00
24	0023	蒙 挚	¥22,358.00	¥25,758.00	¥45,124.00	¥37,105.00	¥130,345.00
25						销售总金额	¥3,204,608.00
26						筛选总金额	
27							

2. 单击

1. 选择

3

打开“插入函数”对话框，设置“或选择类别”为“数学与三角函数”，在“选择函数”列表框中选择SUBTOTAL函数，单击“确定”按钮。

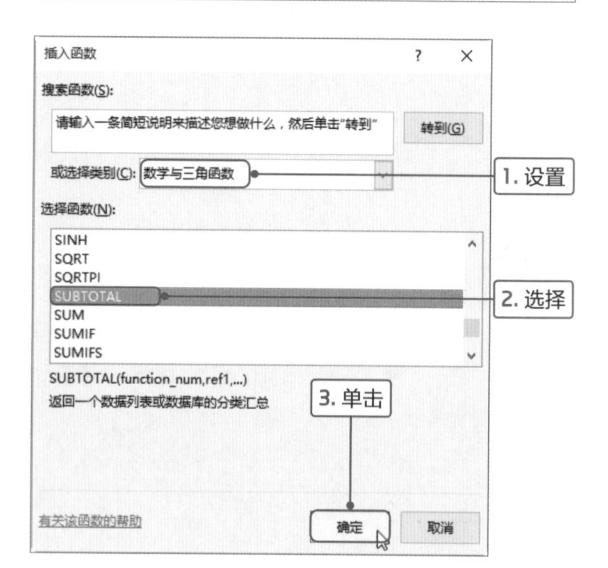

4

打开“函数参数”对话框，在第一个文本框中输入109，然后在Ref1文本框中输入“G2:G24”，单击“确定”按钮。

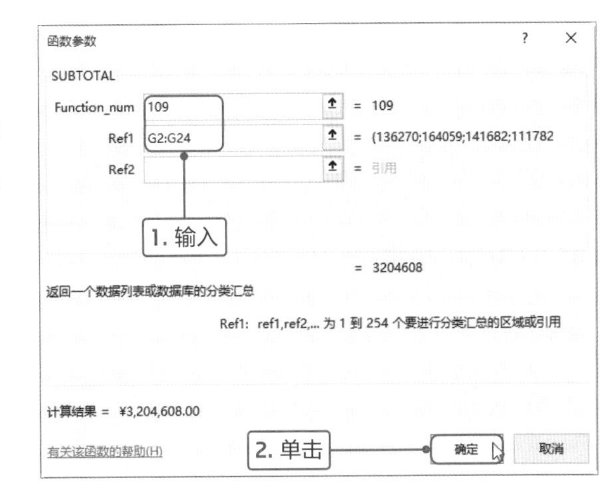

Tips 函数的输入

在Excel中使用函数计算数据时，除了本案例中介绍的两种输入函数的方法外，还可以直接输入，前提是用户对函数的含义和参数相当熟悉。首先，在单元格中输入“=”，然后输入函数的名称，最后输入函数参数，输入完成后按Enter键完成计算。

5

返回工作表中，可见在G26单元格中计算出所有员工的销售总金额。

G26 =SUBTOTAL(109,G2:G24)

序号	姓名	手机	电脑	平板	显示器	销售金额
0004	李志齐	¥42,875.00	¥21,875.00	¥25,363.00	¥21,669.00	¥111,782.00
0005	钱昆	¥23,509.00	¥30,896.00	¥36,378.00	¥37,105.00	¥127,888.00
0006	李二	¥20,284.00	¥22,695.00	¥41,128.00	¥30,484.00	¥114,591.00
0007	孙胜	¥47,648.00	¥40,438.00	¥38,906.00	¥29,033.00	¥156,025.00
0008	吴广	¥38,726.00	¥29,113.00	¥49,446.00	¥47,529.00	¥164,814.00
0009	邹善	¥24,660.00	¥36,517.00	¥47,745.00	¥46,619.00	¥155,541.00
0010	戴丽丽	¥44,140.00	¥46,343.00	¥20,656.00	¥35,574.00	¥146,713.00
0011	崔米	¥35,685.00	¥25,758.00	¥40,517.00	¥47,408.00	¥149,368.00
0012	张建国	¥32,673.00	¥23,430.00	¥41,004.00	¥29,469.00	¥126,576.00
0013	李明飞	¥45,932.00	¥20,348.00	¥22,245.00	¥44,523.00	¥133,048.00
0014	朱小明	¥43,037.00	¥43,823.00	¥25,764.00	¥25,083.00	¥137,707.00
0015	焦娇	¥35,122.00	¥39,582.00	¥25,005.00	¥45,312.00	¥145,021.00
0016	任我行	¥22,358.00	¥24,493.00	¥32,508.00	¥36,153.00	¥115,512.00
0017	任盈盈	¥24,901.00	¥21,736.00	¥48,284.00	¥42,735.00	¥137,656.00
0018	段飞	¥25,622.00	¥43,522.00	¥45,124.00	¥36,876.00	¥151,144.00
0019	余良	¥32,673.00	¥40,438.00	¥25,764.00	¥28,770.00	¥127,645.00
0020	甄真人	¥45,932.00	¥29,113.00	¥25,005.00	¥44,829.00	¥144,879.00
0021	贾贵夫	¥43,037.00	¥36,517.00	¥32,508.00	¥22,862.00	¥134,924.00
0022	来权	¥35,122.00	¥46,343.00	¥48,284.00	¥21,669.00	¥151,418.00
0023	蒙挚	¥22,358.00	¥25,758.00	¥45,124.00	¥37,105.00	¥130,345.00
					销售总金额	¥3,204,608.00
					筛选总金额	¥3,204,608.00

查看计算结果

Tips 通过功能区插入函数

除了上述介绍的插入函数的方法外，还可以通过功能区插入函数。首先选中G26单元格，切换至“公式”选项卡，单击“函数库”选项组中“数据与三角函数”下三角按钮，在列表中选择合适的函数即可。

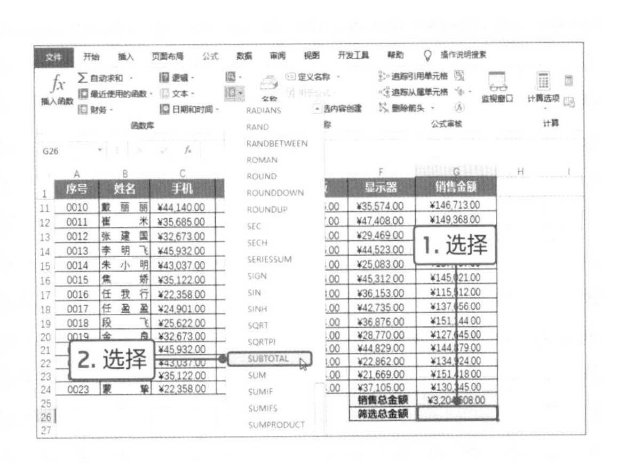

Point 3 在受保护状态下筛选数据

对于重要的数据可以进行加密码保护，只有授权密码的用户才可以对报表进行修改。本节将介绍对工作表进行密码保护、但允许用户对数据进行筛选的相关操作。下面介绍具体的操作方法。

1

首先选择表格内任意单元格，切换至“数据”选项卡，单击“排序和筛选”选项组中“筛选”按钮。

2

表格进入筛选模式后，在各字段标题的右侧会出现筛选按钮。然后切换至“审阅”选项卡，单击“保护”选项组中“保护工作表”按钮。

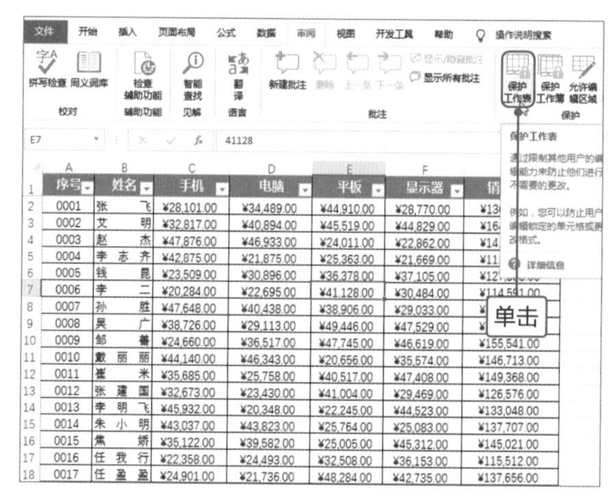

3

打开“保护工作表”对话框，在“取消工作表保护时使用的密码”文本框中输入密码，如123，然后在“允许此工作表的所有用户进行”列表框中勾选“使用自动筛选”复选框，单击“确定”按钮。打开“确认密码”对话框，在“重新输入密码”文本框中输入设置的密码，如123，单击“确定”按钮。

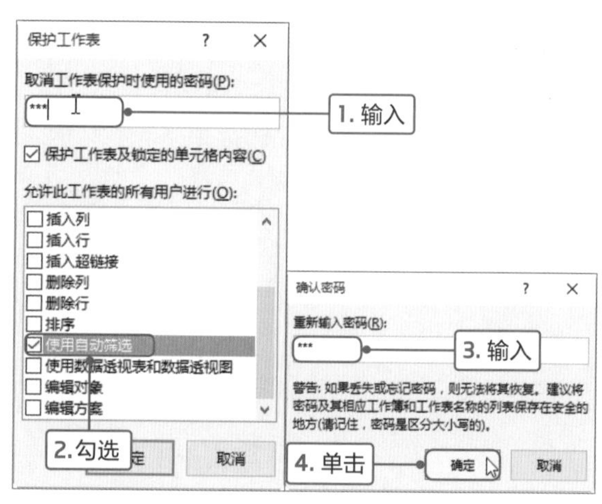

Point 4 筛选符合条件的数据

Excel中的筛选功能可以在庞大的数据中快速筛选出符合条件的数据。在本案例中需要筛选出销售金额大于或等于140000的金额，下面介绍具体的操作方法。

1

单击“销售金额”字段右侧筛选按钮，在列表中选择“数字筛选>大于或等于”选项。

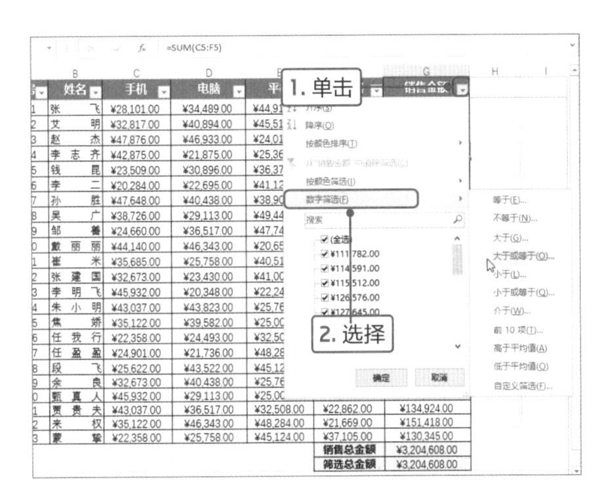

2

打开“自定义自动筛选方式”对话框，设置筛选条件为大于或等于140000，然后单击“确定”按钮。

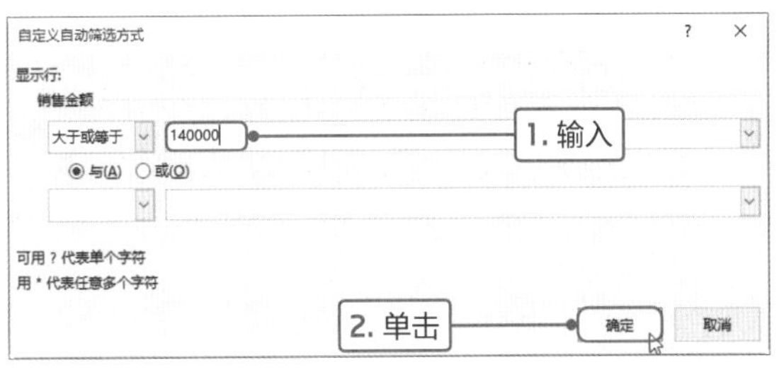

3

返回工作表中查看筛选结果，可见只显示销售金额大于或等于140000的数值。同时比较G25和G26单元格中数值变化，在G25单元格中统计所有员工的销售金额，在G26单元格中统计出筛选后员工的销售总金额。

=SUBTOTAL(109,G2:G24)

姓名	手机	电脑	平板	显示器	销售金额
艾　明	¥32,817.00	¥40,894.00	¥45,519.00	¥44,829.00	¥164,059.00
赵　杰	¥47,876.00	¥46,933.00	¥24,011.00	¥22,862.00	¥141,682.00
孙　胜	¥47,648.00	¥40,438.00	¥38,906.00	¥29,033.00	¥156,025.00
吴　广	¥38,726.00	¥29,113.00	¥49,446.00	¥47,529.00	¥164,814.00
邹　善	¥24,660.00	¥36,517.00	¥47,745.00	¥46,619.00	¥155,541.00
戴丽丽	¥44,140.00	¥46,343.00	¥20,656.00	¥35,574.00	¥146,713.00
崔　米	¥35,685.00	¥25,758.00	¥40,517.00	¥47,408.00	¥149,368.00
焦　娇	¥35,122.00	¥39,582.00	¥25,005.00	¥45,312.00	¥145,021.00
段　飞	¥25,622.00	¥43,522.00	¥45,124.00	¥36,876.00	¥151,144.00
甄真人	¥45,932.00	¥29,113.00	¥25,005.00	¥44,829.00	¥144,879.00
来　权	¥35,122.00	¥46,343.00	¥48,284.00	¥21,669.00	¥151,418.00
				销售总金额	¥3,204,608.00
				筛选总金额	¥1,670,664.00

查看筛选效果

Tips “与”和“或”的区别

本案例中，从打开的“自定义自动筛选方式”对话框中可以看到Excel筛选条件提供两种关系，即“与”和“或”，其中“与”表示筛选后的数据必须满足这两种条件；“或”表示筛选后的数据只需要满足两种条件中的任何一种即可。在本案例中筛选的条件必须满足总分大于450，并小于500，所以需要使用“与”关系，如果选择“或”关系，则筛选出的结果为所有的员工数据。

高效办公

数据的排序和筛选

前面详细介绍了筛选的相关操作，下面将进一步介绍筛选的其他操作，除此之外还将介绍排序的相关操作。

1.按笔划排序

在Excel中对汉字进行排序时，默认是按拼音排序的，用户可以根据需要按笔划进行排序。首先将光标定位在“姓名”列中任意单元格，切换至“数据”选项卡，单击“排序和筛选”选项组中“排序”按钮，如下左图所示。打开“排序”对话框，设置主要关键字为“姓名”，其他参数保持不变，单击“选项”按钮，如下右图所示。

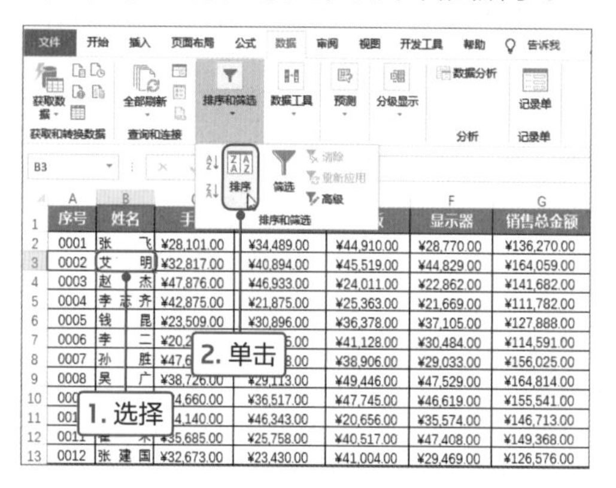

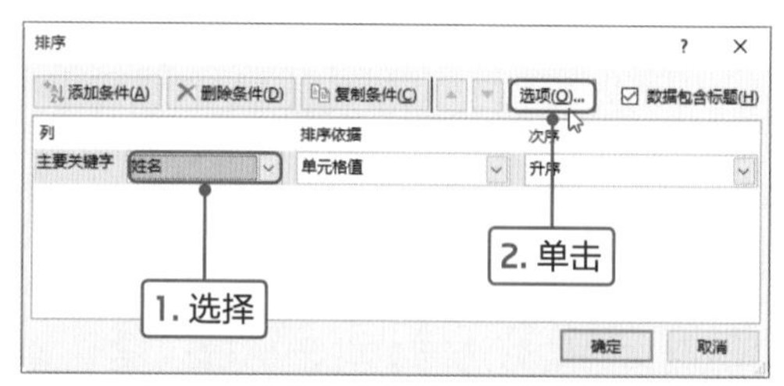

打开“排序选项”对话框，在“方法”选项区域中选中“笔划排序”单选按钮，单击“确定”按钮，如下左图所示。返回工作表中，可见姓名按笔划进行排序。如果需要按行进行排序，则在“排序”对话框中设置关键字后，在“排序选项”对话框中选择“按行排序”单选按钮，然后单击“确定”按钮即可，如下右图所示。

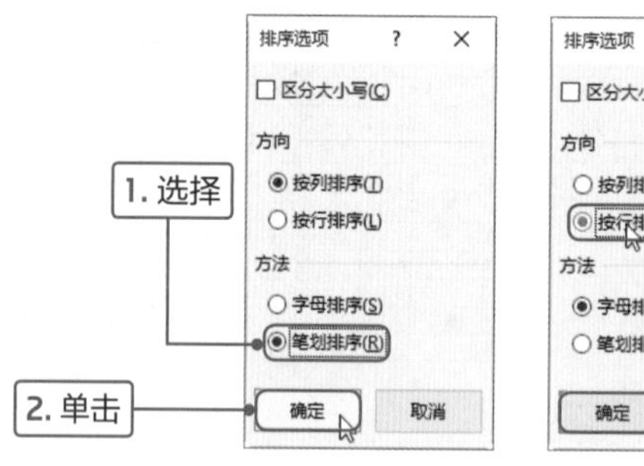

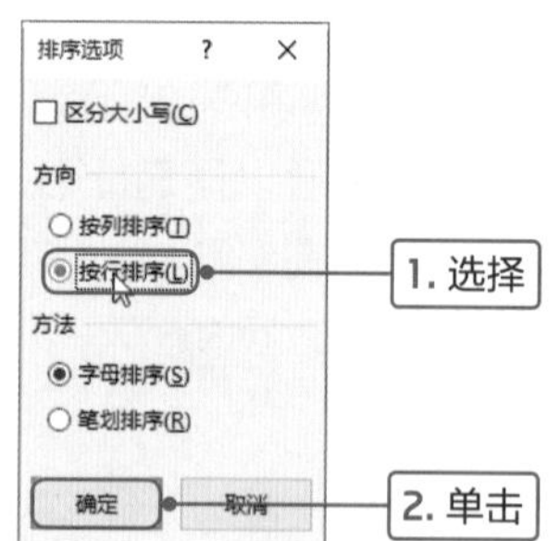

2.多条件排序

在Excel中可以按照多个关键字进行排序，并且可以设置不同的排序方式。如在本案例中，可以先对“销售组”升序排序，再按销售总金额降序排序。首先选择表格内任意单元格，切换至“数据”选项卡，单击“排序”按钮。在打开的“排序”对话框中选择主要关键字为“销售组”，其他参数不变，单击“添加条件”按钮，如下左图所示。然后设置次要关键字为“销售总金额”，设置次序为“降序”，单击“确定”按钮，如下右图所示。

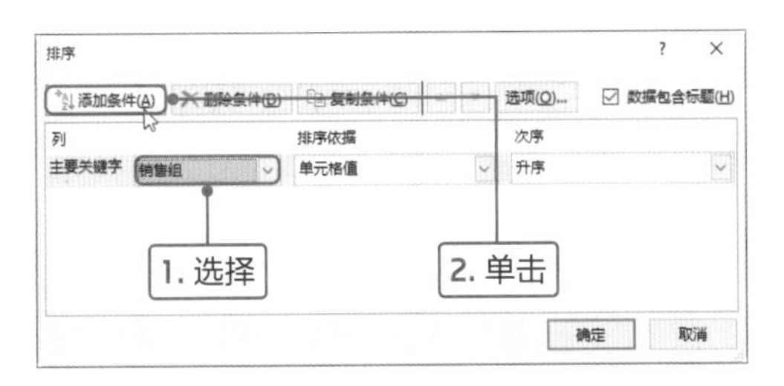

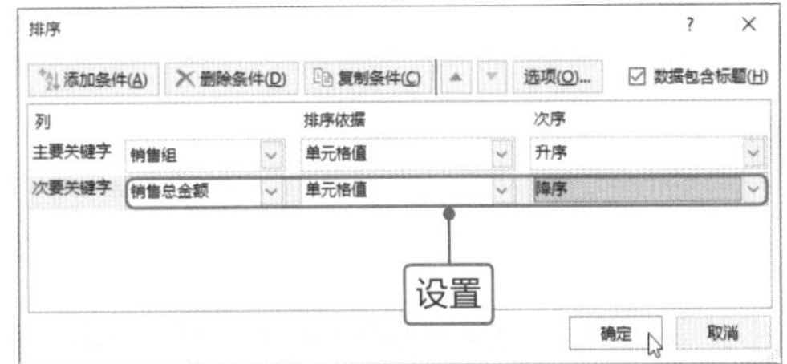

返回工作表中，可见“销售组”列按升序排列，在同一销售组中按销售总金额降序排列，如下图所示。

序号	姓名	销售组	手机	电脑	平板	显示器	销售总金额
0002	艾　明	销售1组	¥32,817.00	¥40,894.00	¥45,519.00	¥44,829.00	¥164,059.00
0011	崔　米	销售1组	¥35,685.00	¥25,758.00	¥40,517.00	¥47,408.00	¥149,368.00
0010	戴丽丽	销售1组	¥44,140.00	¥46,343.00	¥20,656.00	¥35,574.00	¥146,713.00
0001	张　飞	销售1组	¥28,101.00	¥34,489.00	¥44,910.00	¥28,770.00	¥136,270.00
0023	蒙　挚	销售1组	¥22,358.00	¥25,758.00	¥45,124.00	¥37,105.00	¥130,345.00
0005	钱　昆	销售1组	¥23,509.00	¥30,896.00	¥36,378.00	¥37,105.00	¥127,888.00
0019	余　良	销售1组	¥32,673.00	¥40,438.00	¥25,764.00	¥28,770.00	¥127,645.00
0007	孙　胜	销售2组	¥47,648.00	¥40,438.00	¥38,906.00	¥29,033.00	¥156,025.00
0022	来　权	销售2组	¥35,122.00	¥46,343.00	¥48,284.00	¥21,669.00	¥151,418.00
0018	段　飞	销售2组	¥25,622.00	¥43,522.00	¥45,124.00	¥36,876.00	¥151,144.00
0003	赵　杰	销售2组	[illegible]	[illegible]	[illegible]	¥22,862.00	¥141,682.00
0014	朱小明	销售2组	[illegible]	[illegible]	[illegible]	¥25,083.00	¥137,707.00
0021	贾贵夫	销售2组	[illegible]	[illegible]	[illegible]	¥22,862.00	¥134,924.00
0004	李志齐	销售2组	¥42,875.00	¥21,875.00	¥25,363.00	¥21,669.00	¥111,782.00

查看排序效果

3.自定义排序

对数据进行排序时，用户也可以根据需要对数据进行自定义排序。首先打开“员工培训成绩表.xlsx”工作表，选中表格内任意单元格，切换至“数据”选项卡，单击“排序和筛选”选项组中“排序”按钮。打开“排序”对话框，设置主要关键字为“部门”，单击“次序”下三角按钮，在列表中选择“自定义序列”选项，如下左图所示。打开“自定义序列”对话框，在“输入序列”文本框中输入自定义排序，单击“添加”按钮，如下右图所示。

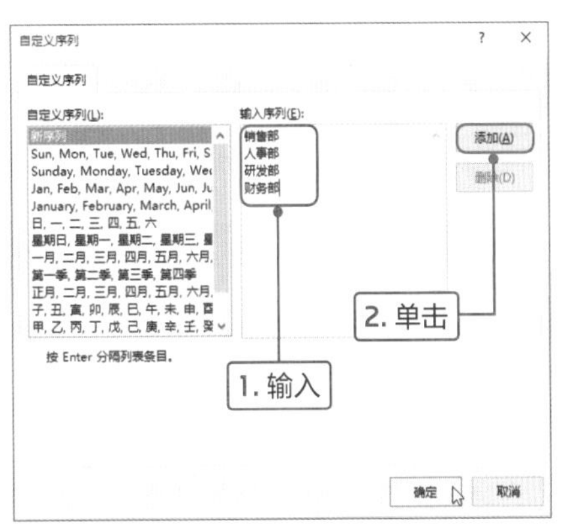

依次单击“确定”按钮返回工作表中，可见“部门”列中各部门按照自定义顺序排列。

姓名	部门	专业知识	行为能力	业务能力	总分
赵杰	销售部	79	89	78	246
钱昆	销售部	94	87	90	271
李二	销售部	84	80	79	243
吴广	销售部	79	69	89	237
艾明	人事部	70	69	89	228
邹善	人事部	94	87	90	271
李志齐	研发部	90	80	80	250
戴丽丽	研发部	84	80	79	243
张飞	财务部	[illegible]	[illegible]	87	241
孙胜	财务部	[illegible]	[illegible]	80	[illegible]

查看自定义排序效果

4.使用通配符筛选数据

在进行数据筛选时，有时候会遇到筛选条件不是很明确的情况，如本案例筛选出所有姓“崔”员工的信息，此时我们可以使用通配符进行筛选。单击“姓名”筛选按钮，在列表中选择“文本筛选/等于”选项，如下左图所示。打开“自定义自动筛选方式”对话框，在“显示行”选项区域的“姓名”文本框中输入“崔?”文本，单击“确定”按钮，如下右图所示。

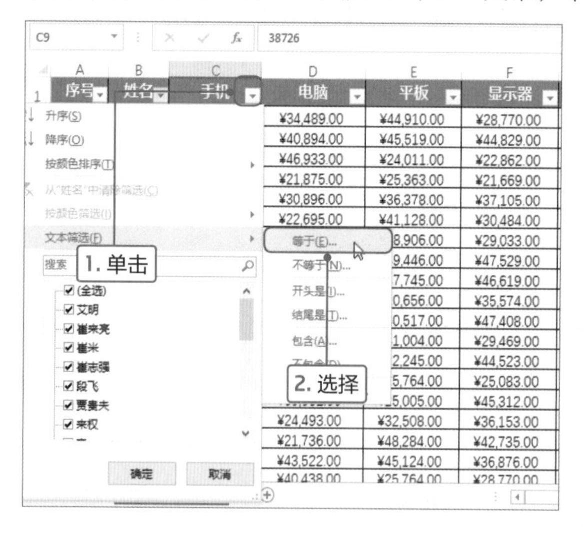

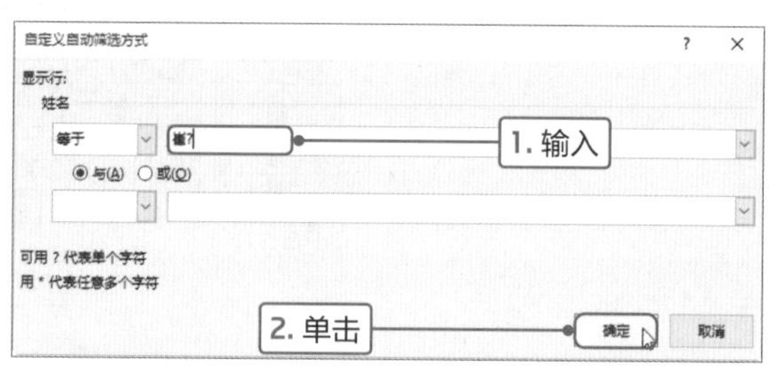

返回工作表中，可见筛选出“崔米”的信息，如下图所示。

序号	姓名	手机	电脑	平板	显示器	销售总金额
0011	崔　米	¥35,685.00	¥25,758.00	¥40,517.00	¥47,408.00	¥149,368.00

如果在“自定义自动筛选方式”对话框的“姓名”文本框中输入“崔*”，然后单击“确定”按钮，即可筛选出所有姓“崔”的员工信息，如下图所示。

序号	姓名	手机	电脑	平板	显示器	销售总金额
0010	崔来亮	¥44,140.00	¥46,343.00	¥20,656.00	¥35,574.00	¥146,713.00
0011	崔　米	¥35,685.00	¥25,758.00	¥40,517.00	¥47,408.00	¥149,368.00
0015	崔志强	¥35,122.00	¥39,582.00	¥25,005.00	¥45,312.00	¥145,021.00

5.筛选满足多条件的数据

对数据进行筛选时，当筛选的条件比较多时，可以使用“高级”功能。例如，在“销售统计表”中筛选出销售1组平板销售金额大于40000而且销售总金额大于140000的员工信息。首先在工作表空白位置输入筛选条件，然后选中表格中任意单元格，单击“高级”按钮，如右图所示。

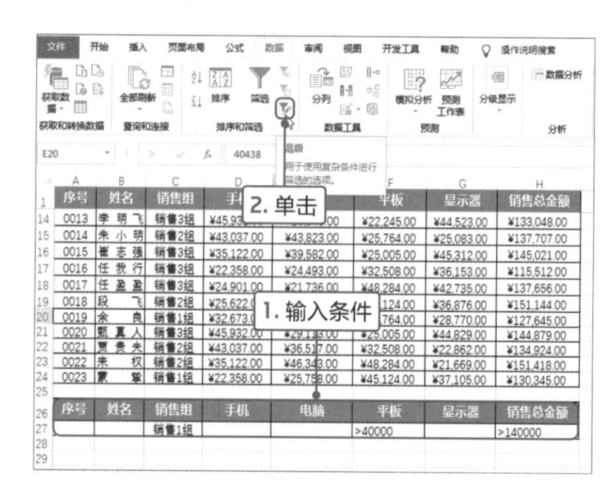

打开“高级筛选”对话框，在“列表区域”文本框中显示数据的表格区域，然后单击“条件区域”右侧的折叠按钮，如下左图所示。在工作表中选择设置的条件区域A26:H27单元格区域，如下右图所示。用户还可以在“方式”选项区域中选择筛选结果的存放位置。

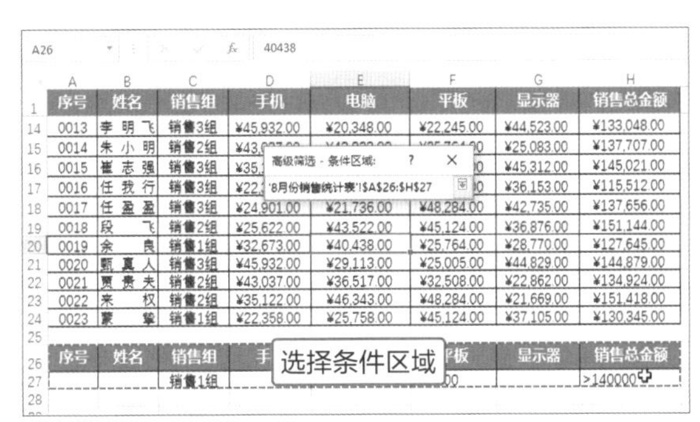

单击折叠按钮，返回上级对话框，单击“确定”按钮，可见筛选出同时满足3个条件的数据，如下图所示。

G3 44829

	序号	姓名	销售组	手机	电脑	平板	显示器	销售总金额
3	0002	艾　明	销售1组	¥32,817.00	¥40,894.00	¥45,519.00	¥44,829.00	¥164,059.00
12	0011	崔　米	销售1组	¥35,685.00	¥25,758.00	¥40,517.00	¥47,408.00	¥149,368.00
25								
26	序号	姓名	销售组	手机	电脑	平板	显示器	销售总金额
27			销售1组			>40000		>140000

查看筛选结果

6.筛选出满足任意一个条件的数据

当筛选的条件比较多，但是需要筛选出只满足任意一个条件的数据时，可以将各条件分别输入在不同的行中，然后单击“高级”按钮。打开“高级筛选”对话框，确认“列表区域”的范围是数据区域后，单击“条件区域”折叠按钮，在工作表中选择条件区域，单击“确定”按钮。返回工作表中可见，只要满足3个条件中任意一条的数据均被筛选出来，效果如下右图所示。

2. 单击

高级　用于使用复杂条件进行筛选的选项。

1. 输入条件

	序号	姓名	销售组	手机	电脑	平板	显示器	销售总金额
17	0016	任我行	销售3组	¥22,358.00	¥24,493.00	¥32,508.00	¥36,153.00	¥115,512.00
18	0017	任盈盈	销售3组	¥24,901.00	¥21,736.00	¥48,284.00	¥42,735.00	¥137,656.00
19	0018	段　飞	销售2组	¥25,622.0[illegible]	[illegible]	[illegible]124.00	¥36,876.00	¥151,144.00
20	0019	余　良	销售1组	¥32,673.0[illegible]	[illegible]	[illegible]764.00	¥28,770.00	¥127,645.00
21	0020	甄真人	销售3组	¥45,932.00	¥29,113.00	¥25,005.00	¥44,829.00	¥144,879.00
22	0021	贾贵夫	销售2组	¥43,037.00	¥36,517.00	¥32,508.00	¥22,862.00	¥134,924.00
23	0022	来　权	销售2组	¥35,122.00	¥46,343.00	¥48,284.00	¥21,669.00	¥151,418.00
24	0023	蒙　挚	销售1组	¥22,358.00	¥25,758.00	¥45,124.00	¥37,105.00	¥130,345.00
25								
26	序号	姓名	销售组	手机	电脑	平板	显示器	销售总金额
27			销售1组					
28						>40000		
29								>140000

	序号	姓名	销售组	手机	电脑	平板	显示器	销售总金额
2	0001	张　飞	销售1组	¥28,101.00	¥34,489.00	¥44,910.00	¥28,770.00	¥136,270.00
3	0002	艾　明	销售1组	¥32,817.00	¥40,894.00	¥45,519.00	¥44,829.00	¥164,059.00
4	0003	赵　杰	销售2组	¥47,876.00	¥46,933.00	¥24,011.00	¥22,862.00	¥141,682.00
6	0005	钱　昆	销售1组	¥23,509.00	¥30,896.00	¥36,378.00	¥37,105.00	¥127,888.00
7	0006	李　二	销售3组	¥20,284.00	¥22,695.00	¥41,128.00	¥30,484.00	¥114,591.00
8	0007	孙　胜	销售2组	¥47,648.00	¥40,438.00	¥38,906.00	¥29,033.00	¥156,025.00
9	0008	吴　广	销售3组	¥38,726.00	¥29,113.00	¥49,446.00	¥47,529.00	¥164,814.00
10	0009	邹　善	销售3组	¥24,660.00	¥36,517.00	¥47,745.00	¥46,619.00	¥155,541.00
11	0010	崔来亮	销售1组	¥44,140.00	¥46,343.00	¥20,656.00	¥35,574.00	¥146,713.00
12	0011	崔　米	销售1组	¥35,685.00	¥25,758.00	¥40,517.00	¥47,408.00	¥149,368.00
13	0012	张建国	销售3组	¥32,673.00	¥23,430.00	¥41,004.00	¥29,469.00	¥126,576.00
16	0015	崔志强	销售3组	¥35,122.00	¥39,582.00	¥25,005.00	¥45,312.00	¥145,021.00
18	0017	任盈盈	销售3组	¥24,901.00	¥21,736.00	¥48,284.00	¥42,735.00	¥137,656.00
19	0018	段　飞	销售2组	¥25,622.00	¥43,522.00	¥45,124.00	¥36,876.00	¥151,144.00
20	0019	余　良	销售1组	¥32,673.00	¥40,438.00	¥25,764.00	¥28,770.00	¥127,645.00
21	0020	甄真人	销售3组	¥45,932.00	¥29,113.00	¥25,005.00	¥44,829.00	¥144,879.00
23	0022	来　权	销售2组	¥35,122.00	¥46,343.00	¥48,284.00	¥21,669.00	¥151,418.00
24	0023	蒙　挚	销售1组	¥22,358.00	¥25,758.00	¥45,124.00	¥37,105.00	¥130,345.00
25								
26	序号	姓名	销售组	[illegible]	[illegible]	[illegible]	显示器	[illegible]
27			销售1组					
28						[illegible]		
29								>140[illegible]

查看筛选结果

Mission

Excel数据的
分析和计算

分析员工工资表

8月份员工工资已经统计出来了，历历哥向财务部要了相关的数据，想具体分析一下公司各部门的工资情况。历历哥叫来Excel小达人小蔡，请他帮忙对工资数据进行分析。他告诉小蔡，想查看各部门的工资总和情况以及各部门的全勤奖。小蔡认真研究员工工资明细后，分别对各部门的工资进行分类汇总。

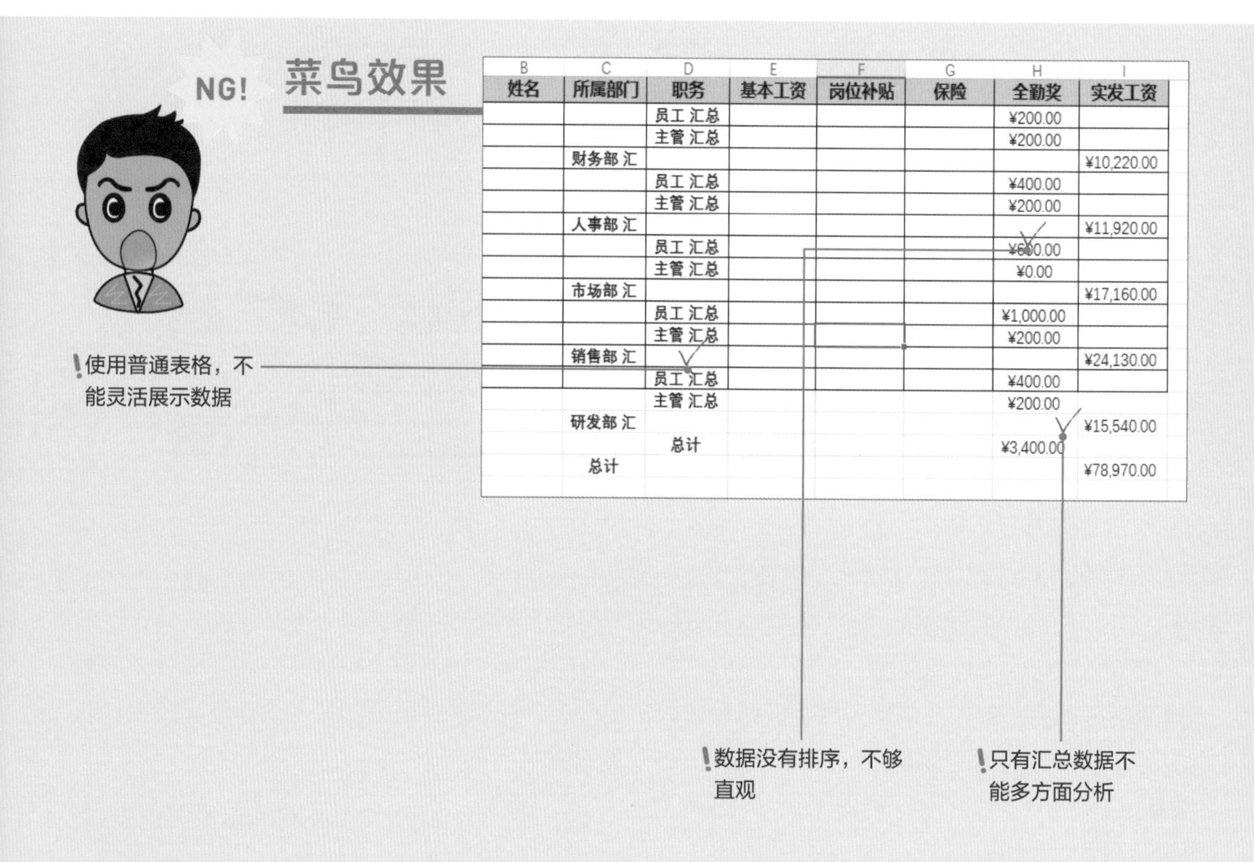

B	C	D	E	F	G	H	I
姓名	所属部门	职务	基本工资	岗位补贴	保险	全勤奖	实发工资
		员工 汇总				¥200.00	
		主管 汇总				¥200.00	
	财务部 汇						¥10,220.00
		员工 汇总				¥400.00	
		主管 汇总				¥200.00	
	人事部 汇						¥11,920.00
		员工 汇总				¥600.00	
		主管 汇总				¥0.00	
	市场部 汇						¥17,160.00
		员工 汇总				¥1,000.00	
		主管 汇总				¥200.00	
	销售部 汇						¥24,130.00
		员工 汇总				¥400.00	
		主管 汇总				¥200.00	
	研发部 汇						¥15,540.00
		总计				¥3,400.00	
	总计						¥78,970.00

小蔡在分析8月份员工工资时，只考虑到各部门工资汇总数据，做出的报表不能直观地展示数据的关系；展示的数据有点乱，没有进行排序；最后使用分类汇总功能分析数据，对数据的展示不够灵活。

MISSION!
2

数据透视表是Excel是最重要的分析工具，它是从Excel数据列表中总结信息的分析工具。数据透视表综合了数据排序、筛选和分类汇总等分析功能的优点，可以根据需要方便、快速地调整分类汇总的方式。在分析8月员工工资表时，可以根据部门和职务对全勤奖和实发工资进行汇总，并设置不同的汇总方式以及值的显示方式，从而让数值发挥最大的作用。

逆袭效果

OK!

行标签	求和项:全勤奖	平均实发工资	百分比	求和项:实发工资3
⊟销售部	¥1,200.00	¥3,016.25	30.56%	¥24,130.00
员工	¥1,000.00	¥2,892.86	25.64%	¥20,250.00
主管	¥200.00	¥3,880.00	4.91%	¥3,880.00
⊟财务部	¥400.00	¥3,406.67	12.94%	¥10,220.00
员工	¥200.00	¥3,220.00	8.15%	¥6,440.00
主管	¥200.00	¥3,780.00	4.79%	¥3,780.00
⊟市场部	¥600.00	¥3,432.00	21.73%	¥17,160.00
员工	¥600.00	¥3,370.00	17.07%	¥13,480.00
主管		¥3,680.00	4.66%	¥3,680.00
⊟研发部	¥600.00	¥3,885.00	19.68%	¥15,540.00
员工	¥400.00	¥3,753.33	14.26%	¥11,260.00
主管	¥200.00	¥4,280.00	5.42%	¥4,280.00
⊟人事部	¥600.00	¥3,973.33	15.09%	¥11,920.00
员工	¥400.00	¥3,820.00	9.67%	¥7,640.00
主管	¥200.00	¥4,280.00	5.42%	¥4,280.00
总计	¥3,400.00	¥3,433.48	100.00%	¥78,970.00

展示实发工资总和的同时，还以百分比的形式展示工资比例

计算实发工资平均值，并进行排序

使用数据透视表展示数据，可以多方面分析数据

小蔡通过数据透视表展示各数据时，可以在“数据透视表字段”导航窗格中灵活设置各字段和值；对实发工资进行汇总求和，并以百分比形式展示数据，可以清楚地展示各部门的工资比例；对平均工资进行排序，可以清楚地展示各部门平均工资的水平。

Point 1 创建数据透视表

在Excel中，用户可以先创建空白的数据透视表，然后根据需要设置各行、列和数值信息。除此之外还可以使用推荐的数据透视表功能，快速显示各数据信息。下面介绍创建空白数据透视表的方法。

1

打开“8月员工工资表.xlsx”工作表，选择表格内任意单元格，切换至“插入”选项卡，单击“表格”选项组中的“数据透视表”按钮。

2

打开“创建数据透视表”对话框，在“表/区域”文本框中显示了表格中的数据区域，保持其他参数不变，单击“确定”按钮。

在“选择放置数据透视表的位置”选项区域中，我们可根据需要设置数据透视表的存放位置。

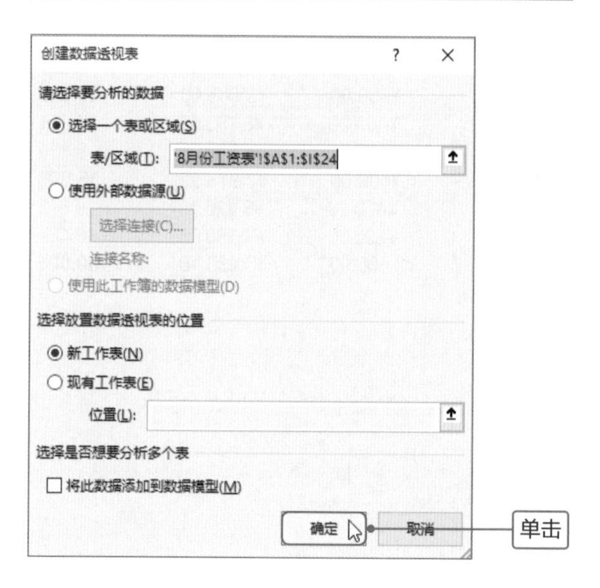

3

返回工作表中，查看新建的空白数据透视表，界面右侧打开了“数据透视表字段”导航窗格，在功能区显示“数据透视表工具”选项卡。

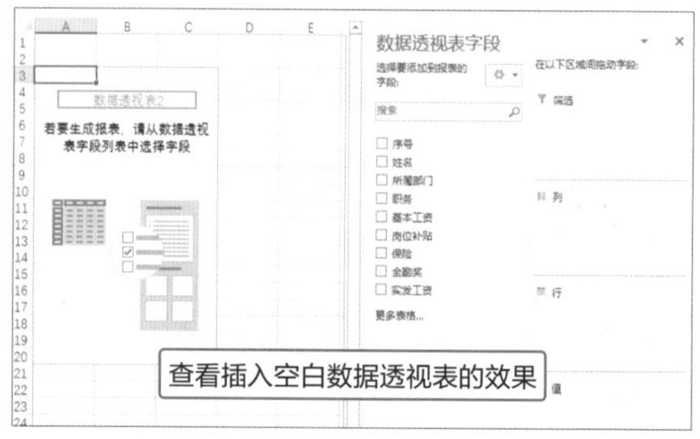

4

在“数据透视表字段”导航窗格中将“所属部门”字段拖曳至“行”区域中，然后根据相同的方法将“职务”字段拖曳到“所属部门”字段下方。可见在数据透视表中显示“行”区域的内容。

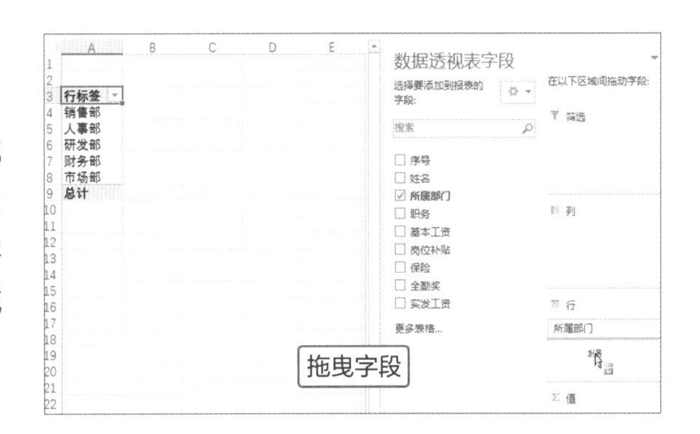

Tips 显示和隐藏“数据透视表字段”窗格

如果关闭“数据透视表字段”窗格，那如何将其显示呢？首先选择数据透视表中任意单元格，切换至“数据透视表工具-分析”选项卡，单击“显示”选项组中“字段列表”按钮，即可显示“数据透视表字段”窗格。

5

然后将“全勤奖”和“实发工资”字段拖曳到“值”区域中，将“实发工资”字段拖曳3次。

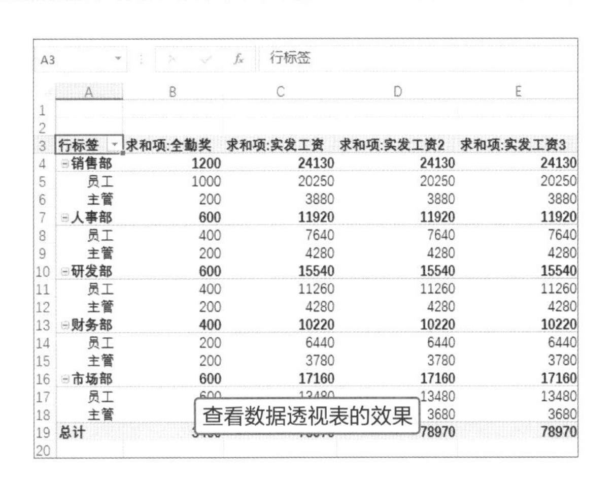

行标签	求和项:全勤奖	求和项:实发工资	求和项:实发工资2	求和项:实发工资3
销售部	1200	24130	24130	24130
员工	1000	20250	20250	20250
主管	200	3880	3880	3880
人事部	600	11920	11920	11920
员工	400	7640	7640	7640
主管	200	4280	4280	4280
研发部	600	15540	15540	15540
员工	400	11260	11260	11260
主管	200	4280	4280	4280
财务部	400	10220	10220	10220
员工	200	6440	6440	6440
主管	200	3780	3780	3780
市场部	600	17160	17160	17160
员工	600	13480	13480	13480
主管	[illegible]	[illegible]	3680	3680
总计	[illegible]	[illegible]	78970	78970

Tips 快速创建数据透视表

用户可以使用“推荐的数据透视表”功能快速创建数据透视表。首先选择数据区域任意单元格，切换至“插入”选项卡，在“表格”选项组中单击“推荐的数据透视表”按钮，打开“推荐的数据透视表”对话框，在右侧选择合适的数据透视表，单击“确定”按钮即可。若单击对话框左下角“空白数据透视表”按钮，则创建空白的数据透视表。

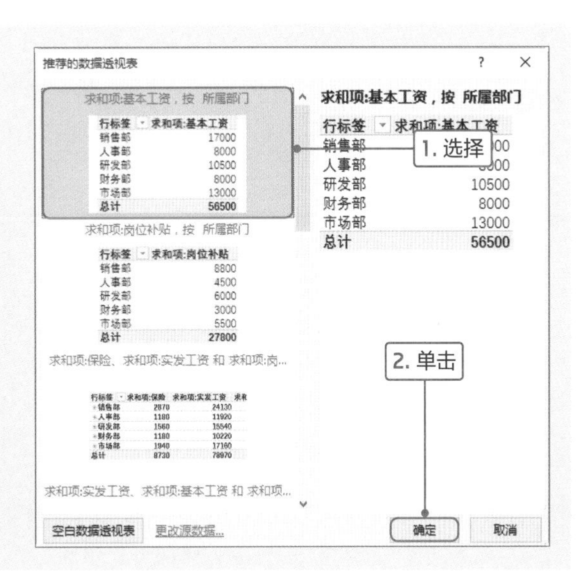

Point 2 设置值的汇总方式

创建数据透视表时，默认情况下“值”区域中的数值进行求和运算，用户可以根据需要设置值的汇总方式，如最大值、平均值等。下面介绍具体操作方法。

1

在数据透视表中选择需要设置值汇总方式列任意单元格，切换至“数据透视表工具-分析”选项卡，单击“活动字段”选项组中“字段设置”按钮。

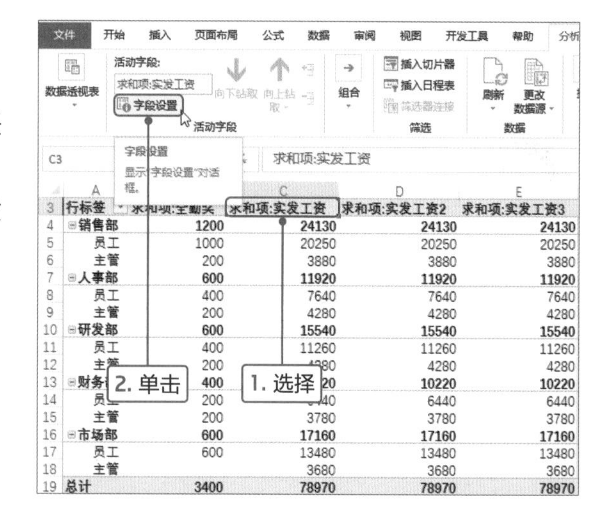

2

打开“值字段设置”对话框，在“值汇总方式”选项卡中选择“平均值”选项，然后在“自定义名称”文本框中输入名称，单击“确定”按钮。

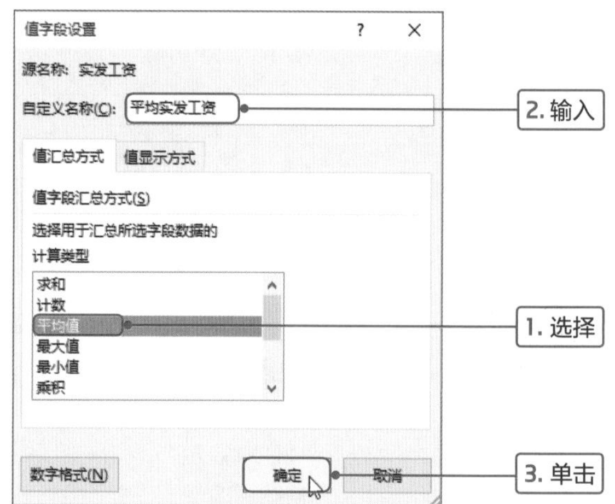

Tips 在导航窗格中设置值字段

用户可以通过“数据透视表字段”导航窗格打开“值字段设置”对话框。即在“值”区域中单击某字段，然后在快捷菜单中选择“值字段设置”命令即可。

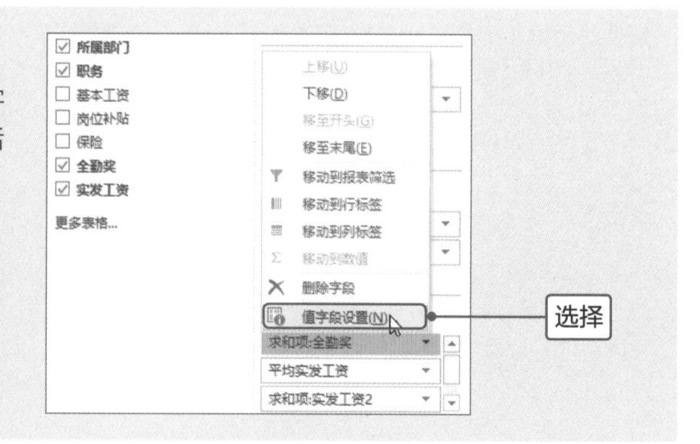

3

返回工作表中，可见选中字段的数值以平均值显示，字段的名称也发生了变化。

行标签	求和项:全勤奖	平均实发工资	求和项:实发工资2	求和项:实发工资3
销售部	1200	3016.25	24130	24130
员工	1000	2892.857143	20250	20250
主管	200	3880	3880	3880
人事部	600	3973.333333	11920	11920
员工	400	3820	7640	7640
主管	200	4280	4280	4280
研发部	600	3885	15540	15540
员工	400	3753.333333	11260	11260
主管	200	4280	4280	4280
财务部	400	3406.666667	10220	10220
员工	200	3220	6440	6440
主管	200	3780	3780	3780
市场部	600	3432	17160	17160
员工			3480	13480
主管			3680	3680
总计	3400	3433.478261	78970	78970

4

选择该字段的数据区域，按Ctrl+1组合键打开“设置单元格格式”对话框，设置数字的格式为货币，并保留两位小数，最后单击“确定”按钮。

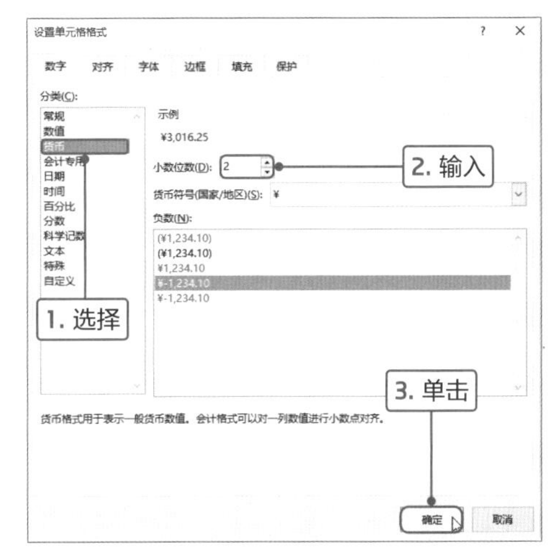

5

返回工作表中，可见该字段应用了货币格式，而且保留两位小数。

行标签	求和项:全勤奖	平均实发工资	求和项:实发工资2	求和项:实发工资3
销售部	1200	¥3,016.25	24130	24130
员工	1000	¥2,892.86	20250	20250
主管	200	¥3,880.00	3880	3880
人事部	600	¥3,973.33	11920	11920
员工	400	¥3,820.00	7640	7640
主管	200	¥4,280.00	4280	4280
研发部	600	¥3,885.00	15540	15540
员工	400	¥3,753.33	11260	11260
主管	200	¥4,280.00	4280	4280
财务部	400	¥3,406.67	10220	10220
员工	200	¥3,220.00	6440	6440
主管	200	¥3,780.00	3780	3780
市场部	600	¥3,432.00	17160	17160
员工			13480	13480
主管			3680	3680
总计	3400	¥3,433.48	78970	78970

Tips 快速应用数据透视表样式

选中数据透视表中任意单元格，切换至“数据透视表工具-设计”选项卡，单击“数据透视表样式”选项组中“其他”按钮，如右图所示。在列表中选择合适的数据透视表样式即可。

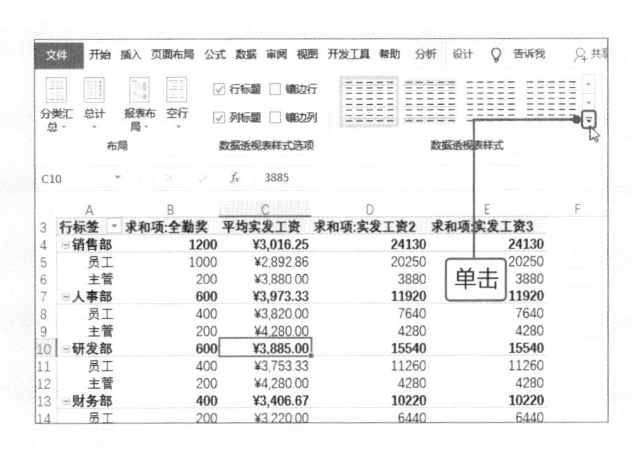

行标签	求和项:全勤奖	平均实发工资	求和项:实发工资2	求和项:实发工资3
销售部	1200	¥3,016.25	24130	24130
员工	1000	¥2,892.86	20250	20250
主管	200	¥3,880.00	3880	3880
人事部	600	¥3,973.33	11920	11920
员工	400	¥3,820.00	7640	7640
主管	200	¥4,280.00	4280	4280
研发部	600	¥3,885.00	15540	15540
员工	400	¥3,753.33	11260	11260
主管	200	¥4,280.00	4280	4280
财务部	400	¥3,406.67	10220	10220
员工	200	¥3,220.00	6440	6440

Point 3 设置值的显示方式

创建数据透视表后，值的默认显示方式与源数据一致，用户也可以通过“值显示方式”功能设置更灵活的方式显示数据。在本案例中，需要将“实发工资”的一个字段值以百分比方式显示，下面介绍具体的操作步骤。

1

选中“求和项:实发工资2”列任意单元格，如D5单元格，切换至“数据透视表工具-分析”选项卡，单击“活动字段”选项组中“字段设置”按钮。

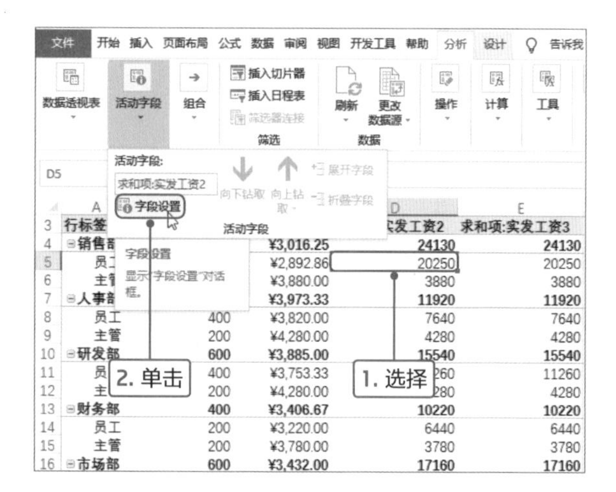

2

打开“值字段设置”对话框，切换至“值显示方式”选项卡，在“自定义名称”文本框中输入名称，单击“值显示方式”右侧下三角按钮，在列表中选择“列汇总的百分比”选项，然后单击“确定”按钮。

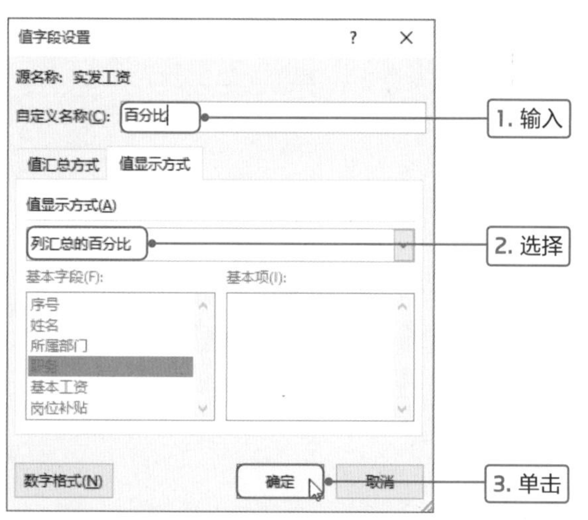

3

返回工作表中，可见该列数值均以百分比的方式显示，从而可以清楚地查看各部门实发工资所占的比例。

	A	B	C	D	E
3	行标签	求和项:全勤奖	平均实发工资	百分比	求和项:实发工资3
4	⊟销售部	1200	¥3,016.25	30.56%	24130
5	员工	1000	¥2,892.86	25.64%	20250
6	主管	200	¥3,880.00	4.91%	3880
7	⊟人事部	600	¥3,973.33	15.09%	11920
8	员工	400	¥3,820.00	9.67%	7640
9	主管	200	¥4,280.00	5.42%	4280
10	⊟研发部	600	¥3,885.00	19.68%	15540
11	员工	400	¥3,753.33	14.26%	11260
12	主管	200	¥4,280.00	5.42%	4280
13	⊟财务部	400	¥3,406.67	12.94%	10220
14	员工	200	¥3,220.00	8.15%	6440
15	主管	200	¥3,780.00	4.79%	3780
16	⊟市场部	600	¥3,432.00	21.73%	17160
17	员工			7.07%	13480
18	主管			4.66%	3680
19	总计	3400	¥3,433.48	100.00%	78970

查看百分比的效果

Point 4 在数据透视表中排序数据

对数据透视表中数据进行分析时，也可以进行排序和筛选等操作，其操作方法和在普通工作表中一样，只是排序的结果更加灵活。下面介绍具体的操作步骤。

1

要在数据透视表中按照各部分的平均工资升序排列，则首先选择各部门平均值所在单元格，如C4单元格。切换至“数据”选项卡，单击“排序和筛选”选项组中“升序”按钮。

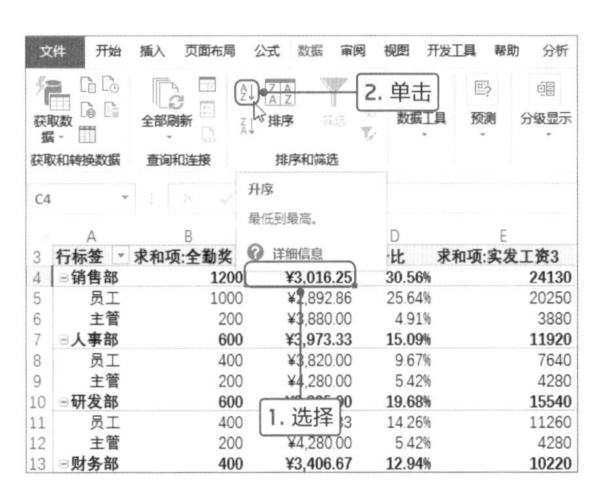

2

返回数据透视表，可见只对各部门的汇总数据进行排序，而各部门内容数据保持不变。同样如果对各部门内容数据进行排序，则汇总的数据不变。

	A	B	C	D	E
3	行标签	求和项:全勤奖	平均实发工资	百分比	求和项:实发工资3
4	销售部	1200	¥3,016.25	30.56%	24130
5	员工	1000	¥2,892.86	25.64%	20250
6	主管	200	¥3,880.00	4.91%	3880
7	财务部	400	¥3,406.67	12.94%	10220
8	员工	200	¥3,220.00	8.15%	6440
9	主管	200	¥3,780.00	4.79%	3780
10	市场部	600	¥3,432.00	21.73%	17160
11	员工	600	¥3,370.00	17.07%	13480
12	主管		¥3,680.00	4.66%	3680
13	研发部	600	¥3,885.00	19.68%	15540
14	员工	400	¥3,753.33	14.26%	11260
15	主管	200	¥4,280.00	5.42%	4280
16	人事部	600	¥3,973.33	15.09%	11920
17	员工	[illegible]	[illegible]	9.67%	7640
18	主管	[illegible]	[illegible]	5.42%	4280
19	总计	3400	¥3,433.48	100.00%	78970

查看排序效果

Tips 对行字段进行排序

以上介绍的是对值进行排序操作的方法，那如何对行字段进行排序呢？首先单击“行标签”右侧下三角按钮，在列表中设置排序的字段，如“所属部门”，然后再选择排序的方式即可。

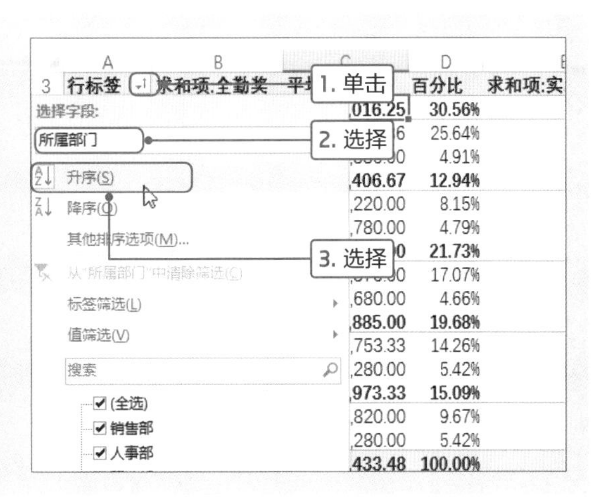

高效办公

数据透视表的基本操作

数据透视表创建完成后，我们可以对透视表中的数据进行刷新、排序、更改数据等操作。下面介绍刷新数据透视表、更改数据透视表的数据源以及分页显示的操作方法。

1.刷新数据透视表

数据透视表是源数据的表现形式，当源数据发生变化时，需要刷新数据，才能更新数据透视表中的数据。

选中数据透视表中任意单元格，切换至“数据透视表工具-分析”选项卡，单击“数据”选项组中“刷新”下三角按钮，选择“刷新”选项，即可刷新当前数据透视表，如下左图所示。

用户可以设置打开文件时自动刷新数据，操作方法是先选中数据透视表中任意单元格，切换至“数据透视表工具-分析”选项卡，单击“数据透视表”选项组中“选项”按钮，如下右图所示。

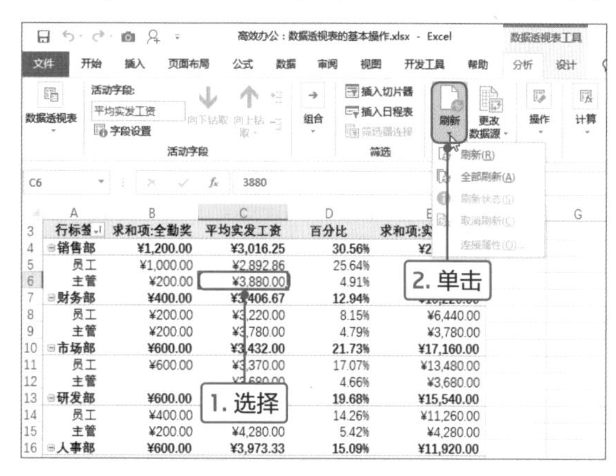

打开“数据透视表选项”对话框，在“数据”选项卡中勾选“打开文件时刷新数据”复选框，然后单击“确定”按钮即可，如右图所示。

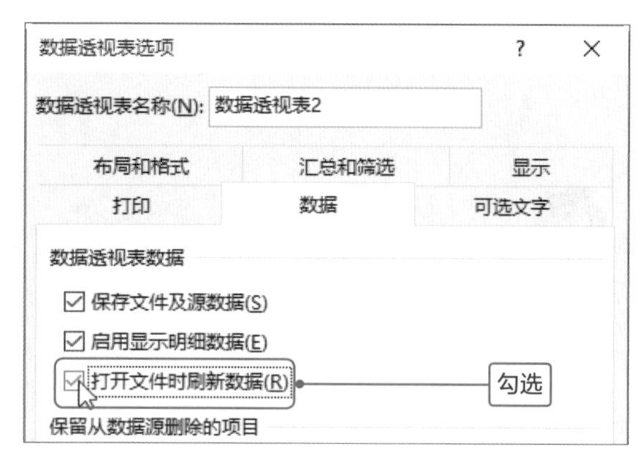

2.更改数据源

数据透视表中的源数据，是可以根据实际需要更改的。操作方法是先选中数据透视表中任意单元格，切换至“数据透视表工具-分析”选项卡，单击“数据”选项组中“更改数据源”按钮，如下左图所示。打开“更改数据透视表数据源”对话框，单击“请选择要分析的数据”选项区域中“表/区域”折叠按钮，返回工作表中重新选择数据区域即可，如下右图所示。

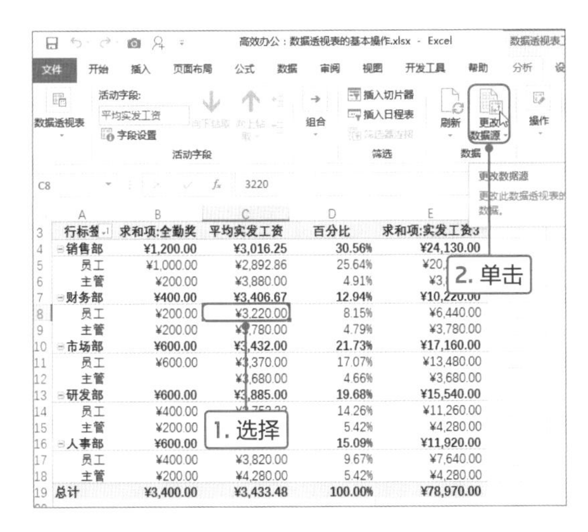

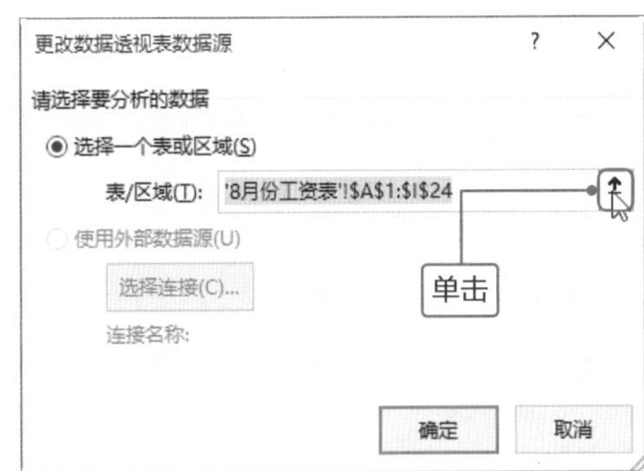

3.分页显示

如果需要根据某字段将字段包含的数据分别在不同的工作表中显示，可以打开“数据透视表字段”窗格，将需要分页的字段拖曳至“筛选”区域，这里选择“所属部门”字段，如下左图所示。单击“数据透视表”选项组中“选项”下三角按钮，在下拉列表中选择“显示报表筛选页”选项，如下右图所示。

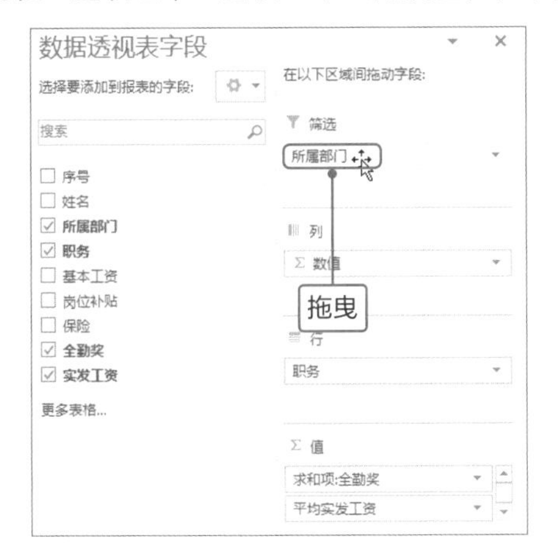

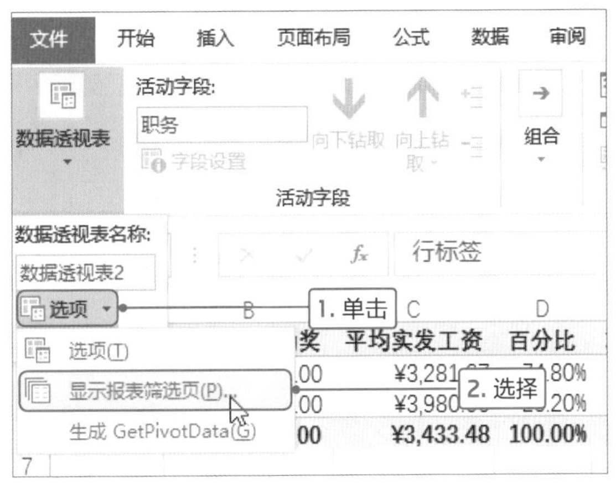

弹出“显示报表筛选页”对话框，选择“所属部门”选项，单击“确定”按钮，如下左图所示。返回数据透视表中，可见各个部门的数据分别在不同的工作表中显示，如下右图所示。

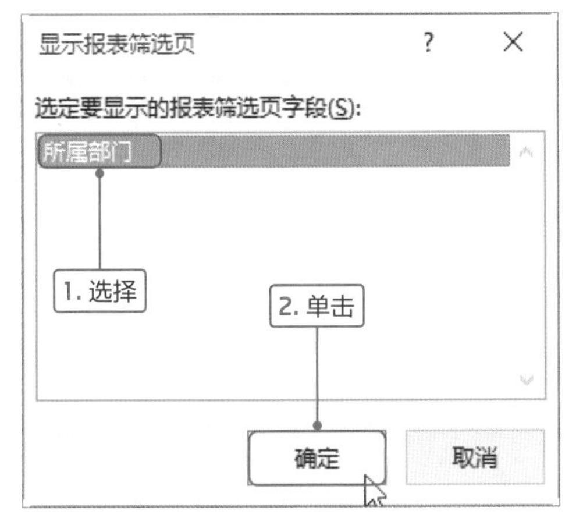

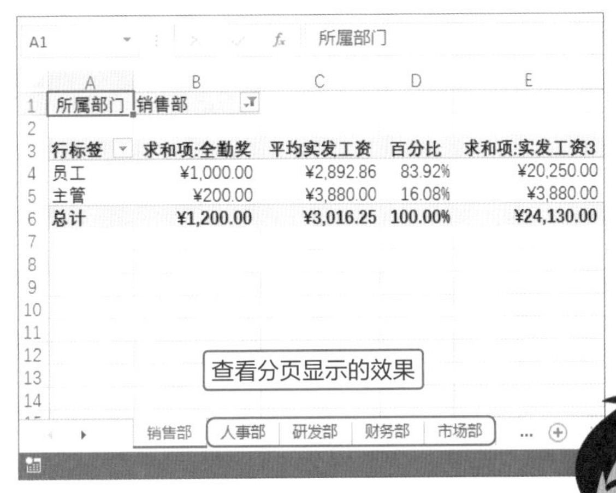

Mission

制作员工信息表

历历哥需要将公司所有员工的详细信息都统计在Excel表格中，另外为方便查找某员工信息，最好能制作查询表。小蔡认为这正是体现他存在价值的时候，他主动要担任该项工作，历历哥看小蔡胸有成竹的样子，就把工作交给小蔡，嘱咐他员工信息统计要全面，并注意相应的保密问题，一些重要信息要进行保密处理。

NG! 菜鸟效果

C27 =VLOOKUP($B$27,$B$1:$I$24,2,FALSE)

	B	C	D	E	F	G	H	I
1	姓名	性别	所属部门	学历	联系方式	身份证号	入职日期	工龄
8	孙胜	女	销售部	大专	17273908078	467071198501116556	2011-03-20	8年
9	吴广	男	财务部	硕士	16892359983	756776198603117801	2007-12-01	11年
10	邹善	女	研发部	本科	16205055191	552149199204265828	2006-05-09	12年
11	崔来亮	男	销售部	博士	18786479940	118441197512283138	2013-02-20	6年
12	崔米	女	市场部	大专	16526656042	174329201004257084	2016-03-01	3年
13	张建国	男	财务部	本科	14426451586	877665200401066037	2011-05-02	7年
14	李明飞	男	销售部	博士	14275321457	377704199208136857	2009-02-06	10年
15	朱小明	女	市场部	硕士	16173981082	185590199506255547	2014-06-09	4年
16	崔志强	女	人事部	博士	13622552556	820931198205224749	2018-05-09	1年
17	任我行	男	销售部	本科	17690959739	611009201401071546	2015-08-09	3年
18	任盈盈	女	研发部	大专	18008827246	828957199609271327	2005-09-20	1[illegible]年
19	段飞	女	研发部	硕士	17800881755	730979197607265633	2014-03-12	5年
20	余良	男	销售部	本科	14365853560	500249200806247191	2010-09-12	8年
21	甄真人	女	市场部	博士	17949298546	876991200801177067	2009-12-25	9年
22	贾贵夫	男	市场部	硕士	14339533690	114287198311198252	2011-09-25	7年
23	来权	男	销售部	本科	15514432825	255639200410315211	2010-02-01	9年
24	蒙挚	女	市场部	硕士	15494226716	249899197712192608	2016-11-01	2年
25								
26	姓名	性别	所属部门	学历	联系方式	身份证号	入职日期	工龄
27		#N/A	#N/A	#N/A	#N/A	#N/A	#N/A	#N/A
28								

! 不显示姓名时，查询表中显示错误的信息

! 没有注意私密性问题，显示了身份证号的所有信息

! 工龄信息显示不详细

小蔡在制作员工信息表时，对员工的信息统计很全面，但是一些细节还是不完美，显示所有身份证号码，使员工信息容易被泄漏；在计算员工工龄时，只显示年数，不够详细；在制作查询表时，显示错误的信息，使表格看上去不够正式。

在制作员工信息表时，尽量统计员工的详细信息，同时还需要对员工的重要信息进行保护。员工的信息包括姓名、性别、部门、学历、联系方式、身份证号码、入职日期、工龄以及地址等。为了有效保护员工的身份证号码，需要隐藏部分内容，另外可以使用函数计算员工的工龄，做到可以随时更新数据，这样可以更好地进行员工信息管理。

逆袭效果

OK!

姓名	性别	所属部门	学历	联系方式	身份证号码	入职日期	工龄	当前日期
张飞	男	销售部	本科	18720086966	33300019********09	2005-05-02	14年1个月3天	2019-6-5
艾明	女	人事部	硕士	18440196138	69533519********62	2012-03-12	7年2个月24天	
赵杰	男	研发部	硕士	17323058385	17077119********71	2008-06-09	10年11个月27天	
李志齐	女	销售部	大专	14159825229	38299520********04	2017-06-09	1年11个月27天	
钱昆	女	财务部	本科	14877729215	34053419********42	2006-08-12	12年9个月24天	
李二	男	人事部	硕士	16385862225	54389520********44	2010-05-09	9年0个月27天	
孙胜	女	销售部	大专	17273908078	46707119********56	2011-03-20	8年2个月16天	
吴广	男	财务部	硕士	16892359983	75677619********01	2007-12-01	11年6个月4天	
邹善	女	研发部	本科	16205055191	55214919********28	2006-05-09	13年0个月27天	
崔来亮	男	销售部	博士	18786479940	11844119********38	2013-02-20	6年3个月16天	
崔米	女	市场部	大专	16526656042	17432920********84	2016-03-01	3年3个月4天	
张建国	男	财务部	本科	14426451586	87766520********37	2011-05-02	8年1个月3天	
李明飞	男	销售部	博士	14275321457	37770419********57	2009-02-06	10年3个月30天	
朱小明	女	市场部	硕士	16173981082	18559019********47	2014-06-09	4年11个月27天	
崔志强	女	人事部	博士	13622552556	82093119********49	2018-05-09	1年0个月27天	
任我行	男	销售部	本科	17690959739	61100920********46	2015-08-09	3年9个月27天	
任盈盈	女	研发部	大专	18008827246	82895719********27	2005-09-20	13年8个月16天	
段飞	女	研发部	硕士	17800881755	73097919********33	2014-03-12	5年2个月24天	
余良	男	销售部	本科	14365853560	50024920********91	2010-09-12	8年8个月24天	
甄真人	女	市场部	博士	17949298546	87699120********67	2009-12-25	9年5个月11天	
贾贵夫	男	市场部	硕士	14339533690	11428719********52	2011-09-25	7年8个月11天	
来权	男	销售部	本科	15514432825	25563920********11	2010-02-01	9年4个月4天	
蒙挚	女	市场部	硕士	15494226716	24989919********08	2016-11-01	2年7个月4天	

姓名	性别	所属部门	学历	联系方式	身份证号	入职日期	工龄
	请输入姓名	请输入姓名	请输入姓名	请输入姓名	请输入姓名	请输入姓名	请输入姓名

工龄计算很详细

不显示姓名时，查询表中显示指定内容

隐藏部分身份证号码内容，有效保护私密信息

小蔡进一步对表格进行修改，首先将身份证号码中间8位数字用星号代替，可以保护员工的重要信息；其次计算员工的工龄比较详细，具到天数，企业可以更好地管理员工；在制作查询表时，没有查询员工姓名时，查询表中显示指定的内容。

Point 1 有效保护身份证号码

公司在统计员工的信息时，为了保证员工的某些重要信息不被泄漏，可以使用指定的符号代替某些数据。如本案例需要将身份证号码中的部分数字用“*”代替，下面介绍详细操作方法。

1

打开“员工信息表.xlsx”工作表，在B26:J27单元格区域中输入相关文本，然后在G列右侧插入空白列，并输入标题文本。

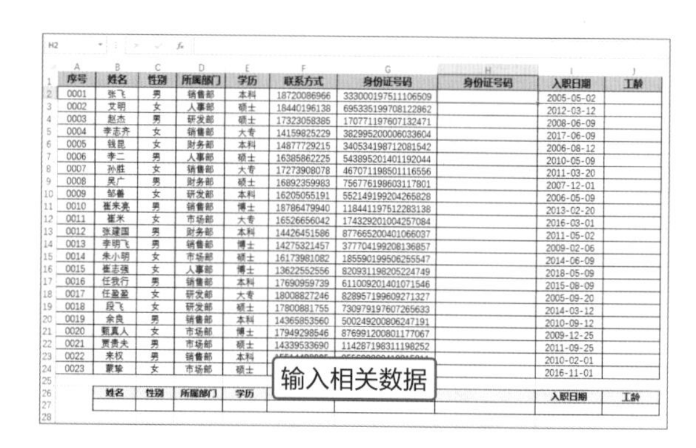

2

选择H2单元格，打开“插入函数”对话框，在“或选择类别”列表中选择“文本”选项，在“选项函数”列表框中选择REPLACE函数，单击“确定”按钮。

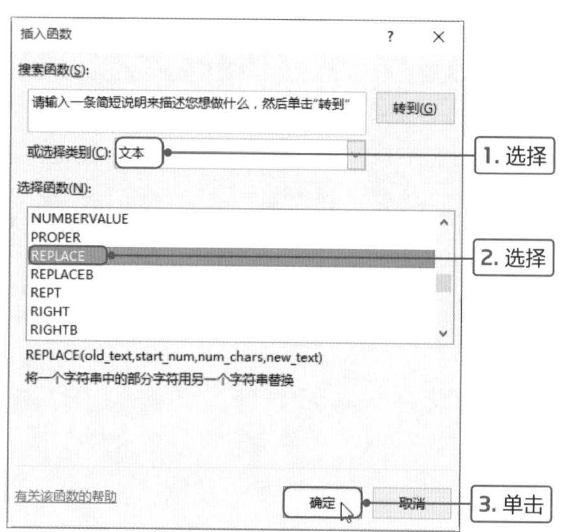

3

打开“函数参数”对话框，分别在各参数文本框中输入对应的内容，单击“确定”按钮。

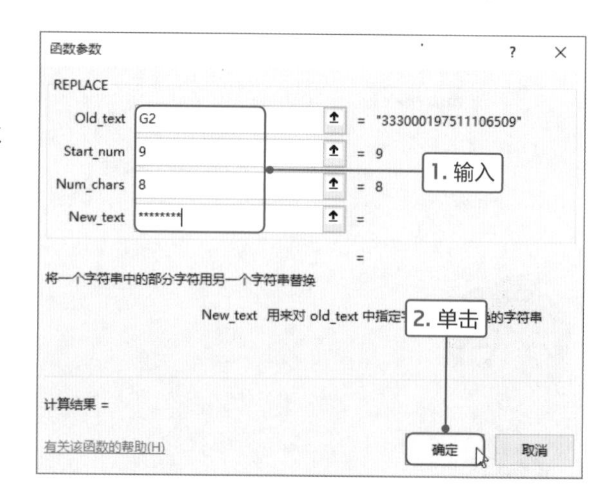

4

返回工作表中，可见H2单元格中身份证号码的部分数字用*号代替，然后将H2单元格中的公式向下填充。从而有效地保护员工的身份证号码信息。

性别	所属部门	学历	联系方式	身份证号码	身份证号码	入职日期
男	销售部	本科	18720086966	333000197511106509	33300019********09	2005-05-02
女	人事部	硕士	18440196138	695335199708122862	69533519********62	2012-03-12
男	研发部	硕士	17323058385	170771197607132471	17077119********71	2008-06-09
女	销售部	大专	14159825229	382995200006033604	38299520********04	2017-06-09
女	财务部	本科	14877729215	340534198712081542	34053419********42	2006-08-12
男	人事部	硕士	16385862225	543895201401192044	54389520********44	2010-05-09
女	销售部	大专	17273908078	467071198501116556	46707119********56	2011-03-20
男	财务部	硕士	16892359983	756776198603117801	75677619********01	2007-12-01
女	研发部	本科	16205055191	552149199204265828	55214919********28	2006-05-09
男	销售部	博士	18786479940	118441197512283138	11844119********38	2013-02-20
女	市场部	大专	16526656042	174329201004257084	17432920********84	2016-03-01
男	财务部	本科	14426451586	877665200401066037	87766520********37	2011-05-02
男	销售部	博士	14275321457	377704199208136857	37770419********57	2009-02-06
女	市场部	硕士	16173981082	185590199506255547	18559019********47	2014-06-09
女	人事部	博士	13622552556	820931198205224749	82093119********49	2018-05-09
男	销售部	本科	17690959739	611009201401071546	61100920********46	2015-08-09
女	研发部	大专	18008827246	828957199609271327	82895719********27	2005-09-20
女	研发部	硕士	17800881755	730979197607265633	73097919********33	2014-03-12
男	销售部	本科	14365853560	500249200806247191	50024920********91	2010-09-12
女	市场部	博士	17949298546	876991200801177067	87699120********67	2009-12-25
男	市场部	硕士	14339533690	114287198311198252	11428719********52	2011-09-25
男	销售部	本科	15514432825	255639200410315211	25563920********11	2010-02-01
女	市场部	硕士	[illegible]	[illegible]	[illegible]9********08	2016-11-01
性别	所属部门	学历	联系方式	身份证号		入职日期

查看保护身份证号码的效果

5

选择G列并右击，在快捷菜单中选择“隐藏”命令。

联系方式	身份…	…证号码
18720086966	3330001…	…9********09
18440196138	6953351…	…9********62
17323058385	1707711…	…9********71
14159825229	3829952…	…0********04
14877729215	3405341…	…9********42
16385862225	5438952…	…0********44
17273908078	4670711…	…9********56
16892359983	7567761…	…9********01
16205055191	5521491…	…9********28
18786479940	1184411…	…9********38
16526656042	1743292…	…0********84
14426451586	8776652…	…0********37
14275321457	3777041…	…9********57
16173981082	1855901…	…9********47
13622552556	820931198205224749	82093119********49
17690959739	611009201401071546	61100920********46

1. 右击

剪切(T)
复制(C)
粘贴选项:
选择性粘贴(S)...
插入
删除(D)
清除内容(N)
设置单元格格式(F)...
列宽(W)...
隐藏(H)
取消隐藏(U)

2. 选择

6

即可只保留设置后的身份证号码。如果需要显示隐藏的列，则选中相邻的两列并右击，在快捷菜单中选择“取消隐藏”命令即可。

序号	姓名	性别	所属部门	学历	联系方式	身份证号码	入职日期
0001	张飞	男	销售部	本科	18720086966	33300019********09	2005-05-02
0002	艾明	女	人事部	硕士	18440196138	69533519********62	2012-03-12
0003	赵杰	男	研发部	硕士	17323058385	17077119********71	2008-06-09
0004	李志齐	女	销售部	大专	14159825229	38299520********04	2017-06-09
0005	钱昆	女	财务部	本科	14877729215	34053419********42	2006-08-12
0006	李二	男	人事部	硕士	16385862225	54389520********44	2010-05-09
0007	孙胜	女	销售部	大专	17273908078	46707119********56	2011-03-20
0008	吴广	男	财务部	硕士	16892359983	75677619********01	2007-12-01
0009	邹鲁	女	研发部	本科	16205055191	55214919********28	2006-05-09
0010	崔来亮	男	销售部	博士	18786479940	11844119********38	2013-02-20
0011	崔米	女	市场部	大专	16526656042	17432920********84	2016-03-01
0012	张建国	男	财务部	本科	14426451586	87766520********37	2011-05-02
0013	李明飞	男	销售部	博士	14275321457	37770419********57	2009-02-06
0014	朱小明	女	市场部	硕士	16173981082	18559019********47	2014-06-09
0015	崔志强	女	人事部	博士	13622552556	82093119********49	2018-05-09
0016	任我行	男	销售部	本科	17690959739	61100920********46	2015-08-09
0017	任盈盈	女	研发部	大专	18008827246	82895719********27	2005-09-20
0018	段飞	女	研发部	硕士	17800881755	73097919********33	2014-03-12
0019	余良	男	销售部	本科	14365853560	50024920********91	2010-09-12
0020	甄真人	女	市场部	[illegible]	[illegible]546	87699120********67	2009-12-25
0021	贾贵夫	男	市场部	[illegible]	[illegible]690	11428719********52	2011-09-25
0022	来权	男	销售部	[illegible]	[illegible]825	25563920********11	2010-02-01
0023	蒙挚	女	市场部	硕士	15494226716	24989919********08	2016-11-01

查看效果

Tips **REPLACE()函数介绍**

REPLACE()函数用于使用新字符串替换指定位置和数量的旧字符。

表达式：REPLACE（old_text,start_num,num_chars，new_text）

参数含义：Old_text表示需要替换的字符串；Start_num表示替换字符串的开始位置；Num_chars表示从指定位置替换字符的数量；New_text表示需要替换Old_text的文本。

Point 2 计算员工的工龄

在员工档案中需要计算出员工的工龄，即从入职该企业的日期到今天之间间隔的年数、月数和天数。当然这么复杂的运算肯定需要使用函数了，下面介绍具体操作方法。

1

首先在K2单元格中输入“=TODAY（）”公式，用于计算当天的日期，按Enter键执行计算。

身份证号码	入职日期	工龄	当前日期
33300019********09	2005-05-02		=TODAY()
69533519********62	2012-03-12		
17077119********71	2008-06-09		
38299520********04	2017-06-09		
34053419********42	2006-08-12		
54389520********44	2010-05-09		
46707119********56	2011-03-20		
75677619********01	2007-12-01		
55214919********28	2006-05-09		
11844119********38	2013-02-20		
17432920********84	2016-03-01		
87766520********37	2011-05-02		
37770419********57	2009-02-06		

输入公式

2

选中J2单元格，然后输入“=CONCATENATE（DATEDIF（I2,$K$2，“y”），“年”，DATEDIF（I2,$K$2，“ym”），“个月”，DATEDIF（I2,$K$2，“md”），“天”）”公式，用于计算员工的工龄。

身份证号码	入职日期	工龄	当前日期
33300019********09	2	=CONCATENATE(DATEDIF(I2,$K$2,"y"),"年",DATEDIF(I2,$K$2,"ym"),"个月",DATEDIF(I2,$K$2,"md"),"天")	
69533519********62	2		
17077119********71	2		
38299520********04	2017-06-09		
34053419********42	2006-08-12		
54389520********44	2010-05-09		
46707119********56	2011-03-20		
75677619********01	2007-12-01		
55214919********28	2006-05-09		
11844119********38	2013-02-20		
17432920********84	2016-03-01		
87766520********37	2011-05-02		
37770419********57	2009-02-06		

输入公式

3

按Enter键执行计算，然后将公式向下填充，即可计算出所有员工的工龄。

=CONCATENATE(DATEDIF(I2,$K$2,"y"),"年",DATEDIF(I2,$K$2,"ym"),"个月",DATEDIF(I2,$K$2,"md"),"天"

序号	姓名	性别	所属部门	学历	联系方式	身份证号码	入职日期	工龄
0001	张飞	男	销售部	本科	18720086966	33300019********09	2005-05-02	14年1个月2天
0002	艾明	女	人事部	硕士	18440196138	69533519********62	2012-03-12	7年2个月23天
0003	赵杰	男	研发部	硕士	17323058385	17077119********71	2008-06-09	10年11个月26天
0004	李志齐	女	销售部	大专	14159825229	38299520********04	2017-06-09	1年11个月26天
0005	钱昆	女	财务部	本科	14877729215	34053419********42	2006-08-12	12年9个月23天
0006	李二	男	人事部	硕士	16385862225	54389520********44	2010-05-09	9年0个月26天
0007	孙胜	女	销售部	大专	17273908078	46707119********56	2011-03-20	8年2个月15天
0008	吴广	男	财务部	硕士	16892359983	75677619********01	2007-12-01	11年6个月3天
0009	邹馨	女	研发部	本科	16205055191	55214919********28	2006-05-09	13年0个月26天
0010	崔来亮	男	销售部	博士	18786479940	11844119********38	2013-02-20	6年3个月15天
0011	崔米	女	市场部	大专	16526656042	17432920********84	2016-03-01	3年3个月3天
0012	张建国	男	财务部	本科	14426451586	87766520********37	2011-05-02	8年1个月2天
0013	李明飞	男	销售部	博士	14275321457	37770419********57	2009-02-06	10年3个月29天
0014	朱小明	女	市场部	硕士	16173981082	18559019********47	2014-06-09	4年11个月26天
0015	崔志强	女	人事部	博士	13622552556	82093119********49	2018-05-09	1年0个月26天
0016	任我行	男	销售部	本科	17690959739	61100920********46	2015-08-09	3年9个月26天
0017	任盈盈	女	研发部	大专	18008827246	82895719********27	2005-09-20	13年8个月15天
0018	段飞	女	研发部	硕士	17800881755	73097919********33	2014-03-12	5年2个月23天
0019	余良	男	销售部	[illegible]	[illegible]	[illegible]91	2010-09-12	8年8个月23天
0020	甄真人	女	市场部	[illegible]	[illegible]	[illegible]67	2009-12-25	9年5个月10天
0021	贾贵夫	男	市场部	[illegible]	[illegible]	[illegible]52	2011-09-25	7年8个月10天
0022	来权	男	销售部	本科	15514432825	25563920********11	2010-02-01	9年4个月3天
0023	蒙黎	女	市场部	硕士	15494226716	24989919********08	2016-11-01	2年7个月3天

查看计算工龄的结果

Tips CONCATENATE()函数介绍

CONCATENATE()函数用于将多个字符进行合并。

表达式：CONCATENATE（text1, text2, ...）

参数含义：Text1、Text2表示需要合并的文本或数值，也可以是单元格的引用，该参数的数量最多为255个。

Point 3 制作员工信息查询单

当员工信息表中数据比较多时，如果需要查询某员工的详细信息，在这么多数据中逐个查找费时费力。那么该如何快速查找呢？当然使用函数了，下面介绍具体操作方法。

1

在输入函数之前，首先要对B27单元格进行限制，选中该单元格，切换至“数据”选项卡，单击“数据工具”选项组中的“数据验证”按钮。

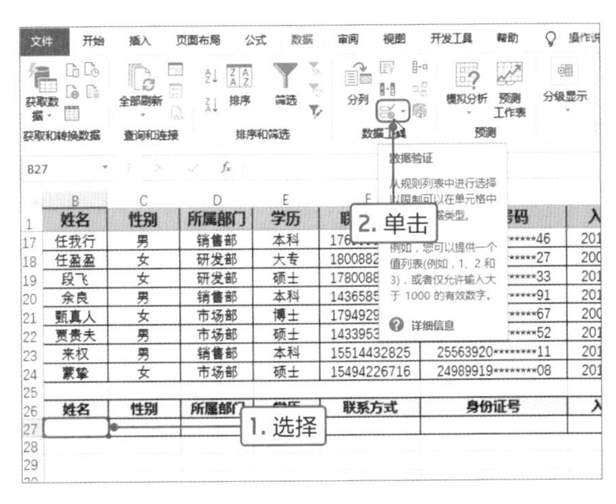

2

打开“数据验证”对话框，在“设置”选项卡中单击“允许”下三角按钮，在列表中选择“序列”选项。单击“来源”折叠按钮，在工作表中选择B2:B24单元格区域，返回上级对话框，单击“确定”按钮。

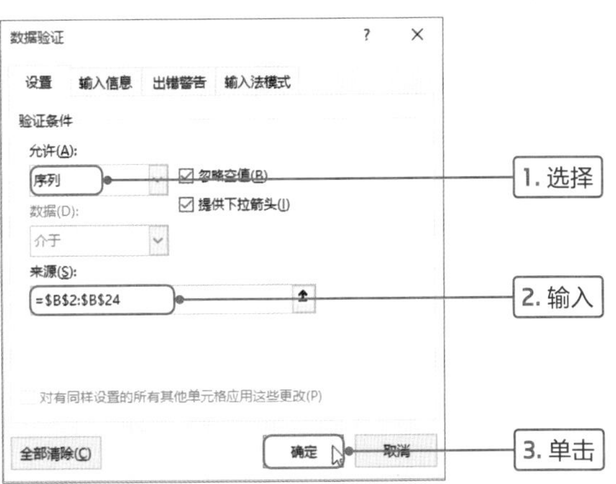

3

选中C27单元格，打开“插入函数”对话框，设置“或选择类别”为“查找与引用”，在“选择函数”列表中选择VLOOKUP函数，单击“确定”按钮。

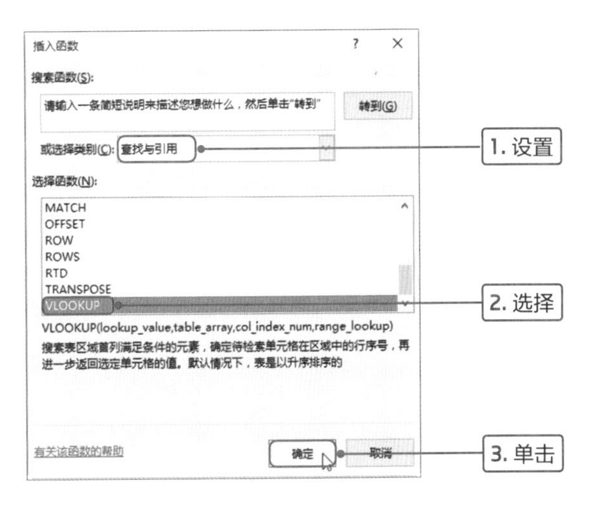

Point

4

打开“函数参数”对话框，在参数文本框中输入相关引用参数，单击“确定”按钮。

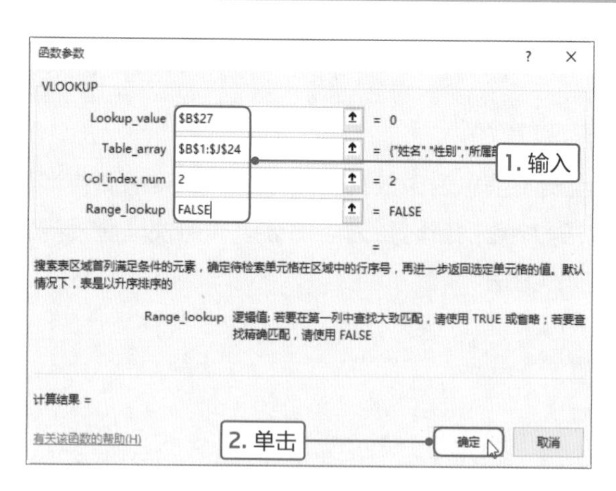

5

返回工作表中，可见在C27单元格中显示“#N/A”错误值，因为在B27单元格中没有员工的姓名。

	B	C	D	E	F	H
1	姓名	性别	所属部门	学历	联系方式	身份证号码
11	崔来亮	男	销售部	博士	18786479940	11844119********38
12	崔米	女	市场部	大专	16526656042	17432920********84
13	张建国	男	财务部	本科	14426451586	87766520********37
14	李明飞	男	销售部	博士	14275321457	37770419********57
15	朱小明	女	市场部	硕士	16173981082	18559019********47
16	崔志强	女	人事部	博士	13622552556	82093119********49
17	任我行	男	销售部	本科	17690959739	61100920********46
18	任盈盈	女	研发部	大专	18008827246	82895719********27
19	段飞	女	研发部	硕士	17800881755	73097919********33
20	余良	男	销售部	本科	14365853560	50024920********91
21	甄真人	女	市场部	博士	17949298546	87699120********67
22	贾贵夫	男	市场部	硕士	14339533690	11428719********52
23	来权	男	销售部	本科	15514432825	25563920********11
24	蒙挚	女	市场部	硕士	15494226716	24989919********08
25						
26	姓名	性别	所属部		系方式	身份证号
27		#N/A				

Tips VLOOKUP()函数简介

VLOOKUP()函数用于在单元格区域的首列查找指定的数值，返回该区域的相同行中任意指定单元格中的数值。

表达式：VLOOKUP()lookup_value,table_array,col_index_num,range_lookup)

参数含义：Lookup_value表示需要在数据表第一列中进行查找的数值，lookup_value 可以为数值、引用或文本字符串；Table_array表示在其中查找数据的数据表，可以引用区域或名称，数据表的第一列中的数值可以是文本、数字或逻辑值；Col_index_num为table_array 中待返回的匹配值的列序号；Range_lookup为一逻辑值，指明VLOOKUP()函数查找时是精确匹配，还是近似匹配。

6

接着对函数公式进行修改，首先选中C27单元格并双击，公式为可编辑状态，然后添加IFNA函数，修改后的公式为“=IFNA（VLOOKUP（$B$27,$B$1:$J$24,2,FALSE），“请输入姓名”）”。

	B	C	D	E	F	H
1	姓名	性别	所属部门	学历	联系方式	身份证号码
11	崔来亮	男	销售部	博士	18786479940	11844119********38
12	崔米	女	市场部	大专	16526656042	17432920********84
13	张建国	男	财务部	本科	14426451586	87766520********37
14	李明飞	男	销售部	博士	14275321457	37770419********57
15	朱小明	女	市场部	硕士	16173981082	18559019********47
16	崔志强	女	人事部	博士	13622552556	82093119********49
17	任我行	男	销售部	本科	17690959739	61100920********46
18	任盈盈	女	研发部	大专	18008827246	82895719********27
19	段飞	女	研发部	硕士	17800881755	73097919********33
20	余良	男	销售部	本科	14365853560	50024920********91
21	甄真人	女	市场部	博士	17949298546	87699120********67
22	贾贵夫	男	市场部	硕士	14339533690	11428719********52
23	来权	男	销售部	本科	15514432825	25563920********11
24	蒙挚	女	市场部	硕士	15494226716	24989919********08
25						
26	姓名	性别	所属部门	学历	联系方式	身份证号
27	=IFNA(VLOOKUP($B$27,$B$1:					
28	$J$24,2,FALSE),"请输入姓名")					
29						
30						
31						

修改公式

7

按Enter键执行计算，可见在C27单元格显示“请输入姓名”文本。

	B	C	D	E	F	H
1	姓名	性别	所属部门	学历	联系方式	身份证号码
11	崔来亮	男	销售部	博士	18786479940	11844119********38
12	崔米	女	市场部	大专	16526656042	17432920********84
13	张建国	男	财务部	本科	14426451586	87766520********37
14	李明飞	男	销售部	博士	14275321457	37770419********57
15	朱小明	女	市场部	硕士	16173981082	18559019********47
16	崔志强	女	人事部	博士	13622552556	82093119********49
17	任我行	男	销售部	本科	17690959739	61100920********46
18	任盈盈	女	研发部	大专	18008827246	82895719********27
19	段飞	女	研发部	硕士	17800881755	73097919********33
20	余良	男	销售部	本科	14365853560	50024920********91
21	甄真人	女	市场部	博士	17949298546	87699120********67
22	贾贵夫	男	市场部	硕士	14339533690	11428719********52
23	来权	男	销售部	本科	15514432825	25563920********11
24	蒙挚	女	市场部	硕士	15494226716	24989919********08
25						
26	姓名	性别	所属部门	[illegible]	联系方式	身份证号
27		请输入姓名				
28						

查看效果

8

将该公式向右填充至J27单元格。然后逐个修改各单元格中VLOOKUP函数的第3个参数，修改为从B列开始到该列的数，如将D27单元格中第3个参数修改为3，因为从B列到D列为3个数。其中需要注意G列为隐藏列。

J27 =IFNA(VLOOKUP($B$27,$B$1:$J$24,9,FALSE),"请输入姓名")

	B	C	D	E	F	H	I	J
1	姓名	性别	所属部门	学历	联系方式	身份证号码	入职日期	工龄
8	孙胜	女	销售部	大专	17273908078	46707119********56	2011-03-20	8年2个月15天
9	吴广	男	财务部	硕士	16892359983	75677619********01	2007-12-01	11年6个月3天
10	邹善	女	研发部	本科	16205055191	55214919********28	2006-05-09	13年0个月26天
11	崔来亮	男	销售部	博士	18786479940	11844119********38	2013-02-20	6年3个月15天
12	崔米	女	市场部	大专	16526656042	17432920********84	2016-03-01	3年3个月3天
13	张建国	男	财务部	本科	14426451586	87766520********37	2011-05-02	8年1个月2天
14	李明飞	男	销售部	博士	14275321457	37770419********57	2009-02-06	10年3个月29天
15	朱小明	女	市场部	硕士	16173981082	18559019********47	2014-06-09	4年11个月26天
16	崔志强	女	人事部	博士	13622552556	82093119********49	2018-05-09	1年0个月26天
17	任我行	男	销售部	本科	17690959739	61100920********46	2015-08-09	3年9个月26天
18	任盈盈	女	研发部	大专	18008827246	82895719********27	2005-09-20	13年8个月15天
19	段飞	女	研发部	硕士	17800881755	73097919********33	2014-03-12	5年2个月23天
20	余良	男	销售部	本科	14365853560	50024920********91	2010-09-12	8年8个月23天
21	甄真人	女	市场部	博士	17949298546	87699120********67	2009-12-25	9年5个月10天
22	贾贵夫	男	市场部	硕士	14339533690	11428719********52	2011-09-25	7年8个月10天
23	来权	男	销售部	本科	15514432825	25563920********11	2010-02-01	9年4个月3天
24	蒙挚	女	市场部	[illegible]	[illegible]	********08	2016-11-01	2年7个月3天
25								
26	姓名	性别	所属部门	学	[illegible]	号	入职日期	工龄
27		请输入姓名	请输入姓名	请输入姓名	请输入姓名	请输入姓名	请输入姓名	请输入姓名
28								

填充并修改公式

IFNA()函数简介

IFNA()函数表示如果公式返回错误值#N/A，则结果返回指定的值，否则返回公式的结果。

表达式：IFNA (value, value_if_na)

参数含义：Value 用于检查错误值 #N/A 的参数；Value_if_na 表示公式计算结果为错误值 #N/A 时要返回的值。

9

修改公式后，单击B27单元格右侧下三角按钮，在列表中选择需在查找信息的姓名，如“余良”，则在右侧显示所有关于“余良”的信息。

B20 余良

	B	C	D	E	F	H	I	J
1	姓名	性别	所属部门	学历	联系方式	身份证号码	入职日期	工龄
5	李志齐	女	销售部	大专	14159825229	38299520********04	2017-06-09	1年11个月26天
6	钱昆	女	财务部	本科	14877729215	34053419********42	2006-08-12	12年9个月23天
7	李二	男	人事部	硕士	16385862225	54389520********44	2010-05-09	9年0个月26天
8	孙胜	女	销售部	大专	17273908078	46707119********56	2011-03-20	8年2个月15天
9	吴广	男	财务部	硕士	16892359983	75677619********01	2007-12-01	11年6个月3天
10	邹善	女	研发部	本科	16205055191	55214919********28	2006-05-09	13年0个月26天
11	崔来亮	男	销售部	博士	18786479940	11844119********38	2013-02-20	6年3个月15天
12	崔米	女	市场部	大专	16526656042	17432920********84	2016-03-01	3年3个月3天
13	张建国	男	财务部	本科	14426451586	87766520********37	2011-05-02	8年1个月2天
14	李明飞	男	销售部	博士	14275321457	37770419********57	2009-02-06	10年3个月29天
15	朱小明	女	市场部	硕士	16173981082	18559019********47	2014-06-09	4年11个月26天
16	崔志强	女	人事部	博士	13622552556	82093119********49	2018-05-09	1年0个月26天
17	任我行	男	销售部	本科	17690959739	61100920********46	2015-08-09	3年9个月26天
18	任盈盈	女	研发部	大专	18008827246	82895719********27	2005-09-20	13年8个月15天
19	段飞	女	研发部	硕士	17800881755	73097919********33	2014-03-12	5年2个月23天
20	余良	男	销售部	本科	14365853560	50024920********91	2010-09-12	8年8个月23天
21	甄真人	女	市场部	博士	17949298546	87699120********67	2009-12-25	9年5个月10天
22	贾贵夫	男	市场部	硕士	14339533690	11428719********52	2011-09-25	7年8个月10天
23	来权	男	销售部	本科	15514432825	25563920********11	2010-02-01	9年4个月3天
24	蒙挚	女	市场部	硕士	[illegible]	********08	2016-11-01	2年7个月3天
25								
26	姓名	性别	所属部门	学历	[illegible]	证号	入职日期	工龄
27	余良	男	销售部	本科	14365853560	50024920********91	2010-9-12	8年8个月23天
28								

验证查询效果

定义名称

在使用VLOOKUP()函数时引用固定的单元格区域B1:J24，我们可以提前将其定义名称，在引用时直接输入名称即可。操作方法是选中该单元格区域，在“名称框”中输入名称，然后按Enter键即可。

Point 4 保护工作表

对表格中数据计算完成后，需要对工作表进行保护。在本案例中设置保护工作表主要是为了隐藏公式和防止他人取消隐藏列查看员工身份证号码，下面介绍具体操作方法。

1

切换至“开始”选项卡，单击“编辑”选项组中“查找和替换”下三角按钮，在列表中选择“定位条件”选项。

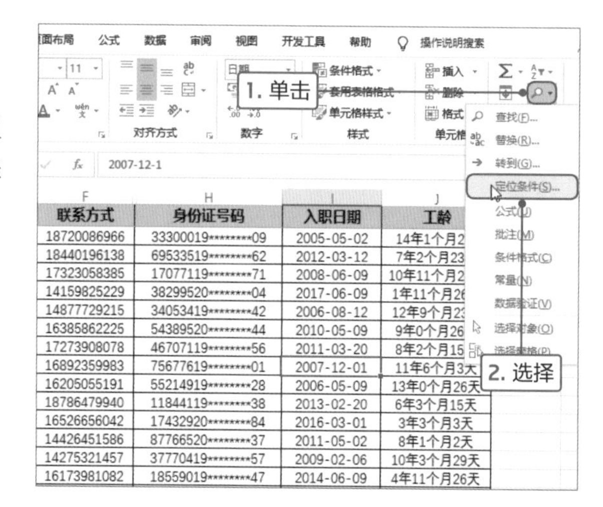

2

打开“定位条件”对话框，在“选项”选项区域中选中“公式”单选按钮，然后单击“确定”按钮。

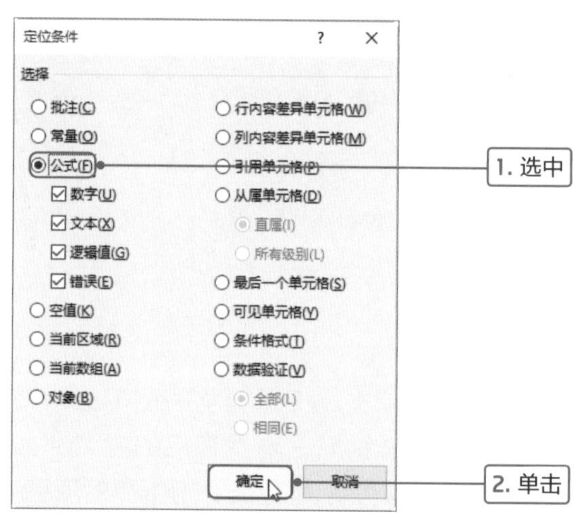

3

返回工作表中，可见所有包含公式的单元格均被选中。

姓名	性别	所属部门	学历	联系方式	身份证号码	入职日期	工龄	当前日期
张飞	男	销售部	本科	18720086966	33300019********09	2005-05-02	14年1个月2天	2019-6-4
艾明	女	人事部	硕士	18440196138	69533519********62	2012-03-12	7年2个月23天	
赵杰	男	研发部	硕士	17323058385	17077119********71	2008-06-09	10年11个月26天	
李志齐	女	销售部	大专	14159825229	38299520********04	2017-06-09	1年11个月26天	
钱昆	女	财务部	本科	14877729215	34053419********42	2006-08-12	12年9个月23天	
李二	男	人事部	硕士	16385862225	54389520********44	2010-05-09	9年0个月26天	
孙胜	女	销售部	大专	17273908078	46707119********56	2011-03-20	8年2个月15天	
吴广	男	财务部	硕士	16892359983	75677619********01	2007-12-01	11年6个月3天	
邹馨	女	研发部	本科	16205055191	55214919********28	2006-05-09	13年0个月26天	
崔来亮	男	销售部	博士	18786479940	11844119********38	2013-02-20	6年3个月15天	
崔米	女	市场部	大专	16526656042	17432920********84	2016-03-01	3年3个月3天	
张建国	男	财务部	本科	14426451586	87766520********37	2011-05-02	8年1个月2天	
李明飞	男	销售部	博士	14275321457	37770419********57	2009-02-06	10年3个月29天	
朱小明	女	市场部	硕士	16173981082	18559019********47	2014-06-09	4年11个月26天	
崔志强	女	人事部	博士	13622552556	82093119********49	2018-05-09	1年0个月26天	
任我行	男	销售部	本科	17690959739	61100920********46	2015-08-09	3年9个月26天	
任盈盈	女	研发部	大专	18008827246	82895719********27	2005-09-20	13年8个月15天	
段飞	女	研发部	硕士	17800881755	73097919********33	2014-03-12	5年2个月23天	
余良	男	销售部	本科	14365853560	50024920********91	2010-09-12	8年8个月23天	
甄真人	女	市场部	博士	17949298546	87699120********67	2009-12-25	9年5个月10天	
贾贵夫	男	市场部	硕士	14339533690	11428719********52	2011-09-25	7年8个月10天	
来权	男	销售部	本科	15514432825	25563920********11	2010-02-01	9年4个月3天	
夏黎	女	市场部	[illegible]	[illegible]	[illegible]	[illegible]	2年7个月3天	

姓名	性别	所属部门	[illegible]	[illegible]	[illegible]	[illegible]	工龄
余良	男	销售部	本科	14365853560	50024920********91	2010-9-12	8年8个月23天

选中所有包含公式的单元格

4

按Ctrl+1组合键，打开“设置单元格格式”对话框，切换至“保护”选项卡，勾选“隐藏”复选框，单击“确定”按钮。

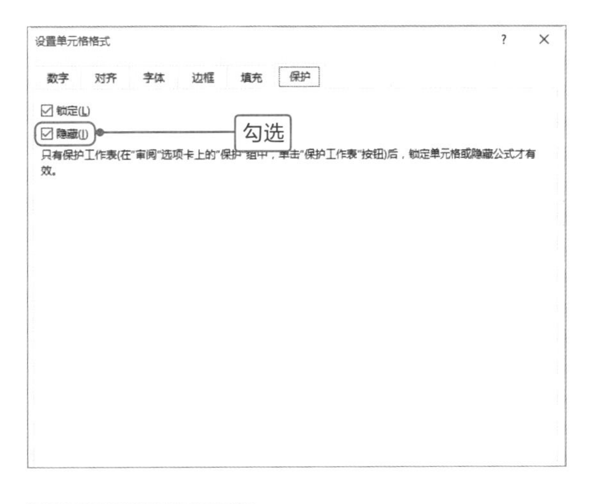

切换至“审阅”选项卡，单击“保护”选项组中“保护工作表”按钮，在打开的对话框中输入取消工作表保护时使用的密码，如123，单击“确定”按钮。在打开的对话框中再次输入相同的密码，然后单击“确定”按钮。

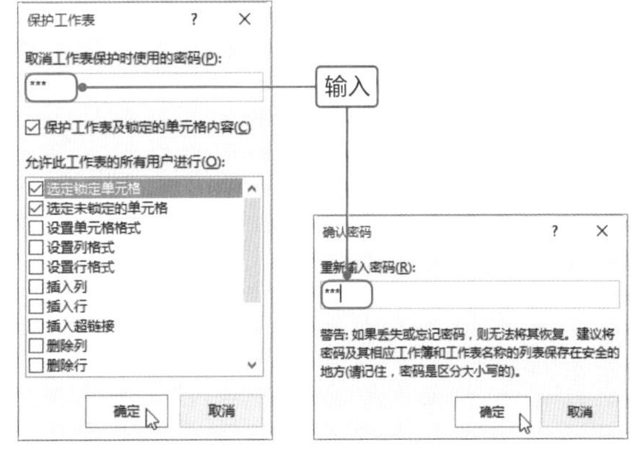

6

操作完成后返回工作表中，选择包含公式的单元格，如H2单元格，可以看到在编辑栏中不显示公式。

H2

姓名	性别	所属部门	学历	联系方式	身份证号码	入职日期
张飞	男	销售部	本科	18720086966	33300019********09	2005-05-02
艾明	女	人事部	硕士	18440196138	69533519********62	2012-03-12
赵杰	男	研发部	硕士	17323058385	17077119********71	2008-06-09
李志齐	女	销售部	大专	14159825229	38299520********04	2017-06-09
钱昆	女	财务部	本科	14877729215	34053419********42	2006-08-12
李二	男	人事部	硕士	16385862225	54389520********44	2010-05-09
孙胜	女	销售部	大专	17273908078	46707119********56	2011-03-20
吴广	男	财务部	硕士	16892359983	75677619********01	2007-12-01
邹善	女	研发部	本科	16205055191	55214919********28	2006-05-09
崔来亮	男	销售部	博士	18786479940	11844119********38	2013-02-20
崔米	女	市场部	大专	16526656042	17432920********84	2016-03-01
张建国	男	财务			6520********37	2011-05-02
李明飞	男	销售			0419********57	2009-02-06
朱小明	女	市场			9019********47	2014-06-09
崔志强	女	人事部	博士	13622552556	82093119********49	2018-05-09

查看隐藏公式的效果

7

选择F到G列并右击，在快捷菜单中也无法选择“取消隐藏”命令，更加有效地保护员工的身份证信息。至此，本案例制作完成。

所属部门	学历	联系方式		入职日期
销售部	本科	18720086966		2005-05-02
人事部	硕士	18440196138		2012-03-12
研发部	硕士	17323058385		2008-06-09
销售部	大专	14159825229		2017-06-09
财务部	本科	14877729215		2006-08-12
人事部	硕士	16385862225		2010-05-09
销售部	大专	17273908078		2011-03-20
财务部	硕士	16892359983		2007-12-01
研发部	本科	16205055191		2006-05-09
销售部	博士	18786479940		2013-02-20
市场部	大专	16526656042		2016-03-01
财务部	本科	14426451586		2011-05-02
销售部	博士	14275321457		2009-02-06
市场部	硕士	16173981082		2014-06-09
人事部	博士	13622552556	82093119********49	2018-05-09
销售部	本科	17		2015-08-09
研发部	大专	18		2005-09-20
研发部	硕士	17800881755	73097919********33	2014-03-12

剪切(T)
复制(C)
粘贴选项:
选择性粘贴(S)...
插入(I)
删除(D)
清除内容(N)
设置单元格格式(F)...
列宽(W)...
隐藏(H)
取消隐藏(U)

查看保护隐藏列的效果

高效办公

函数简介

函数除了能用一个公式来进行常用的计算，还能将复杂、难懂的计算公式变得简单。使用函数时只需要将指定的计算参数输入，即可轻松地计算出结果。

每个函数都有固定的语法，以SUM函数为例，语法格式为SUM（number1,number2,...）。基本的结构为“函数名称（参数）”，如右图所示。

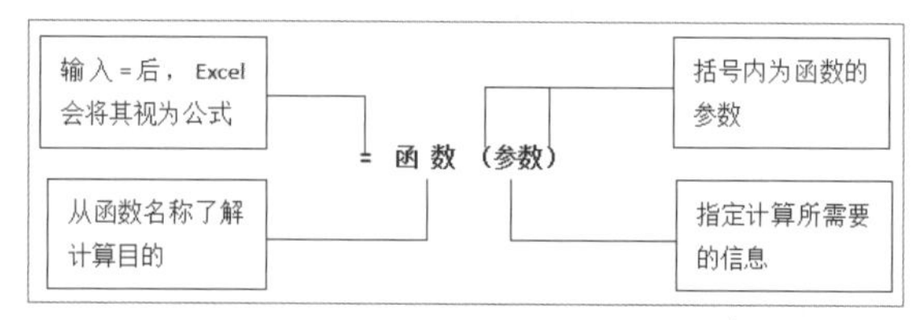

函数的参数类型主要为单元格引用、常量、公式或者函数。当参数为函数时，被称为嵌套函数，返回值的类型是和最外层函数的参数类型相符的。

使用函数参数最多为单元格的引用，在Excel中单元格引用分为3种，分别为相对引用、绝对引用和混合引用。相对引用是公式中单元格的引用随着公式所在单元格的位置变化而变化，如D2。绝对引用和相对引用是对立的，即公式所在的单元格发生改变时，引用的单元格不随之变化，如$G$2。混合引用是指相对引用和绝引用相结合的形式，即在单元格引用时包括相对行绝对列或是绝对行相对列，如B$1或$A5。

通常使用F4功能键添加绝对符号，按1次F4键表示绝对列和绝对行；按2次F4键表示相对列和绝对行；按3次F4键表示绝对列和相对行；按4次F4键表示相对列和相对行。

在Excel中包含几百种函数，而且随着版本的更新函数是只增不减。Excel函数共有10多种类型，如财务、日期与时间、数据与三角函数、统计、查找与引用、文本、逻辑等，每种类型函数包含很多个函数。

1.财务函数

财务函数主要用于财务领域的计算，如计算债券的利息、结算日的天数、趋势的未来值，还包括固定资产折旧的相关函数等。

常见的财务函数包括：FV()、ACCRINT()、DB()、DDB()、PMT()、NPV()、SLN()等。

2.日期与时间函数

日期与时间函数主要用于计算日期和时间，如计算两个日期间相关的天数、两个日期之间完整工作日数或计算日期的年份值等。

常见的日期与时间函数包括：DATE()、DAYS360()、HOUR()、MONTH()、WEEKDAY()、TODAY()、YEAR()、TIME()等。

3.数学与三角函数

数学与三角函数主要用于数据计算，如求和、求绝对值、向下取整数、计算两数值相除的余数以及数据列表的分类汇总。

常见的数学与三角函数包括：ABS()、INT()、MOD()、RAND()、SUMIF()、SUM()、SUBTOTAL()、PRODUCT()、ROUND()等。

4.统计函数

统计函数用于对数据区域进行统计分析，如计算平均值、最大值、最小值、统计个数以及返回数据组中第n个最小值等。

常见的统计函数包括：MAX()、AVERAGE()、RAND()、SUMIF()、RANK()、SMLL()等。

5.查找与引用函数

查找与引用函数用于在数据区域中查找指定的数值或是查找某单元格的引用，如数据的查找、位置的查找、单元格的引用、数据的提取等。

常见的查找与引用函数包括：ADDRESS()、HLOOKUP()、INDEX()、LOOKUP()、ROW()、MATCH()、VLOOKUP()、HLOOKUP()等。

6.文本函数

文本函数主要用于处理文字串，如将多个文本字符合并为一个、返回字符串在另一个字符串中的起始位置、从字符串指定位置返回某长度的字符等。

常见的文本函数包括：CONCATENATE()、FIND()、LEFT()、LEN()、MID()、TEXT()、CLEAN()、REPLACE()、RIGHT()、VALUE()等。

7.逻辑函数

逻辑函数主要用于真假值的判断，如判断是否满足条件并返回不同的值、判断所有参数是否为真返回TRUE。常见的逻辑函数包括：AND()、OR()、TRUE()、FALSE()、IF()、NOT()等。

8.数据库函数

数据库函数主要用于分析数据清单中的数值是否符合指定条件，如返回满足给定条件的数据库中记录的字段中数据的最大值。

常见的数据库函数包括：DAVERAGE()、DMAX()、DSUM()、DPRODUCT()等。

9.信息函数

信息函数主要用于确定单元格内数据的类型以及错误值的种类，如确定数字是否为奇数、检测值是否为#N/A。常见的信息函数包括：CELL()、INFO()、ISERR()、TYPE()等。

10.工程函数

工程函数主要用于工程分析，如将二进制转换为十进制、返回复数的自然对数等。

常见的工程函数包括：BIN2DEC()、COMOLEX()、ERF()、IMCOS()等。

Mission

Excel数据的分析和计算

分析各品牌季度销售情况

不知不觉一年时间又过去了，年末历历哥组织部门会议，对各品牌的销售情况进行总结、分析、检讨和评估，并对来年的营销计划进行制定。为了更加详细地分析各品牌销售情况，历历哥吩咐小蔡统计各品牌的销售明细后，分别按季度对销售额进行汇总，并对汇总数据进行比较和直观展示，方便与会人员查看。

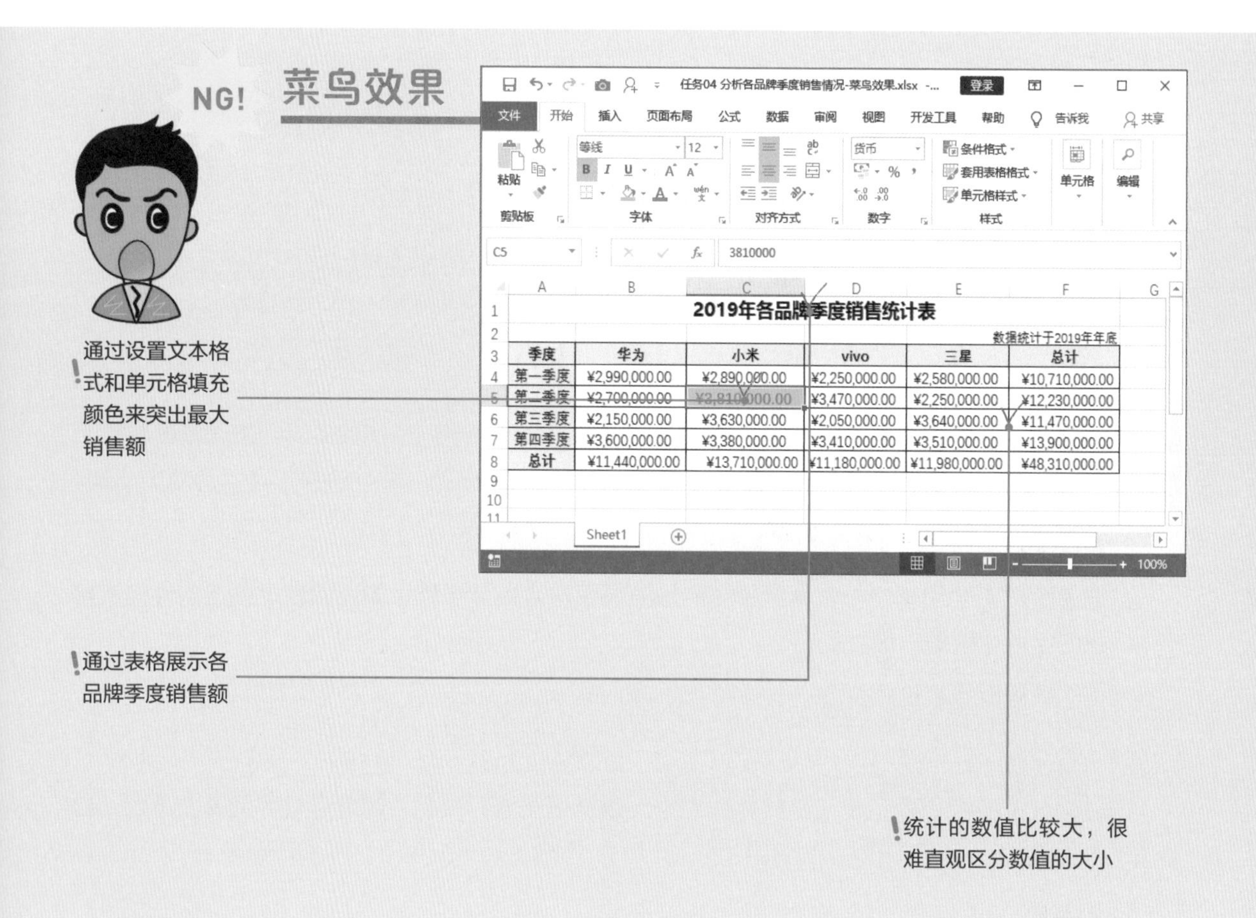

季度	华为	小米	vivo	三星	总计
第一季度	¥2,990,000.00	¥2,890,000.00	¥2,250,000.00	¥2,580,000.00	¥10,710,000.00
第二季度	¥2,700,000.00	¥3,810,000.00	¥3,470,000.00	¥2,250,000.00	¥12,230,000.00
第三季度	¥2,150,000.00	¥3,630,000.00	¥2,050,000.00	¥3,640,000.00	¥11,470,000.00
第四季度	¥3,600,000.00	¥3,380,000.00	¥3,410,000.00	¥3,510,000.00	¥13,900,000.00
总计	¥11,440,000.00	¥13,710,000.00	¥11,180,000.00	¥11,980,000.00	¥48,310,000.00

小蔡在分析2019年各品牌季度销售时，使用Excel表格的形式展示各数据，会增加浏览者的阅读压力；各数据都比较庞大，在查看时很难区分数值的大小；为了突出最大的销售额而设置文本和单元格的格式，可以突出该数据，但人们对该数值的大小没有太直观的概念。

MISSION! 4

在Excel中分析数据时，可以考虑使用图表，因为图表可以使数据更直观地展示出来，并且能给浏览者产生深刻的印象。人们对图形的理解和记忆力是远远胜过文字和数据的。小蔡使用柱形图展示各品牌季度的销售额时，根据数据系列的高矮可以直观地展示数据的大小。创建图表后，还可以根据需要对图表进行美化操作，以便更好地展示数据。

逆袭效果 OK!

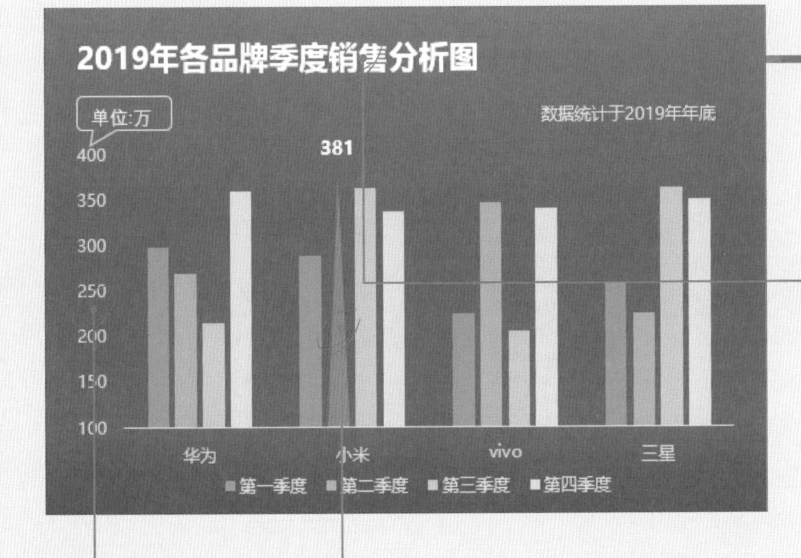

通过柱形图展示各品牌季度的销售额

设置柱形图不同的形状和颜色，突出显示最大值

设置数据以万为单位显示，很容易区分数值大小

小蔡通过指点，使用柱形图展示数据，这样可以通过数据系列的高矮直观地展示数据的大小；将纵坐标轴设置以万为单位，数据大小的比较更加直观；为最大数据系列设置不同的形状和颜色，并添加数据标签，可以更加突出和明确最大销售额。

Point 1 插入柱形图

柱形图是比较常见的图表，很多用户了解图表都是从柱形图开始的。本案例将使用柱形图展示各品牌季度的销售情况，首先介绍柱形图的插入方法。

1

打开“2019年各品牌季度销售统计表.xlsx”工作表，选择A3:E7单元格区域，切换至“插入”选项卡，单击“图表”选项组中“插入柱形图或条形图”下三角按钮，在列表中选择“簇状柱形图”选项。

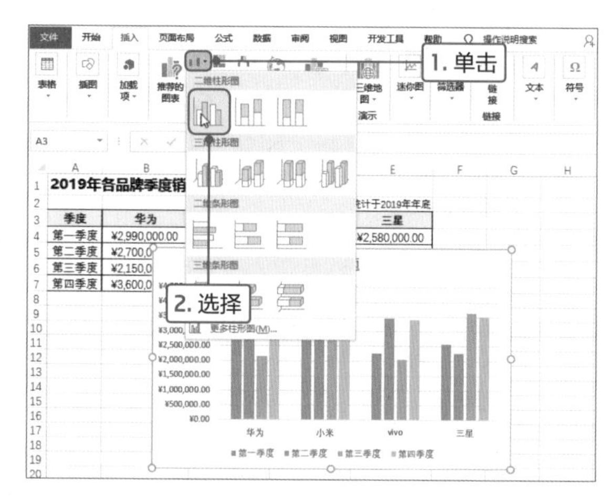

2

返回工作表中，查看插入的柱形图。然后在图表标题文本框中输入相关文本。

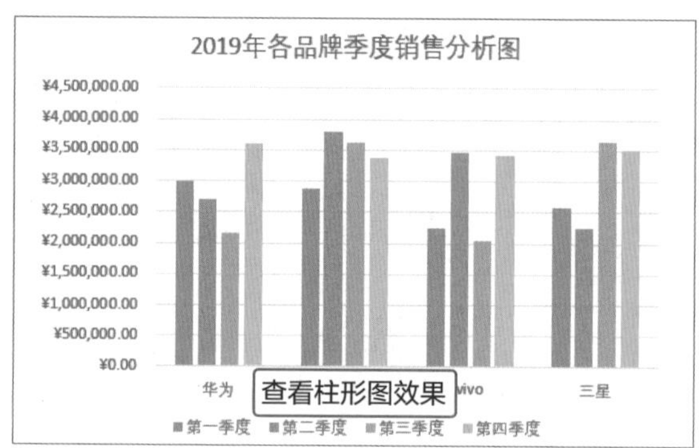

Tips 使用推荐的图表

选择数据区域后，用户可以使用“推荐的图表”功能，在Excel中快速插入系统根据所选数据的特点插入的图表。具体操作为：选择数据区域，切换至“插入”选项卡，单击“图表”选项组中“推荐的图表”按钮。打开“插入图表”对话框，在“推荐的图表”选项卡中选择Excel推荐的图表，单击“确定”按钮即可。

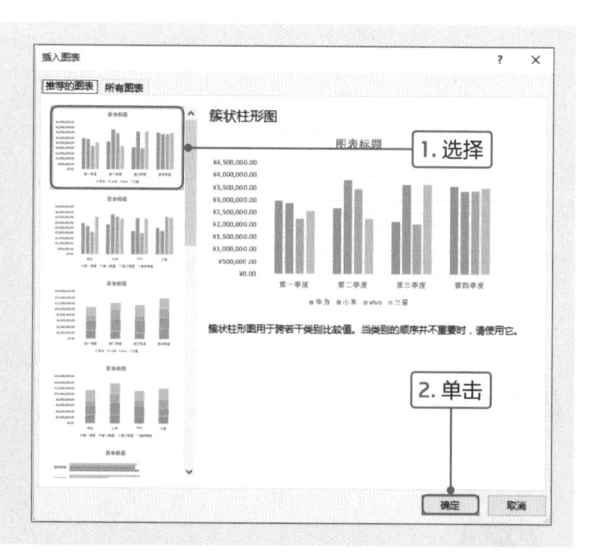

Point 2 设置纵坐标轴

柱形图创建后，可见纵坐标轴中的数值比较大，浏览者很难看出具体金额，所以还需要对纵坐标轴进行设置。本案例将设置纵坐标轴的单位为万，并添加文字进行说明，下面介绍具体的操作方法。

1

选择柱形图中的纵坐标轴，切换至“格式”选项卡，单击“当前所选内容”选项组中“设置所选内容格式”按钮。

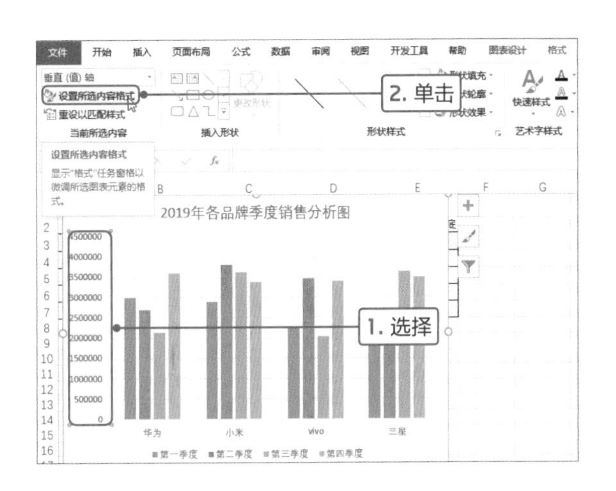

2

在工作表的右侧打开“设置坐标轴格式”导航窗格，在“坐标轴选项”选项区域中设置“最小值”为1000000，单击“显示单位”下三角按钮，在列表中选择10000选项。

3

返回工作表中，可见纵坐标轴发生了变化，其数据比较简单，很容易查看大小。数据系列的变化幅度也增加了。在纵坐标轴左上角显示“×10000”，表示单位为万。

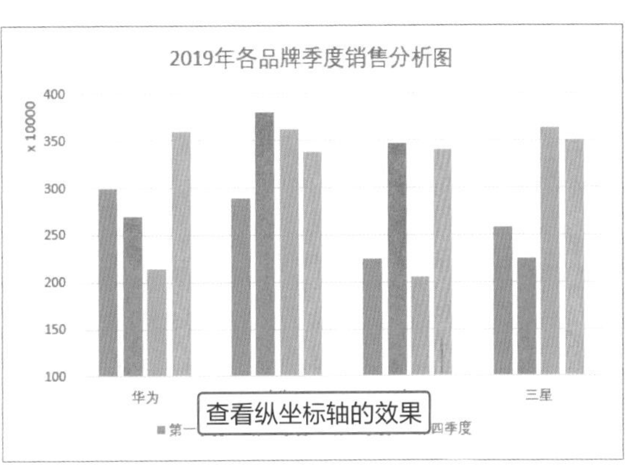

4

我们还可以将坐标轴设置得更清晰明了。首先删除图表左上角的单位，选择绘图区，将光标移至图表左上角控制点，适当缩小绘图区的大小，并将其移至图表中间位置。

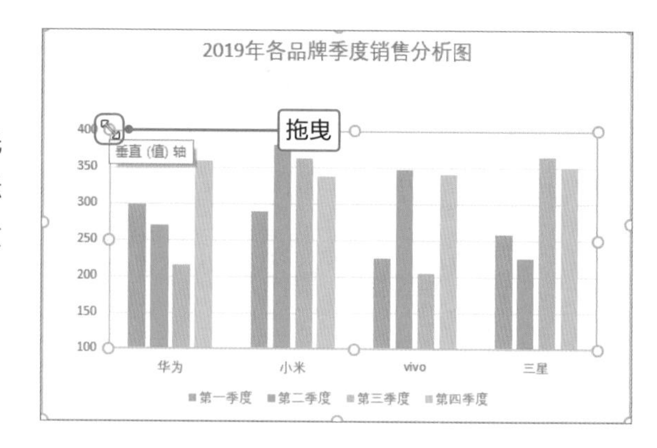

5

在“插入”选项卡的“形状”列表中选择“对话气泡:圆角矩形”形状，在纵坐标轴上绘制形状并调整外观。

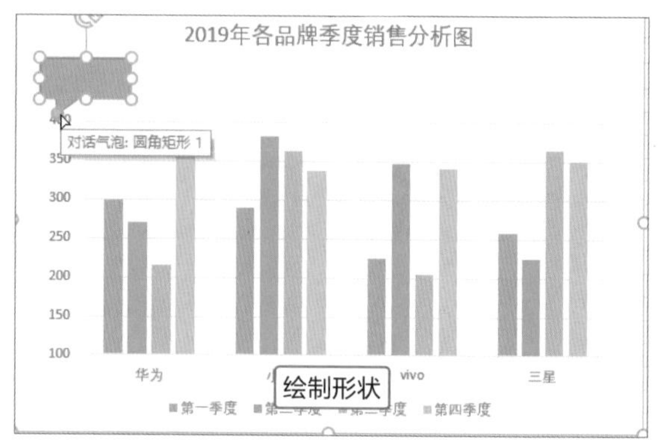

6

右击绘制的形状，在快捷菜单中选择“编辑文字”命令，在形状中输入“单位:万”文本。

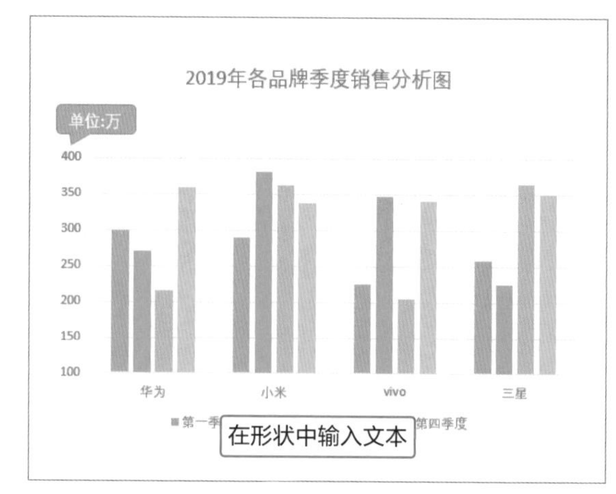

7

选择形状，在“形状格式”选项卡的“形状样式”选项组中设置形状填充为无填充、轮廓颜色为浅橙色。在“字体”选项组中设置字体颜色为浅灰色。

设置完成后，可见此时文本效果不是很明显，没关系，接下来还需要对图表的背景进行设置。

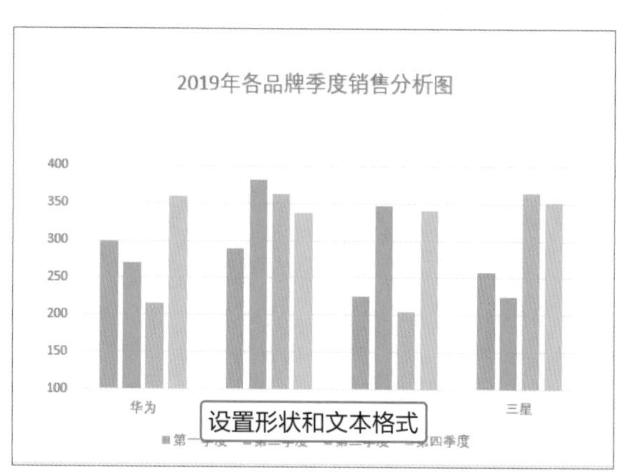

Point 3 设置数据系列

柱形图中数据系列的长短表示数据的大小，数据系列越长表示数据越大。用户在创建柱形图后，可以标记出最大的数据系列以突出显示。下面介绍设置数据系列的具体方法。

1

选择柱形图，切换至“图表设计”选项卡，单击“图表样式”选项组中“更改颜色”下三角按钮，在列表中选择合适的颜色。此处选择灰色的渐变，这样之后添加深色背景可以突出数据系列，而且也方便更好地突出最长的数据系列。

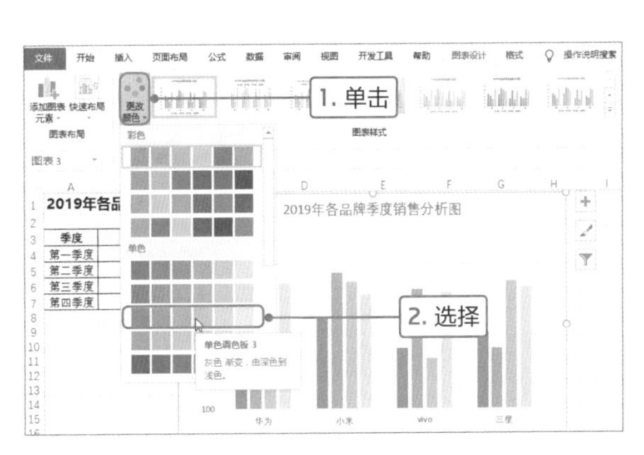

2

在“插入”选项卡的“形状”列表中选择“等腰三角形”形状，在图表中绘制形状。

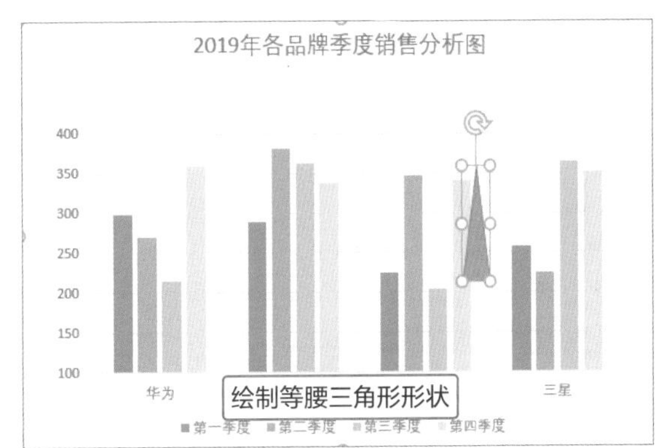

3

选择绘制的形状，切换至“形状格式”选项卡，在“形状样式”选项组中设置形状填充为橙色、形状轮廓为无轮廓。

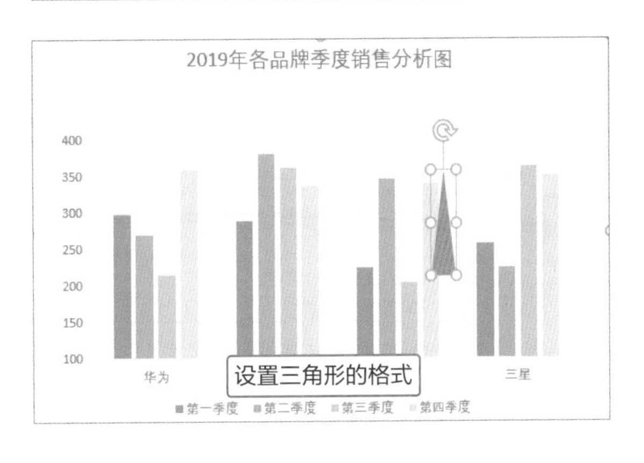

Tips 更改单个数据系列颜色

用户可以通过更改单个数据系列的颜色来达到突出显示的作用。首先在某数据系列上单击两次，即可选中该数据系列，切换至“格式”选项卡，在“形状样式”中选择合适的填充颜色和边框即可。

4

按Ctrl+C组合键复制三角形，然后在“小米”的第二个数据系列上单击两次，再按Ctrl+V组合键，该数据系列即变为橙色的等腰三角形。

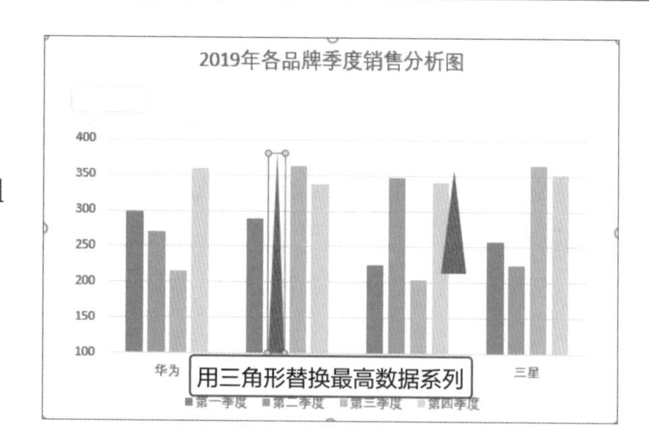

5

删除绘制的等腰三角形形状，选择橙色的数据系列，切换至“图表设计”选项卡，单击“图表布局”选项组中“添加图表元素”下三角按钮，在列表中选择“数据标签>数据标签外”选项。

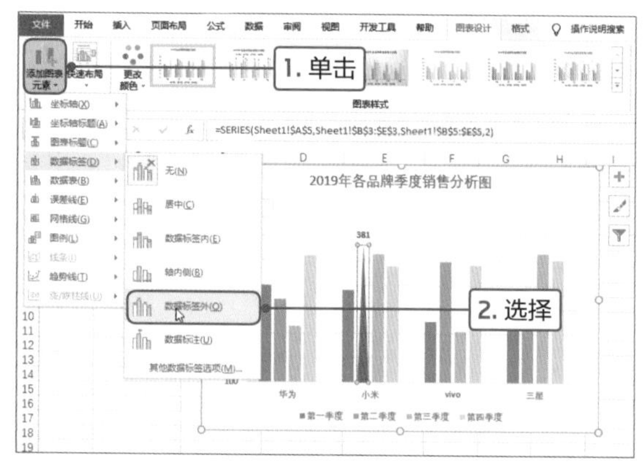

6

返回工作表中，可见在选中的数据系列上方显示小米第二季度的销售金额，单位为万。从效果中可见该数据系列很明显。

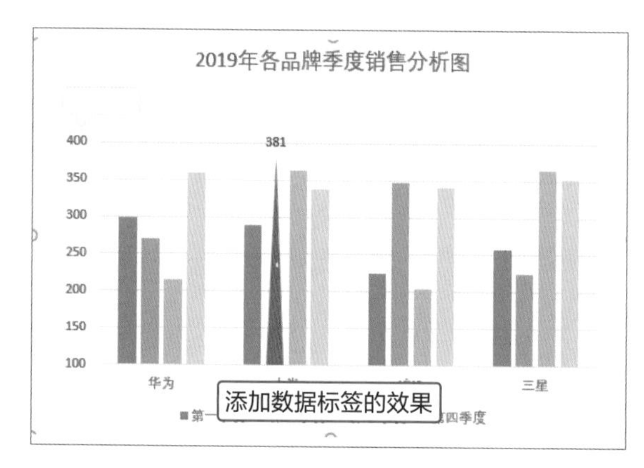

7

再次单击“添加图表元素”下三角按钮，在列表中选择“风格线>主轴主要水平网格线”选项，即可删除图表中的网格线。

用户也可以在图表中选中该网格线，然后按Delete键进行删除。

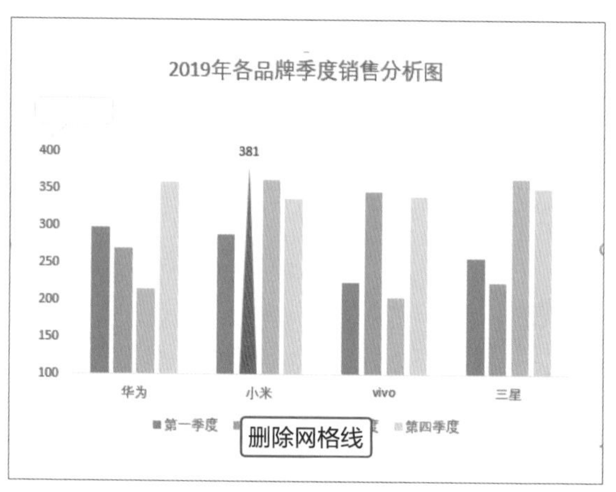

Point 4 完善并美化柱形图

接着需要对图表进一步完善和美化，需要注明图表中数据的统计时间，然后设置图表中文本的格式以及图表的背景。下面介绍具体的操作方法。

1

要设置图表的背景，则首先右击图表，在快捷菜单中选择“设置图表区域格式”命令。

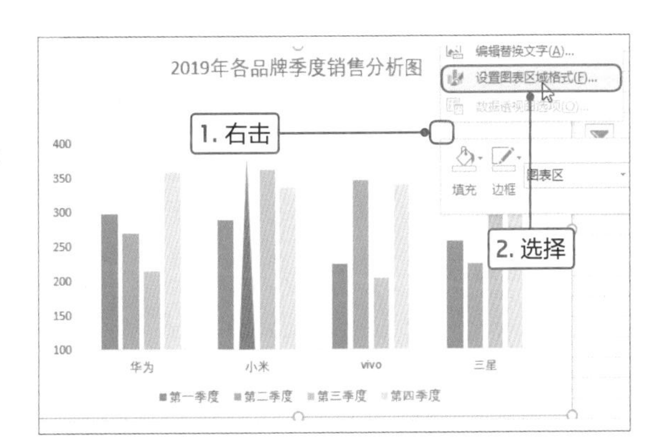

2

在“填充与线条”选项卡的“填充”选项区域中选中“渐变填充”单选按钮，然后设置渐变的类型、方向、角度和光圈颜色，并设置背景从上到下为蓝色深蓝色的渐变。

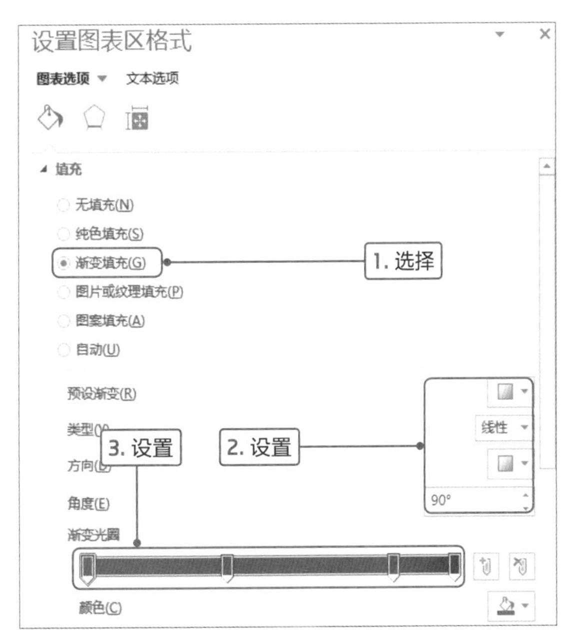

3

返回工作表中，可见图表的背景颜色应用设置的渐变效果。数据系列变得更加明显，可是文本内容不是很清楚。

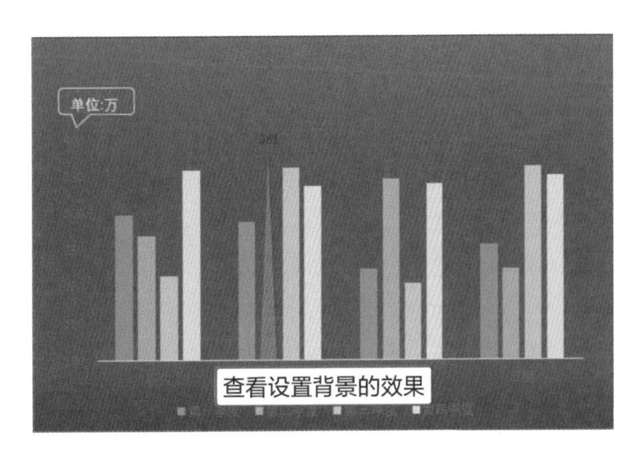

4

接着设置图表中文本的格式。首先选择图表，在“字体”选项组中设置字体为微软雅黑、字体颜色为浅灰色，可见文本内容清楚地显示在图表上。

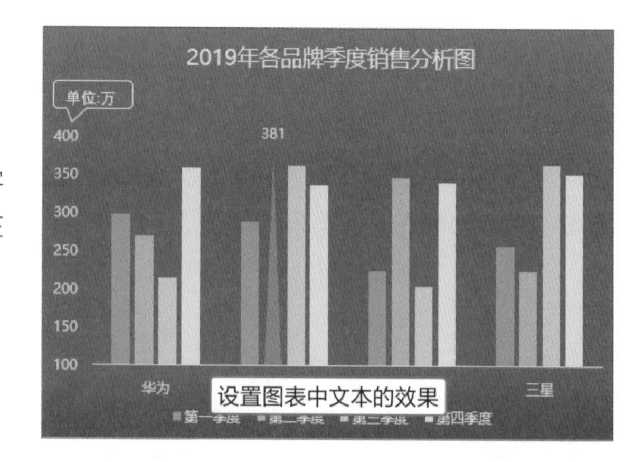

设置图表中文本的效果

5

为了进一步突出橙色数据系列的标签，可以设置文本字号增大一号、加粗并且设置颜色为纯白色。

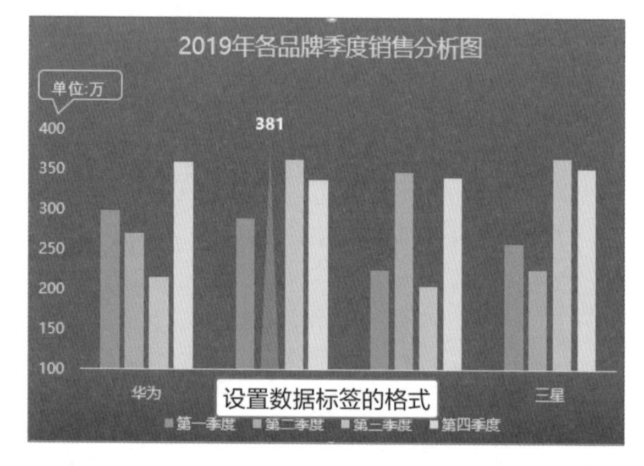

设置数据标签的格式

6

选择图表的边框，并其移到左侧与纵坐标轴对齐。然后设置字体颜色为白色、字号为16并加粗显示。

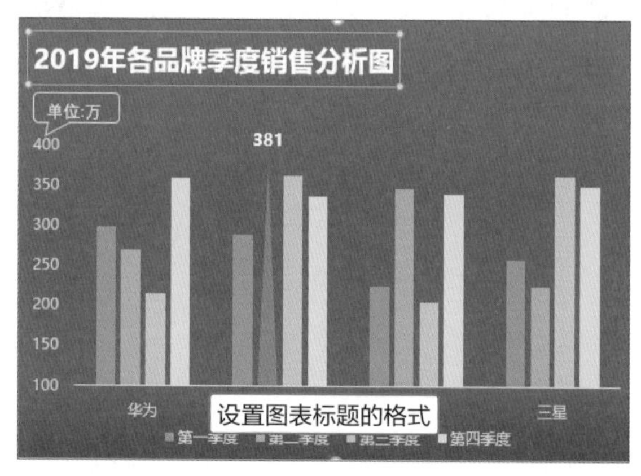

设置图表标题的格式

7

可见图表的右上方很空，这时可以在该位置绘制一个矩形形状。绘制矩形形状的目的是输入该图表中数据的统计时间。有的用户会很疑惑为什么不使用文本框呢？请继续完成操作。

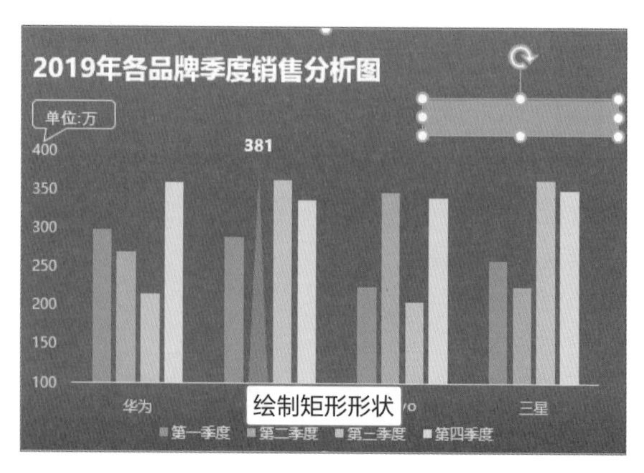

绘制矩形形状

8

选中绘制的矩形，在工作表的编辑框中输入“=”，然后再选中D2单元格。因为在D2单元格中显示表格数据的统计时间。

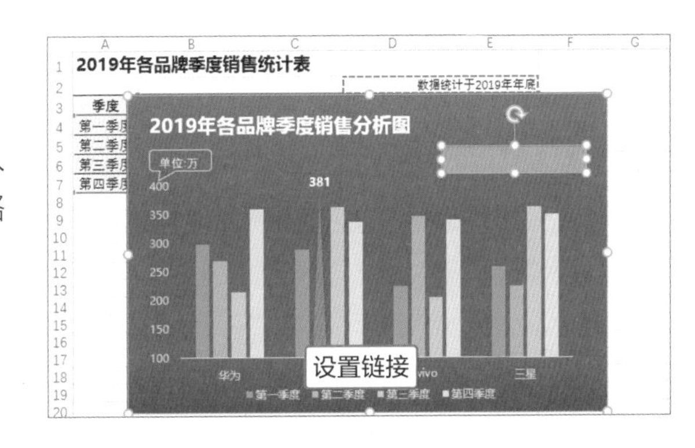

9

按Enter键后，可见在矩形形状中显示D2单元格中的文本内容。

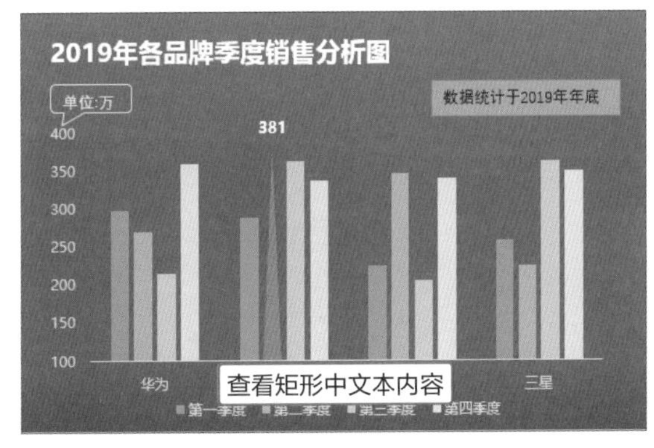

10

选择矩形形状，在“形状格式”选项卡的“形状样式”选项组中设置形状为无填充、无轮廓。然后在“字体”选项组中设置文本的格式。至此，本案例制作完成。

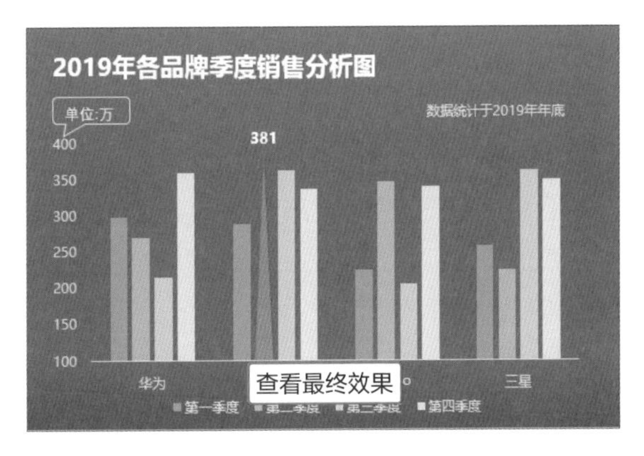

Tips 查看链接的效果

在此介绍为什么不使用文本框标注统计时间。如果用户将D2单元格中的数据2019修改为2020，则在图表中矩形内的文本会自动修改。也就是说矩形内的文本和D2单元格中文本为链接关系。如果使用文本框标注，则不会自动更新D2单元格中的文本内容。

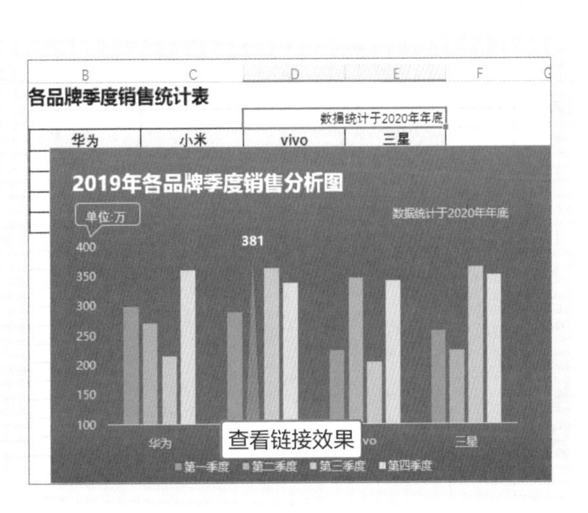

高效办公

图表的组成

图表是由图表区、图表标题、坐标轴、图例等元素组成，如下图所示。图表中包含很多种元素，默认情况下只包含部分元素，用户可以根据需要添加或删除图表元素。

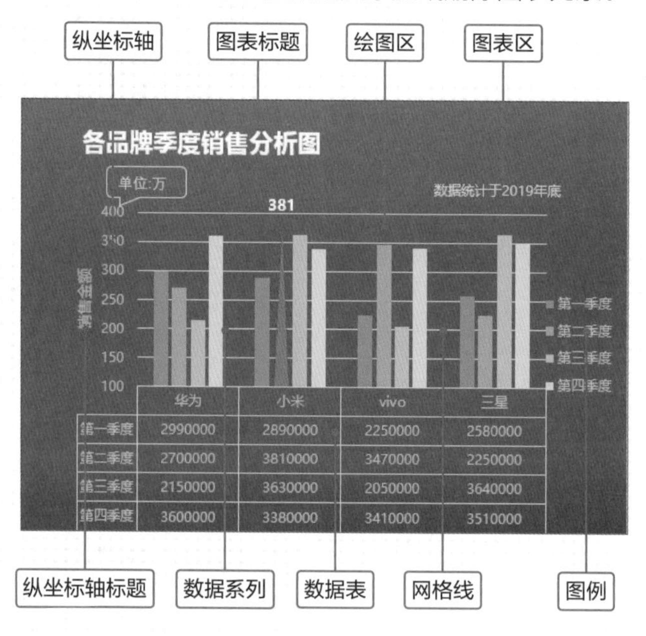

1.图表区

图表区是图表的全部范围，将光标移至图表的空白区域，在光标右下角显示“图表区”文字，然后单击即可显示图表的边框和右侧3个按钮，分别为“图表元素”按钮、“图表样式”按钮和“图表筛选器”按钮，如下左图所示。

单击对应的按钮，可以快速选取和预览图表元素、图表外观或筛选数据。单击“图表元素”按钮，在列表中选择需要添加的元素的下三角按钮，在列表中选择合适的选项即可，如下右图所示。

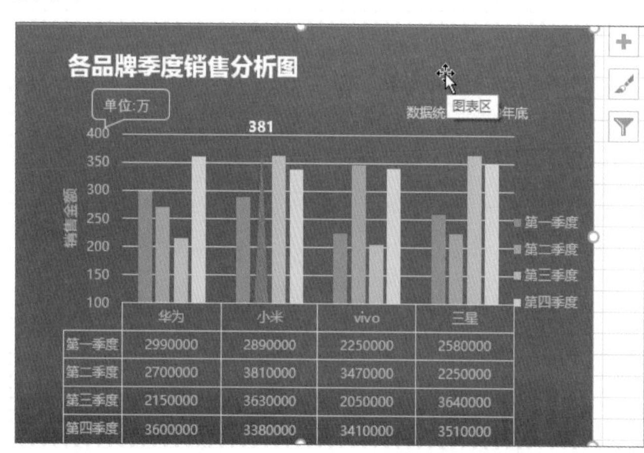

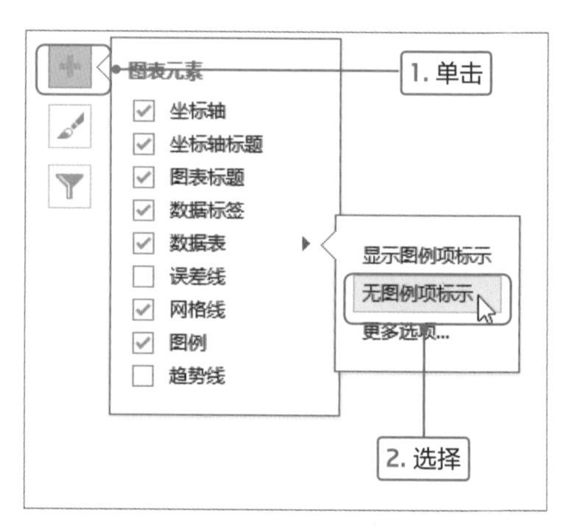

单击“图表样式”按钮，在列表中的“样式”选项区域可以设置图表的样式，切换至“颜色”选项区域，可以设置数据系列的颜色，如下左两图所示。单击“图表筛选器”按钮，在列表的“数值”选项区域中设置显示/隐藏的类别或系列，只需要取消勾选相应的复选框，再单击“应用”按钮即可；在“名称”选项区域中可以设置系列和类别名称的显示，如下右两图所示。

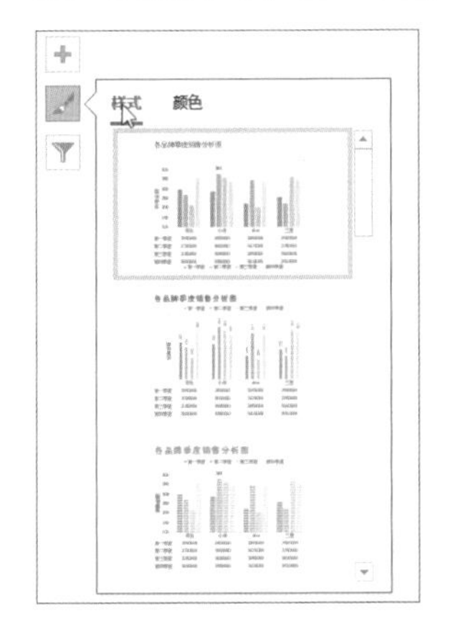

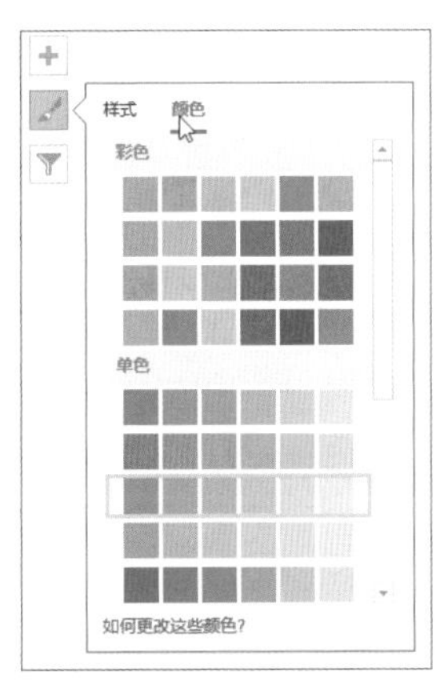

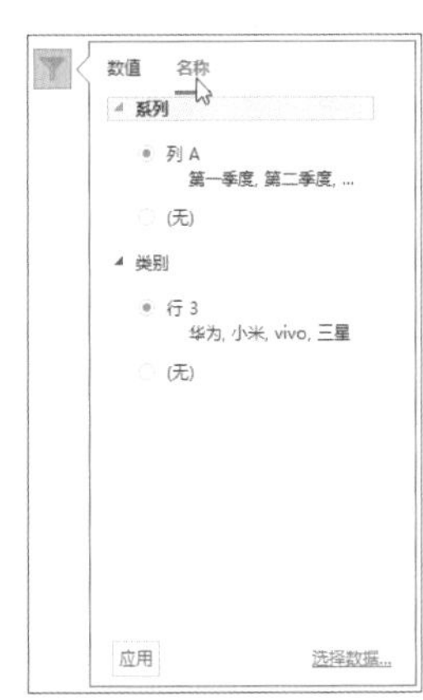

2.绘图区

绘图区是指图表区内的图形表示区域，包括数据系列、刻度线标志和横纵坐标轴等等。图表的绘图区主要用于显示数据表中的数据，将数据转换为图表的区域，其数据可以根据数据表中数据的更新而更新。

3.图例

图例是由图例项和图例项标志组成，主要是标识图表中数据系列以及分类指定颜色或图案。用户可以根据需要将其放在图表区的右侧、左侧、顶部或底部。

4.数据表

数据表也称为模拟运算表，它是附加到图表中的表格，显示图表的源数据。我们可以通过“图表元素”按钮或者“添加图表元素”功能添加或取消该元素。

5.三维背景

如果创建了三维图表，可以设置图表的三维背景，图表三维背景包括背景墙、侧面墙和基底3部分。下图是设置图表背景墙颜色为浅蓝色、侧面墙为稍深点蓝极、基底为深蓝色的效果。

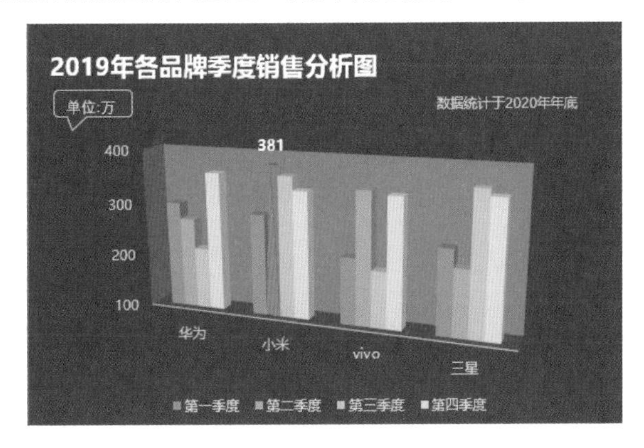

分析第2季度各品牌销售情况

企业为了更清楚地了解各品牌的季度销售比例，每个季度结束都对销售数据进行统计展示。小蔡学习了Excel的图表知识后，知道在展示数据的比例时需要使用饼图。于是他主动找历历哥要求他负责企业第2季度的销售数据统计工作，并保证一定不会让他失望。历历哥把相关数据给小蔡并吩咐他在展示数据时一定要体现各品牌的占比情况。

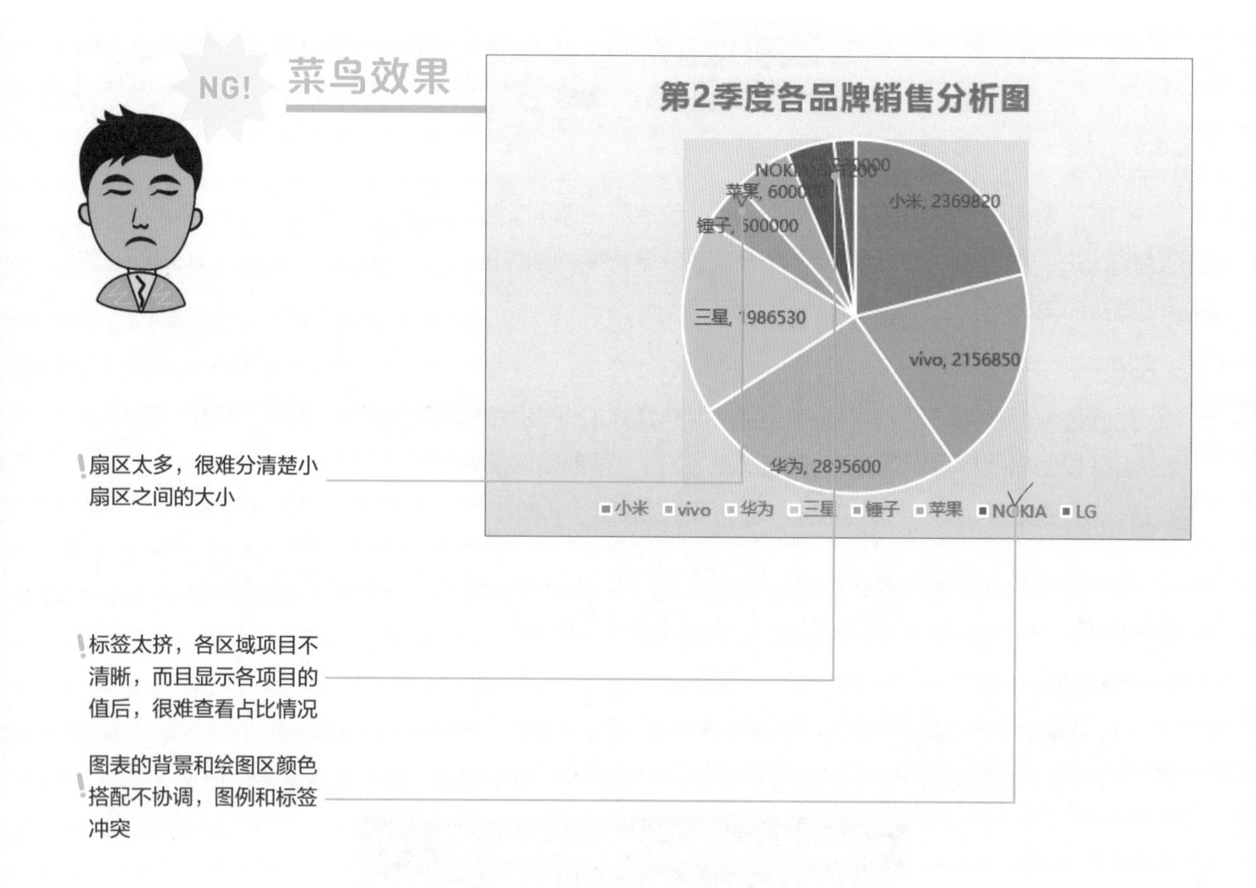

小蔡在分析第2季度各品牌销售占比时，使用饼图展示各品牌的比重，但是由于项目多，很难分辨各扇区以及数据标签的大小；数据标签以数值形式显示，不能直观地体现比例；在美化图表时，绘图区和图表之间颜色搭配太突兀；还有图表中图例和数据标签也冲突。

MISSION! 5

在Excel中如果需要使用图表展示各数据之间的占比时，饼图是最好的选择。使用饼图是有一定条件的，如数据区域只能包含一列数据，而且数值没有负值或者接近零的值。本案例需要展示各品牌第2季度的销售比例，但是由于品牌种类比较多，而且数值差别比较大，所以考虑使用子母饼图。将数值小的项目放在子饼图中，可以清晰展示各项目的占比情况。

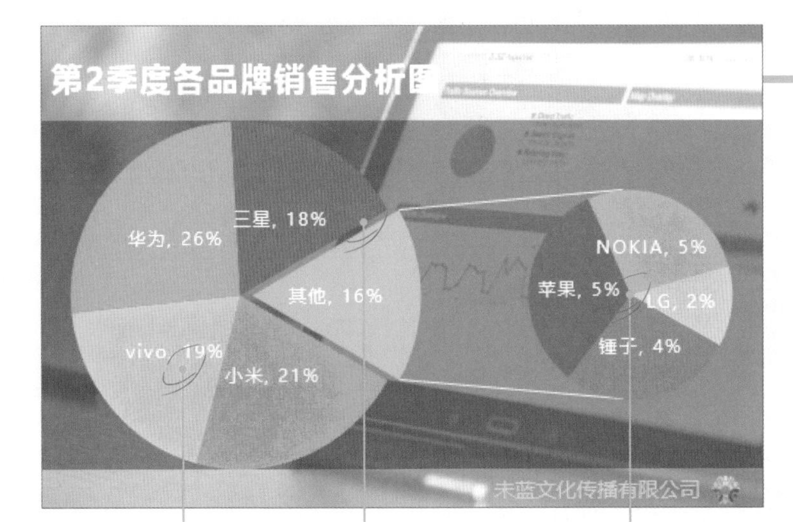

逆袭效果 OK!

数据标签显示百分比，将占比小的扇区在子饼图中展示

使用子母饼图展示各品牌数据，将小数据在子饼图展示

图表的背景和绘图区合理美化，突出图表的主体

小蔡进一步对图表进行修改，使用子母图将数值小的扇区展示在子饼图中，这样可以清晰地显示各扇区的大小和比例。将数据标签的值用百分比代替，更清楚地显示各品牌的占比；为图表添加图片背景，并为绘图区添加线色背景，可以更好地突出饼图的主体部分。

Point 1 创建子母饼图

饼图可以展示各数据的占比情况，但如果项目数据比较多且数值差别比较大时，使用饼图很难展示数据的占比。此时，可以考虑使用子母图，使较小的数值在子饼图中展示。下面介绍创建子母图的具体方法。

1

打开“第2季度各品牌销售统计表.xlsx”工作表，选择B2:C10单元格区域，切换至“插入”选项卡，单击“图表”选项组中“推荐的图表”按钮。

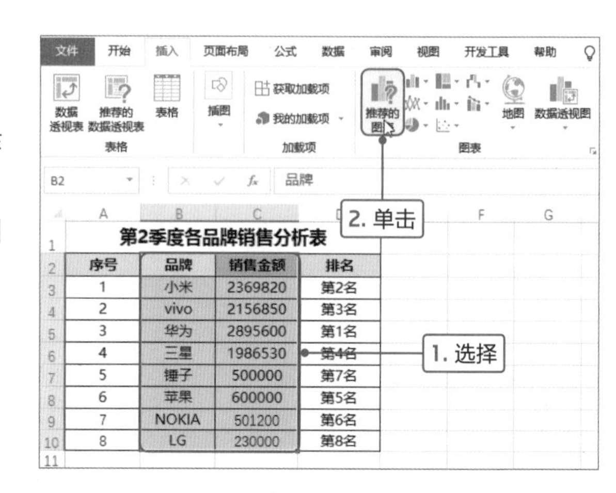

2

打开“插入图表”对话框，在“推荐的图表”选项卡中如果没有需要的图表类型，则切换至“所有图表”选项卡。选择“饼图”选项，在右侧选择“子母饼图”选项，然后单击“确定”按钮。

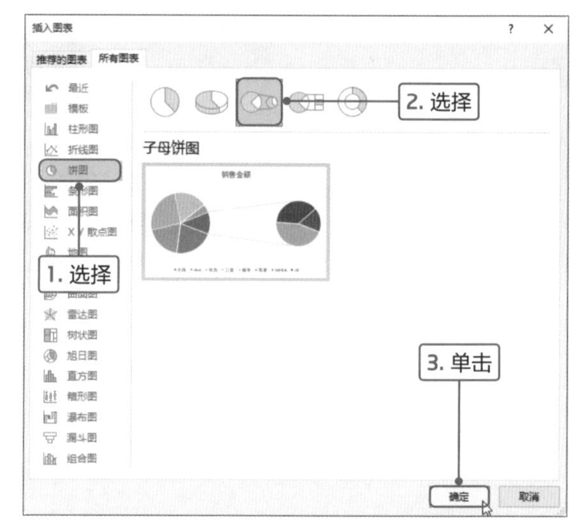

3

返回工作表中，查看插入子母饼图的效果。其中包含大饼图和小饼图，小饼图中包含3个扇区。

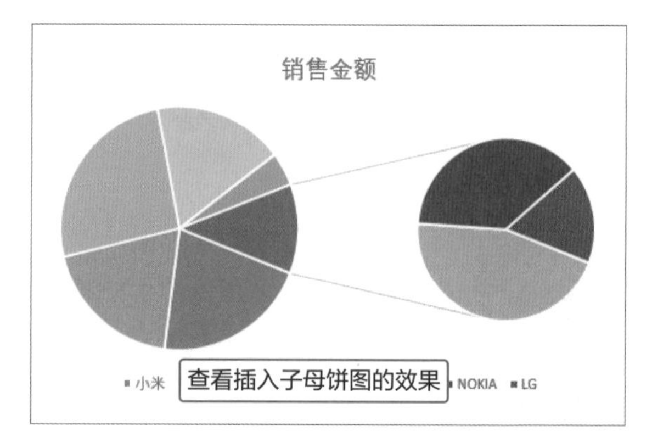

4

我们需要将4个比较小的数据在小的饼图中显示，则右击任意扇区，在快捷菜单中选择“设置数据系列格式”命令。

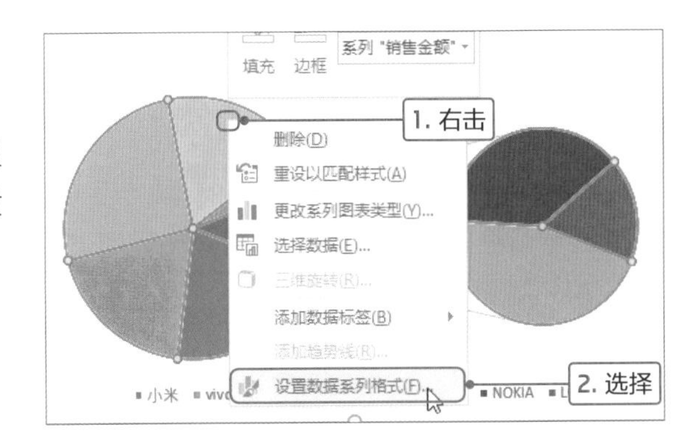

5

打开“设置数据系列格式”导航窗格，在“系列选项”选项区域中设置“第二绘图区中的值”为4、“间隙宽度”为70%、“第二绘图区大小”为60%。

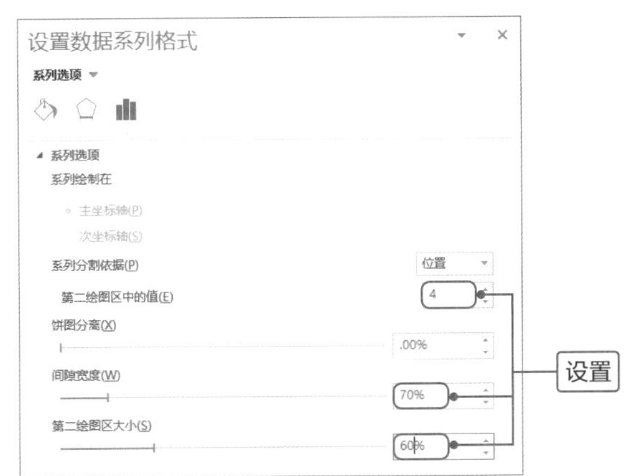

6

设置完成后返回工作表中，可见在小饼图中显示4个扇区，两个饼图之间的距离更近了。

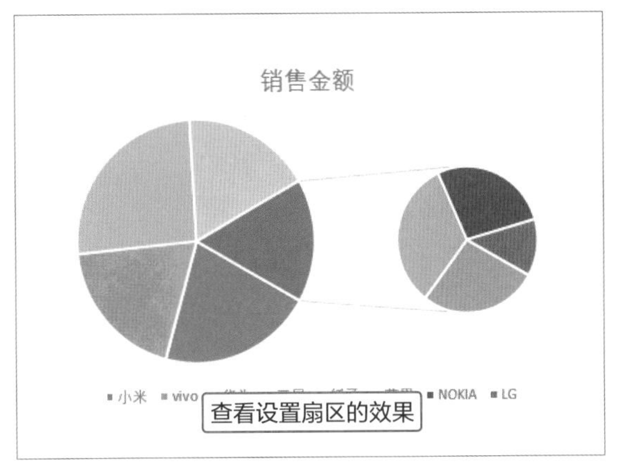

7

选择图表，切换至“图表设计”选项卡，在“图表样式”选项组中设置各扇区的颜色。

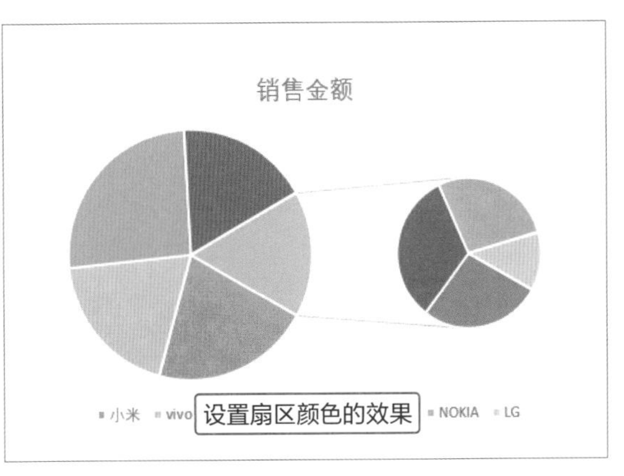

Point 2 更加清晰地展示数据

子母饼图创建完成后，根据需要对其进一步设置，使子母饼图可以更加合理、完善地展示数据。在本案例中需要进行添加数据标签并设置特殊扇区的分离等操作，下面介绍具体的方法。

1

选择饼图，切换至“图表设计”选项卡，单击“图表布局”选项组中“添加图表元素”下三角按钮，在列表中选择“数据标签>数据标签内”选项。

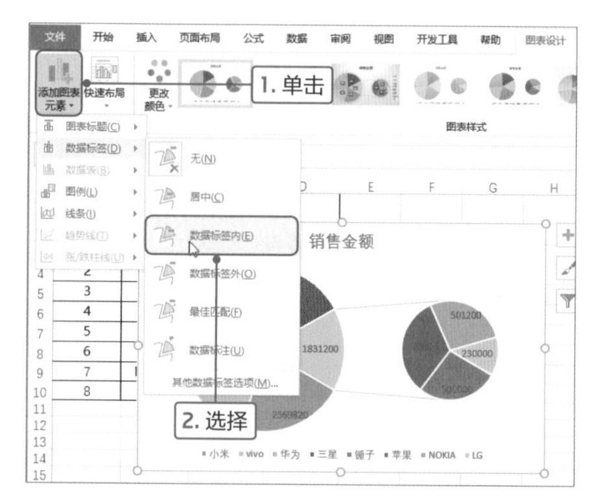

2

选择添加的标签，打开“设置数据标签格式”导航窗格，在“标签选项”选项区域中取消勾选“值”复选框，勾选“类别名称”和“百分比”复选框。在“标签位置”选项区域中选中“居中”单选按钮。

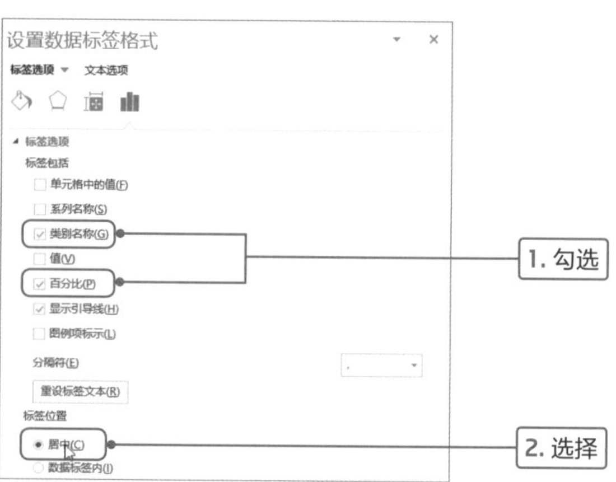

3

返回工作表中，查看为各扇区添加数据标签的效果。在母饼图中连接右侧子饼图的扇区显示“其他,16%”，表示子饼图中4个扇区总共占16%。

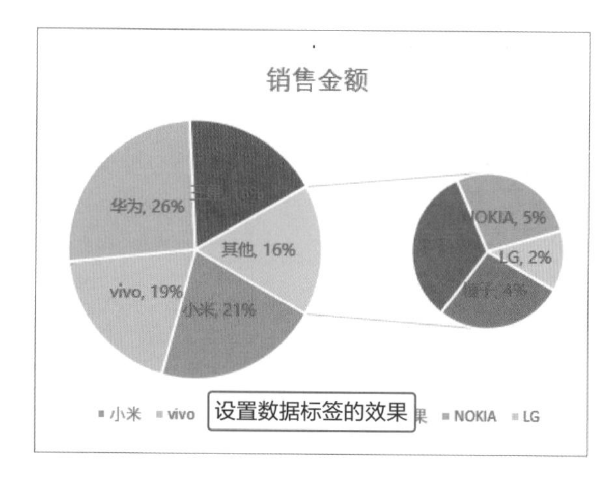

设置数据标签的效果

4

选择添加的数据标签，在“字体”选项组中设置标签的字体为微软雅黑、字体颜色为浅灰色。

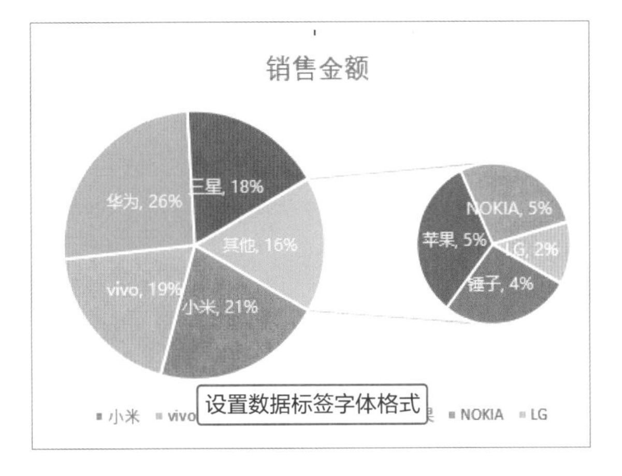

5

选择所有扇区，切换至“格式”选项卡，单击“形状样式”选项组中“形状轮廓”下三角按钮，在列表中选择“无轮廓”选项，即可为扇区去除白色的边框。

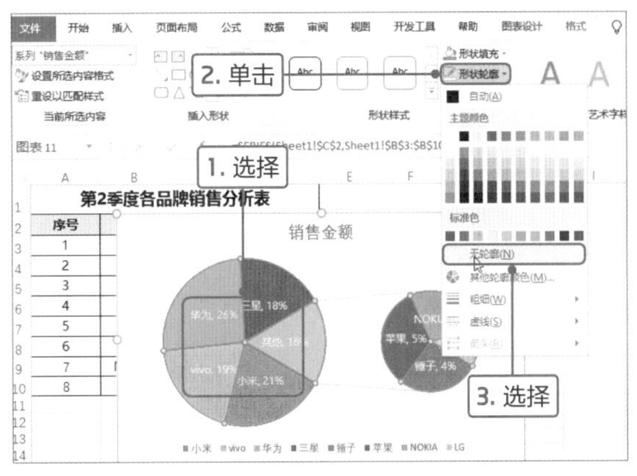

6

在“其他”扇区上单击两次，选中该扇区，然后右击，在快捷菜单中选择“设置数据点格式”命令，在打开的导航窗格中设置“系列选项”选项区域中的“点分离”为10%。

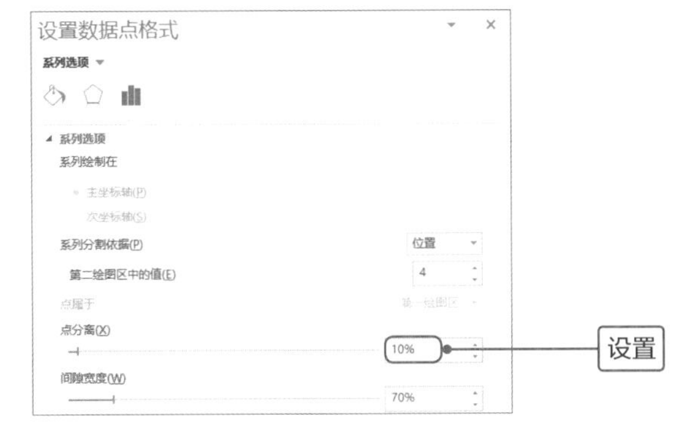

7

返回工作表中，可见选中的扇区与其他扇区分离了。

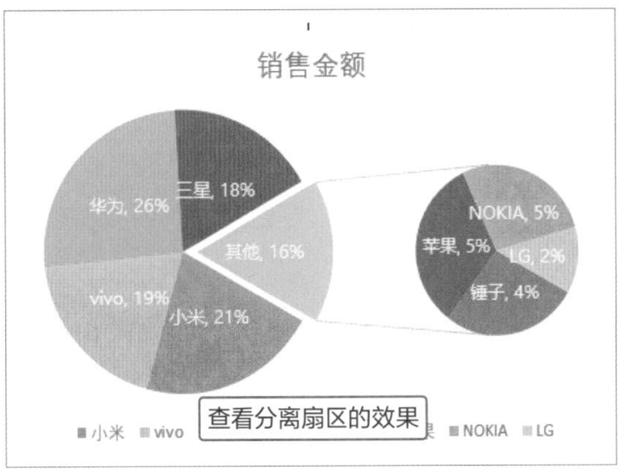

Tips 手动分离扇区

选中某扇区，按住鼠标左键并向外拖曳，即可分离选中的扇区。

Point 3 对图表进行美化操作

Excel默认的图表效果是很单调的，我们可以根据需要对图表进行适当的美化操作，如为图表设置图片作为背景、添加企业的Logo等。下面介绍具体的操作方法。

1

选择饼图，切换至“格式”选项卡，单击“形状样式”选项组中“形状填充”下三角按钮，在列表中选择“图片”选项。

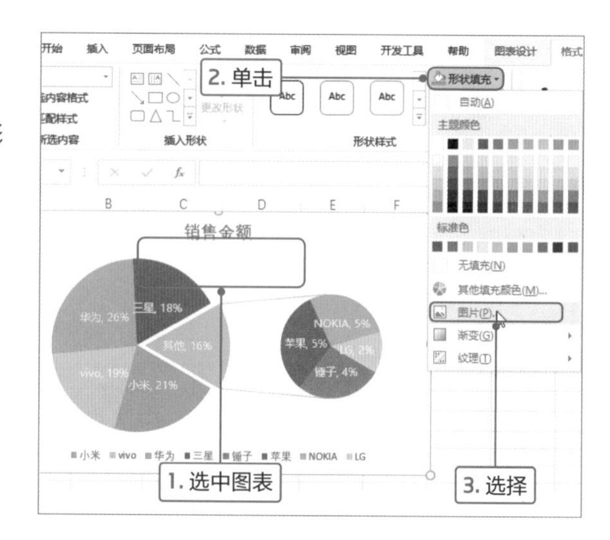

2

在打开的插入图片面板中选择“来自文件”选项，在打开的“插入图片”对话框中选择“桌面.jpg”图片，单击“插入”按钮。

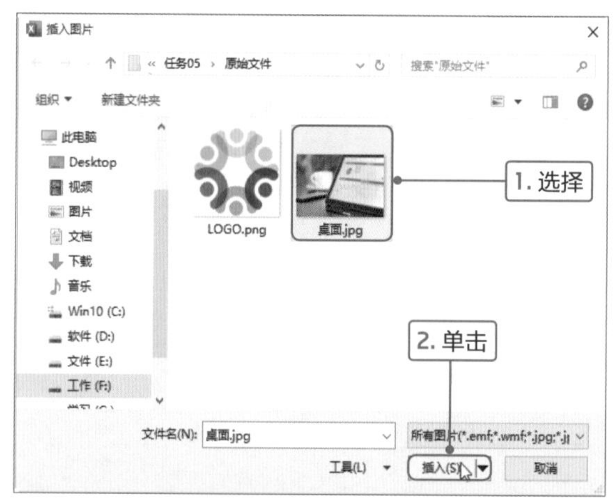

3

返回工作表中，查看为图表添加图片背景的效果，我们发现图片作为背景颜色比较深。下面将介绍如何设置图片的透明度，来适当弱化图片的显示效果。

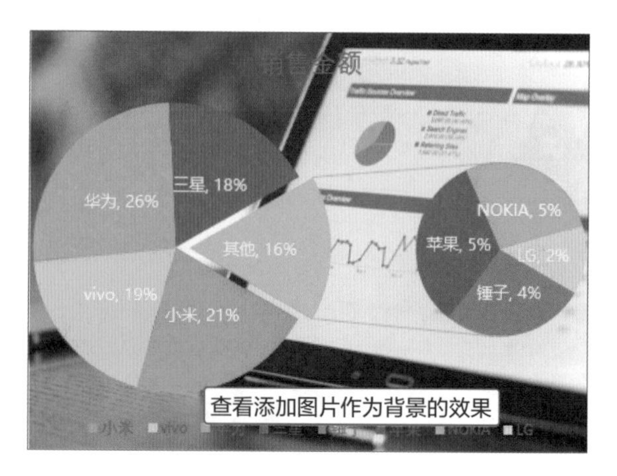

4

选择图表，打开“设置图表区格式”导航窗格，在“填充”选项区域中设置“透明度”为30%。然后取消工作表中网格线的显示，可见图片与图表的对比效果不很强烈。

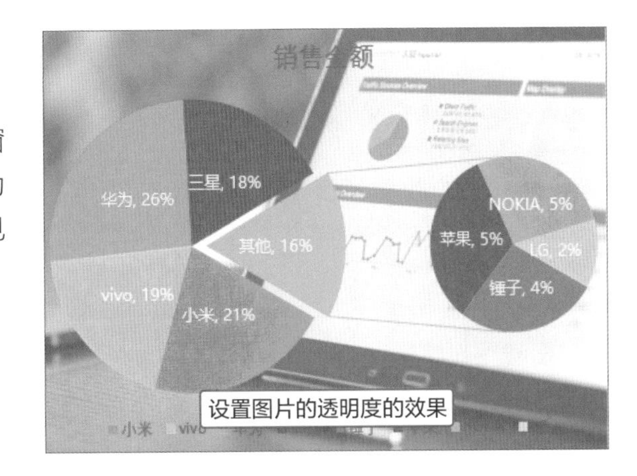

设置图片的透明度的效果

5

为了突出扇区，可以设置绘图区的填充颜色。首先调整绘图区的宽度和图表一致，然后在“设置绘图区格式”导航窗格中设置填充颜色为黑色，设置透明度为40%，从而突出显示扇区的内容。

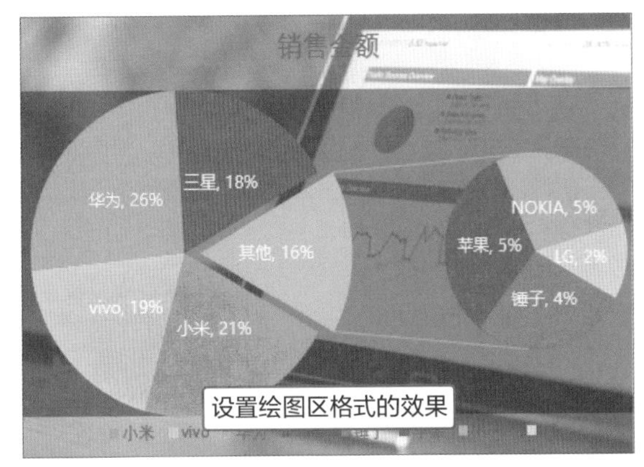

设置绘图区格式的效果

6

在图表标题框中输入标题文本，将其移到图表的左侧。在“字体”选项组中设置标题文本的格式。

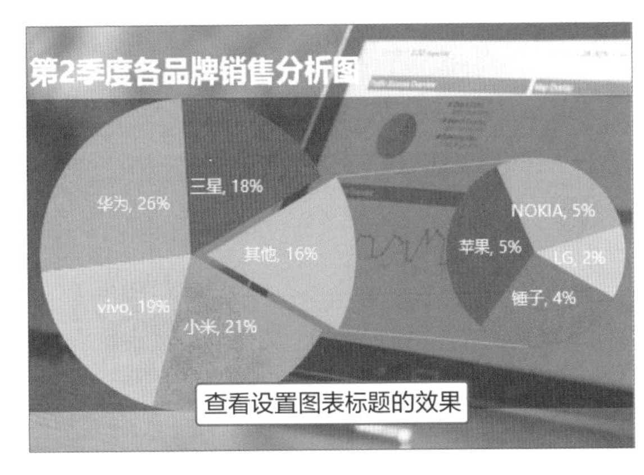

查看设置图表标题的效果

7

接着插入企业的Logo图片放在图表右下角，然后插入文本框并输入企业的名称，然后适当设置文本格式。最后将图表、Logo图片以及企业名称进行组合。

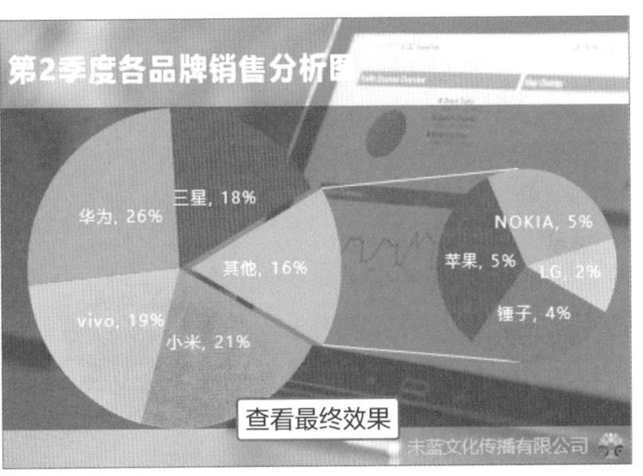

查看最终效果

组合图表、Logo图片和企业名称的方法

选中需要组合的元素，切换至“形状格式”选项卡，在“排列”选项组中单击“组合”按钮，在列表中选择“组合”选项即可。

图表的类型

在Excel中包含10多种类型的图表，如条形图、折线图、面积图、XY散点图、雷达图等。下面简单介绍几种常用的图表类型。

1.折线图

折线图是将某一个时间点上的数值用点来表示，并将多个点之间用线段连接而成的图表，这种图表很适合展示数据随时间发生变化的趋势。Excel中的折线图包括7种子图表类型，如折线图、带数据的折线图以及三维折线图等。下左图为折线图，下右图为三维折线图。

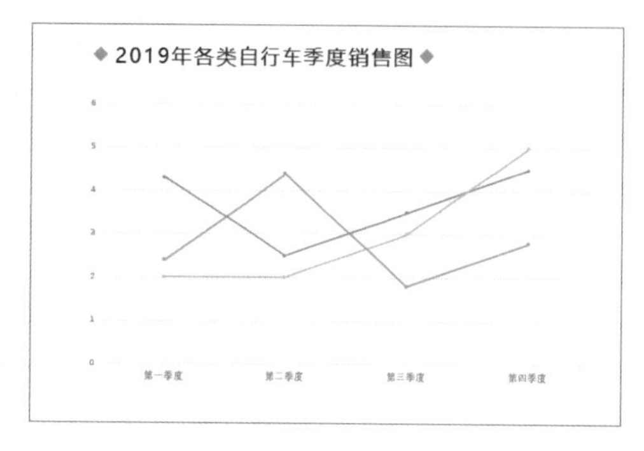

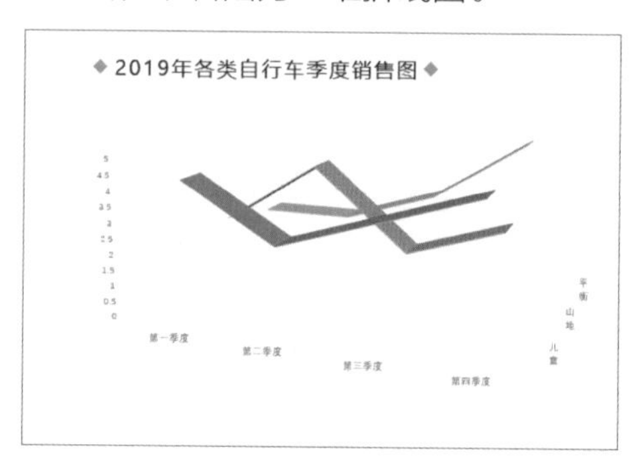

2.XY散点图

XY散点图用于显示若干数据系列中各数值之间的关系。散点图有两个数值轴，分别为水平数值轴和垂直数值轴，散点图将X值和Y值合并到单一的数据点，按不均匀的间隔显示数据点。下左图为散点图，下右图为三维气泡图。

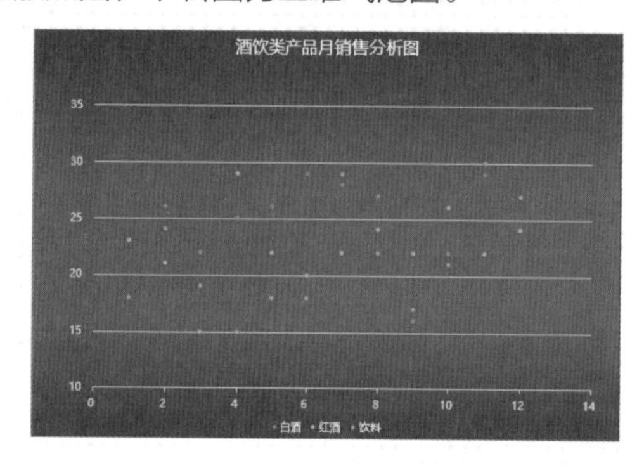

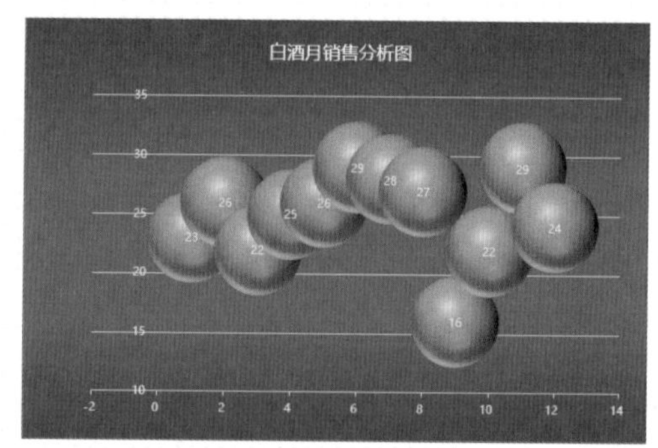

3.条形图

条形图用于展示多个项目之间的比较情况。条形图相当于柱形顺时针旋转90°，它强调的是特定时间点上分类轴和数值的比较。

条形图包含6个子图表类型，和柱形图一样包括平面和三维两大类型，平面条形图的应用效果如右图所示。

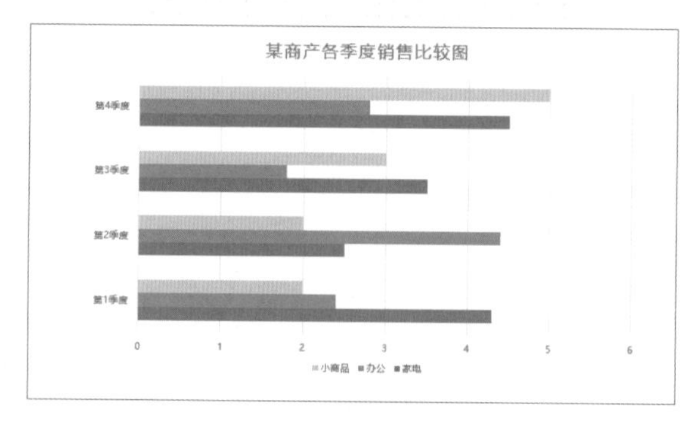

4.雷达图

雷达图用于显示数据系列相对于中心点以及相对于彼此数据类别间的变化。雷达图的每个分类都有自己的数字坐标轴，由中心向外辐射，并由折线将同一系列中的数值连接起来。雷达图包括3个子类型，分别为“雷达图”、“带数据标记的雷达图”和“填充雷达”。下左图为雷达图。

5.曲面图

曲面图是以平面来显示数据的变化趋势，像在地形图中一样，颜色和图案表示处于相同数值范围内的区域。

曲面图包括4个子类型，分别为“三维曲面图”、“三维线框曲面图”、“曲面图”和“曲面图（俯视框架图）”。下右图为曲面图。

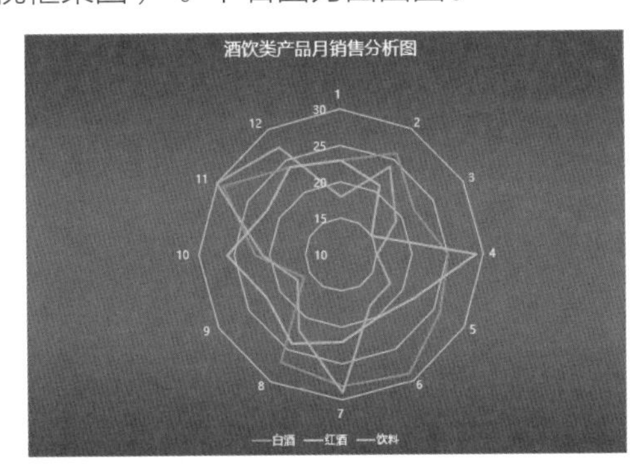

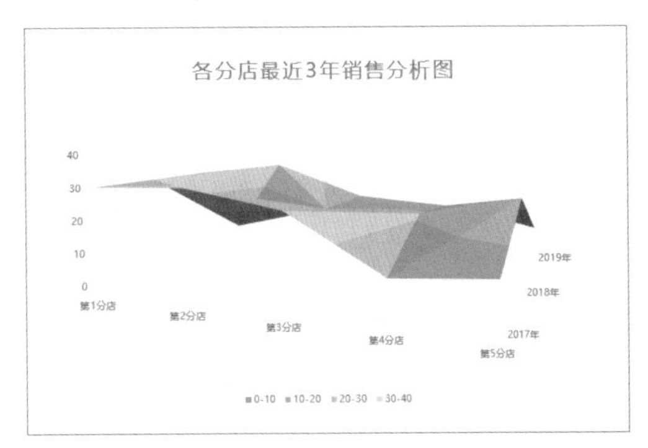

6.旭日图

旭日图可以表达清晰的层级和归属关系，以父子层次结构来显示数据的构成情况。在旭日图中每个圆环代表同一级别的数据，离原点越近级别越高，如下左图所示。

7.瀑布图

瀑布图是由麦肯锡顾问公司所独创的图表类型，该图表采用绝对值与相对值结合的方式，适用于表达数个特定数值之间的数量变化关系，如下右图所示。

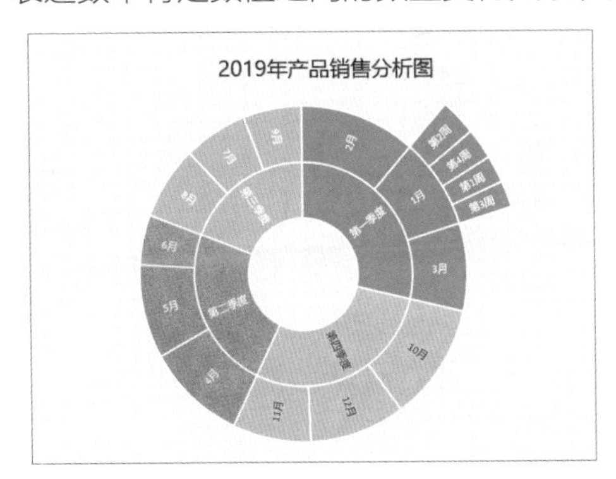

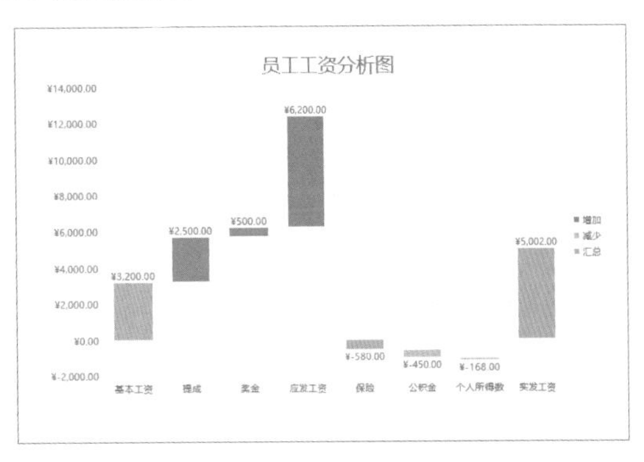

除了上述介绍的常规图表外，在实际的应用中还需要使用很多更复杂的图表来进行数据展示，如复合图表。复合图表是指由不同图表类型的系列组成的图表。一般创建复合的图表最少需要两组数据系列，可以创建柱形图和折线图的图表、柱形图和面积图的图表等，用户可以更改某数据系列的类型进行自定义组合。

菜鸟加油站

分类汇总功能的应用

在本部分中主要学习了在Excel中进行数据分析和计算的相关操作，如排序和筛选、数据透视表的应用、函数的应用以及图表的应用等。在Excel中分析的功能还有很多，如分类汇总、合并计算等，那么下面将介绍分类汇总功能的应用方法。

1.单项分类汇总

单项分类汇总就是按照1个字段进行分类汇总，在进行分类汇总之前必须对该字段进行排序。下面以“所属部门”字段为例，对“考核总分”进行求平均值和求和的汇总。

1

打开“员工业务考核成绩表.xlsx”工作表，选中“所属部门”字段中任意单元格，然后切换至“数据”选项卡，单击“排序和筛选”选项组中“降序”按钮，即可对“所属部门”字段进行降序排列。

序号	姓名	所属部门	专业知识	协作能力	执行能力	业务能力
0001	张飞	销售部	84	59	87	63
0002	艾明	人事部	65	70	68	71
0003	赵杰	研发部	94	50	87	50
0004	李志齐	销售部	64	77	74	65
0005	钱昆	财务部	60	77	94	66
0006	李二	人事部	70	63	92	79
0007	孙胜	销售部	78	93	74	74
0008	吴广	财务部	99	57	66	89
0009	邹善	研发部	95	69	89	91
0010	崔来亮	销售部	79	90	74	60
0011	崔米	市场部	71	65	77	74
0012	张建国	财务部	52	62	50	83

单击

2

排序完成后，切换至“数据”选项卡，单击“分级显示”选项组中“分类汇总”按钮。

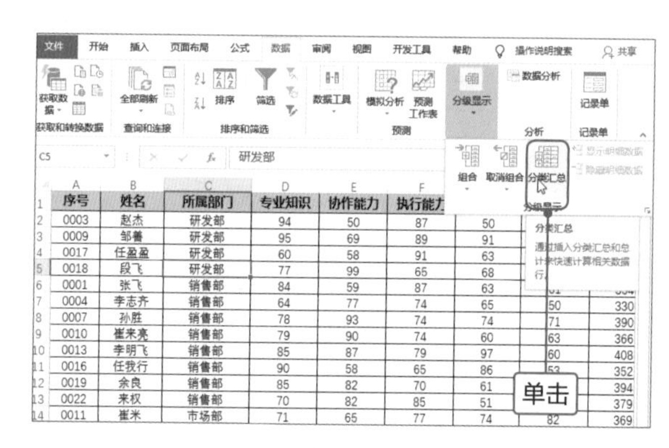

3

打开“分类汇总”对话框，设置分类字段为“所属部门”、汇总方式为“平均值”，在“选定汇总项”列表框中勾选“考核总分”复选框，单击“确定”按钮。

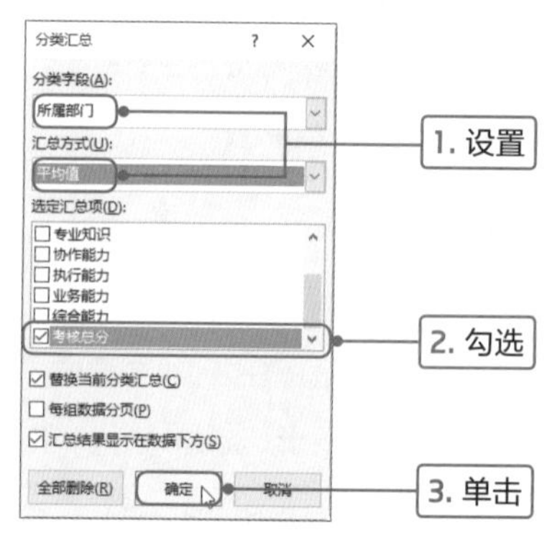

4

返回工作表中，可见数据按所属部门对考核总分进行分类汇总并计算出平均值。

	序号	姓名	所属部门	专业知识	协作能力	执行能力	业务能力	综合能力	考核总分
2	0003	赵杰	研发部	94	50	87	50	63	344
3	0009	邹鲁	研发部	95	69	89	91	72	416
4	0017	任盈盈	研发部	60	58	91	63	68	340
5	0018	段飞	研发部	77	99	65	68	60	369
6			研发部 平均值						367.25
7	0001	张飞	销售部	84	59	87	63	61	354
8	0004	李志齐	销售部	64	77	74	65	50	330
9	0007	孙胜	销售部	78	93	74	74	71	390
10	0010	崔来亮	销售部	79	90	74	60	63	366
11	0013	李明飞	销售部	85	87	79	97	60	408
12	0016	任我行	销售部	90	58	65	86	53	352
13	0019	余良	销售部	85	82	70	61	96	394
14	0022	来权	销售部	70	82	85	51	91	379
15			销售部 平均值						371.625
16	0011	崔米	市场部	71	65	77	74	82	369
17	0014	朱小明	市场部	76	80	54	81	81	372
18	0020	甄真人	市场部	98	93	88	91	90	460
19	0021	贾贵夫	市场部	69	57	53	83	64	326
20	0023	蒙挚	市场部	99	70	98	98	76	441
21			市场部 平均值						393.6
22	0002	艾明	人事部	65	70	68	71	81	355
23	0006	李二	人事部	70	63	92	79	96	400
24	0015	崔志强	人事部	82	54	80	73	54	343
25			人事部 平均						366
26	0005	钱昆	财务部	[illegible]	[illegible]	[illegible]	66	61	358
27	0008	吴广	财务部	[illegible]	[illegible]	[illegible]	89	86	397
28	0012	张建国	财务部	52	62	50	83	55	302
29			财务部 平均值						352.333333
30			总计平均值						372.391304

查看求和的效果

5

再次单击“分级显示”选项组中“分类汇总”按钮，在打开的“分类汇总”对话框中设置分类字段为“所属部门”、汇总方式为“求和”，取消勾选“替换当前分类汇总”复选框，单击“确定”按钮。

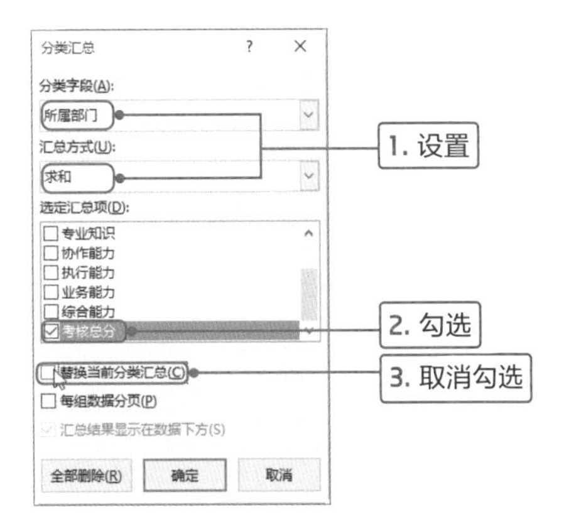

6

返回工作表中，可见数据按照“所属部门”字段分别进行平均值和求和的分类汇总。

通过本案例可见用户除了对多字段进行分类汇总外，还可以对同一字段多次进行分类汇总。

	序号	姓名	所属部门	专业知识	协作能力	执行能力	业务能力	综合能力	考核总分
2	0003	赵杰	研发部	94	50	87	50	63	344
3	0009	邹鲁	研发部	95	69	89	91	72	416
4	0017	任盈盈	研发部	60	58	91	63	68	340
5	0018	段飞	研发部	77	99	65	68	60	369
6			研发部 汇总						1469
7			研发部 平均值						367.25
8	0001	张飞	销售部	84	59	87	63	61	354
14	0019	余良	销售部	85	82	70	61	96	394
15	0022	来权	销售部	70	82	85	51	91	379
16			销售部 汇总						2973
17			销售部 平均值						371.625
18	0011	崔米	市场部	71	65	77	74	82	369
22	0023	蒙挚	市场部	99	70	98	98	76	441
23			市场部 汇总						1968
24			市场部 平均值						393.6
25	0002	艾明	人事部	65	70	68	71	81	355
26	0006	李二	人事部	70	63	92	79	96	400
27	0015	崔志强	人事部	82	54	80	73	54	343
28			人事部 汇总						1098
29			人事部 平均值						366
30	0005	钱昆	财务部	60	77	94	66	61	358
31	0008	吴广	财务部	99	57	66	89	86	397
32	0012	张建国	财务部	52	62	50	83	55	302
33			财务部 汇总						1057
34			财务部 平均值						352.333333
35			总计						8565
36			总计平均值						372.391304

2.分组打印分类汇总的数据

对数据进行分类汇总后，用户可以将数据分组打印在不同的纸张上。首先打开工作表，打开“分类汇总”对话框，设置好分类汇总后，勾选“每组数据分页”复选框，单击“确定”按钮。返回工作表中，执行打印操作时，在打印预览中可见各部门的信息分别打印在不同的页面中。

3.清除分类汇总

对数据进行分类汇总后，如果用户不需要汇总的数据，可以将分类汇总删除，工作表将恢复到分类汇总前状态。操作方法是打开“分类汇总”对话框，单击“全部删除”按钮即可。

读书笔记

PPT幻灯片的编辑

PowerPoint2019是微软公司最新发布的Office办公软件的重要组成部分，可以应用于广告宣传、产品演示、学术交流、演讲、工作汇报、辅助教学等众多领域。PowerPoint现在已经是职场人士必备工具之一，掌握使用PowerPoint制作演示文稿的技能，可以提升我们在职场上的竞争力。

本部分通过5个案例对PowerPoint进行详细介绍，除了介绍了PowerPoint中文字、图片、图形的应用，还介绍扁平化风格演示文稿的制作方法。在学习各种功能制作演示文稿时，读者可以从效果中学习PPT的排版和配色等知识。

制作企业文化介绍幻灯片

公司为了让新员工更快地融入这个大家庭中，需要让员工了解企业的文化。以往都是通过Word文档的形式发送给员工，让员工自己了解，这种效果并不是很好。现在历历哥希望小蔡以PPT的形式制作企业文化的内容，这样也方便在例会上展示。小蔡对PPT功能了解得不深入，仅限于对文本的编辑操作。

NG! 菜鸟效果

东蓝文化有限公司企业文化简介

1.企业形象

企业形象是企业通过外部特征和经营实力表现出来的，被消费者和公众所认同的企业总体印象。由外部特征表现出来的企业的形象称表层形象。

2.企业文化

企业文化结构是指企业文化系统内各要素之间的时空顺序，主次地位与结合方式，企业文化结构就是企业文化的构成、形式、层次、内容、类型等的比例关系和位置关系。

3.企业使命

企业使命是指企业在社会经济发展中所应担当的角色和责任，是指企业的根本性质和存在的理由，说明企业的经营领域、为企业目标的确立与战略的制定提供依据。

4.企业精神

企业精神是指企业基于自身特定的性质、任务、宗旨、时代要求和发展方向，并经过精心培养而形成的企业成员群体的精神风貌。

! 字体的种类很多，显得比较乱

! 幻灯片没有修饰元素，显得单调乏味

! 文字行距太小，使文本的层次不清晰

小蔡使用幻灯片制作企业文化内容时，可以说是标准的“Word风格”。制作的幻灯片整体没有修饰元素，显得很单调；在设置文本格式时应用太多的字体格式，导致页面显得比较杂乱；最后，段落文本行距太小，很难区域各段落，不易于阅读。

MISSION! 1

在PowerPoint中制作多文本的幻灯片时，如果不能对文本进行删减，一定要确保各段落层次清晰、主次明了。在幻灯片中可以添加相关形状对页面进行修饰，同时形状也可以对段落文本进行合理地划分区域。在本案例中将4个段落文本分别提取，然后通过矩形形状进行修饰，使幻灯片内容更具易于阅读，而且外观更美观。

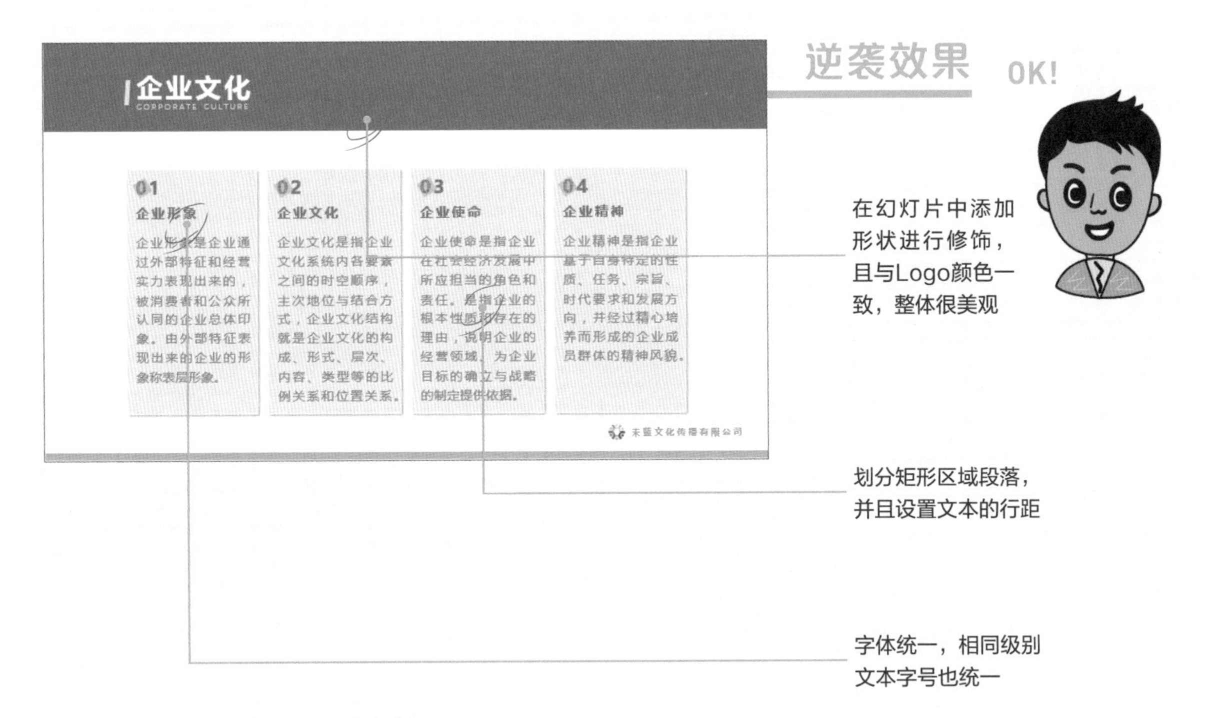

小蔡通过指点，对幻灯片的内容进行修改，首先添加不同的矩形对页面进行修饰，整体来看幻灯片整齐、美观；将字体统一为一种，通过设置字号、加粗和颜色来确分正文和标题，很整齐；最后通过矩形形状区分各段落文本，并设置文本的行距、字符间距等，更易于阅读。

Point 1 设置文本的字体和字号

本案例需要在原幻灯片中进行修改，所以要重新设置文本的字体和字号。在制作企业文化幻灯片时，主要是将标题和段落标题加粗加大处理，以突出层次，下面介绍具体的操作方法。

1

打开“企业文化.pptx”演示文稿，按住Shift键选中幻灯片中所有文本框，切换至“开始”选项卡，单击“字体”选项组中“清除所有格式”按钮。

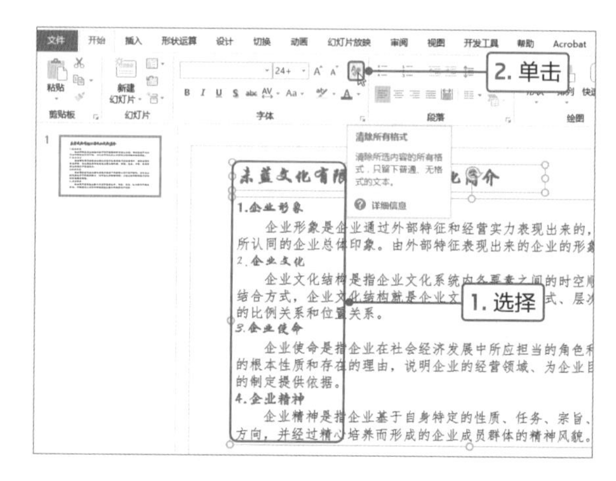

2

操作完成后，可见选中文本框内文本的所有格式都被清除了。保持文本框为选中状态，在“字体”选项组中设置字体为微软雅黑。

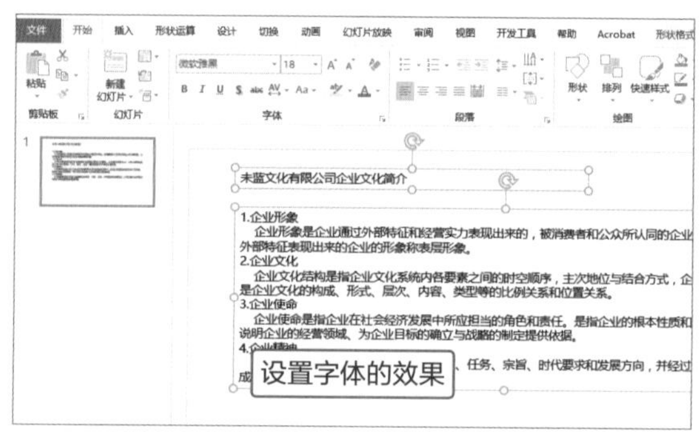

3

将标题中多余文本删除，只保留“企业文化”文本，设置字号为36，并加粗显示。

企业文化

1.企业形象
企业形象是企业通过外部特征和经营实力表现出来的，被消费者和公众所认同的企业总体印象。由外部特征表现出来的企业的形象称表层形象。
2.企业文化
企业文化结构是指企业文化系统内各要素之间的时空顺序，主次地位与结合方式，企业文化结构就是企业文化的构成、形式、层次、内容、类型等的比例关系和位置关系。
3.企业使命
企业使命是指企业在社会经济发展中所应担当的角色和责任。是指企业的根本性质和存在的理由，说明企业的经营领域、为企业目标的确立与战略的制定提供依据。
4.企业精神

设置标题文本的格式

4

设置正文字号为16，然后按住Ctrl键选中段落标题文本，设置字号为18，加粗显示。

企业文化

设置段落标题文本的格式

Point 2 对文本进行排版

本案例采用将4个段落文本并排放在幻灯片的中间的版式，层次更加清晰、明了。将文本排版后还需要设置文本的行距、字符间距等，使文本看起来更符合阅读习惯，下面介绍具体的操作方法。

1

在文本框中选择第一段文本，按Ctrl+X组合键进行剪切。然后按Ctrl+V组合键复制文本，即单独在文本框中显示第一段内容。

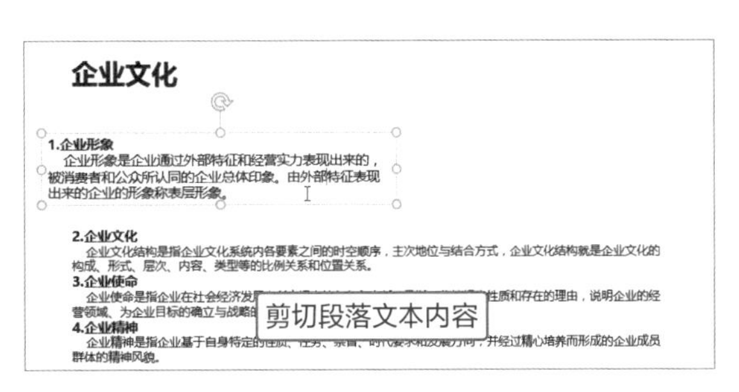

2

根据相同的方法将其他几个段落文本分别显示在不同的文本框中，然后按序号从左到右依次排列。选择4个文本框，切换至“形状格式”选项卡，在“大小”选项组中设置文本框的高度为11厘米、宽度为5.9厘米。

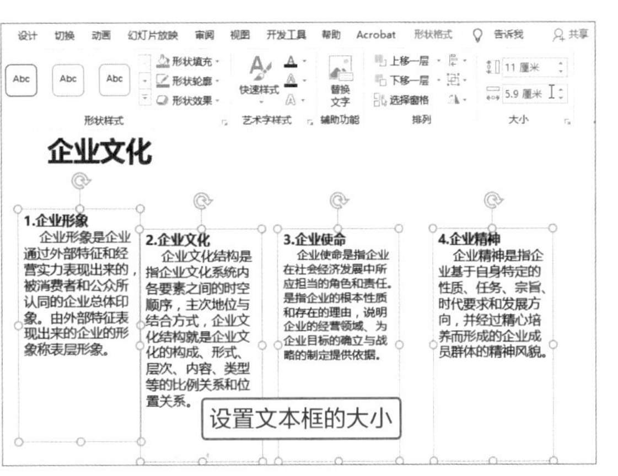

3

保持4个文本框为选中状态，单击“字体”选项组的对话框启动器按钮。

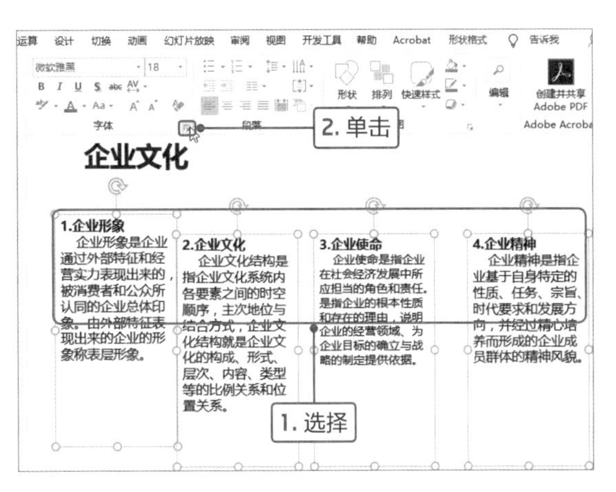

Tips 字体应用

如今各式各样的新字体层出不穷，使人们越来越深刻地认识到，使用不同字体配合所要传递的信息，其效果更好，内容更贴切。

4

打开“字体”对话框，切换至“字符间距”选项卡，设置间距为“加宽”，设置“度量值”为1.2磅，单击“确定”按钮。

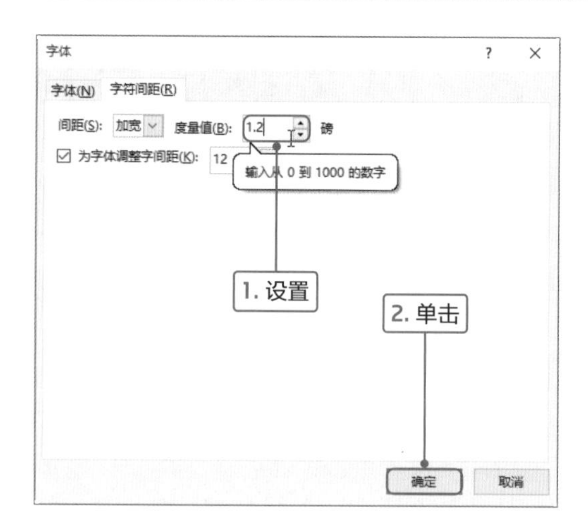

5

返回演示文稿中，单击“段落”选项组的对话框启动器按钮，打开“段落”对话框，在“间距”选项区域中设置行距为“多倍行距”、“设置值”为1.3，单击“确定”按钮。

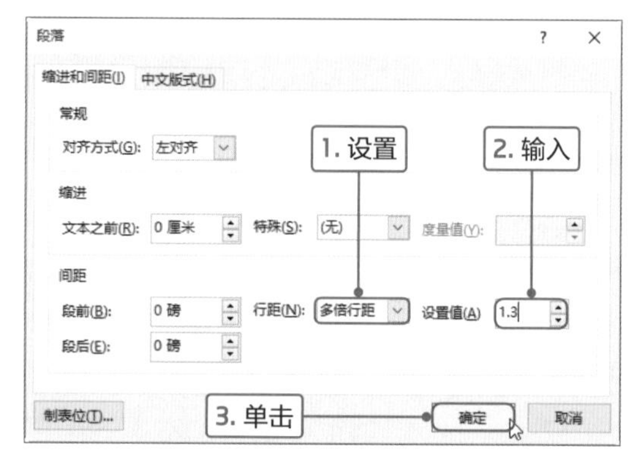

6

将光标定位在段落标题文本右侧，再次打开“段落”对话框，在“间距”选项区域中设置“段后”为12磅，单击“确定”按钮。

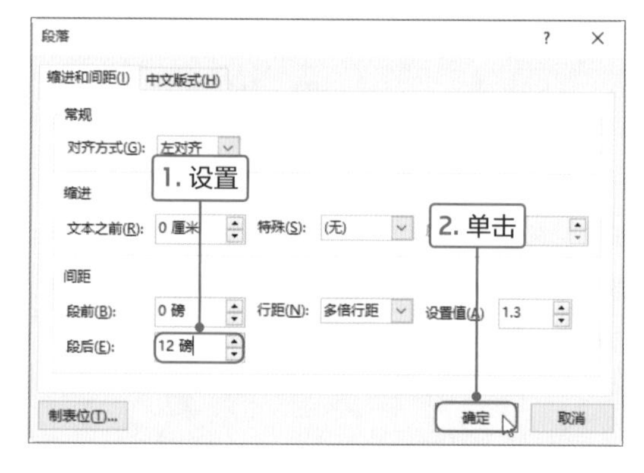

7

适当增加标题与正文之间的距离，然后根据相同的方法增加其他段落标题文本的段后距离。

Tips　F4功能键的应用

F4功能键可以快速重复上一步操作，如设置标题段后距离后，将光标定位在其文本右侧，按F4功能会重复增加段后距离的操作。

8

将段落标题文本的序号和标题文本进行分行显示，然后删除标题符号。设置序号为01、02、03、04，并设置序号无段落距离。

9

按住Shift键选中4个文本框，切换至“形状格式”选项卡，单击“排列”选项组中“对齐”下三角按钮，在列表中选择“顶端对齐”选项，即可将选中文本框顶部对齐。

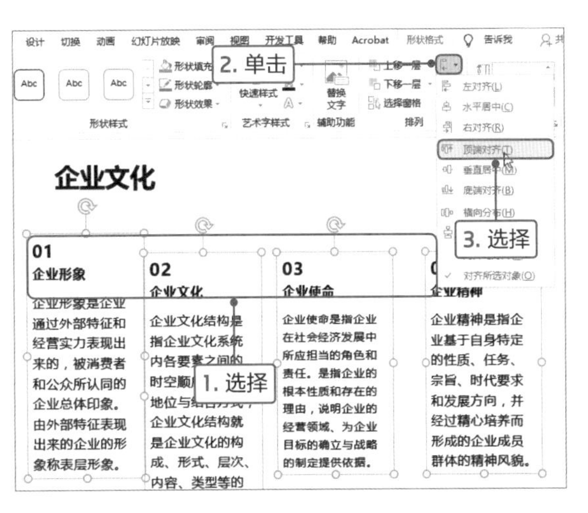

10

保持文本框为选中状态，再次单击“对齐”下三角按钮，在列表中选择“横向分布”选项。

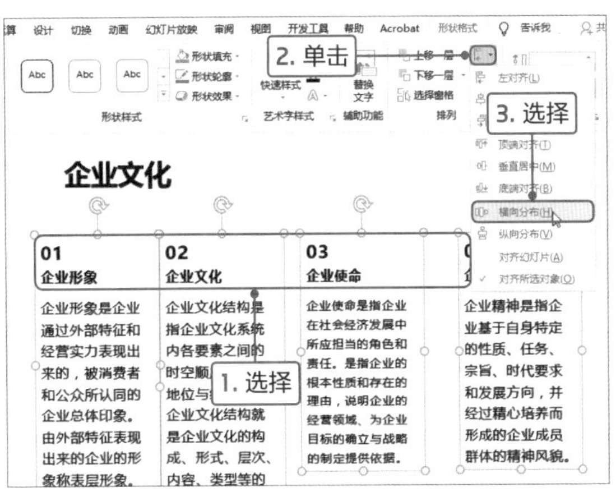

11

可见文本框平均横向分布，相邻两个文本框之间的横向距离是相同的。至此，文本的排版已经完成了。

Point 3 添加形状美化幻灯片

幻灯片文本内容的分布和排版已经完成了，我们发现页面的整体还是很单调，所以接下来将添加形状对幻灯片进行美化。在本案例中添加的形状不仅有美化效果，还有对版面进行分区的作用，下面介绍具体的操作方法。

1

首先需要添加企业的Logo图片，切换至“插入”选项卡，单击“图像”选项组中“图片”按钮。

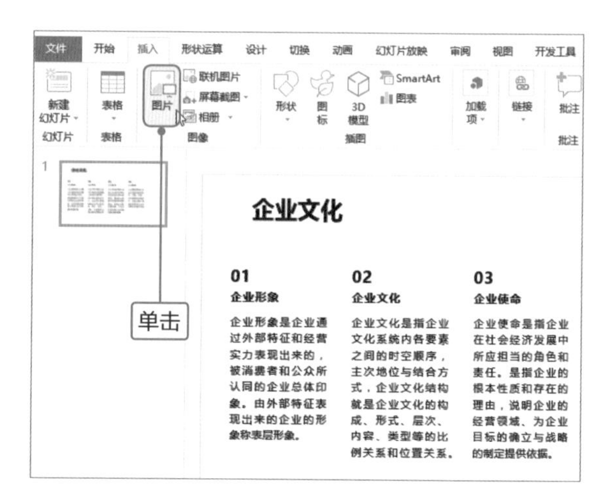

2

打开“插入图片”对话框，选择企业的Logo图片，单击“插入”按钮。即可在幻灯片中插入选中的图片，然后适当调整图片的大小和位置。

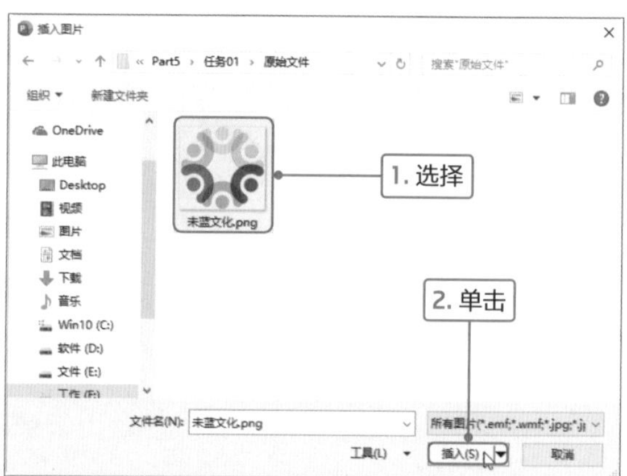

3

接着为幻灯片添加形状，切换至“插入”选项卡，单击“插图”选项组中“形状”下三角按钮，在列表中选择“矩形”形状。

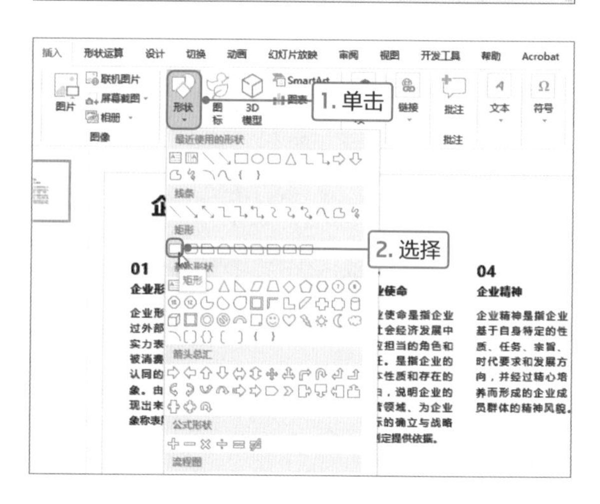

4

然后在幻灯片的上方绘制和页面宽度一样的矩形，高度大概为4厘米左右。切换至“形状格式”选项卡，在“形状样式”选项组中设置矩形为无轮廓。单击“形状填充”下三角按钮，在列表中选择“取色器”选项。

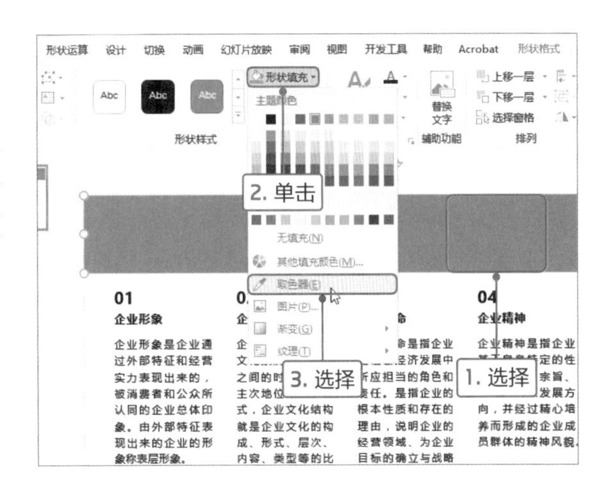

5

此时光标变为吸管形状，然后将光标移到企业Logo的红色上方，在吸管的右上方显示吸取的颜色，单击即可完成矩形的填充。

6

选择矩形形状，切换至“形状格式”选项卡，单击“排列”选项组中“下移一层”下三角按钮，在列表中选择“置于底层”选项。即可将矩形形状移至最底层，同时标题文本显示出来。

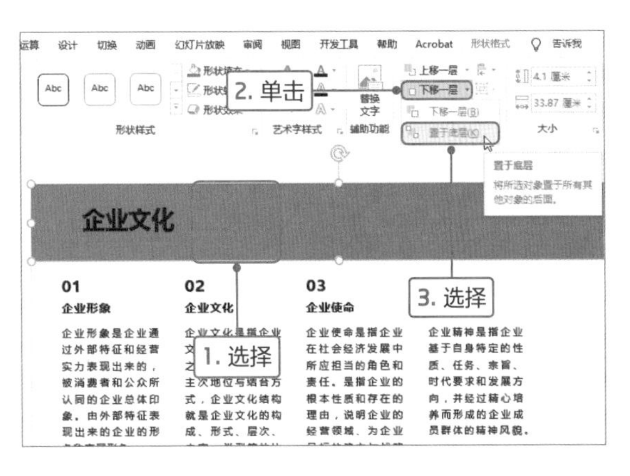

7

设置标题文本的颜色为白色后，在下方输入相关英文文本并设置格式。接着在左侧绘制细小的平行四边形形状，设置为浅色填充。

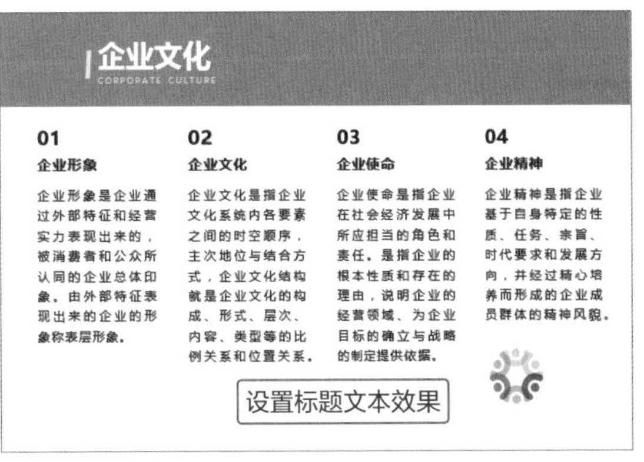

8

这时我们会发现正文的文本框内容长度不一致，则可通过添加同样大小的矩形来划分范围，使文本更整齐。首先绘制矩形，并填充Logo图片中的浅橙色。然后移至底层，并复制3份分别放在其他文本的下层。最后为4个矩形形状添加阴影效果。

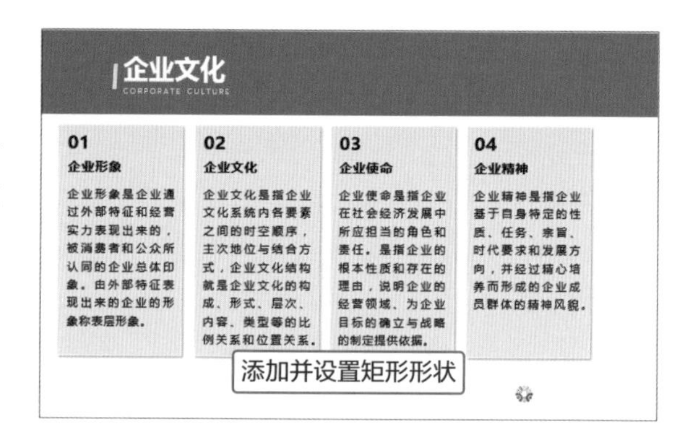

Tips 添加形状效果

选中形状，切换至“形状格式”选项卡，单击“形状样式”选项组中“形状效果”下三角按钮，在列表中选择合适的效果选项即可。

9

然后设置段落标题文本和序号的颜色与大的矩形填充颜色一致，再将正文文本的颜色设置为浅灰色。

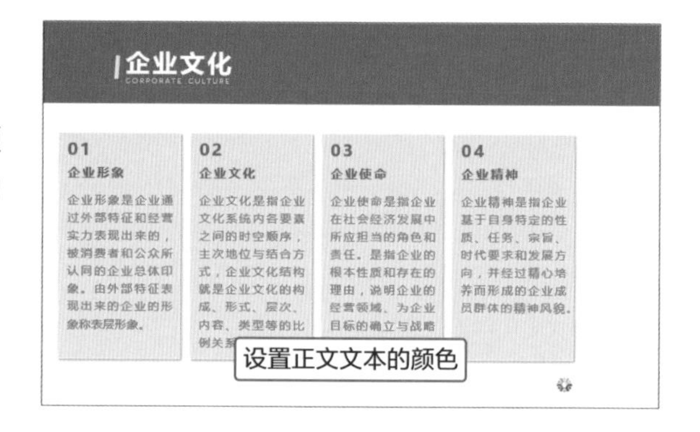

10

接着绘制小一点的菱形，填充红色并设置透明度，然后复制并分别放在序号的0数字上方。最后选择正文的所有元素，单击“排列”选项组中“组合”按钮，在列表中选择“组合”选项。

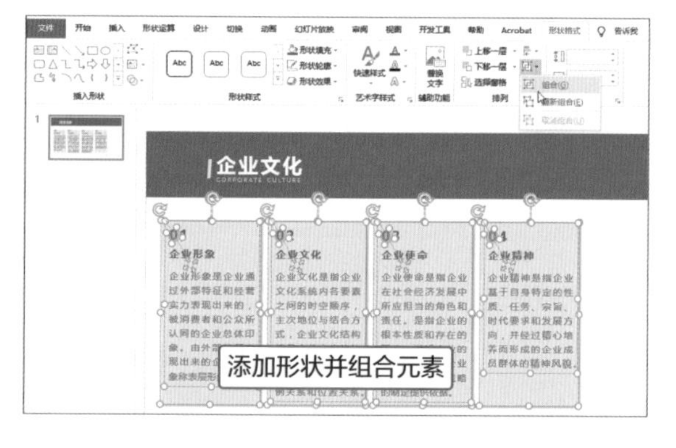

11

选择组合的元素，设置水平居中对齐，然后适当调整垂直位置。在幻灯片的底部绘制细长矩形，填充红色并设置透明度为50%。最后在Logo图片右侧输入企业名称。至此，本案例制作完成。

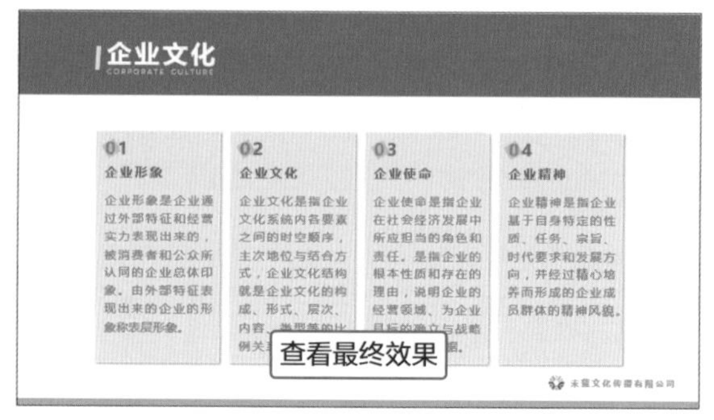

高效办公

字体的分类

通常来说，一个幻灯片最好只使用一种字体，最多不超过2种，封面除外。按照西方国家的字母体系，可以将字体分为两类：衬线字体和非衬线字体。衬线字体在开始和结束的地方有额外的修饰，如果从远处看横线会被弱化，从而识别性会下降，在演示文稿中通常不使用该类型字体，衬线字体的主要代表是宋体。非衬线字体没有额外的修饰，其笔画粗细都差不多，从远处看不会被弱化，所以通过使用该类字体。非衬线字体主要有微软雅黑、思源黑体和方正兰亭黑体等。在下图中，左侧为衬线字体的效果，右侧为非衬线字体的效果。

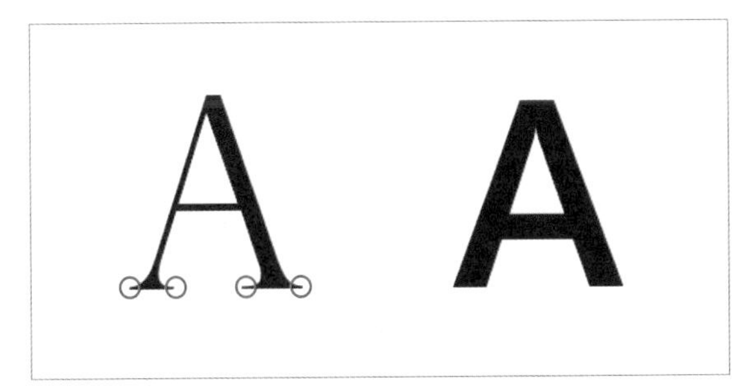

衬线字体强调横竖笔画的对比，横要比竖稍细点。在放映演示文稿时，从远处看横线会被弱化，导致看不清楚，严重的会影响放映效果，如下左图所示。非衬线字体的横竖粗细都差不多，在放映时不会弱化横线，所以其辨识度要高点，如下右图所示。

衬线字体效果

非衬线字体效果

在相同的字号下，从视觉上看，衬线字体比非衬线字体显得小，因此衬线字体没有非衬线字体有冲击力。下图比较了不同字号的衬线字体和非衬线字体。

18	我是衬线字体	我是非衬线字体
20	我是衬线字体	我是非衬线字体
24	我是衬线字体	我是非衬线字体
28	我是衬线字体	我是非衬线字体
32	我是衬线字体	我是非衬线字体
36	我是衬线字体	我是非衬线字体

展示各产品销售金额

企业为了更好地分析当年销售情况和预测明年的数据，年底需要为公司各产品的销售数据进行统计，如分别统计出笔记本电脑、台式机、平板和手机的销售总金额。历历哥知道小蔡最近在学习PPT的相关技能，就把各产品销售统计的工作交待给小蔡来完成，并要求他使用PPT将统计结果展示出来。小蔡接到任务后，就认真工作起来。

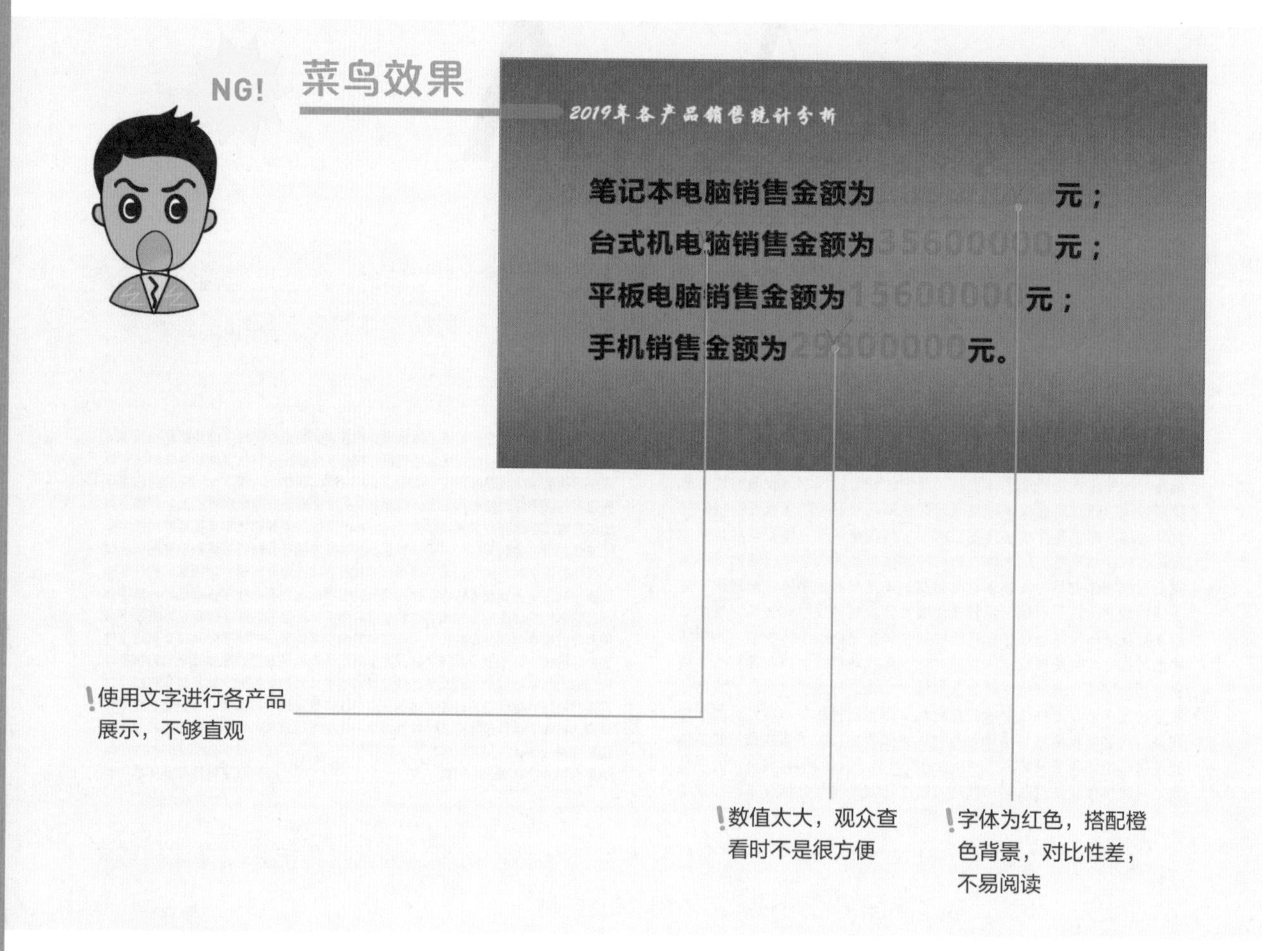

小蔡在展示各产品销售金额时，整体颜色搭配不合理，使销售金额数字显得太刺眼，给观众带来阅读压力；因为销售额数值比较庞大，让浏览者没有具体的概念，只知道是很长一段数字；通过文字描述各产品，不如图片或图标展示得直观。

MISSION! 2

在制作演示文稿时，文字是很重要的元素，但是它也是有弊端的。据统计，人们对图片的认知能力要远大于文字，所以在制作PPT时，如果可以使用图片或图标就不要使用文字。在使用图片或图标代替某些文字时，图片或图标的辨识度一定要高，让浏览者一看图片就明白代表什么意思，否则再漂亮的图片或图标也没有意义。

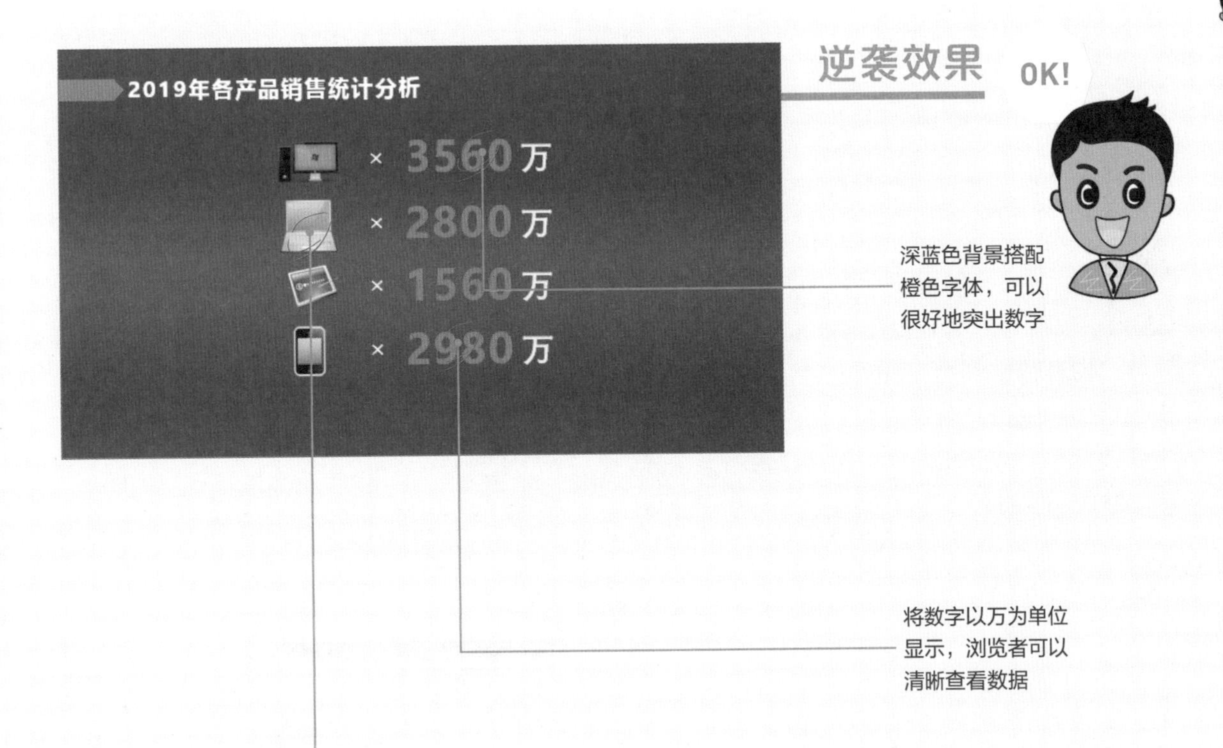

小蔡对制作的幻灯片进行了进一步修改，首先调整幻灯片的配色，在深蓝色背景上设置字体为橙色，可以很好地突出数字；将数字以万为单位，浏览者可以清晰地查看和比较数据的大小；使用图标代替各产品名称，不但清楚直观表示含义，还减少浏览者的阅读压力。

Point 1 设计背景和标题文本

幻灯片背景默认为白色的，我们可以根据需要设置背景的颜色。在PowerPoint 2019中，填充背景时可以是纯色、渐变色、图片、纹理等，然后再设计幻灯片的标题文本。下面介绍具体的操作方法。

1

打开PowerPoint软件，新建空白幻灯片。切换至“设计”选项卡，单击“自定义”选项组中“设置背景格式”按钮。

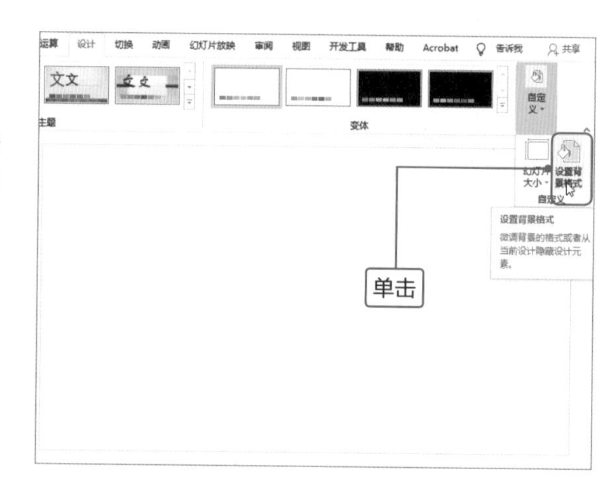

2

打开“设置背景格式”导航窗格，在“填充”选项区域中选择“渐变填充”单选按钮，设置渐变的类型、方向和角度，最后设置各渐变光圈的颜色和位置。

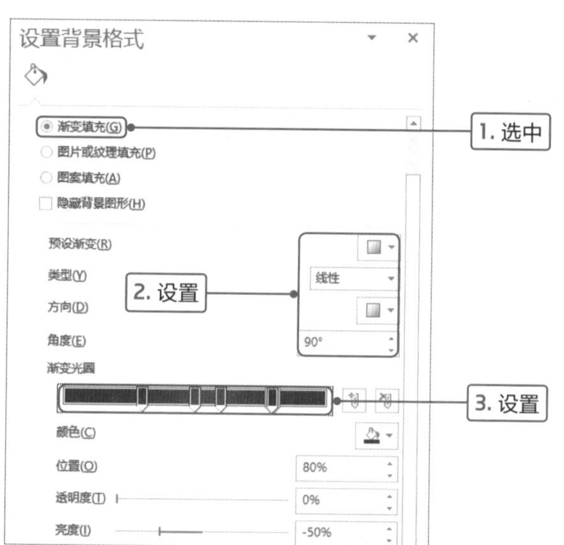

3

设置完成后关闭该导航窗格，可见幻灯片应用了设置的背景效果。如果需要应用到演示文稿中的所有幻灯片上，则在导航窗格中设置填充后单击“应用到全部”按钮即可。

4

切换至“插入”选项卡，在“形状”列表中选择合适的形状，然后在页面左上角绘制相应的形状。

5

在“形状格式”选项卡的“形状样式”列表中设置形状的填充颜色和轮廓。填充颜色设置为橙色。然后在形状右侧输入标题文本。

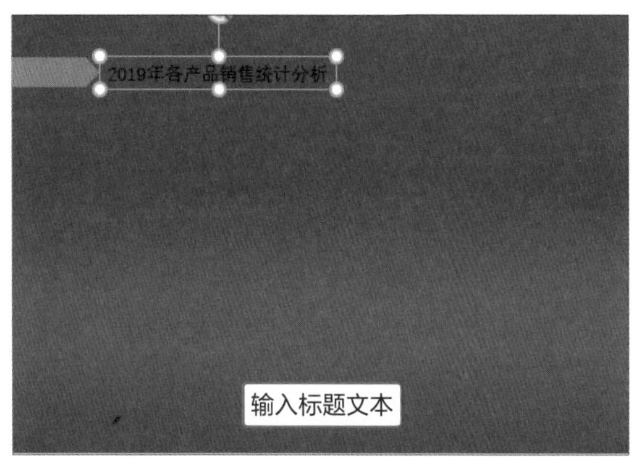

6

在“字体”选项组中设置标题文本的格式后，选择标题文本框和形状，设置对齐方式为“垂直居中”对齐。

Tips **设置幻灯片的比例**

在PowerPoint 2019中幻灯片的比例默认为16:9的宽屏，用户可以根据放映的需要设置其他的比例。在“设置”选项卡的“自定义”选项组中单击“幻灯片大小”下三角按钮，在列表中可以选择合适的选项。如果选择“自定义幻灯片大小”选项，可打开“幻灯片大小”对话框，然后根据需要设置相应的幻灯片大小。

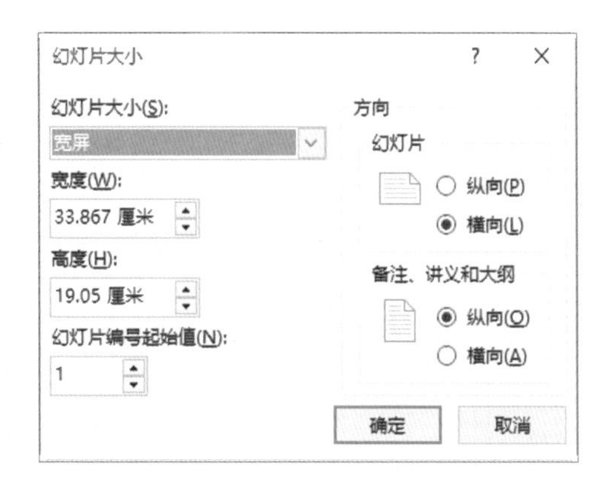

Point 2 插入图片并删除其背景

使用辨识度比较高的图片来取代文本，可以更直观地展示数据，而且还可以减少浏览者的阅读精力。在演示文稿中插入图片后，可以根据实际需要对其大小、位置和显示效果进行调整，下面介绍具体操作方法。

1

切换至“插入”选项卡，单击“图像”选项组中“图片”按钮。

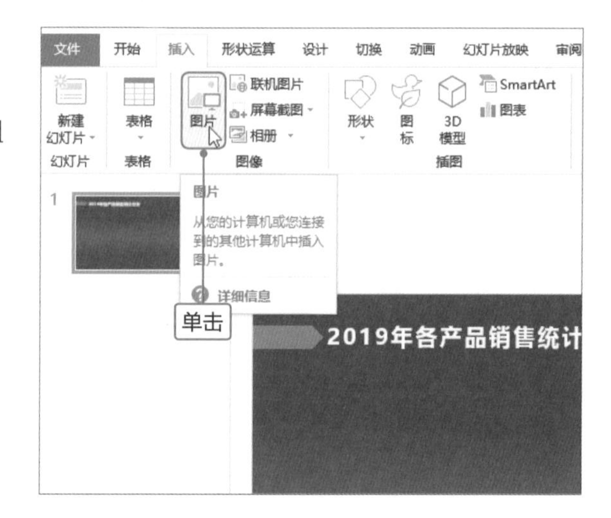

2

打开“插入图片”对话框，按住Shift键的同时单击选择多张需要插入的图片，然后单击“插入”按钮。

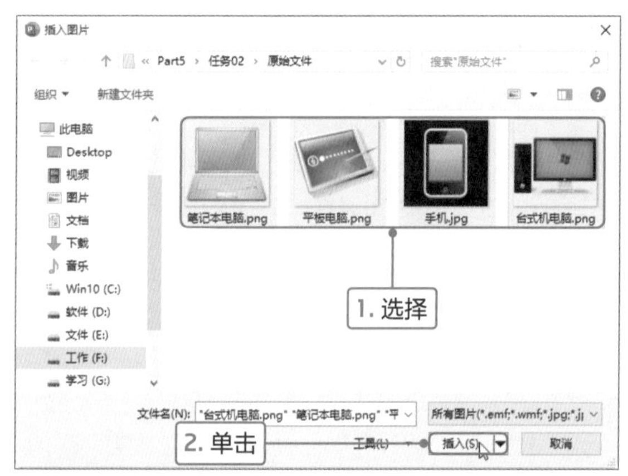

3

选中的图片全部插入到幻灯片中后，通过调整图片4个角控制点缩小图片，使所有图片看起来差不多大。最后将图片竖直排列并设置水平居中对齐方式。

4

这时我们发现台式机的图片比其他图片颜色稍暗点，则选中该图片，切换至“图片格式”选项卡，单击“调整”选项组中“颜色”下三角按钮，在列表中选择合适的选项即可调亮图片。

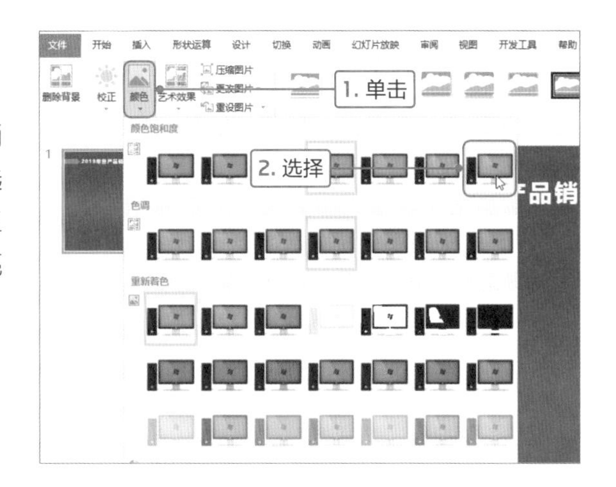

5

要删除手机图片的黑色背景，则选中该图片，单击“调整”选项组中“删除背景”按钮。

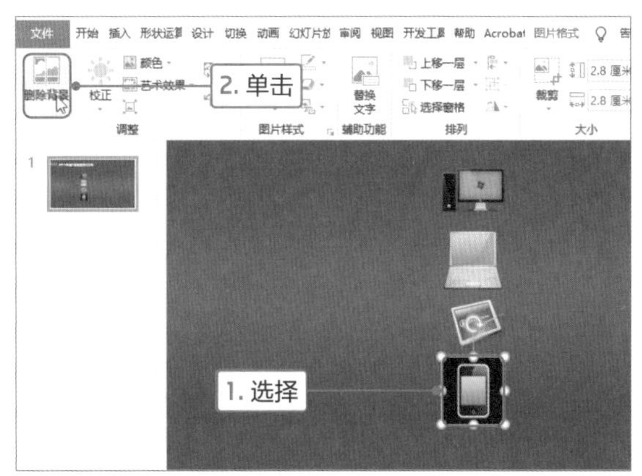

6

此时背景部分的洋红色表示删除的区域，手机的边缘也在删除范围内。切换至“背景消除”选项卡，单击“标记要保留的区域”按钮，光标变为铅笔形状，在手机边缘拖曳即可保留该部分。

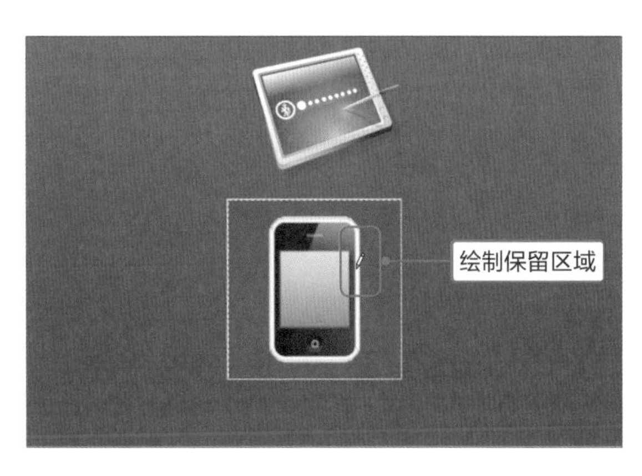

7

调整完成后单击“关闭”选项组中“保留更改”按钮，即可将手机 的背景删除。

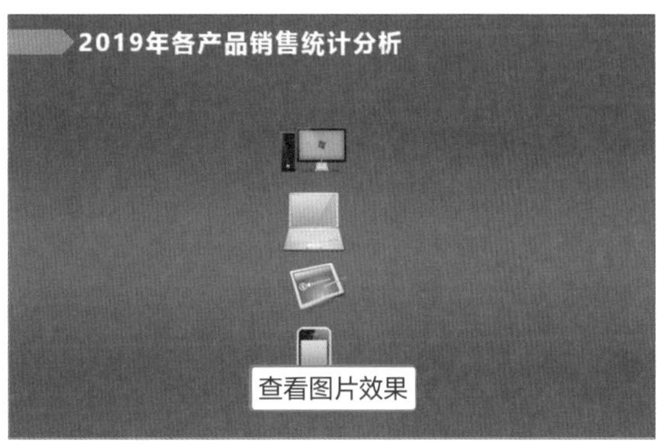

Point 3 输入销售数据

使用图片代替对应文本后，接下来需要展示销售总额数据。在PowerPoint中展示数据时，一般情况下需要突出数据。在本案例中主要通过增大字号和设置字体颜色的方式突出数据，下面介绍具体的操作步骤。

1

切换至“插入”选项卡，单击“文本”选项组中“文本框”下三角按钮，在列表中选择“绘制横排文本框”选项，在幻灯片中合适位置绘制文本框。然后单击“符号”选项组中“符号”按钮。

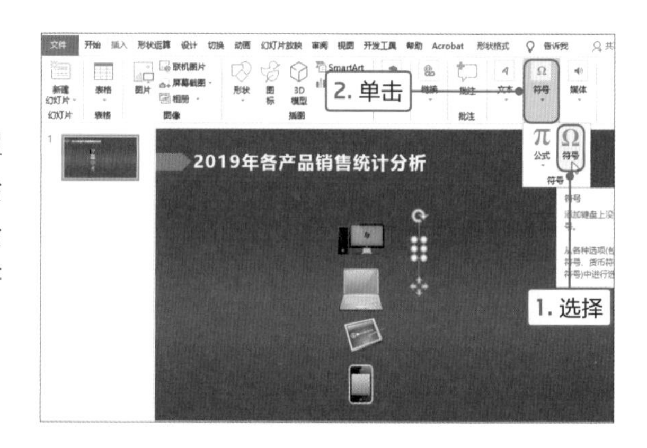

2

打开“符号”对话框，选择乘号，单击“插入”按钮。此时“取消”按钮变为“关闭”按钮，单击即可关闭该对话框。

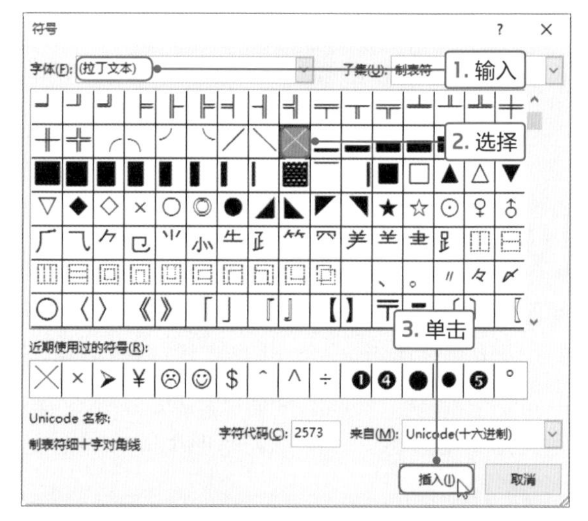

3

返回幻灯片中，可见在文本框中插入了乘号，然后在“字体”选项组中设置乘号的字号为24、颜色为白色。

4

选择插入的乘号，按住Ctrl键向下拖曳，即可复制乘号。在拖曳时可以参照参考线与其他乘号对齐，并和图标中心对齐。

5

然后在页面中插入横排文本框并输入销售金额，因为是以万为单位的，所以只需要输入单位万左侧数据即可。然后在“字体”选项组中放大并加粗数字，设置字体颜色为橙色。

6

通过复制的方法输入其他产品的销售金额，并在数字的右侧输入单位“万”。然后确保各部分在每行中水平居中，在每列中垂直居中。

7

选择所有图标、乘号、数字和单位元素，在“排列”选项组中进行组合，并设置组合后元素为水平和垂直方向居中。

在 PowerPoint 中合理地使用图标

在制作幻灯片时，图标不仅可以代替文字清晰地表达含义，还可以让幻灯片内容更具有视觉化，也更加形象。

1.图标的分类

通常来说，图标可分为3大类，分别是线条型图标、填充型图标和立体型图标，如下图所示。

在设置幻灯片时要遵循统一性的原则，所以使用图标时也要统一图标的类型。下图中台式机为立体图标，笔记本电脑为线条型其他为填充型，整体效果显得协调。

一个页面中常常会有多个图标，因此，图标的风格要保持统一，即颜色、类型都要保持一致。除了风格要统一以外，图标线条的粗细、大小、虚实都要保持一致。下图中第3个图标的颜色与其他图标不统一。

2.图标的应用

通常在使用图标时，是将图标缩小并且放在文本的上方。我们也可以将其放大，作为页面的主体，其作用和图片相似。

在制作演示文稿时，还可以将图标作为背景使用。下面以企业的Logo作为图标，将其放大在页面的中心位置，然后添加矩形形状，并设置填充颜色和不透明度。可见Logo图标作为背景显示，然后再输入相关文本内容即可，如下图所示。

用户还可以将多个图标平铺在页面中，作为背景可以突出主题，而且具有趣味性。下图中将美女、食物、飞机、健身等图标充满整个页面，然后添加形状弱化图标背景，最后再输入文本。

享受生活之美

岁月极美，在于它必然的流逝。在人生的道路上，在人们的生活中，只有平淡才能坦然，坦然使人心胸开阔，平淡使你一生幸福。

制作企业发展历史介绍幻灯片

在进行企业宣传时需要对企业的发展历史进行介绍，要求记录企业的重要的发展历程。小蔡接受制作企业发展历史介绍幻灯片的任务后，首先对企业的发展历史进行详细地了解，然后决定在PowerPoint中以文本、图片和形状等元素相结合的形式制作幻灯片内容。

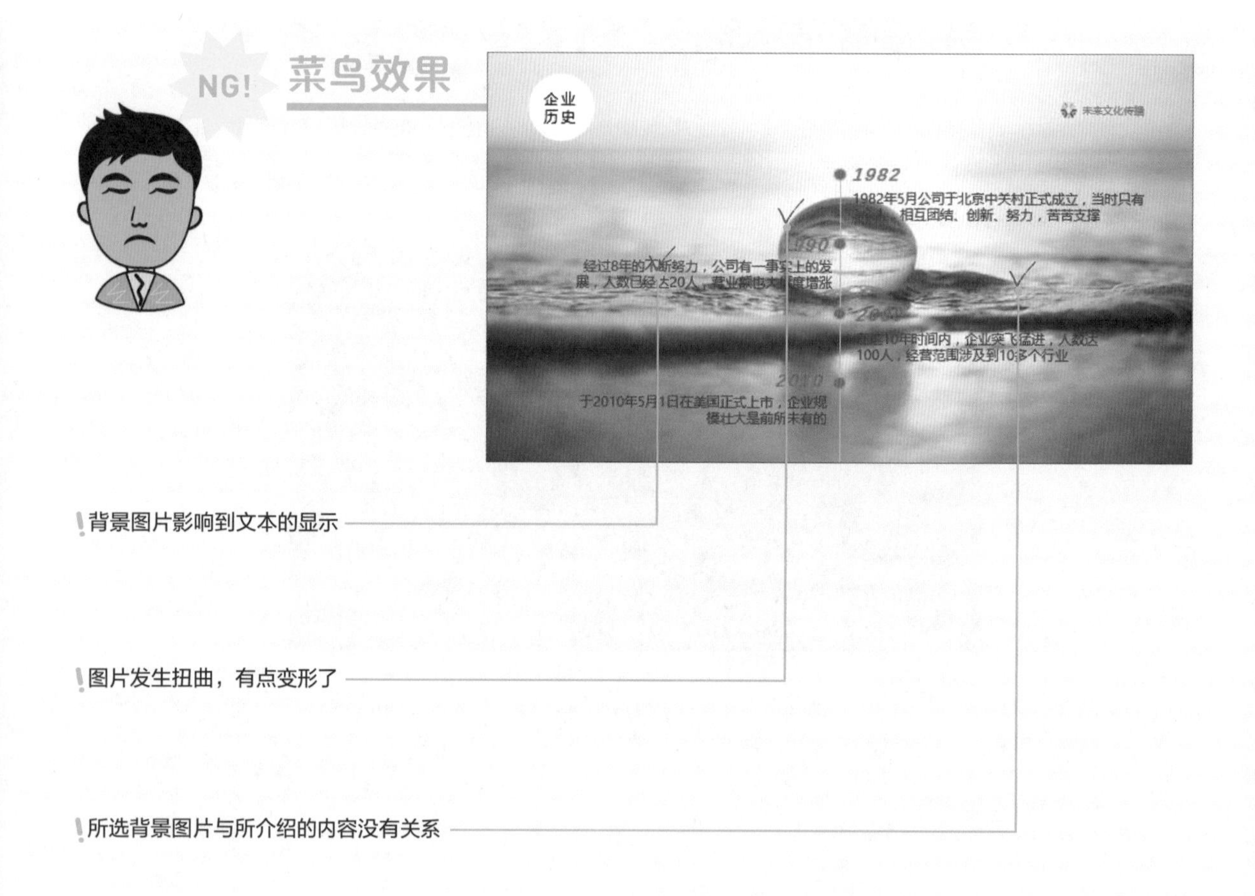

小蔡在制作企业发展历史介绍幻灯片时，首先是使用的图片色彩太亮，从而消弱了文本的显示效果，部分文本看不清楚；其次是图片选择不恰当，作为背景的图片与企业发展历史没有任何关系；在调整图片时，图片变形发生扭曲。

MISSION!
3

在制作演示文稿时，经常需要使用文本、图片和形状等元素。图片可以增加幻灯片的视觉冲击力，形状可以进一步修饰演示文稿，文本起着说明作用。在不同的演示文稿中，各种元素使用的侧重点也是不同的。如在制作企业发展历史介绍的演示文稿中，需要突出不同时间段的企业发展历程，而图片和形状都起到修饰作用。

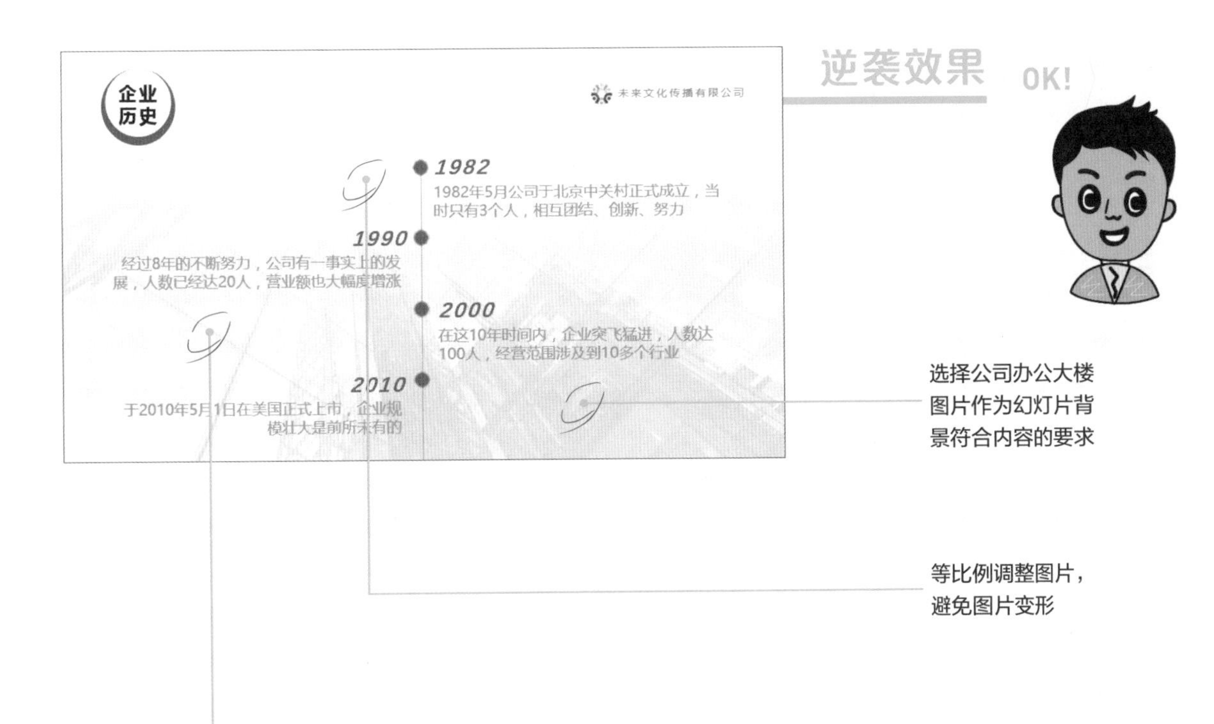

小蔡对制作的企业发展历史介绍幻灯片进行了修改，首先将背景图片更换为企业办公大楼，符合内容要求，而且在调整图片大小时没有发生变形现象；在图片上方添加形状并创建渐变蒙版，再输入文本时，可以很好地突出企业发展历程。

Point 1 插入并编辑图片

在PowerPoint中插入图片后，还需要对图片进行适当的编辑，如调整大小、调整位置以及裁剪图片等。如本案例需要将插入的图片裁剪为和页面比例相同的大小，下面介绍详细操作方法。

1

打开PowerPoint 2019软件，新建空白幻灯片。切换至“插入”选项卡，单击“图像”选项组中“图片”按钮。

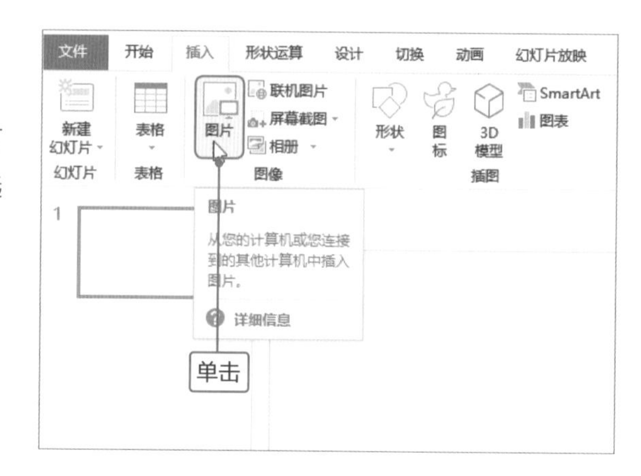

2

打开“插入图片”对话框，选择“公司办公楼.jpg”图片，单击“插入”按钮。

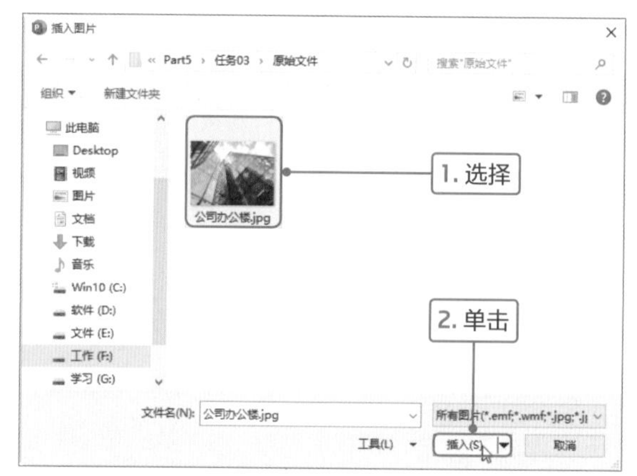

3

可见插入图片的纵横比和页面不一致，还需对其进行裁剪。首先选中插入的图片，切换至“图片格式”选项卡，单击“大小”选项组中“裁剪”下三角按钮，在列表中选择“纵横比>16:9”选项。

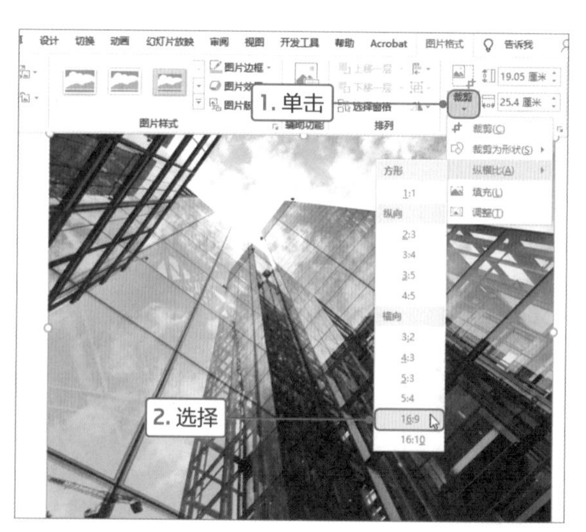

4

可见在图片上显示16:9的裁剪框，光标移到图片上时会变为四向箭头，按住鼠标左键拖曳至裁剪框中显示需要的图片即可。

Tips 将图片裁剪为形状

用户也可以将图片裁剪为形状。选中图片，单击“裁剪”下三角按钮，在列表中选择“裁剪为形状”选项，在子列表中选择形状即可。如选择平行四边形，则图片被裁剪为平行四边形。

5

将图片的左上角移到页面的左上角并重合，然后按住图片右下角的控制点，拖曳至页面的右下角，此时可见图片充满了整个页面。

Tips 应用图片样式

选中插入的图片，切换至“图片格式”选项卡，单击“图片样式”选项组中“其他”按钮，在打开的列表中选择合适的图片样式，即可为图片应用选择样式。

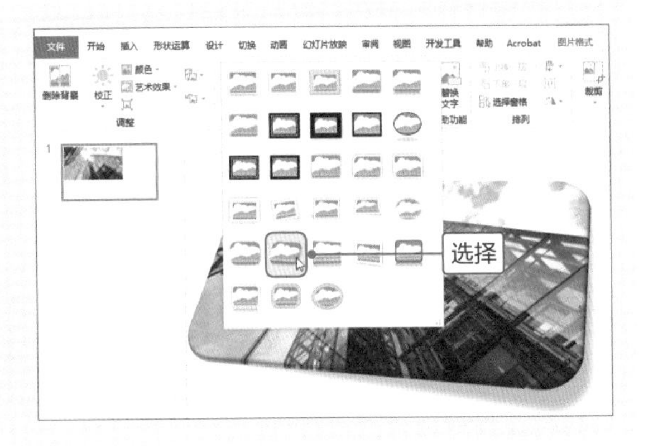

Point 2 制作矩形蒙版

在PowerPoint中添加蒙版是在图片上方添加色块，当色块为渐变时被称为渐变蒙版。本案例为了弱化背景图片而突出文本内容，需要添加蒙版，下面介绍具体操作方法。

1

在“形状”列表中选择“矩形”形状，在页面中绘制和图片一样大小的矩形。绘制完成后，可见矩形完全遮盖住图片。

2

右击矩形形状，在快捷菜单中选择“设置形状格式”命令。打开“设置形状格式”导航窗格，在“填充”选项区域中选中“渐变填充”单选按钮，然后设置渐变类型和颜色。设置从上到下的白色的渐变。

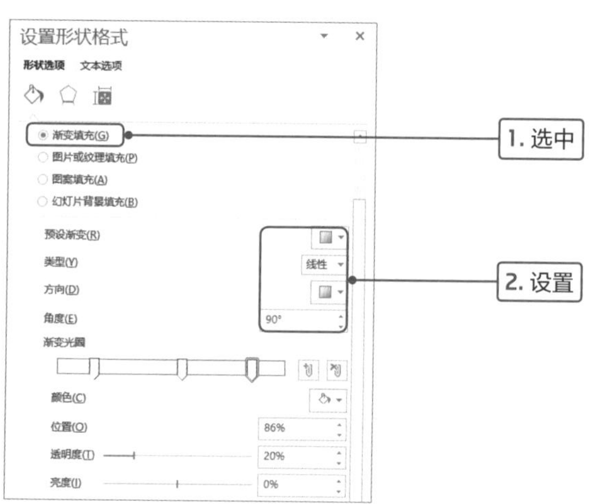

3

可见透过矩形形状隐约看到下方的图片，此时，图片的效果被弱化了。在设置渐变颜色时，一定要考虑到颜色的透明度，否则就不是蒙版了。

Tips 设置纯色蒙版

用户也可以设置纯色蒙版，即在“设置形状格式”导航窗格中设置纯色填充，然后根据需要设置透明度即可。

Point 3 制作幻灯片的内容

接下来要制作企业发展历史介绍幻灯片的主体部分，首先创建文本内容，并且添加形状进行美化。在设置文本时，通过垂直线条将企业重要的发展历程连接在一起，下面介绍具体操作方法。

1

首先通过插入图片的方法添加企业的Logo图片，并适当缩小放在页面的右上角。接着，在Logo右侧输入企业名称并设置格式。最后将文本框和Logo图片组合在一起。

2

在“形状”列表中选择椭圆形状，在页面中按住Shift键绘制一个正圆形形状。单击“形状填充”下三角按钮，在列表中选择“取色器”选项，吸取Logo图片中红色并填充至正圆。然后设置圆形形状为无轮廓。

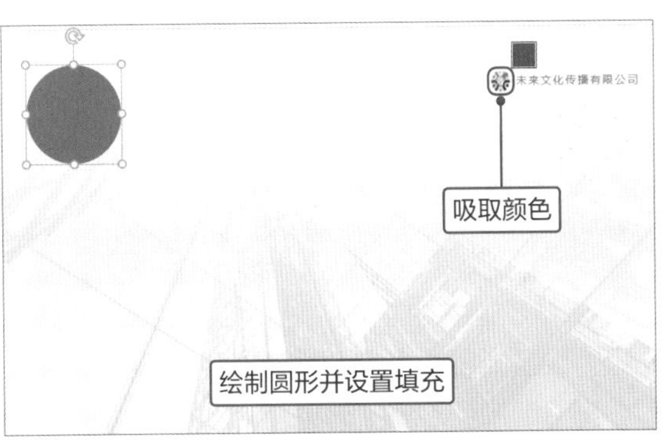

3

接着再绘制一个小一点的正圆形，设置无轮廓，填充颜色为白色。

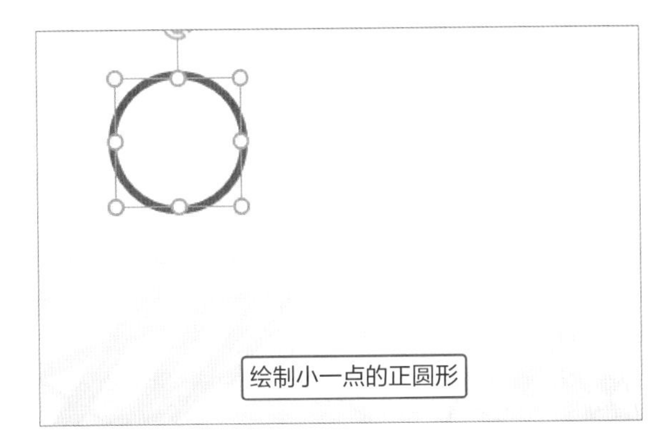

Tips 调整形状的外观

在PowerPoint中绘制形状后，用户可以对顶点进行编辑，改变形状的外观。即右击绘制的形状，在快捷菜单中选择“编辑顶点”命令，可见控制点变成黑色的小矩形。将光标移到该控制点上并单击，即可在两侧出现两个黑色边框白色底板的矩形，拖曳调整该矩形，则形状的外面也在改变。调整完成后，在任意空白处单击即可。

4

选择两个正圆形形状，在“排列”选项组中设置水平和顶端对齐。

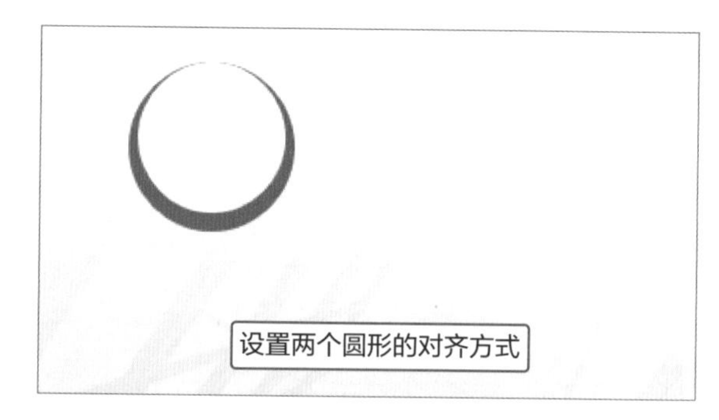

5

选择大圆形再选择小圆形，切换至“形状运算”选项卡，单击“形状组合”选项组中“剪除”按钮，即可将小圆从大圆中剪除。

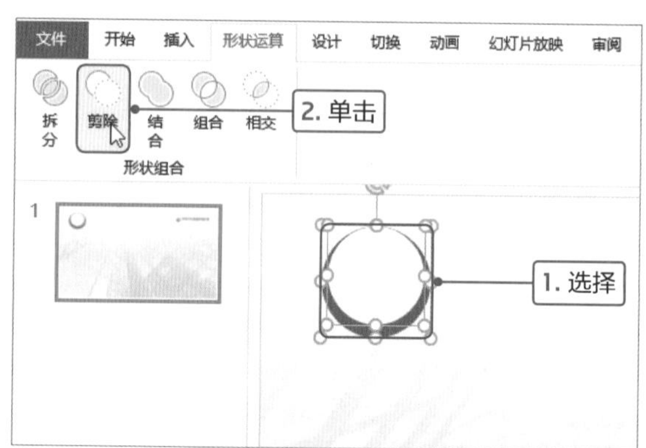

Tips 添加形状运算功能

在PowerPoint中，默认情况下功能区是没有形状运算功能的，用户可以单击“文件”标签，选择“选项”选项。在打开的“PowerPoint选项”对话框中选择“自定义功能区”选项，然后在右侧面板中新建选项卡，将形状运算功能添加到该选项卡即可。

6

在页面中绘制一条竖直的线条并设置轮廓颜色，然后在上方添加4个小正圆形，设置填充颜色为红色。

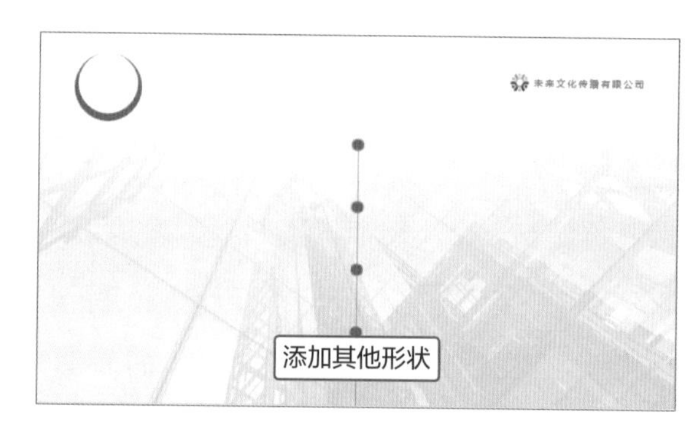

7

接着在页面中输入相关文本，将年份文本设置颜色为红色，并加粗处理，注意与红色小正圆要垂直对齐。其他文本框分别与年份的文本框对齐。

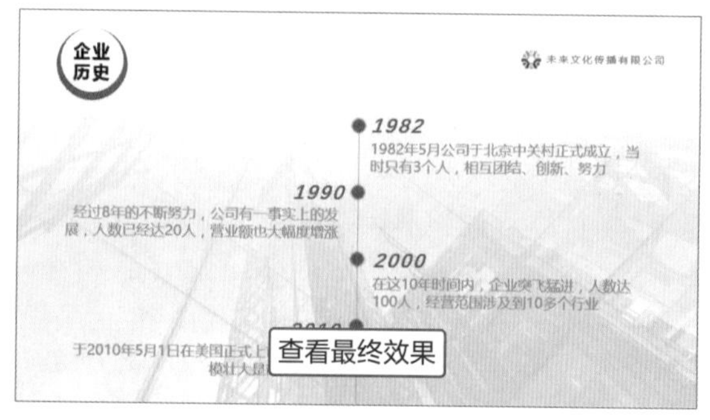

为图片重新着色

对图片进行重新着色可以快速设置个性化的图片，对于美化幻灯片有很大的帮助。选中图片，切换到“图片工具-格式”选项卡，单击“调整”选项组中“颜色”下三角按钮，在列表中的“重新着色”选项区域中选择合适的选项。

对图片进行重新着色，使其呈现单一的颜色，可以消弱图片本身的色彩冲击，从而有利于文字的展示。PowerPoint 2019的重新着色包括3种类型：冲蚀效果、单一颜色和灰度着色。

1.冲蚀效果

冲蚀效果可以让图片看起来像蒙上一层透明的纸，若隐若现。对于颜色比较暗的图片，使用该效果，然后再适当设置色彩的饱和度和色调，可以增加色彩的表现力，最后再添加相应的文字。下左图为最初效果，下右图为添加冲蚀的效果。

2.单一颜色

单一颜色就是将图片只呈现出某一种颜色，该效果可以直接过滤掉图片中其他所有的颜色，让图片看起来更纯粹。在上面的任务中，通过将图片设置3种单一颜色，并进行裁剪，使图片有一种耳目一新的感觉。

3.灰度着色

谈到灰度着色时，相信大家都不会陌生，因为在制作PPT时使用比较多的就是灰色。其实灰色也是单一颜色，只是其应用更广泛，所以单独介绍，它可对文本、形状和图片设置灰色。灰度着色也可以弱化图片的背景，而且不是很艳丽，在多张图片上使用时，可以快速避掉多种颜色之间的冲突。下左图为原图，下右图为灰度着色的效果。

制作企业励志人物事迹介绍幻灯片

为了能够更好地激励员工不断学习和成长，可以在员工培训时介绍企业管理层的励志人物事迹。历历哥精心挑选管理层4位员工的信息，决定让小蔡将这些信息制作成一页幻灯片。小蔡认真查看这4位管理层同事的信息后，结合自己学习的幻灯片展示的相关功能后，决定以多张图片排版加文字介绍的方式进行展示。

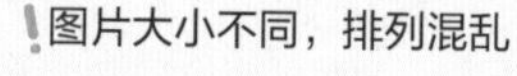

小蔡在制作企业管理层管理层励志人物事迹介绍幻灯片时，文本内容没有问题，但在图片的使用上问题很多，首先，图片没有处理，排版很呆板；其次图片的大小不同，整体感觉很乱；最后图片中人物大小不同、远近不一致。

MISSION! 4

在PowerPoint中，如果需要将多张图片放在一起，一定要注意图片的大小、排版等问题。在排版多张图片时，需要注意图片的整齐、页面的平衡、紧凑关系，在排版人物图片时，还要注意人物的视线、高低、大小等问题。由于图片的大小、纵横比不一致，还需要规范图片自身的格式。

逆袭效果 OK!

图片大小相同，排列合理

通过平行四边形排版图片，显得版式活泼

图片中人物大小差不多，很整齐

小蔡对制作的幻灯片进行了进一步修改，首先通过将图片显示在平行四边形中的方式进行排版，使整个图片感觉很活泼；其次，设置图片的大小相同，而且图片中的人物大小也差不多，使页面整体更整齐、洁净。

Point 1 插入并布局形状

在PowerPoint 2019中可以对图片和形状进行运算，就像是形状之间的运算一样。本案例首先需要插入平行四边形，然后再将形状和图片进行运算。首先介绍插入平行四边形的方法。

1

新建空白幻灯片，切换至“插入”选项卡，单击“插图”选项组中“形状”下三角按钮，在列表中选择“平行四边形”形状。

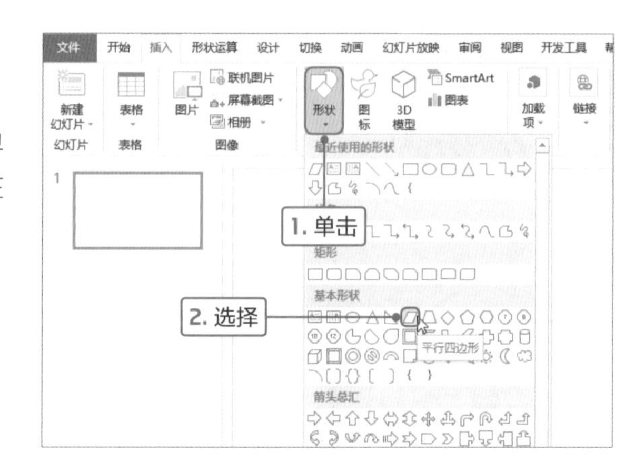

2

在页面中绘制平行四边行，切换至至“形状格式”选项卡，在“大小”选项组中设置平行四边形的高度为6.5厘米、宽度为6.6厘米。

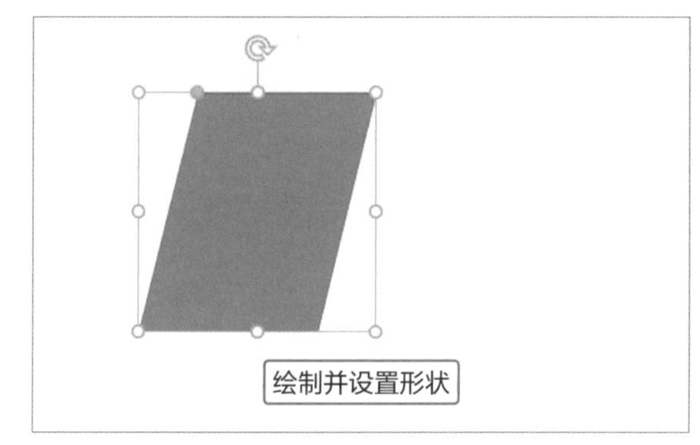

3

选择绘制好的平行四边形，按Ctrl+C组合键进行复制，然后按Ctrl+V组合键进行粘贴，复制出3份平行四边形。

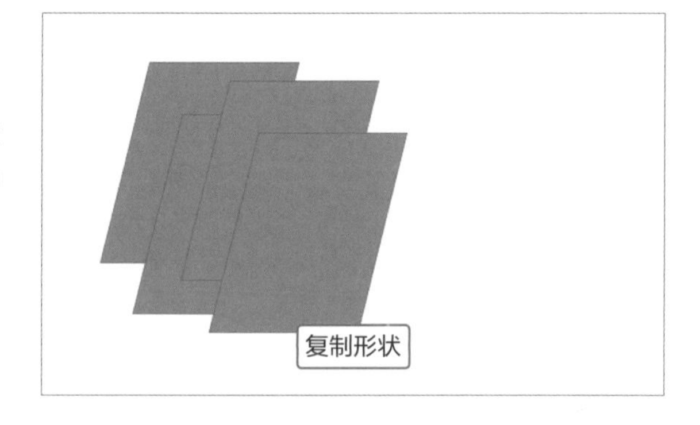

Tips 更改形状

选择形状，切换至“形状格式”选项卡，单击“插入形状”选项组中“编辑形状”下三角按钮，在列表中选择“更改形状”选项，在子列表中选择合适的形状即可。

4

接着要对复制的平行四边形进行合理排列。首先将左侧和右侧形状设置为顶端对齐，将中间两个平行四边形放在中心位置。用户如果很难判断中心位置，可以通过添加辅助线条进行对齐。

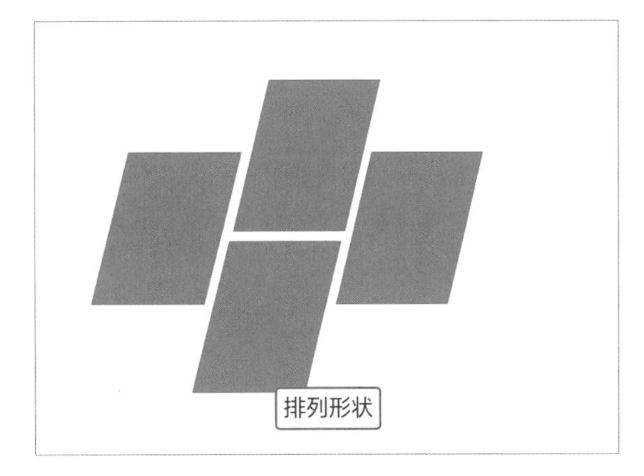

5

选择4个平行四边形并右击，在快捷菜单中选择“设置对象格式”命令。

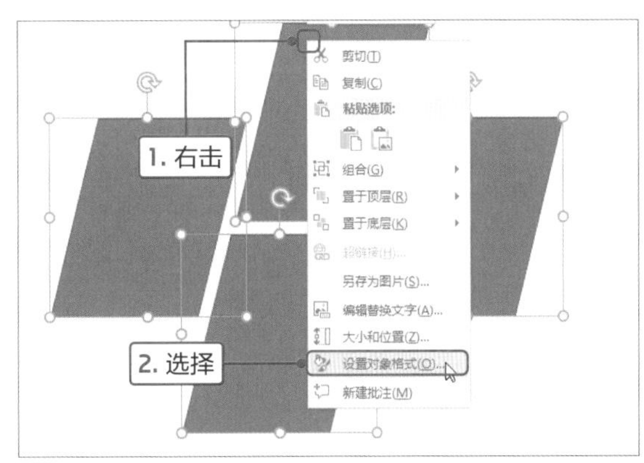

6

打开“设置形状格式”导航窗格，在“填充”选项区域中设置透明度为50%。此处对设置透明度的值没有具体要求，只要能透过形状看清楚下方图片即可。

7

可见平行四边形的填充颜色变淡了。

Tips **通过形状样式设置透明度**

在“形状样式”列表的“预设”选项区域中，前3行的样式分别是轮廓和填充均透明、填充为透明、填充为半透明。用户根据需要选择合适的选项，即可设置形状的透明度。

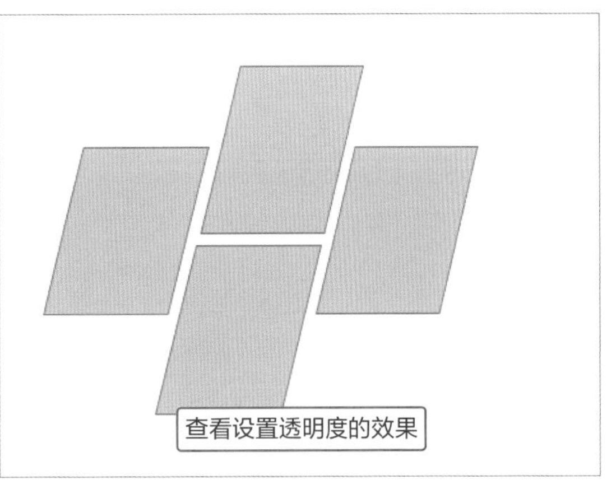

Point 2 让图片在形状中显示

为了使图片大小一致，我们可以通过形状来裁剪图片。该操作不是在形状中填充图片，而是对图片和形状进行运算，从而可以随意调整图片中人物在形状中的显示，下面介绍具体的方法。

1

单击“插入”选项卡中“图片”按钮，在打开的“插入图片”对话框中选择合适的图片，单击“插入”按钮。

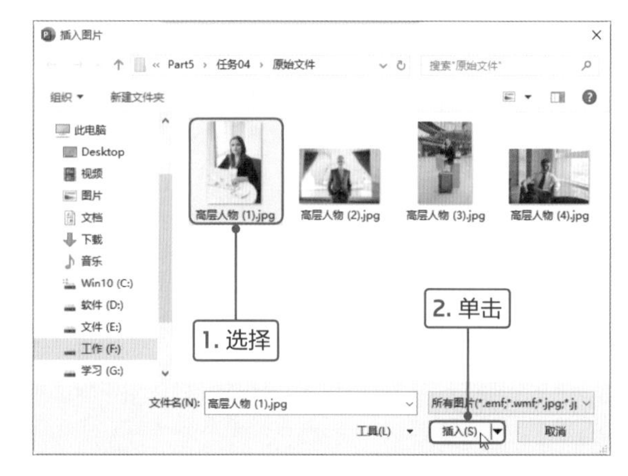

2

可见插入的图片显示在形状上方。选择插入的图片，切换至“图片格式”选项卡，单击“排列”选项组中“下移一层”下三角按钮，在列表中选择“置于底层”选项。

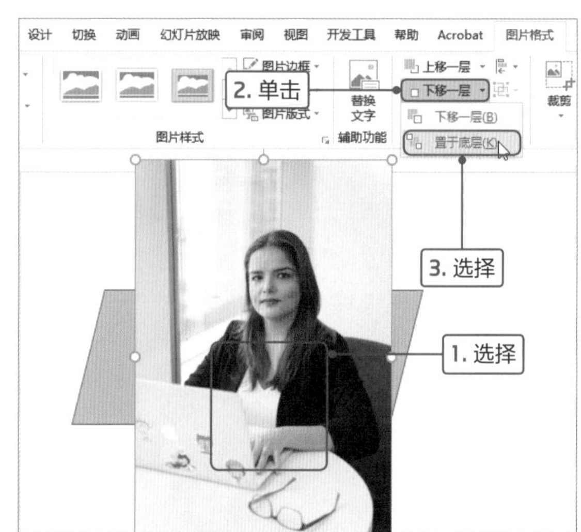

3

此时，用户可以透过形状查看图片。适当调整图片的大小和位置，使人物主体在上方的形状中显示。

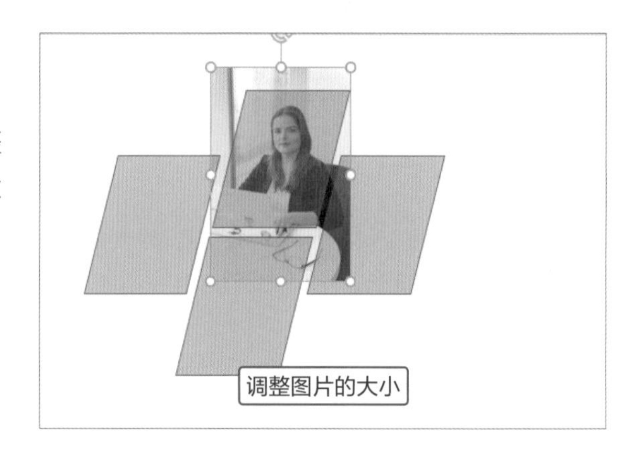

4

选择图片，按住Shift键再选择上方平行四边形，切换至“形状运算”选项卡，单击“形状组合”选项组中“相交”按钮。

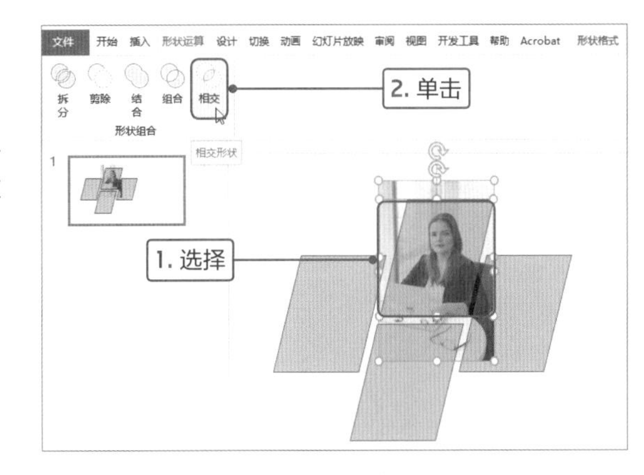

5

操作完成后，可见图片只显示平行四边形内的图像范围。

读者也许会觉得这样操作太麻烦了，直接将图片裁剪为平行四边行就好了。但是将图片直接裁剪为形状后，很难调整主体部分，而且图片大小不同裁剪后的大小也不同，若调整大小很容易使图片变形。

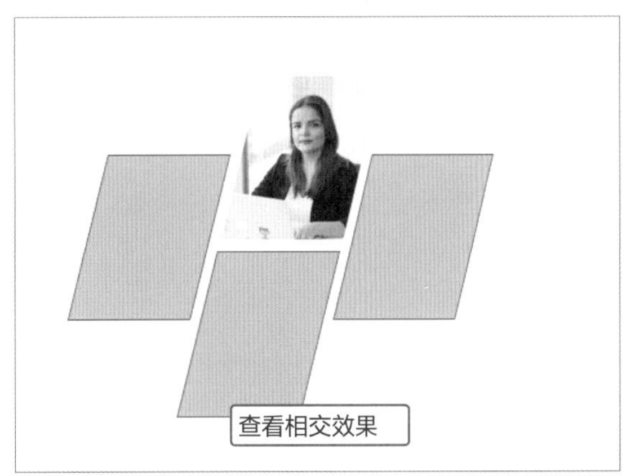

6

根据相同的方法，将其他3张图片插入并分别填充在其他的形状中。在操作时一定要注意，图片中主体人物大小要差不多。

Tips **调整人物图像时注意事项**

人物大小不一致、视线不在同一水平线上时会造成视觉错乱，所以在裁剪和调整图像时要保证人物视线在同一水平线上。用户可以通过两条辅助线条来衡量，如右图所示。

Point 3 为图片添加边框

图片创建完成后，为了使其显示效果更完美，还可以添加边框。最后再为幻灯片添加文本内容，下面介绍具体操作方法。

1

绘制和页面一样大小的矩形形状并设置填充颜色，然后置于底层。

2

可见图片还缺少边框，选择4张图片，切换至“图片格式”选项卡，单击“图片样式”选项组中“图片边框”下三角按钮，在列表中选择边框的颜色。然后继续在该列表中再设置边框的粗细。

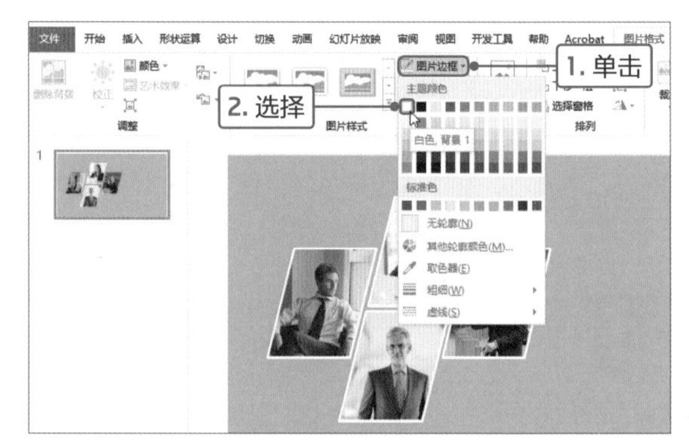

3

可见图片添加设置的边框效果。然后为图片添加阴影效果，再将图片进行组合并设置垂直居中对齐，放在页面的左侧。最后在右侧输入相关文本并设置格式。至此，本案例制作完成。

布局多张图片需要注意的事项

1.整齐：在对图片进行分布时，整齐是首先要考虑的问题。如图片的纵横比要一致、对齐方式要统一，否则图片就会很零乱。

2.平衡：平衡是为了减少视觉上的不稳定，并使PPT的视觉空间得到充分利用。其原理是将PPT中各元素均衡地分布，不至于有的地方过挤，有的地方过于空。

3.紧凑：让相同的元素尽量在一起，不要太分散，这是为了将受众的目光聚焦到一个点上，更容易捕捉信息。

高效办公

使用形状和图片制作不一样的效果

之前学习了很多PPT中形状应用的知识，如使用形状突出某部分、划分区域以及在图片上制作蒙版等。下面介绍利用矩形和图片结合制作不一样的效果，具体操作方法如下。

首先，在页面中绘制五边形，使其宽度和页面宽度一致、高度在页面的3分之2处，如下左图所示。然后对形状进行垂直翻转后右击，选择“编辑顶点”命令，调整顶点使一面两个顶点与页面重合，如下右图所示。

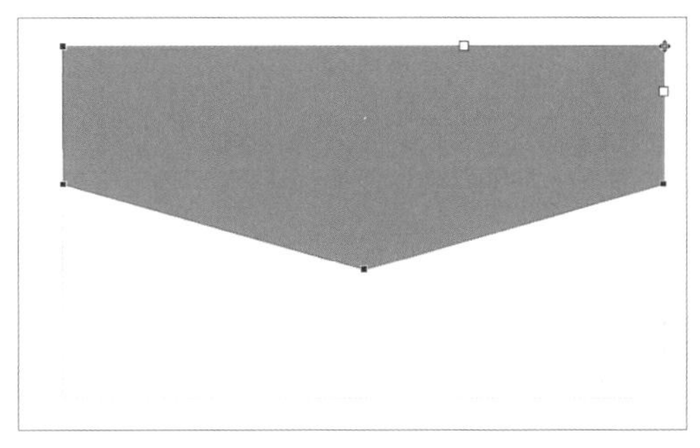

在页面中绘制细长的矩形，然后复制10多份，进行平均分布，如下左图所示。选择所有图形，执行拆分操作，然后删除所有细长矩形。最后将剩余的形状组合在一起，如下右图所示。

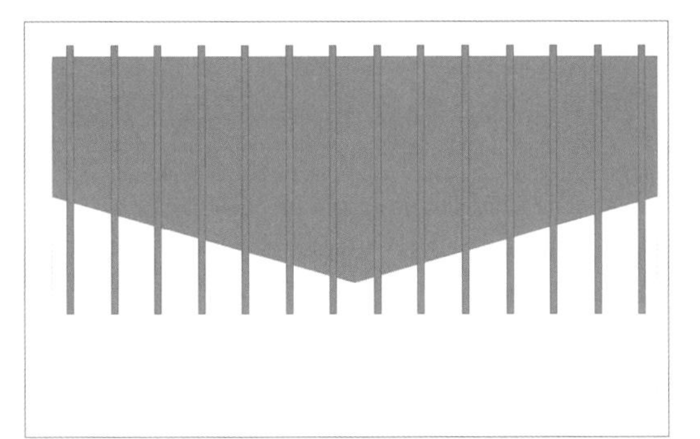

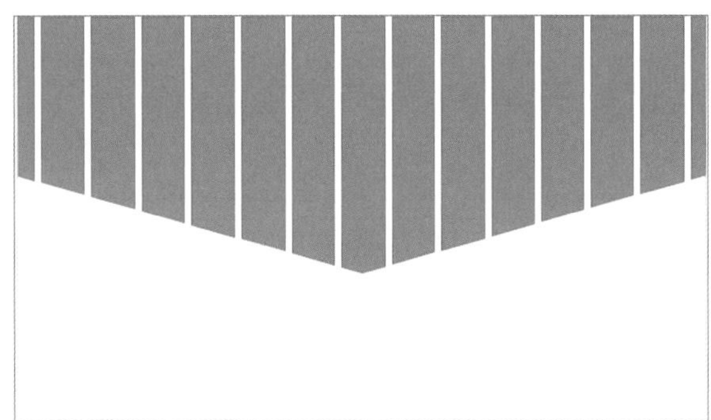

在页面中插入需要的图片并置于最底层，然后适当调整图片的大小和位置，如下左图所示。选择图片再选择形状，切换至“形状运算”选项卡，单击“相交”按钮，即可在形状中显示图片。最后在页面中输入相关文本并设置格式，效果如下右图所示。

制作扁平化企业宣传幻灯片封面

为了树立企业形象和攻占市场，历历哥决定让小蔡制作一份企业宣传演示文稿，对企业进行较为形象的展示，从而较为直观地向客户展示公司，有利于公司形象的树立。小蔡将所有企业宣传的文案内容准备充分，准备制作演示文稿时，对于幻灯片封面的风格，想制作成比较流行的扁平化风格。历历哥很支持使用这种风格，认为这种简洁、美观的效果与整个幻灯片的内容很协调。

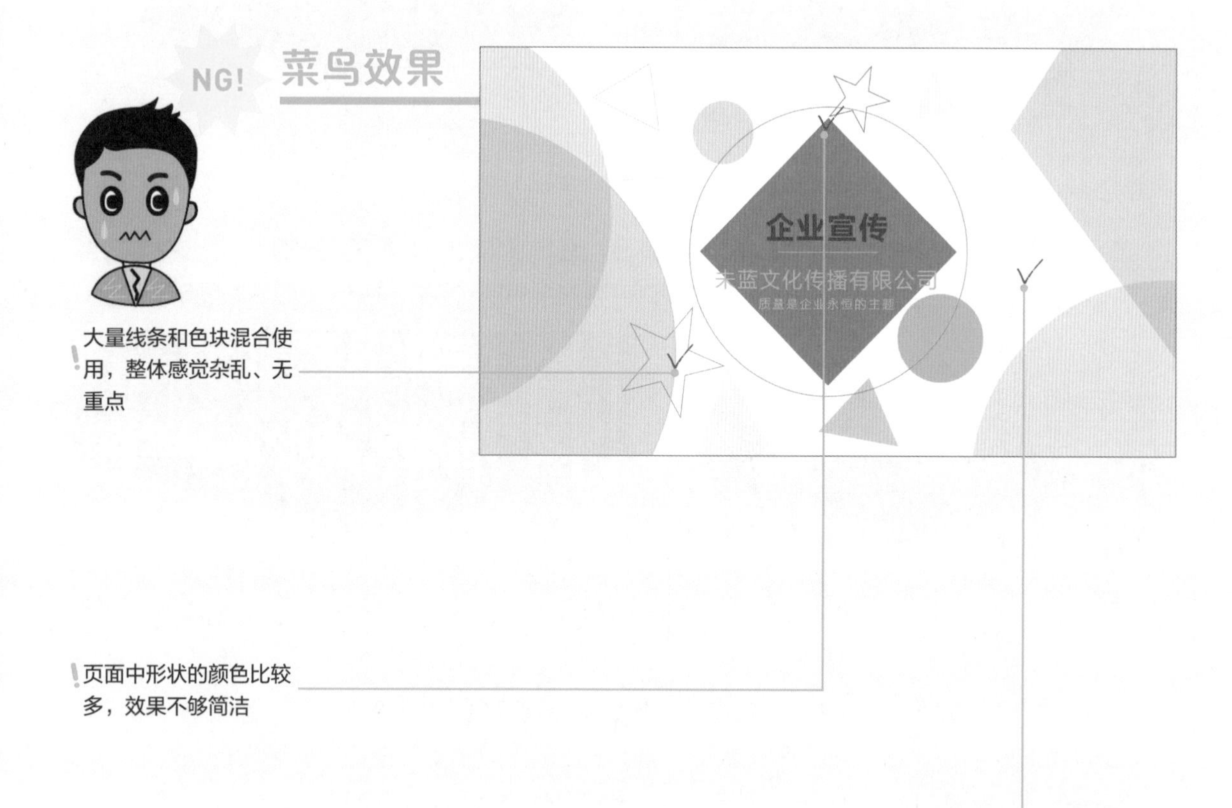

小蔡在制作扁平化风格的封面时，使用大量的颜色，整个页面五彩缤纷、杂乱无章；大量线条和色块混合使用，导致页面没有重点；使用各种形状，如平滑的圆形、棱角的五角星，感觉进了杂货铺一样乱，不能突出重点。

MISSION!
5

扁平化风格的演示文稿主要是使用形状制作出简洁、美观、大方的效果。所谓扁平化，即不使用所有效果，只使用形状最原始的内容，如色块或线条，并且所有的形状都不添加额外的形状效果，像是平面内容。在制作扁平化风格的封面时，应当先确定主体是色块还是线条，如果大量混合使用，会造成页面效果零乱、重点不突出。

逆袭效果 OK!

使用圆形形状修饰封面，元素比较统一，效果很和谐

页面中形状的颜色主要是蓝色色系，色彩统一

以色块为主制作封面，页面整洁、美观

小蔡对封面设计的不足之处进行修改，首先将封面的主色调定为蓝色，然后在同一色系中填充不同形状；只使用色块修饰封面，页面整体统一、整洁；只使用圆形进行修饰，风格统一，效果和谐。

Point 1 设计封面中心部分

首先设计封面的中心主体部分，该部分主要是由圆形的色块和线条构成背景，然后再添加相应的主题文本，最后将主体部分组合并设置对齐方式即可。下面介绍具体的操作方法。

1

打开PowerPoint 2019软件，新建空白幻灯片。切换至“插入”选项卡，单击“插图”选项组中“形状”下三角按钮，在列表中选择“椭圆”形状。

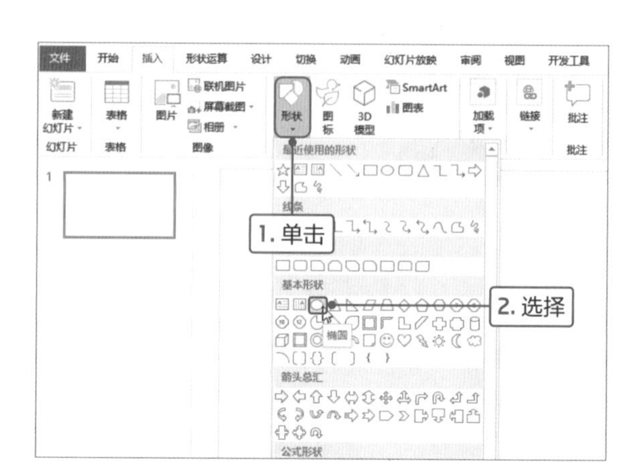

2

按住Shift键，在幻灯片中绘制正圆形状，切换至“形状格式”选项卡，在“大小”选项组中设置正圆的高度和宽度为12.5厘米。

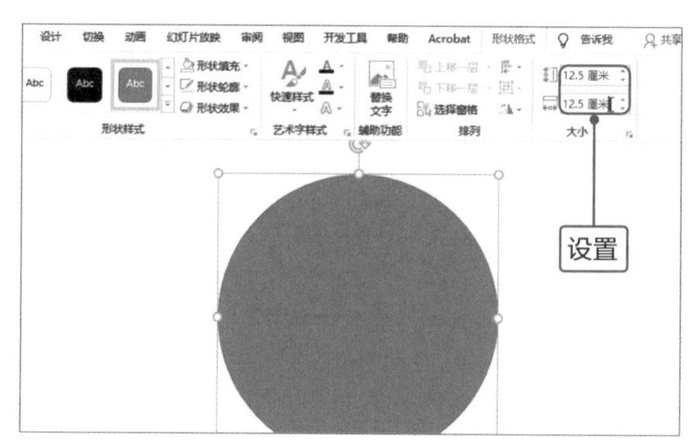

3

复制一份正圆形，保持该形状为选中状态，在“大小”选项卡中设置其高度和宽度为13.5厘米。

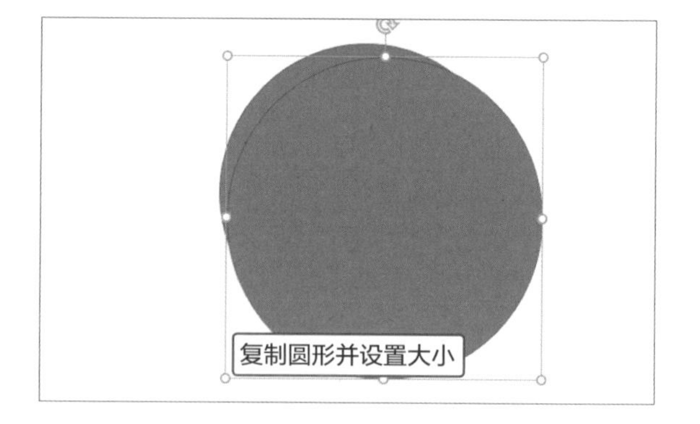

Tips 结合快捷键绘制形状

在绘制形状时，可以配合一些快捷键使用，如按住Ctrl键可以绘制出以单击点为中心的形状；按住Alt键可以绘制出以单击点为起点的形状；按住Shift+Ctrl组合键，可以绘制出以单击点为中心的正形状。

4

选择两个正圆形，切换至“形状格式”选项卡，单击“排列”选项组中“对齐”下三角按钮，在列表中选择“水平居中”和“垂直居中”选项，设置两个圆为同圆心。

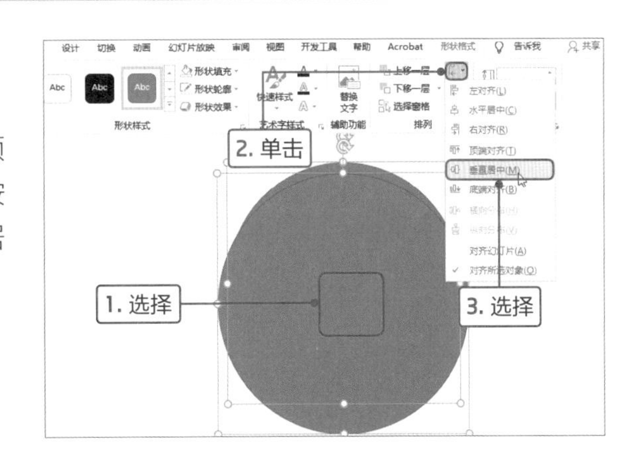

5

选择大圆形，在“形状格式”选项卡的“形状样式”选项组中设置形状为无填充、轮廓宽度为1磅、轮廓颜色为深蓝色。设置小圆形状为无轮廓、填充颜色为深蓝色。最后将两个圆形组合在一起。

设置圆形的格式

6

然后绘制横排文本框，输入封面标题的相关内容，并设置文本的格式。设置文本和直线为水平居中对齐并组合在一起，设置文本的对齐方式为水平和垂直居中。最后将所有元素组合在一起。

添加标题文本

Tips 选择被其他元素覆盖的内容

在制作演示文稿时，经常遇到需要选择被其他元素覆盖的内容。此时，可以通过“选择”窗格准确选择。单击“形状格式”选项卡“排列”选项组中“选择窗格”按钮，即可打开“选择”导航窗格，然后选择需要的内容即可。用户也可以按住Ctrl键选择多个内容。

选择
全部显示 全部隐藏
图片 15
直接连接符 22
矩形 20
文本框 19
文本框 18
椭圆 11
椭圆 9
组合 5
椭圆 8
椭圆 7
椭圆 6
组合 4
椭圆 3
椭圆 2

Point 2 设计页面两侧的圆形

该封面主要以左右对称的形式来添加各种圆形的色块，但也并非绝对的对称，否则效果会显得太呆板。下面详细介绍添加圆形色块来修饰页面的操作方法，具体步骤如下。

1

在页面中绘制正圆形后，在“形状格式”选项卡的“大小”选项组中设置高度和宽度为18.6厘米。

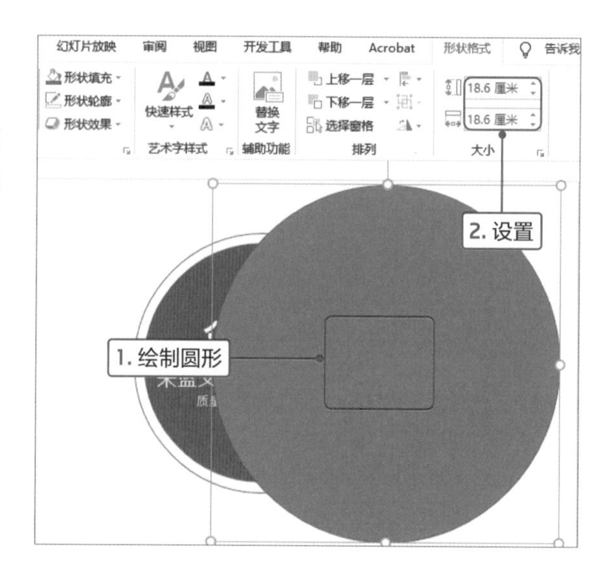

2

选择绘制的圆形，打开“设置形状格式”导航窗格，在“填充”选项区域中设置填充颜色为深蓝色、透明度为40%。在“线条”选项区域中选中“无线条”单选按钮。

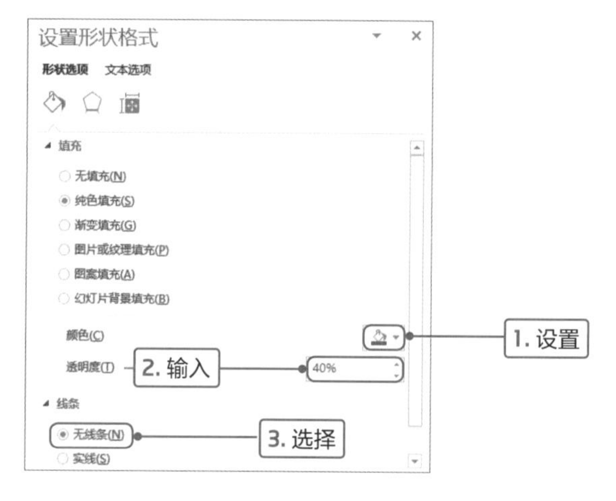

3

选中圆，将其移到页面的左侧并移出页面，在页面内只显示部分圆形。其放映的效果在左侧的缩略图中可见。

在页面之外的内容，放映时是不显示的，用户可以在外侧添加矩形形状，然后将圆形和矩形进行“拆分”运算，最后删除页面外侧形状。

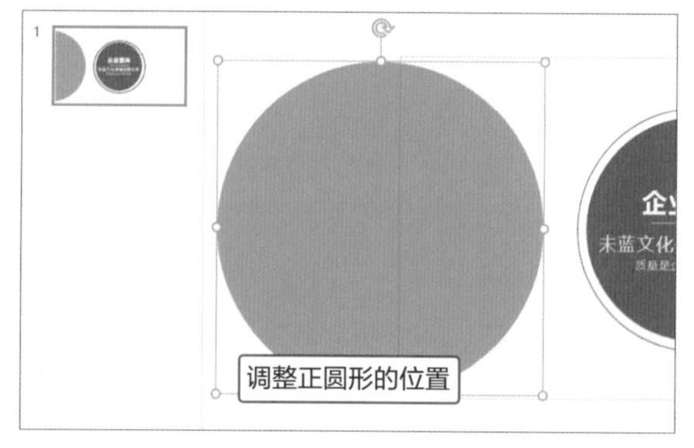

4

复制大的正圆形，适当调整大小和位置并填充蓝色。其显示效果用户可以参考右侧效果图。最后对左侧的3个圆形进行组合。

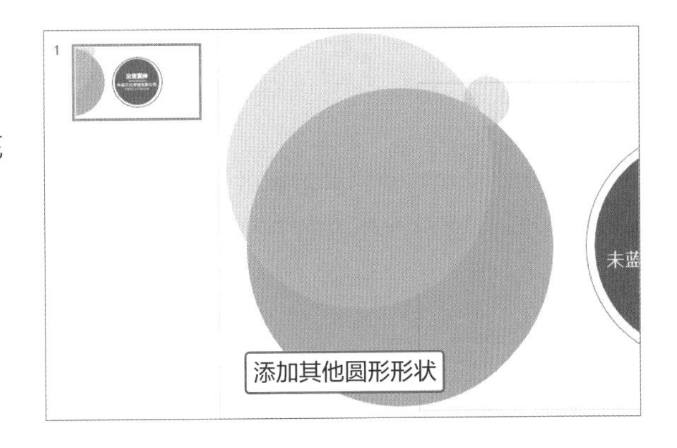

5

选择左侧形状并复制一份，然后将其移到页面的右侧。

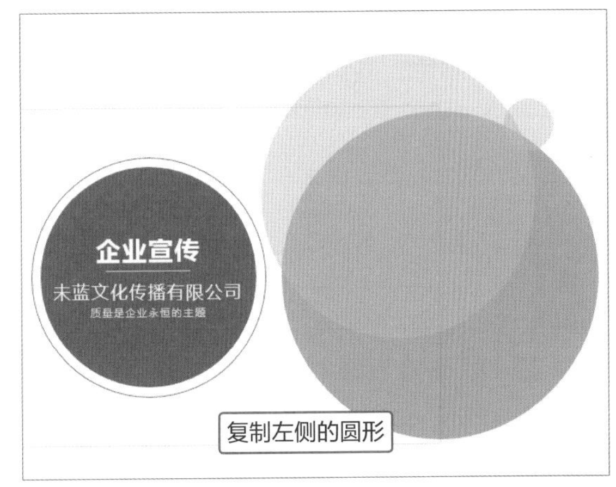

6

选择复制的形状，在“形状格式”选项卡的“排列”选项组中单击“旋转”下三角按钮，分别在列表中选择“水平翻转”和“垂直翻转”选项。适当调整形状的位置，使其与左侧形状形成对称效果。

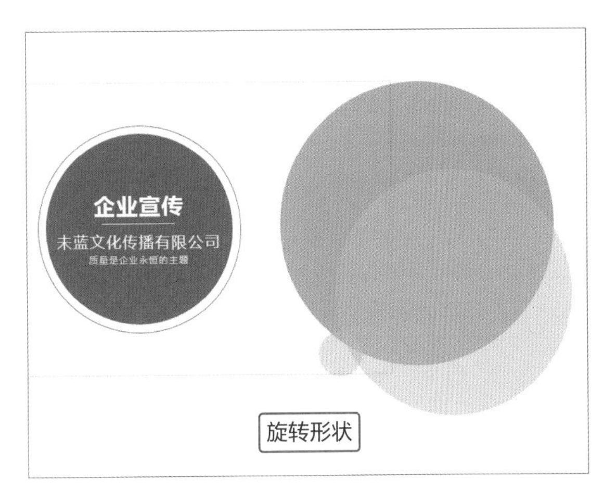

7

设置完成后，单击状态栏中“幻灯片放映”按钮，预览效果。可见页面整体感觉是左右侧对称，但具体形状是一种角的对称效果。

Point 3 在页面中添加修饰形状

封面的中心部分、两侧部分设计完成后，还需要添加一些修饰性的元素来对页面进行美化。下面介绍在页面中添加修饰形状的具体操作方法。

1

在页面中继续绘制正圆形，设置填充颜色为浅蓝色、透明度为40%。复制一份圆形，设置填充颜色为浅橙色，适当缩小该形状。

2

选择与中心部分相接触的圆形，在“形状格式”选项卡的“排列”选项组中设置将圆形移至底层。

3

复制两个小圆，放在对角位置，再调整圆形的大小和位置。同样将接触中心部分移至底层。至此，封面制作完成。

Tips **使用线条修饰封面**

在本案例中，同样也可以使用线条制作封面，效果如右图所示。整个版面通过线条交织，制作出飘逸的感觉，中心部分通过线条对零散的文本进行整合。

高效办公

使用形状绘制图形

在各种优秀的幻灯片设计中，我们经常会看到一些十分精美的图形，其实这些图形都是通过常规形状组合而成的，如下图中的圆柱体和球体。

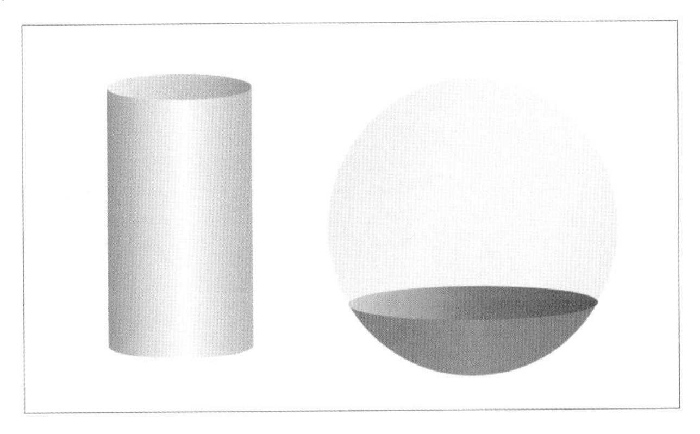

上图的圆柱体设计比较简单，是由矩形和两个椭圆形组合，然后通过设置渐变填充颜色，制作出高光和阴影，最终形成圆柱体。下面介绍球体的制作过程，该球体主要是由正圆制作而成的。首先绘制一个大的正圆，在“设置形状格式”导航窗格中设置渐变填充，如下左图所示。复制一份圆形，并和原有的圆形设置为同心圆，再绘制一个矩形，覆盖在圆形上方并保留圆形下方部分。选择正圆形，再选择矩形，单击“形状运算”选项卡中的“拆分”按钮，如下右图所示。

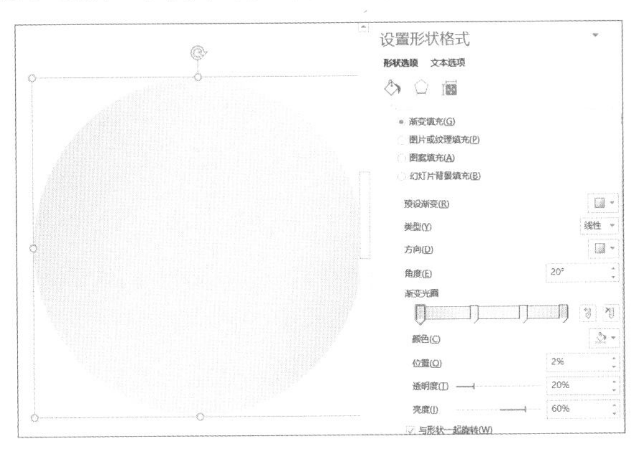

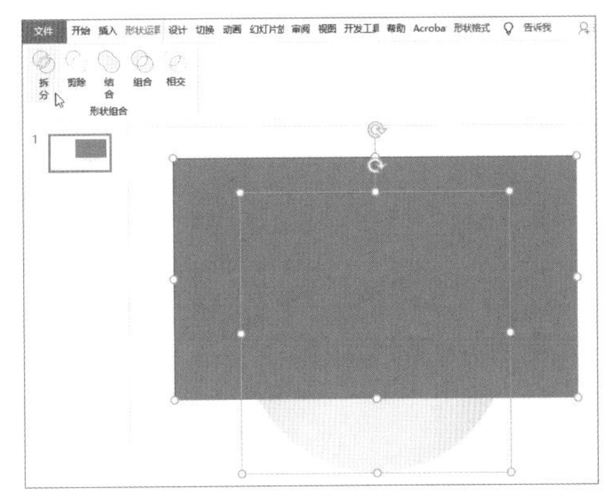

删除拆分后形状，只保留圆形下部分，然后设置渐变填充，以橙色为主。再绘制一个椭圆形，其宽度和半圆的宽度一至。设置浅橙色到橙色的渐变过程，如右图所示。最后将椭圆形状放在半圆形状的上方，再进行组合形状即可。

菜鸟加油站

幻灯片母版的应用

在PowerPoint中，幻灯片母版可以控制整个演示文稿的外观，包括字体、颜色、背景。每个幻灯片都有一个幻灯片母版，每个母版又包括多个不同的幻灯片版式，下面介绍幻灯母版的相关知识。

打开PowerPoint软件，切换至“视图”选项卡，单击“母版视图”选项组中“幻灯片母版”按钮。即可进入母版的编辑模式，如下图所示。

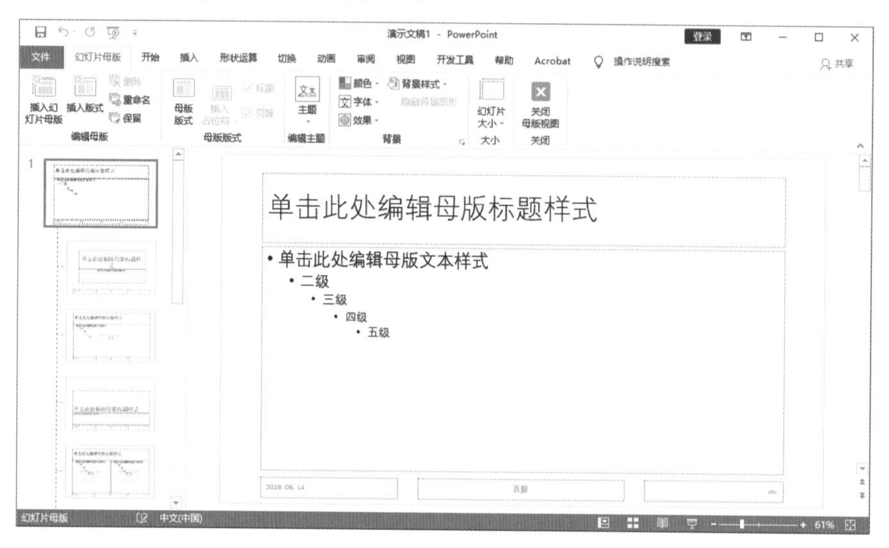

在母版视图中左侧的第一张幻灯片为母版，其下方为版式。这些版式用于各种不同的编辑对象，根据实际内容进行选择即可，如标题幻灯片、标题和内容、空白和比较幻灯片等。

在设计母版时，可以在幻灯片中插入占位符。占位符中容纳文本、表格、图表、SmartArt图形、图片等，用户可以通过占位符规定幻灯片的版式。如果需要在幻灯片的左侧插入表格、在右侧插入图表，则在母版视图中插入版式，然后单击“母版版式”选项组中“插入占位符”下三角按钮，在列表中选择“表格”选项，如下左图所示。此时光标变为十字形，在幻灯片页面左侧绘制表格占位符，其大小可以在“形状格式”选项卡中设置，如下右图所示。

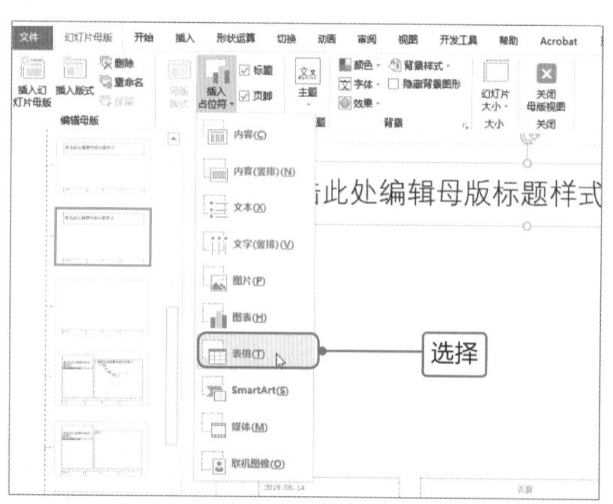

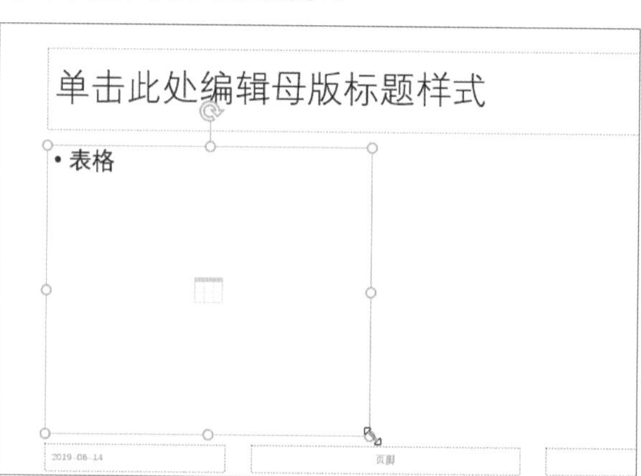

然后根据相同的方法在幻灯片的右侧插入图表的占位符，如下左图所示。在“幻灯片母版”选项卡的“关闭”选项组中单击“关闭母版视图”按钮，退出母版视图。切换至“开始”选项卡，单击“幻灯片”选项组中“新建幻灯片”下三角按钮，在列表中选择“自定义版式”选项，即可插入设置的版式，如下右图所示。

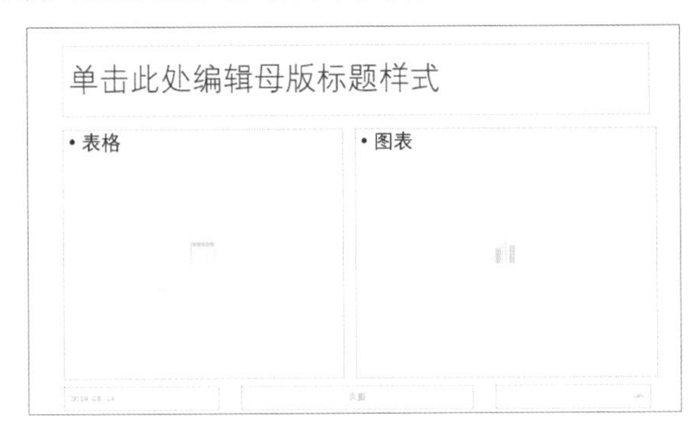

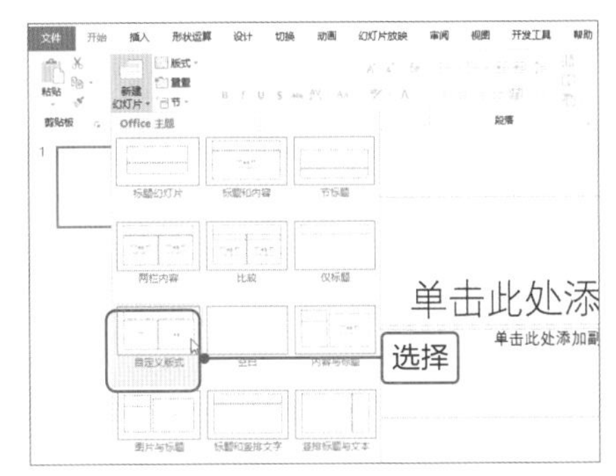

在幻灯片母版视图中可以统一设置字体、颜色、背景样式等。在母版视图中的“背景”选项组中可以统一幻灯片的设置。单击“颜色”下三角按钮，在列表中选择合适的颜色即可，如下左图所示。若选择“自定义颜色”选项，打开“新建主题颜色”对话框，然后设置各种参数的颜色，单击“保存”按钮即可，如下中图所示。

单击“字体”下三角按钮，在列表中选择合适的字体选项即可。也可以选择“自定义字体”选项，在打开的对话框中设置中文和英文的字体样式，单击“保存”按钮即可，如下右图所示。

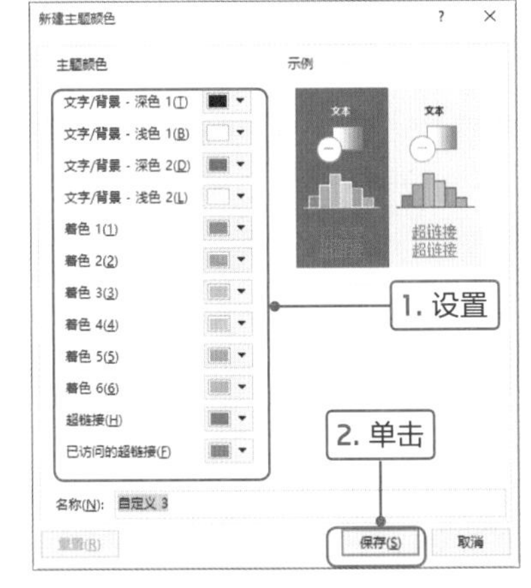

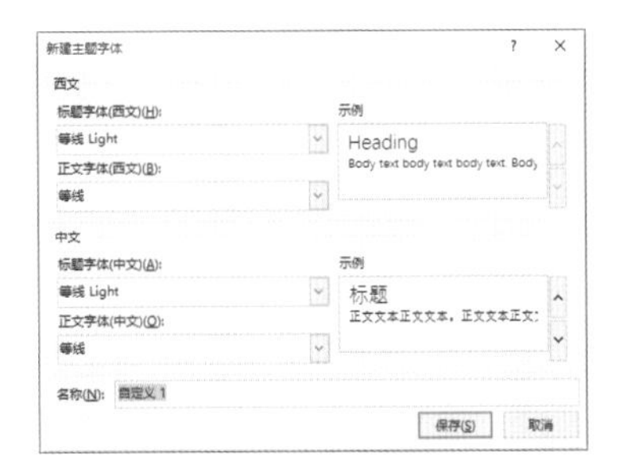

在PowerPoint中提供了几种背景样式，用户可以根据需要选择，如右图所示。

当然也可以自定义背景样式，在列表中选择“设置背景格式”选项，在打开的导航窗格中设置背景格式，如纯色填充、渐变填充、图片填充、纹理填充或图案填充等。

读书笔记

PPT多媒体和动画的应用

演示文稿制作完成后，为了使静态的文稿内容更富有灵魂，可以为其添加多媒体和动画。在进行幻灯片演示时，通过在演示文稿中添加声音或视频，可以很好地冲击观众的视觉；通过添加动画，可以让演示内容的逻辑更清楚或者更能突出幻灯片中的重点内容。

本部分通过两个案例，分别介绍多媒体和动画的应用，相信读者通过这些内容的学习可以熟练使用多媒体和动画来展示演示文稿的内容。

制作消防演练宣传演示文稿

企业为了响应国家加强全民消防宣传教育，增强全民消防意识的号召，每年都会举行消防知识的培训和演练。历历哥为了能让员工深刻体会到消防的重要性，吩咐小蔡要把消防演练培训演示文稿制作得生动些。小蔡很自信地向历历哥介绍说，这不是太困难的事情，只需要将相关消防素材和文本紧密地接合在一起即可。

小蔡在制作消防演练宣传演示文稿时，其封面使用消防图片作为背景，对浏览者的冲击力还不够；在制作目录页时，目录内容排列整齐，但感觉内容分散不能融为一体；没有为目录文本添加链接，在介绍相联系的内容时不能快速跳转到对应页面。

MISSION! 1

在PowerPint中可以通过为幻灯片添加多媒体内容来进一步烘托演示的气氛，如添加声音作为背景音乐，或者添加视频更生动地介绍相关内容。在本案例中，为了突出消防的重要性和火灾的危害，使用熊熊烈火作为封面的背景。使用动态的视频作为背景更能引起浏览者的关注，更能生动表达效果。

逆袭效果 OK!

小蔡对消防演练宣传演示文稿进行了修改，首先使用火焰视频作为封面背景，通过燃烧的烈火更形象地突出消防的主题；在目录页使用矩形将目录内容结合在一起，并且添加修饰元素；为目录文本添加链接，方便快速跳转至目录中对应的相关内容页。

Point 1 制作动态消防宣传封面

在制作演示文稿封面时，相信大部分人是使用图片、形状等静态的元素，本案例将使用视频作为背景，以动态的火焰突出消防的重要性，下面介绍具体的操作方法。

1

打开PowerPoint软件，切换至“插入”选项卡，单击“媒体”选项组中“视频”下三角按钮，在列表中选择“PC上的视频”选项。

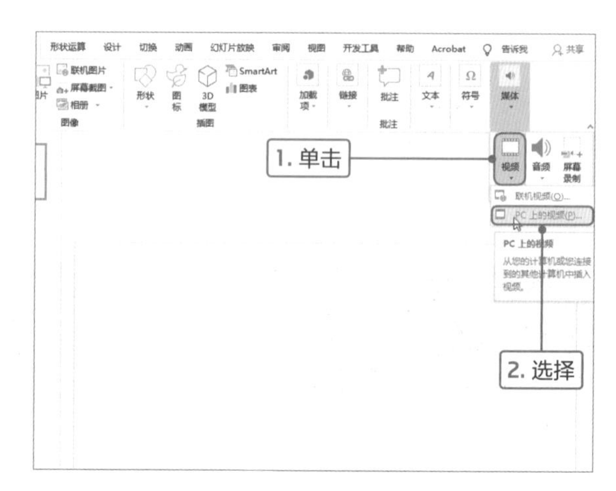

2

打开“插入视频文件”对话框，选择准备好的“火焰.mp4”视频文件，单击“插入”按钮。

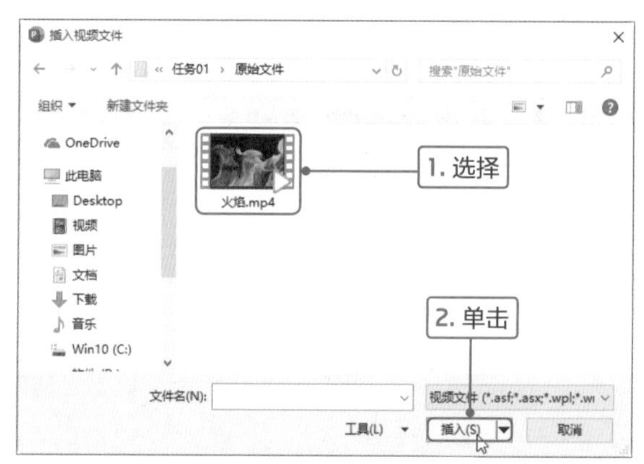

3

选择插入的视频，切换至“视频格式”选项卡，单击“大小”选项组中“裁剪”按钮，将视频裁剪和页面大小一样。

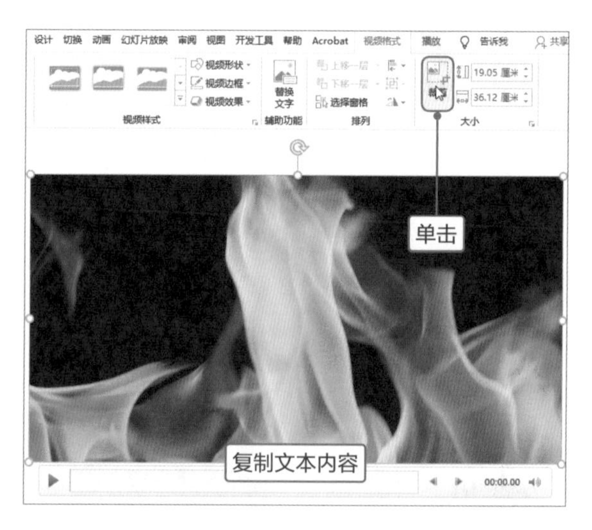

4

在视频上方插入横排文本框，并输入“消防演练”文本，在“字体”选项组中设置文本的格式。

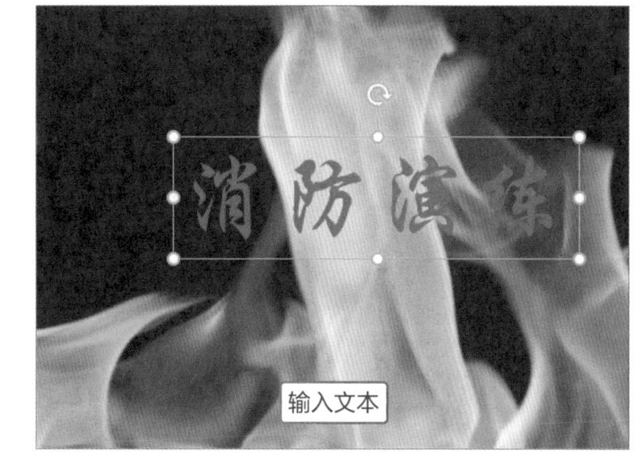

5

选中文本，切换至“形状格式”选项卡，单击“艺术字样式”选项组中“文本效果”下三角按钮，在列表中选择“发光”选项，在子列表中选择合适的发光效果。

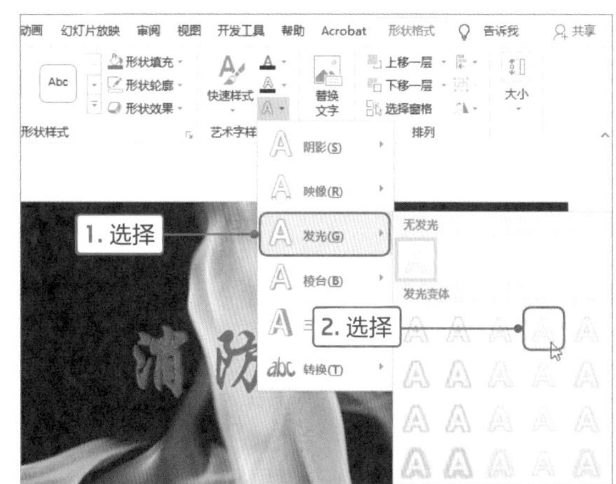

6

可见选中的文本应用了选择的发光效果，然后在下方绘制圆角矩形，并输入“消防事关你我他”文本。最后分别设置圆角矩形和文本的格式。

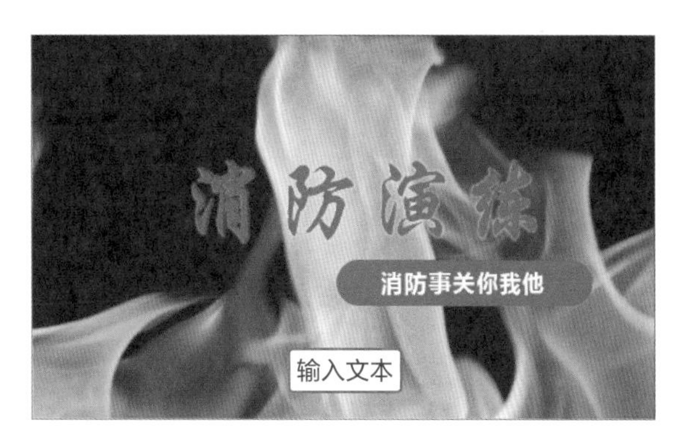

7

在页面中绘制长矩形形状，设置填充为白色，适当调整透明度。将文本设置成垂直居中对齐，再适当调整矩形和文本的对齐关系。最后将矩形和文本进行组合，调整为水平和垂直居中对齐。至此，封面制作完成。

Point 2 制作目录页

目录页是演示文稿中比较重要的内容，它可以让观众了解到该演示文稿的结构、演示的时间以及重点部分等。有吸引力的目录，不仅仅是逻辑框架清晰，而且设计也能让你眼前一亮，下面介绍具体的操作方法。

1

单击“插入”选项卡中的“图片”按钮，在打开的“插入图片”对话框中选择“灭火.jpg”图片，单击“插入”按钮。

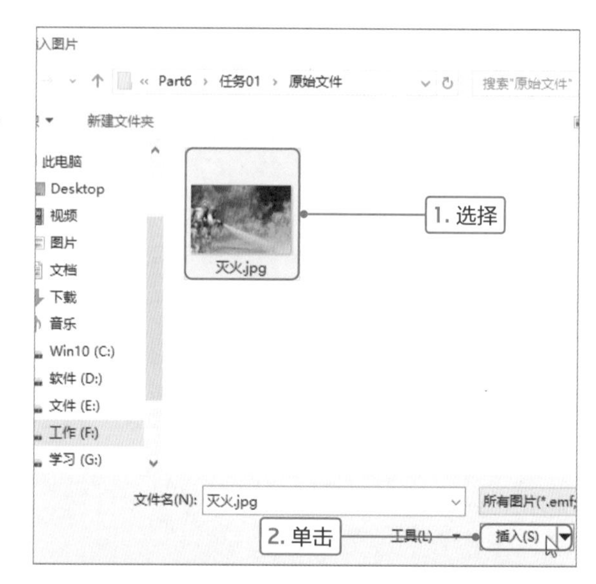

2

选择插入的图片，单击“大小”选项组中“裁剪”下三角按钮，在列表中选择“纵横比>16:9”选项。然后调整图片的位置，使裁剪框内显示需要的图片内容。

3

选择裁剪后的图片，切换至“图片格式”选项卡，单击“排列”选项组中“旋转”下三角按钮，在列表中选择“水平翻转”选项。

4

插入矩形形状，其大小和图片的大小一样。打开“设置形状格式”导航窗格，在“填充”选项区域设置填充颜色为白色、透明度为40%。

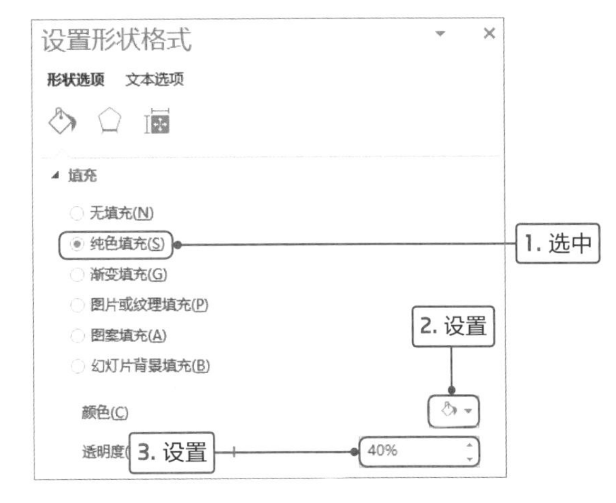

5

然后输入目录的文本内容，并设置各部分文本的格式。注意目录文本的对齐方式。

6

在页面中绘制平行四边形形状，适当调整其大小。设置平行四边形的填充颜色为红色、无边框。

7

在平行四边形上方插入横排文本框，并输入“01”文本，设置文本颜色为白色，适当调整字号的大小，再将平行四边形和序号文本进行组合。

8

然后复制3份组合的形状，分别与其他目录文本进行水平居中对齐，并且所有的形状都要左对齐。最后依次修改序号即可。

完成其他序号的效果

9

在页面中绘制矩形形状，使形状完全覆盖所有目录的文本内容。

绘制矩形形状

10

在“形状格式”选项卡中设置矩形形状填充颜色和无边框。在“排列”选项组中将矩形向下移动，使其位于文本的上方。

设置矩形形状的格式

11

在“设置形状格式”导航窗格中设置填充的透明度为20%。切换至“效果”选项卡，设置阴影的效果。然后将目录的所有内容选中并组合，适当调整组合后目录的位置。

查看目录页的效果

Point 3 为目录文本添加链接

在目录页中可以通过添加链接的方法，使目录内容和指定的页面联接起来。使用链接功能可以链接本演示文稿中的指定幻灯片，也可以链接其他的Word或Excel等文件，还可以是某些网站页面。下面介绍具体的操作方法。

1

选择目录中需要链接的文本，切换至“插入”选项卡，单击“链接”选项组中的“链接”按钮。

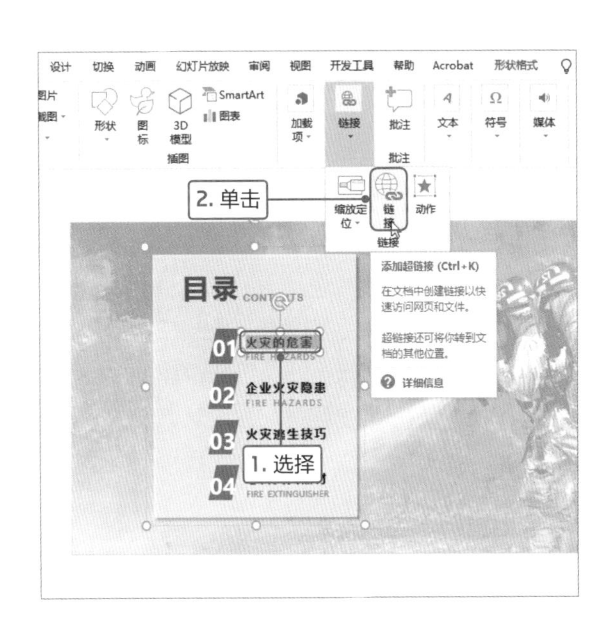

2

打开“插入超链接”对话框，在“链接到”列表中选择“本文档中的位置”选项，在“请选择文档中的位置”列表框中选择需要链接的幻灯片，如选择“幻灯片4”，在右侧“幻灯片预览”中可以查看幻灯片4中的内容。最后单击“确定”按钮。

3

返回演示文稿中，将光标移到链接的文本上方，则显示“幻灯片4 按住Ctrl并单击可访问链接”文本。若按住Ctrl键单击，即可跳转到幻灯片4中。在放映时单击该文本也可以跳转到链接的幻灯片中。

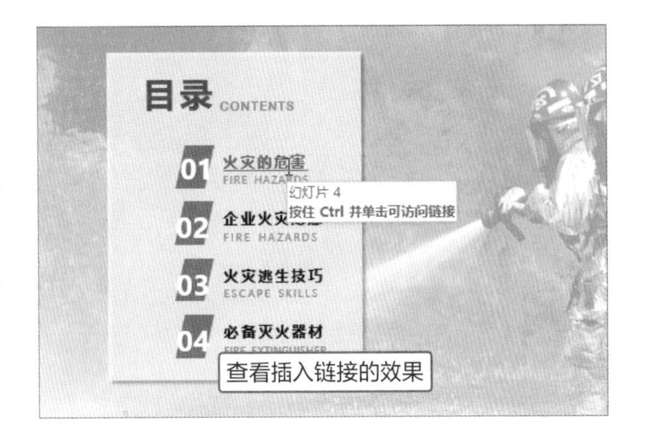

4

可见链接的文本颜色发生变化，这样与其他文本颜色就不一致。选中该文本，切换至“设计”选项卡，单击“变体”选项组中“其他”按钮，在列表中选择“颜色>自定义颜色”选项。

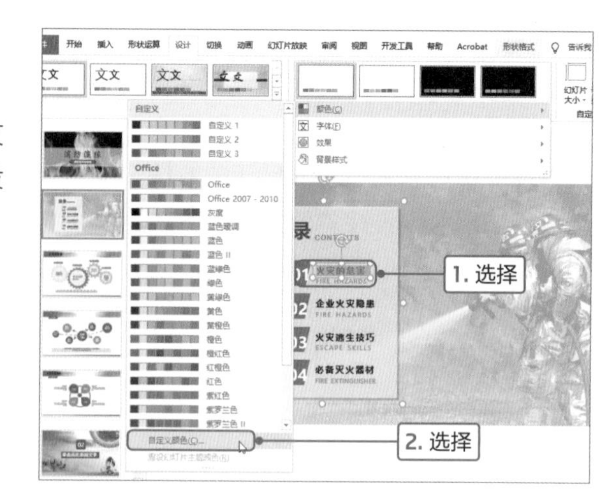

5

打开“新建主题颜色”对话框，在“主题颜色”选项区域中单击“已访问的超链接”下三角按钮，在列表中选择“黑色”选项，单击“保存”按钮。

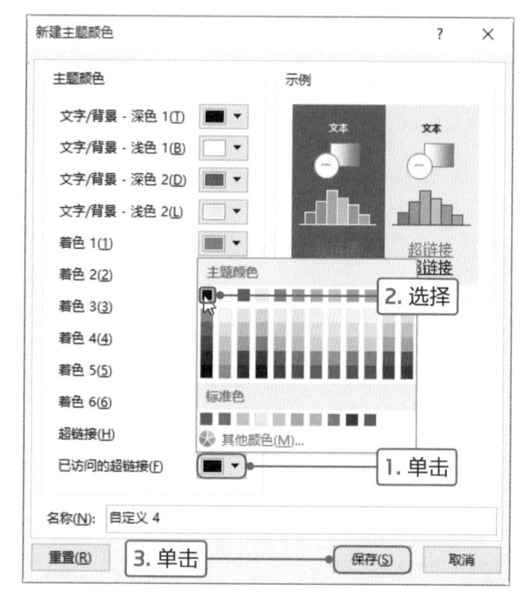

6

再次打开“颜色”列表，在“自定义”选项区域中选中设置的自定义，则链接的文本显示黑色，只在下方显示下划线。

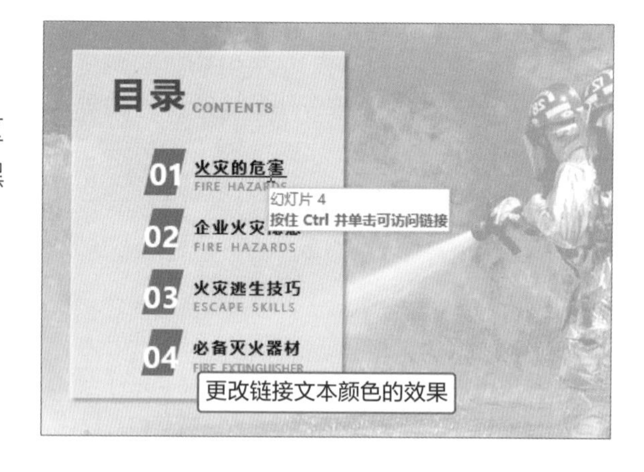

更改链接文本颜色的效果

Tips 设置链接的对象

在PowerPoint中，除了可以为文本设置链接外，还可以为形状、图片、文本框等添加链接。

7

选择“必备灭火器材”文本，在打开的“插入超链接”对话框中选择“现有文件或网页”选项，在“当前文件夹”中选择“灭火装备.jpg”图片，单击“确定”按钮。

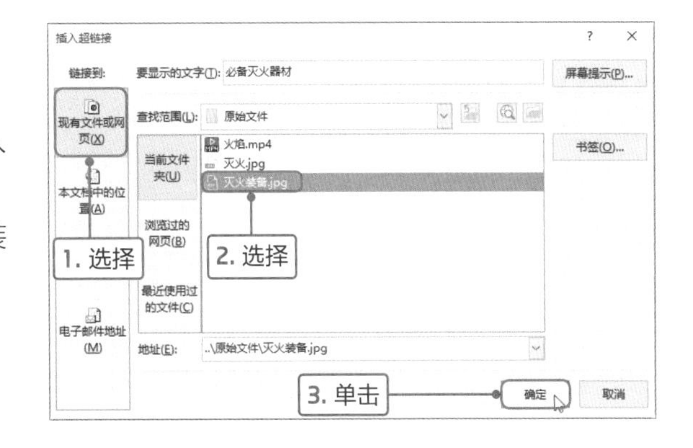

Tips 链接网址或电子邮件

选择需要链接的元素，打开“插入超链接”对话框，在“链接至”列表框中选择“现有文件或网页”选项，在右侧选项区域的“地址”文本框中输入网站的地址，然后单击“确定”按钮即可。在放映幻灯片时单击该元素，即可打开对应的网站。如果需要链接至电子邮件，则在“插入超链接”对话框的“链接至”列表中选择“电子邮件地址”选项，在右侧输入电子邮件地址即可。

8

设置链接后，将光标移到该文本上方，则光标变为手的形状，在右下角显示链接图片的路径。

9

在放映时单击设置的链接文本，即可打开链接的图片。

Tips 添加超链接的注意事项

在幻灯片中一旦设置了超链接，那么连接的目标文件就不能随意更改文件夹路径和文件名，否则会导致连接失败而提示查找数据源。

另外，备注和讲义等内容不能添加超链接，添加或修改超链接一般在普通视图中进行，在大纲视图中只能对文字添加超链接。

高效办公

视频的应用

在PowerPoint中插入视频文件后，用户可以在“视频格式”选项卡中对视频进行美化操作，或在“播放”选项卡中设置视频的播放效果。

1.音频的应用

音乐可以为演示文稿营造气氛，首先介绍如何插入音频文件。打开需要添加音乐的幻灯片，切换至“插入”选项卡，单击“媒体”选项组中“音频”下三角按钮，在列表中选择“PC上的音频”选项，如下左图所示。打开“插入音频”对话框，选择合适的音频文件，单击“插入”按钮，即可完成音频的插入，如下右图所示。

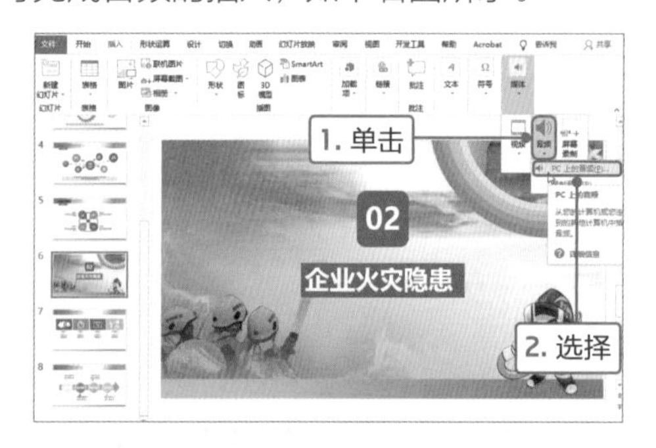

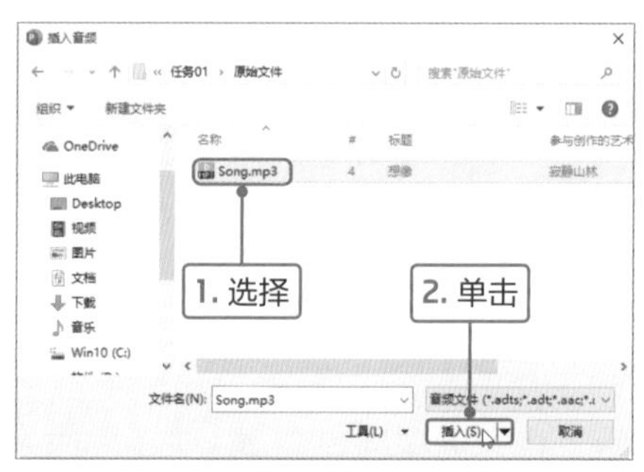

2.视频的编辑

在幻灯片中插入视频后，用户可以在“视频格式”选项卡中编辑视频，如调整视频的高度、对比度等，下面分别介绍具体的操作方法。

选中视频，切换至“视频格式”选项卡，单击“调整”选项组中“更正”下三角按钮，在列表中选择合适的选项，即可调整视频的亮度/对比度，如下左图所示。要更改视频的颜色，则单击“调整”选项组中“颜色”下三角按钮，在列表中选择合适的选项，如下右图所示。

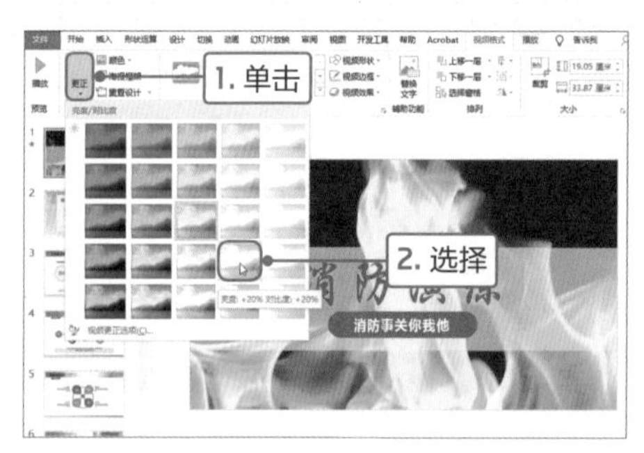

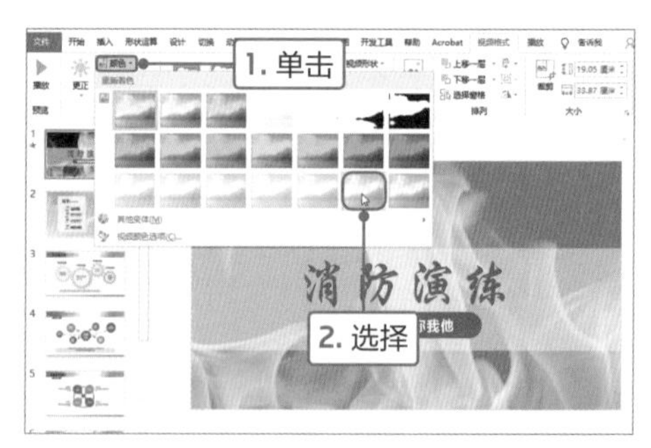

用户还可以为视频设置海报框架，则选择视频，单击“调整”选项组中“海报框架”下三角按钮，在列表中选择“文件中的图片”选项。打开“插入图片”面板，单击“来自文件”链接，在打开的“插入图片”对话框中选择合适的图片，单击“插入”按钮，如下左图所示。此时视频被选中图片覆盖，只有播放视频时，才显示视频内容。

用户还可以为视频应用视频样式，其操作方法和应用形状样式一样，如下右图所示。

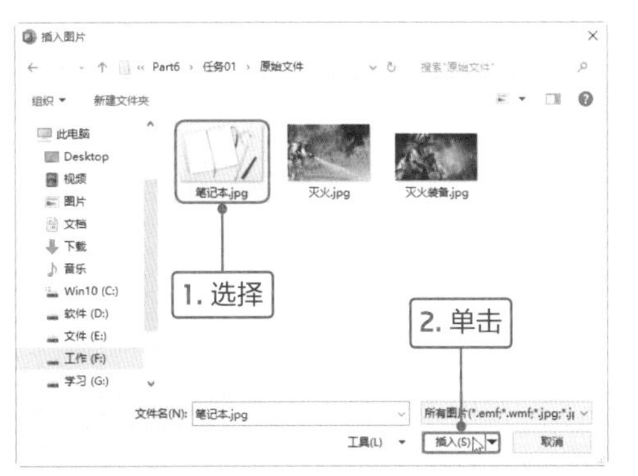

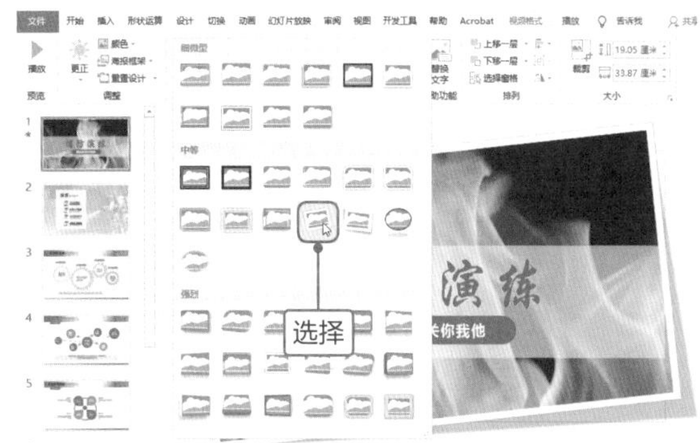

3.动态火焰文字的制作

下面介绍通过视频制作动态火焰文字的方法。首先在页面中输入“火焰文字”文本，为了使用火焰效果更加明显，将文本设置较粗些，字号要大点，如下左图所示。插入和页面一样大小的矩形，设置其填充颜色为黑色、无边框，将矩形移到文本的下方。然后设置文本填充为白色，边框为3磅的白色，如下右图所示。

选中矩形形状，按住Shift键选中文本框，切换至“形状运算”选项卡，单击“剪除”按钮，如下左图所示。即可从矩形形状中剪除文本。切换至“插入”选项卡，单击“视频”下三角按钮，在列表中选择“PC上的视频”选项，在打开的对话框选择“火焰.mp4”，单击“插入”按钮，如下右图所示。

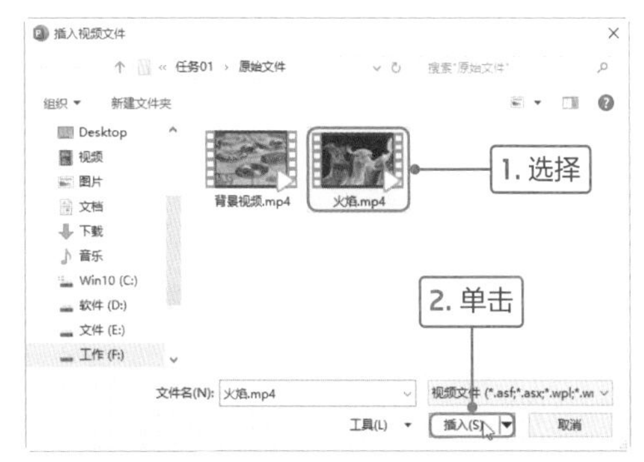

选中插入的视频，单击“排列”选项组中“下移一层”按钮，然后放映视频，可见通过文字看到烈火在燃烧的动画效果，如右图所示。

Mission

PPT多媒体和动画的应用

为演示文稿添加动画

消防演练宣传演示文稿制作完成后，历历哥在预览效果时很满意，但是在培训时如何才能让员工充分理解内容？如何让演示文稿有足够吸引力呢？小蔡觉得可以通过为演示文稿添加动画的方式吸引员工的注意力，并且动画可以形象地展示各部分内容。历历哥肯定了小蔡的想法，让他合理地使用PowerPoint的动画功能，让幻灯片更加生动有趣。

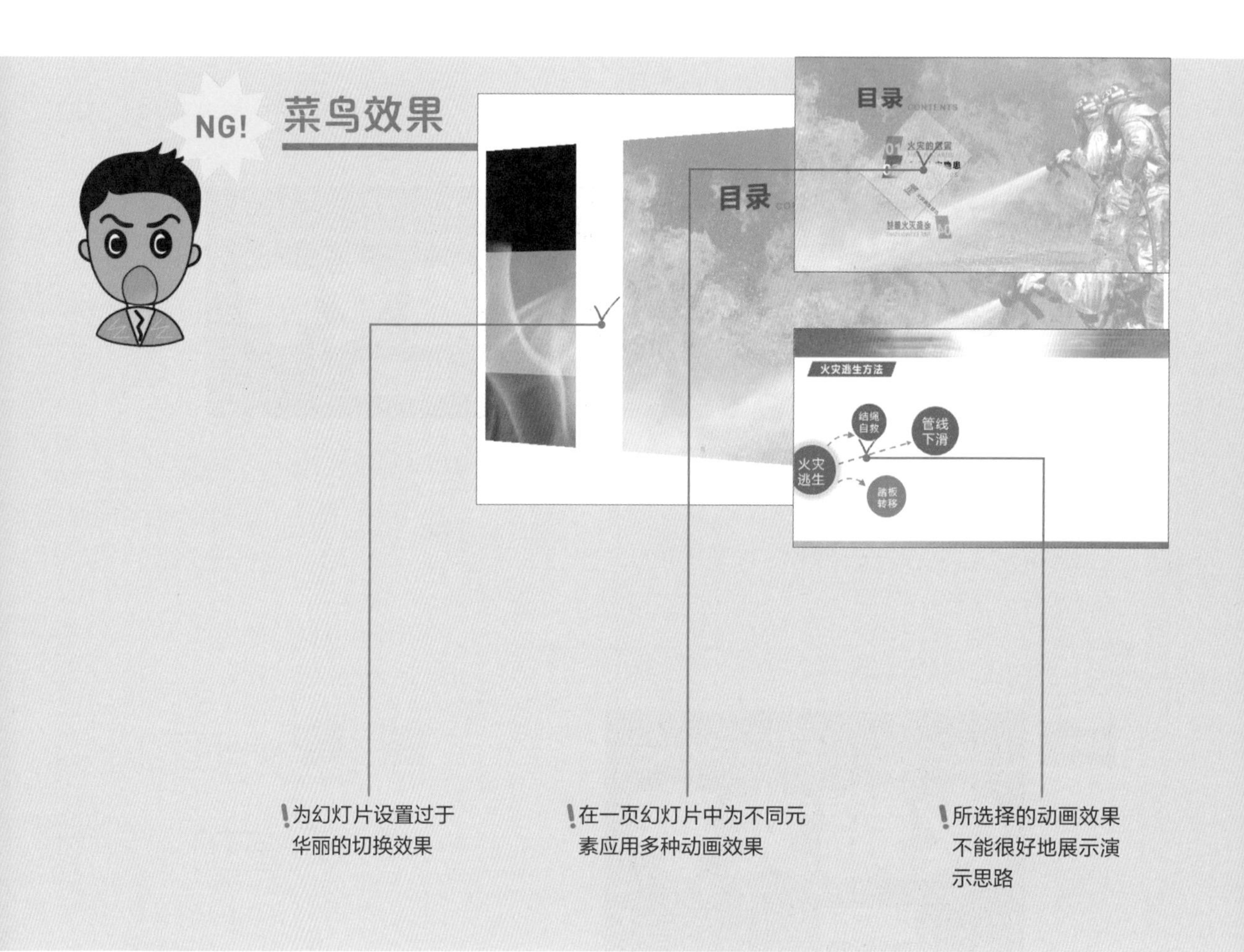

小蔡在为消防演练宣传演示文稿添加动画时，主要存在以下问题，首先是在目录页中为不同元素应用多种动画，在放映时比较乱，影响观众的视线；在介绍火灾逃生方法时，将所有方法内容全部进入页面，观众很难接受这么多信息；最后为幻灯片应用过于华丽的切换动画，很容易将观众的注意力带偏。

MISSION!
2

PowerPoint中包括两种动画类型，一种是对幻灯片内各元素应用的动画，另一种是对幻灯片之间应用的动画。在幻灯片内使用的动画，主要是突出某部分的内容或者根据演讲者的思路展示内容。幻灯片之间的切换动画主要是使两页幻灯片之间有一个很好地过渡效果。在使用动画时，一定要符合逻辑。

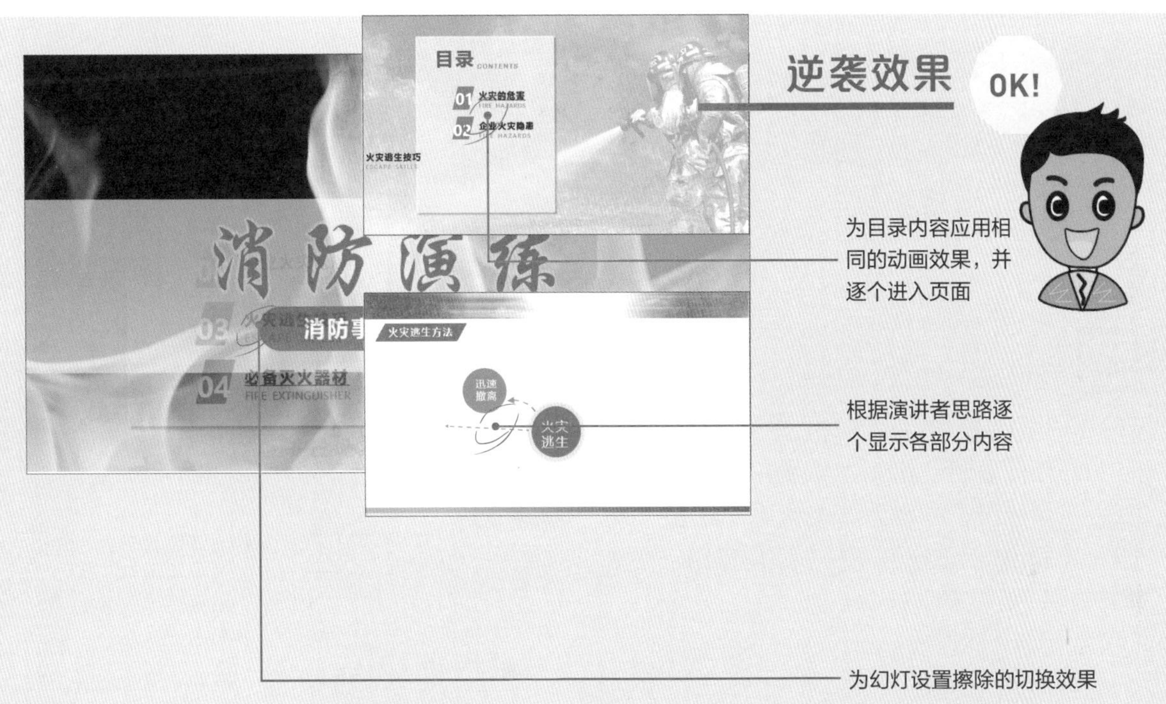

小蔡对演示文稿中的动画进一步修改，首先为目录页的内容应用相同的飞入动画效果，并逐个从左侧进入页面，观众可以很好地查看演示文稿的主体内容；介绍火灾逃生方法时，通过逐个显示的方法，观众也能逐个了解各部分内容；为幻灯应用从下而上的擦除切换动画，可以很自然地切换下一个幻灯片。

Point 1 为目录页添加动画

在为目录页设置动画时，可以让各部分的目录内容逐个按顺序进入页面，通过动画引导观众了解演示文稿的整体结构。下面介绍设置目录页动画的具体操作方法。

1

打开“消防演练.pptx”演示文稿，切换到目录页幻灯片。选中目录的文本和矩形，切换至“动画”选项卡，单击“动画”选项组中“其他”按钮，在列表中选择“飞入”选项。

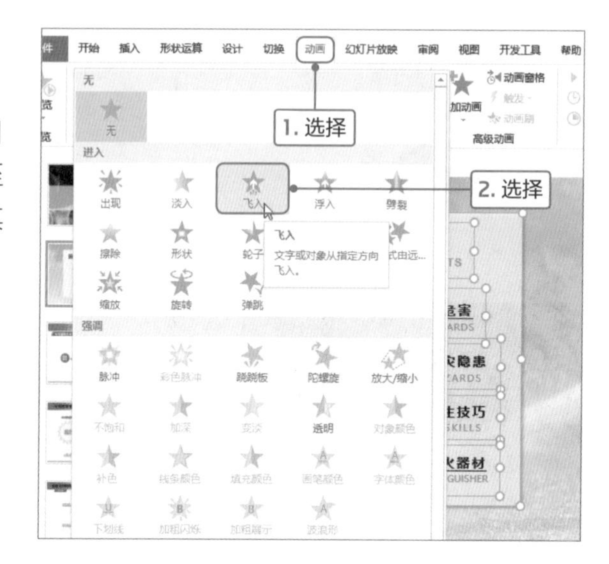

2

可见选中的目录内容从下向上飞入到指定的页面中，我们要想让目录内容从左侧飞入页面中，则保持目录内容为选中状态，单击“动画”选项组中“效果选项”下三角按钮，在列表中选择“自左侧”选项。

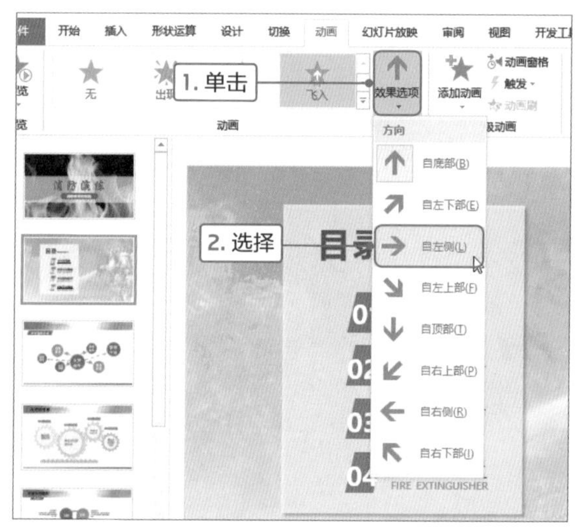

3

设置完成后，可见目录内容由页面的左侧向右飞入到之前的位置。在浏览动画时，我们发现目录内容飞入的速度有点快。

4

单击“高级动画”选项组中“动画窗格”按钮，打开“动画窗格”导航窗格，显示各部分动画。按住Shift键选中所有动画，切换至“动画”选项卡，在“计时”选项组中设置“持续时间”为1.5秒。

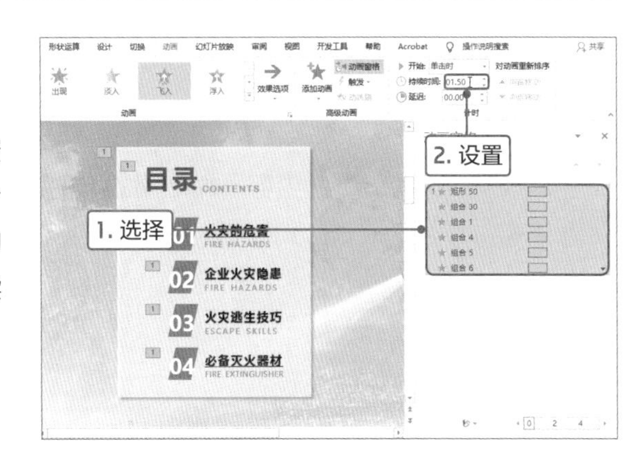

5

可见在每个动画之后的时间全部设置为1.5秒。然后单击右侧下三角按钮，在列表中选择“从上一项之后开始”选项。

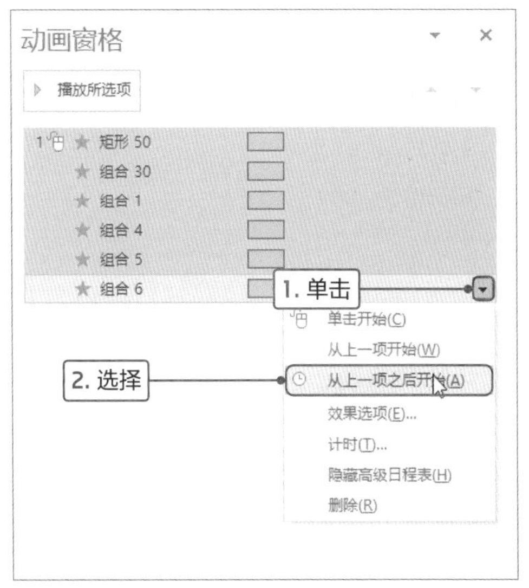

6

此时选中的动画时间均向后推迟，在上一动画之后。

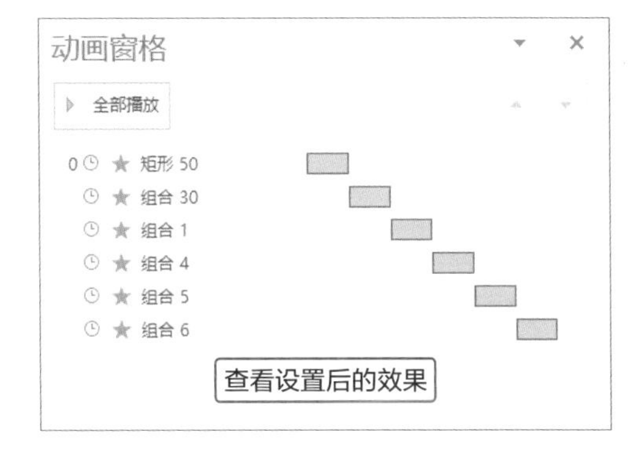

7

设置完成后，单击“动画窗格”导航窗格中“播放自”按钮，查看目录内容逐个进入页面的效果。

Point 2 通过动画逐渐展示内容

演讲者可以通过为幻灯片内容添加动画的方式，将内容的逻辑展示给观众。本案例将通过应用动画逐个展示火灾逃生的方法，下面介绍具体的操作方法 。

1

首先选择“火灾逃生”文本组合的形状，单击“动画”选项组中“其他”按钮，在列表中选择“缩放”选项。

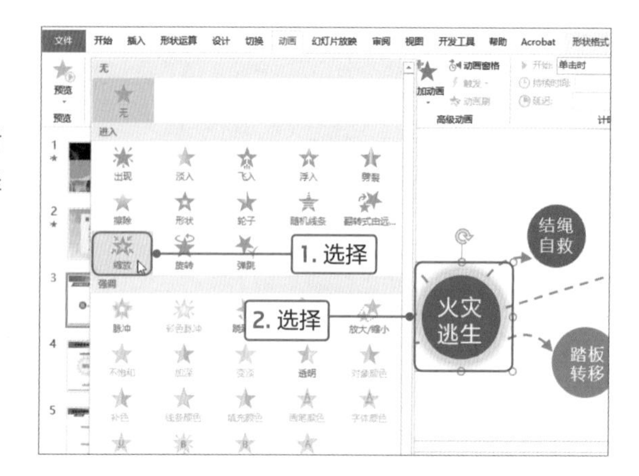

2

应用缩放动画后，该元素从中心由小变大逐渐出现在原位置。

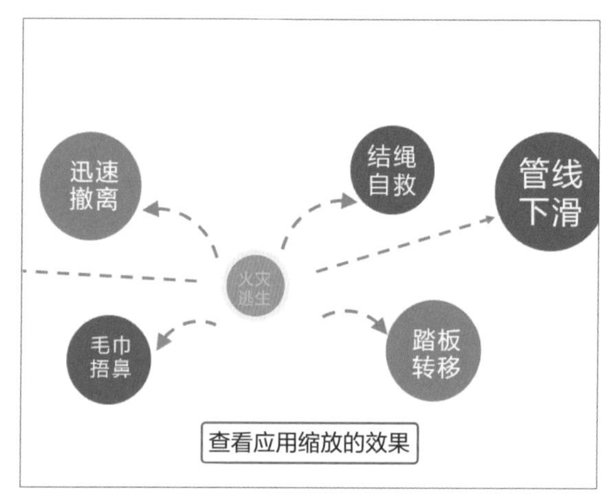

3

为了强调该元素，可以再添加强调动画效果。即保持该元素为选中状态，单击“高级动画”选项组中“添加动画”下三角按钮，在列表中选择“强调”选项组中“陀螺旋”选项。

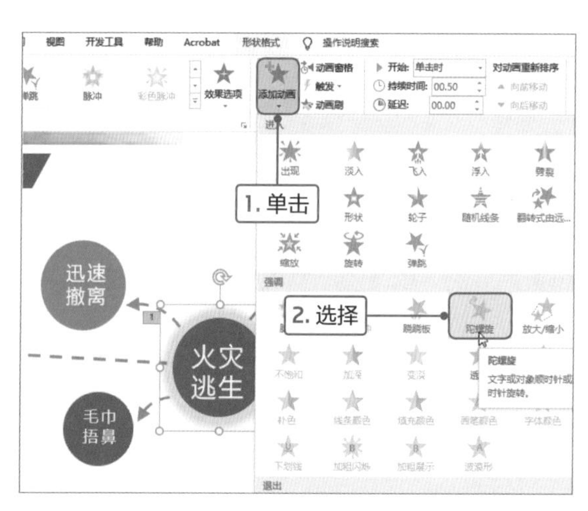

4

选择向左的箭头方向，如左上角的箭头形状。单击“动画”选项组中“其他”按钮，在列表中选择“擦除”选项，可见箭头形状由起始端向箭头方向逐渐显示。

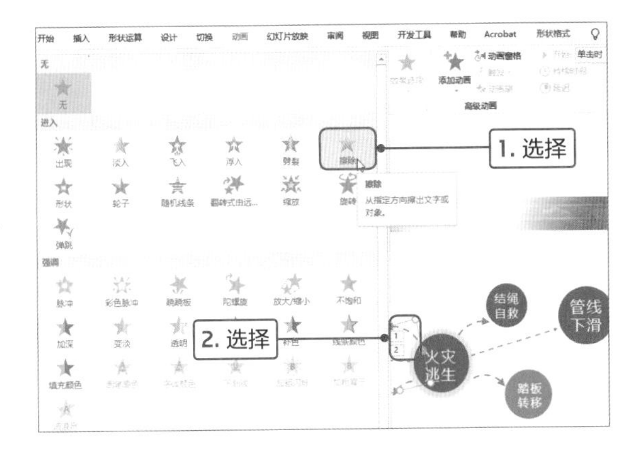

5

选择该箭头指向的“迅速撤离”文本素材，并为其添加“淡入”动画效果。

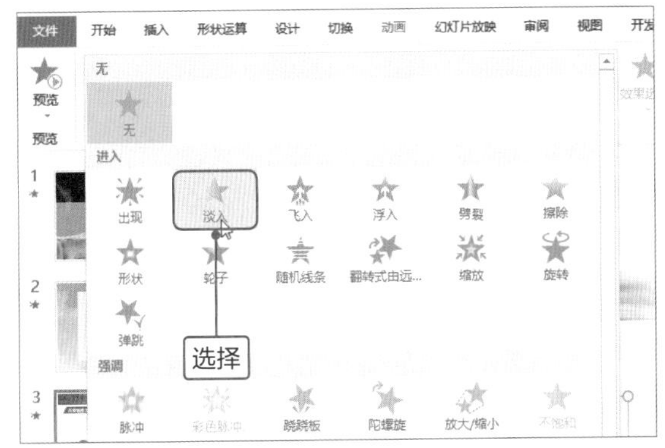

6

根据相同的方法为其他箭头形状应用擦除效果，为指向的文本应用淡入。当箭头的擦除效果不是由起始端向箭头逐渐显示的话，可以单击“效果选项”下三角按钮，在列表中选择合适的选项即可。

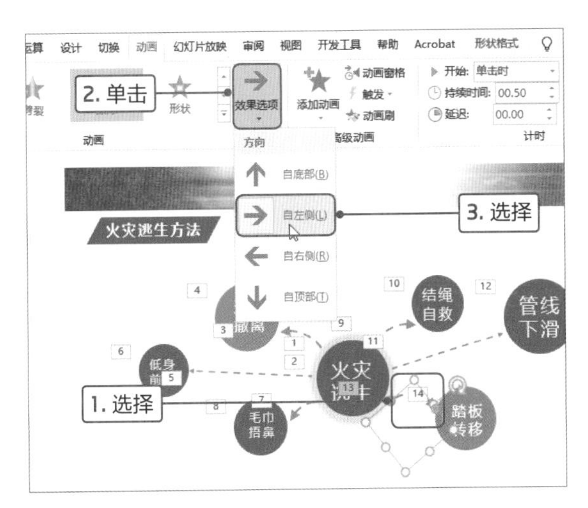

7

为所有元素调整完成后，可见在元素的左上角显示添加动画的序号，一个序号表示应用一个动画效果。

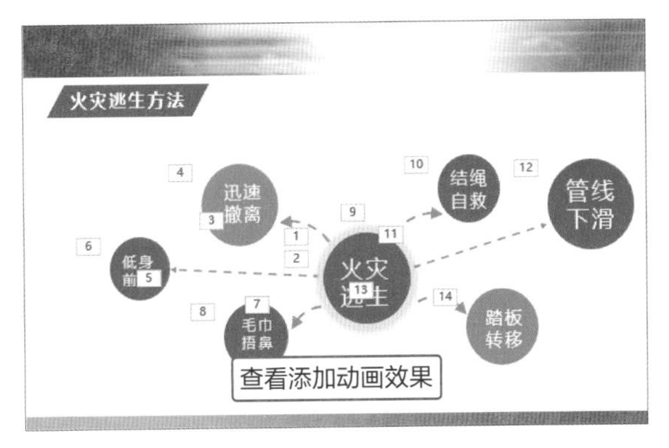

8

单击“高级动画”选项组中“动画窗格”按钮，打开“动画窗格”导航窗格。选择所有动画，在“计时”选项组中设置动画的持续时间为1.5秒。

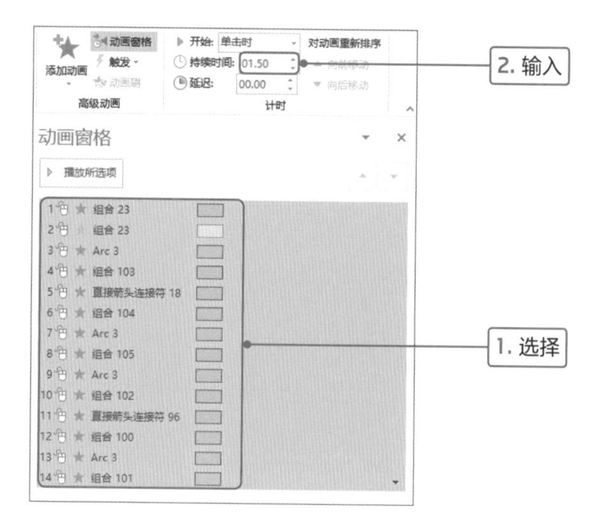

9

保持所有动画为选中状态，单击动画窗格右下角的下三角按钮，在列表中选择“从上一项之后开始”选项。

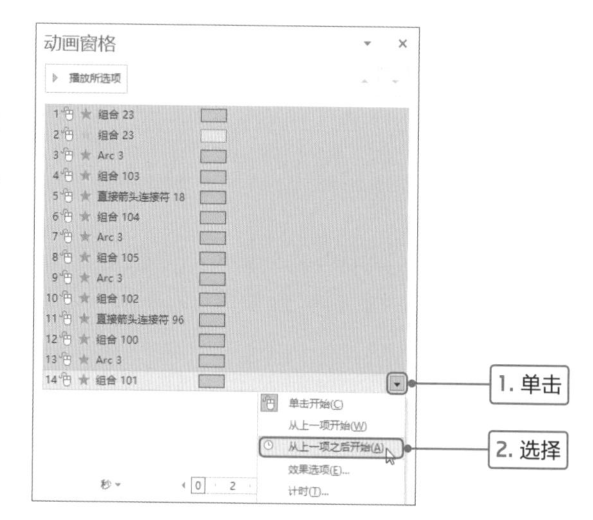

10

设置完成后，单击状态栏中“幻灯片放映”按钮，首先弹出该幻灯片的主题“火灾逃生”元素，然后逐渐由箭头形状引出相应的逃生方法。

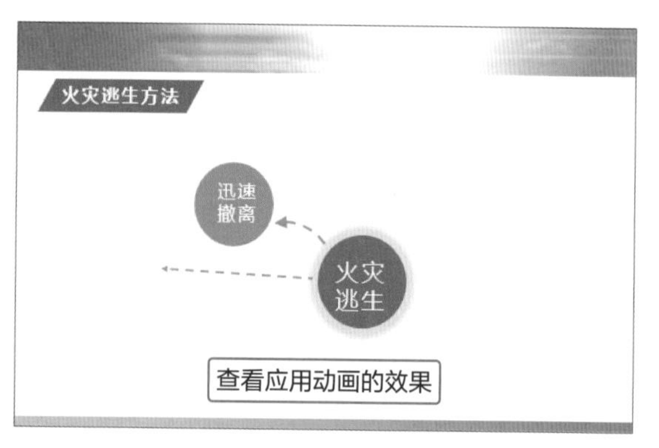

Tips 动画刷的应用

在幻灯片中，如果需要为多个元素应用相同的动画效果，逐个设置，其工作量很繁杂，此时可以使用“动画刷”功能快速复制效果。首先选中已经应用动画的元素，切换至“动画”选项卡，单击“高级动画”选项组中“动画刷”按钮。此时在光标右侧显示刷子的形状，然后在需要应用相同动画的元素上单击即可。如果需要为多个元素应用相同动画，可以双击“动画刷”按钮，然后逐个单击元素，应用完成后再次单击“动画刷”按钮即可。

Point 3 为幻灯片添加切换效果

在PowerPoint中可以为幻灯片添加切换效果，使两张幻灯片自然过渡。在设置切换动画时，不宜太华丽和炫酷，否则会将观众的注意力带走。下面介绍具体的操作步骤。

1

选中目录页幻灯片，切换至“切换”选项卡，单击“切换到幻灯片”选项组中“其他”按钮，在列表中选择“擦除”选项。

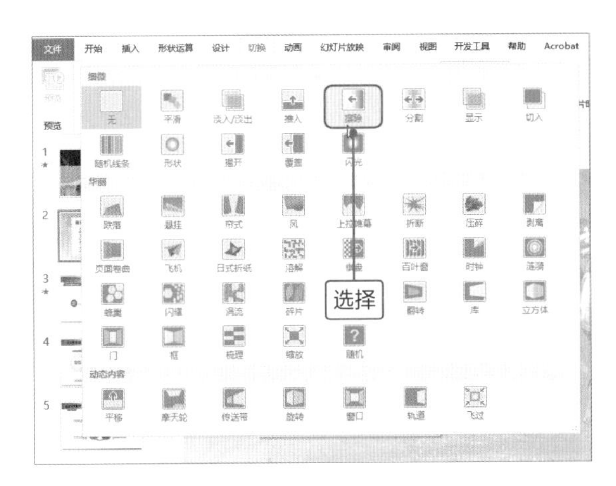

2

可见由第一张幻灯片切换至第二张幻灯片时，由右向左逐渐擦除第一张幻灯片，同时显示第二张幻灯片的内容。

3

在本案例中我们想从下向上应用擦除效果，则需要单击“切换到此幻灯片”选项组中“效果选项”下三角按钮，在列表中选择“自底部”选项。用户也可以根据需要设置其他效果选项。

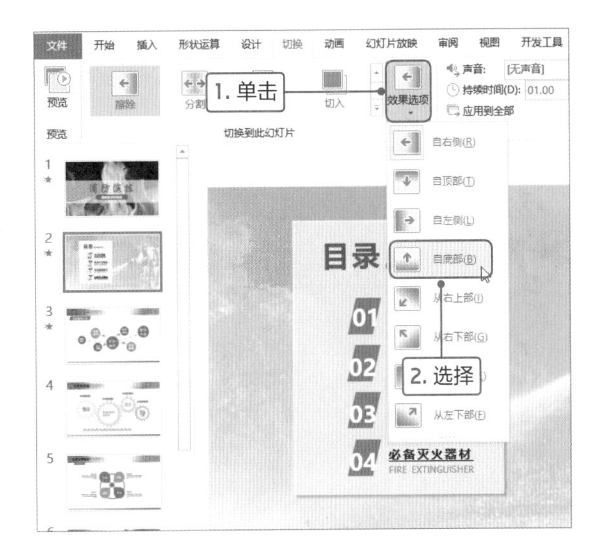

4

在“计时”选项组中单击“声音”下三角按钮，在列表中选择“微风”选项，即可在应用切换动画时添加声音。然后设置动画的持续时间为0.5秒。

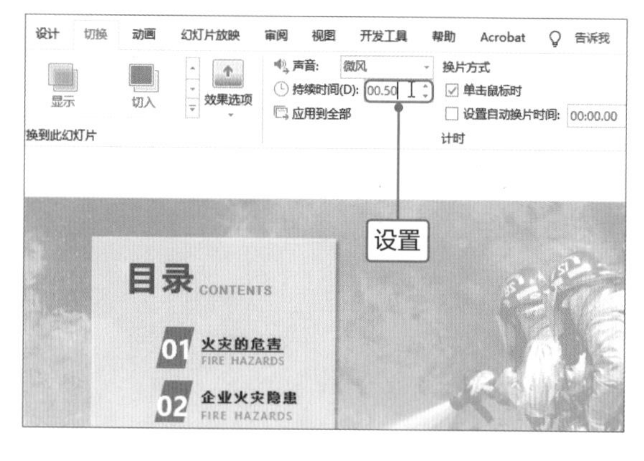

5

为了放映的连续性，还可以设置自动切换幻灯片的时间，即在“计时”选项组中勾选“设置自动换片时间”复选框，设置时间为10秒。若要为所有幻灯应用相同的切换动画，则单击“应用到全部”按钮即可。

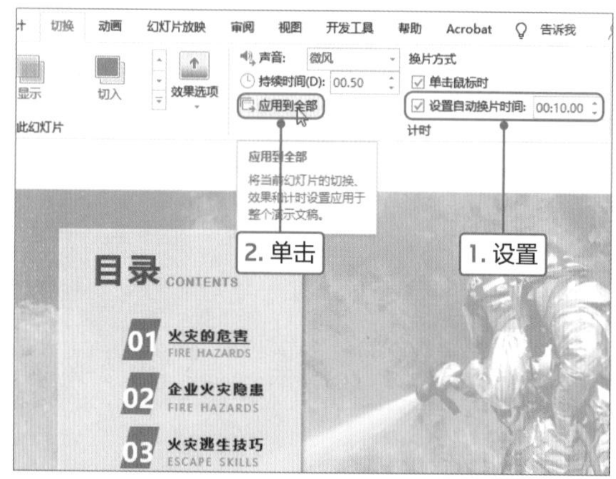

6

设置完成后，单击“预览”选项组中“预览”按钮，查看添加切换动画的效果。

Tips 为动画添加声音

在本案例中为切换动画添加了声音效果，也可为幻灯片内的动画效果添加声音。在“动画窗格”导航窗格中单击需要添加声音的动画下三角按钮，在列表中选择“效果选项”选项。在打开对话框的“效果”选项卡中单击“声音”下三角按钮，在列表中选择合适的声音即可。

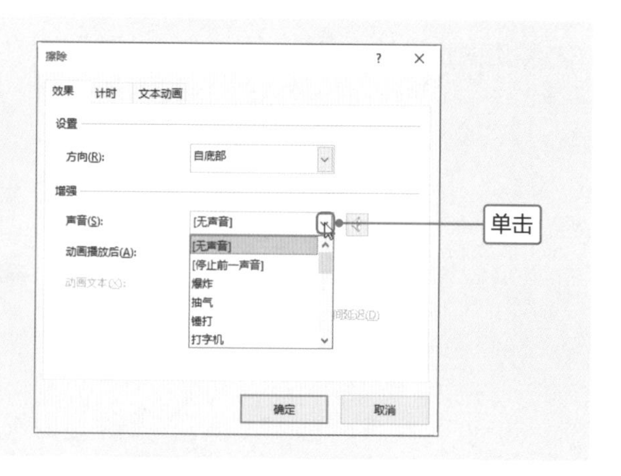

高效办公

其他动画的应用

PPT动画功能的初衷在于强调某些内容，现在动画效果的应用比较广泛，如在片头添加动画吸引观众的视线；用逻辑动画引导观众的思路；在重点内容上，可以使用夸张动画引起观众的注意。下面将对动画应用的相关知识进行介绍。

1.动画种类

PowerPoint 2019包括进入、强调、退出和动作路径4种动画类型，有超过100多种动画效果。切换至“动画”选项卡，单击“动画”选项组中“其他”按钮，在列表中显示部分动画效果，如下左图所示。在列表中如果选择“更多……”选项，可以打开相应的对话框，显示更多的动画效果，例如选择“更多强调效果”选项，则打开“更改强调效果”对话框，如下中图所示。如果选择“其他动作路径”选项，则打开“更多动作路径”对话框，选择合适路径，单击“确定”按钮即可，如下右图所示。

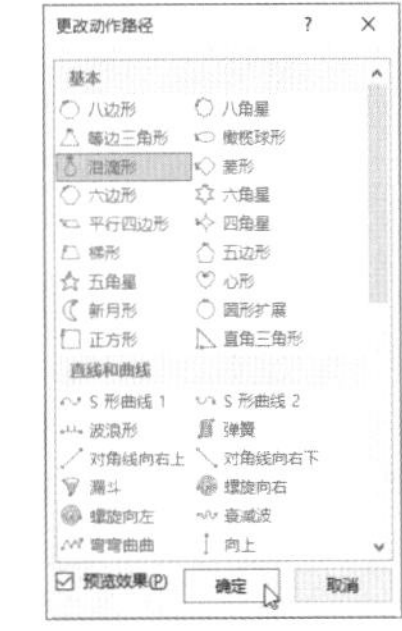

动作路径可以让各元素以任意方式进行移动，在使用动作路径是需要注意以下事项。

1.为元素应用路径后，在“效果选项”列表中默认选择“解除锁定”选项，表示当移动元素对象后，其动作路径的位置会发生变化。如果选择“锁定”选项，则路径不会随着对象的移动而移动。

2.在“效果选项”列表中选择“编辑顶点”选项，可改变路径动画的轨迹。

为元素添加动画应当遵循一些自然原则，下面简单介绍几条自然原则。

- 球形物体运动时，往往伴随着旋转或弹跳。
- 两个物体发生碰撞时，一般会发生抖动现象。
- 立体对象发生改变时，阴影也会随之改变。
- 物体由远及近的时候肯定也会由小到大，反之亦然。
- 物体的运动一般不是匀速的，是有时快有时慢的。

下面以在马路上从远处到近处行驶的汽车的动画过程，对动画自然原则进行展示。

首先将背景图片和汽车图片导入到幻灯片中，并将汽车缩小并放在远处，如下左图所示。选择汽车元素，在“动画”选项卡中添加“直线”动画效果，同时显示汽车的运动

效果。浅绿色的三角形表示起始的位置，红色三角形表示结束位置，将光标定位在指定三角形，按住鼠标拖曳即可调整位置，如下右图所示。

汽车从远处到近处时，除了运动之外还需要由小变大。在“添加动画”列表中添加“放大/缩小”的强调动画。打开“动画窗格”导航窗格，设置两个动画持续时间为3秒，设置强调动画为“从上一项开始”，如下左图所示。

预览动画，可见汽车的放大效果不是很理想。单击该动画右侧下三角按钮，在列表中选中“效果选项”选项，打开“放大/缩小”对话框，在“效果”选项卡中设置“尺寸”为400%、“平滑开始”为0.5秒，单击“确定”按钮，如下右图所示。预览动画，可见汽车从远处向近处行驶，并由小变大。

2.切换动画的应用

页面切换动画主要是为了缓解幻灯片之间转换时的单调感而设计的，应用切换动画后，放映幻灯片时会生动很多。

切换至“切换”选项卡，单击“切换到此幻灯片”选项组中“其他”按钮，在列表中包含3个类型40多种切换效果，如右图所示。

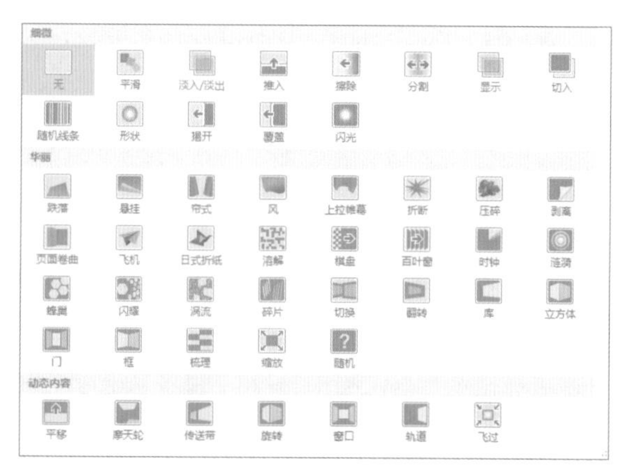

PowerPoint中包含细微、华丽和动态内容3种类型，细微型适用于普通页面的切换；华丽型适用于内容的突出强调；动态内容用于一组图片的展示。

在PPT中，每种切换的速度都是可以改变的，通常是将切换的速度设置相同。在设置速度时，也可以设置自动换片的时间以及添加切换时的声音。为幻灯片添加切换动画后，可以在“计时”选项组中设置动画的速度和自动换片等，如果为演示文稿中所有幻灯片应用相同的切换动画，则单击“应用到全部”按钮即可，如下图所示。

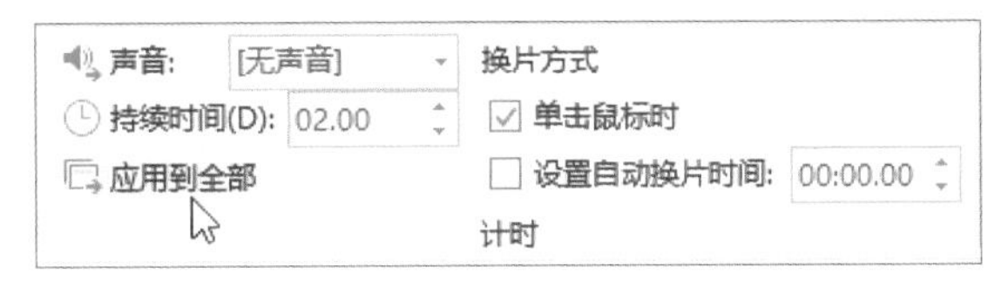

在工作型的演示文稿中通常使用“细微”型的切换动画，不太支持使用过于华丽的切换动画。下面以“折断”的华丽切换动画为例介绍详细用法。

从“折断”的效果可见将上一张幻灯片应用破碎的动画，所以该切换动画必段符合幻灯片展示的内容。下面以在婚姻中缺乏信任、相互猜疑导致家庭破裂的场景为例，介绍“折断”动画的应用。

首先在第一张幻灯片中插入背景图片，调整图片大小，使其和页面一样大，如下左图所示。在第二张幻灯片中添加相关文本，并设置文本格式，如下右图所示。

选择第二张幻灯片，在“切换”选项卡中应用“折断”动画，并在“计时”选项组中设置持续时间为2.5秒，如下左图所示。单击“预览”选项组中的“预览”按钮，可见第一张幻灯片像玻璃一样破碎，然后显示第二张幻灯片的内容，如下右图所示。

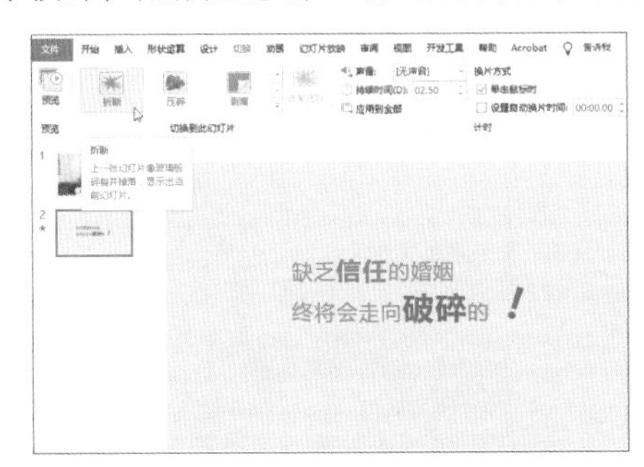

在演示文稿中使用华丽型或动态内容型的切换动画时，所选动画一定要符合演示的内容，否则动画效果会误导观众的想法。

菜鸟加油站

演示文稿的保存和放映

演示文稿制作完成后，需要进行合理地保存，如加密保存或者转换为PDF格式的文档。在放映演示文稿时，用户可以根据需要设置放映部分幻灯片或录制旁白等。

1.使用密码保护演示文稿

对于重要的演示文稿，我们可以为其添加密码进行保护，只有授权密码的用户才能查看演示文稿的内容。

打开需要设置密码的演示文稿，单击“文件”标签，在列表中选择“另存为”选项，如下左图所示。在右侧选择“浏览”选项，打开“另存为”对话框，选择保存的路径，在“文件名”文本框中输入名称，单击“工具”下三角按钮，在列表中选择“常规选项”选项，如下右图所示。

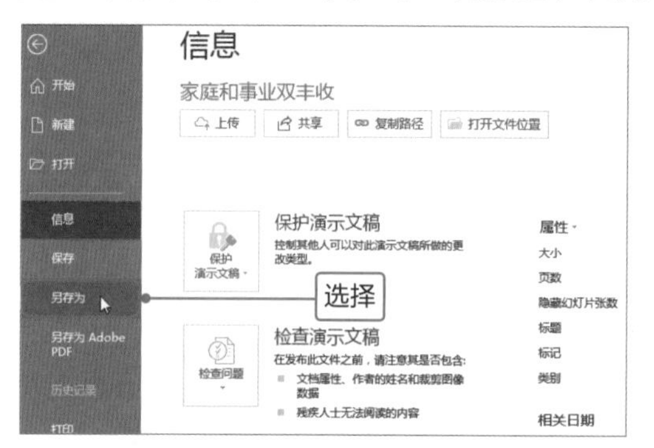

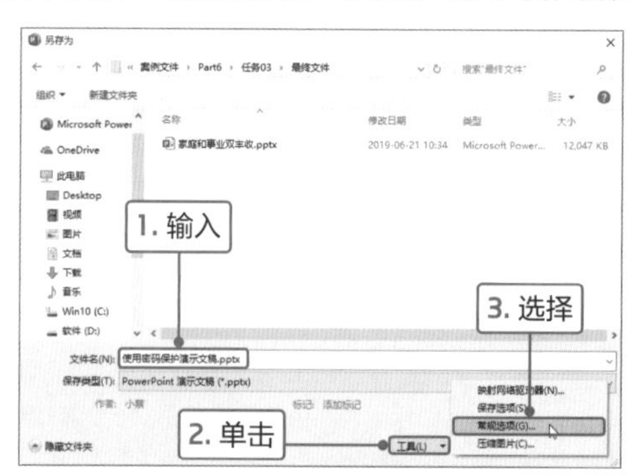

打开“常规选项”对话框，在“打开权限密码”数值框中输入打开密码，如123；在“修改权限密码”数值框中输入修改密码，如456，单击“确定”按钮，如下左图所示。打开“确认密码”对话框，在“重新输入打开权限密码”数值框中输入设置的打开密码123，单击“确定”按钮，如下右图所示。

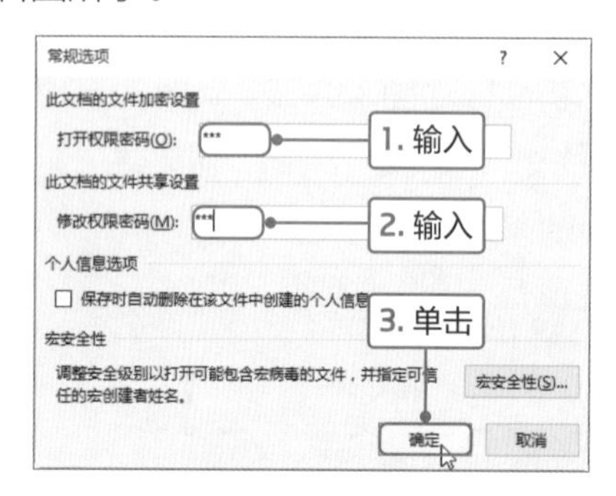

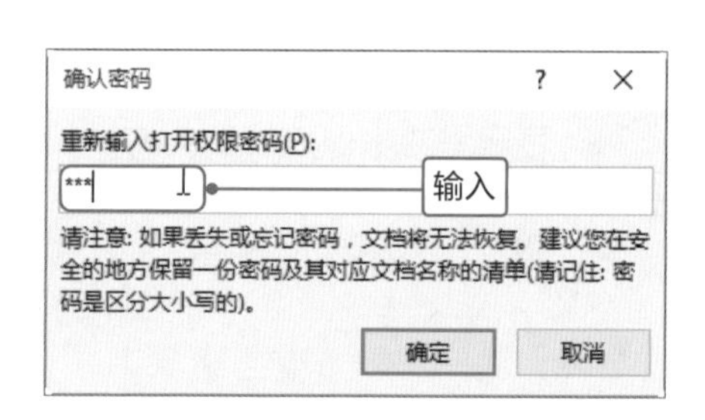

再次打开“确认密码”对话框，在“重新输入修改权限密码”数值框中输入修改密码456，然后单击“确定”按钮。

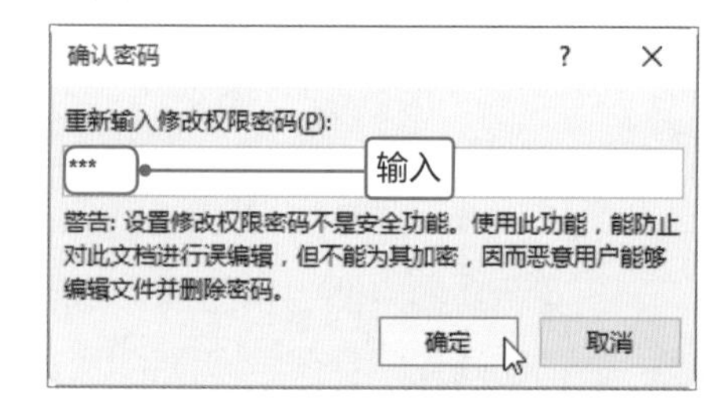

返回“另存为”对话框，单击“保存”按钮。然后关闭该演示文稿，在保存的文件夹中打开保存的文档，则会弹出“密码”对话框，此时输入的是设置的打开密码，单击“确定”按钮，如下左图所示。如果没有授权打开密码，是无法打开并查看该演示文稿的。再次打开“密码”对话框，此时需要输入修改密码，单击“确定”按钮，即可打开并修改该演示文稿。如果没有授权修改密码，则只能单击“只读”按钮，如下右图所示。以只读的方式打开演示文稿。

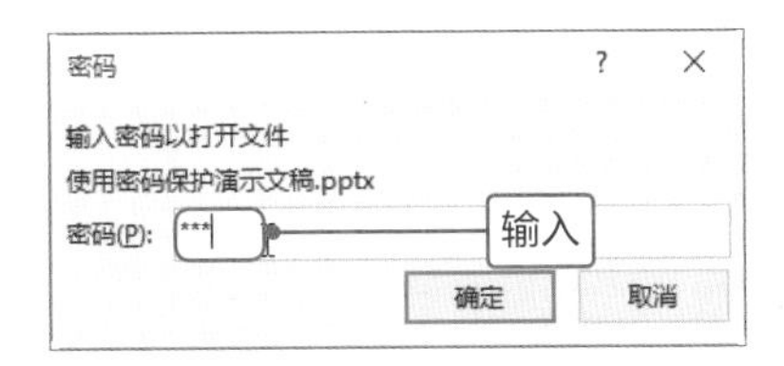

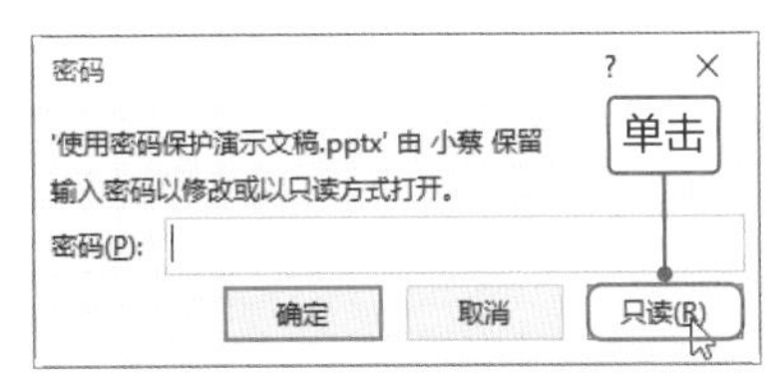

如果需要清除设置的密码，只需要再次打开“常规选项”对话框，将设置的密码清除，然后单击“确定”按钮即可。

2.将演示文稿保存为PDF格式

为了防止他人修改演示文稿的内容，可以将其保存为PDF格式。首先打开演示文稿，执行“另存为”操作，打开“另存为”对话框，单击“保存类型”下三角按钮，在列表中选择PDF选项，在“文件名”文本框中输入名称，单击“保存”按钮即可，如下左图所示。在“另存为”对话框中单击“选项”按钮，则在打开的“选项”对话框中可以设置演示文稿的范围、发布选项等参数，如下右图所示。

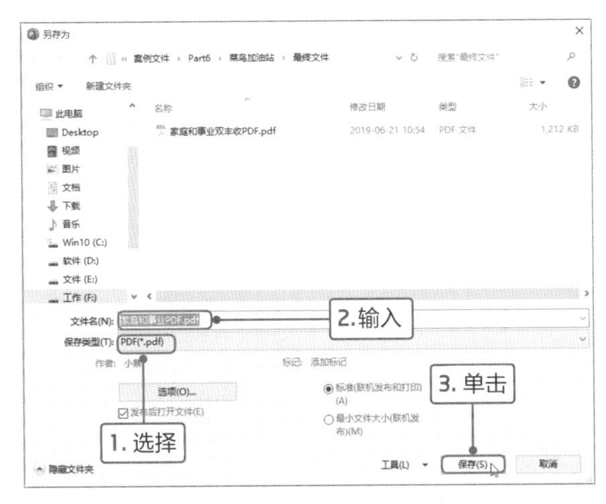

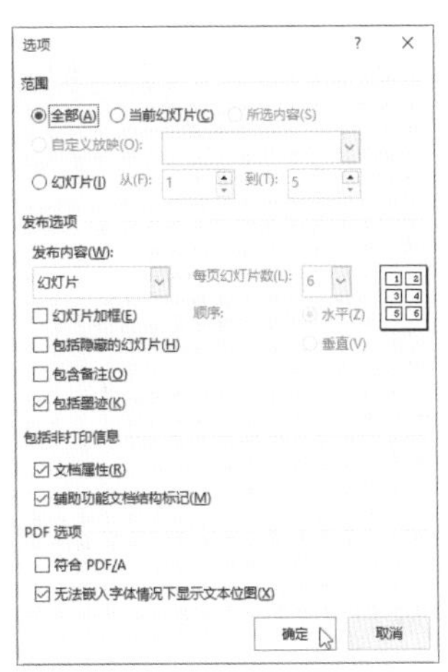

3.设置放映幻灯片的范围

在放映幻灯片时，如果只需要放映部分幻灯片，可以通过相关功能进行设置。首先打开演示文稿，切换至“幻灯片放映”选项卡，单击“设置”选项组中“设置幻灯片放映”按钮，如下左图所示。打开“设置放映方式”对话框，在“放映幻灯片”选项区域中选中“从”单选按钮，设置放映的范围，然后单击“确定”按钮即可，如下右图所示。

在“设置放映方式”对话框的“放映类型”选项区域中可以设置放映的类型，包括演讲者放映、观众自行浏览、在展台浏览3种类型。在“放映选项”选项区域中，可以设置放映时是否添加旁白、动画等。

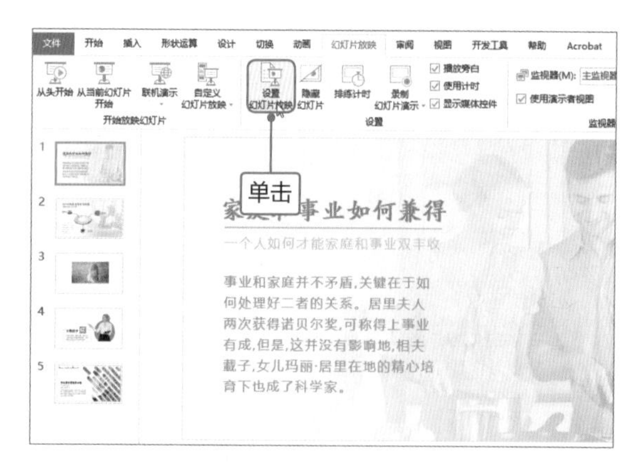

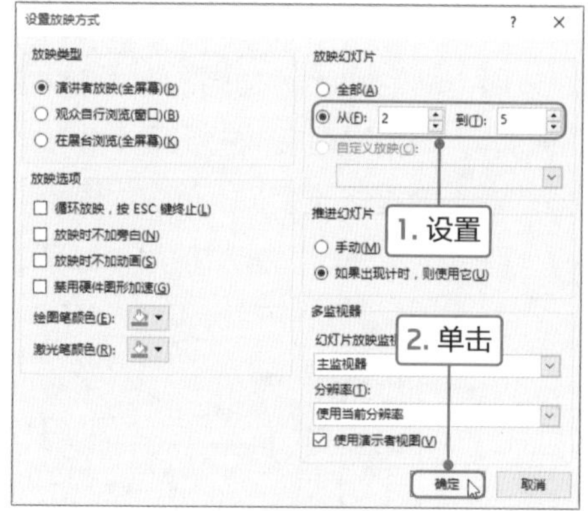

4.设置放映的内容

在演讲时，当面对的观众不同，演讲的内容也会不同，那么如何设置从演示文稿中放映部分幻灯片呢？下面介绍详细操作方法。

打开演示文稿，切换至“幻灯片放映”选项卡，单击“开始放映幻灯片”选项组中“自定义幻灯片放映”下三角按钮，在列表中选择“自定义放映”选项，如下左图所示。打开“自定义放映”对话框，单击“新建”按钮，如下右图所示。

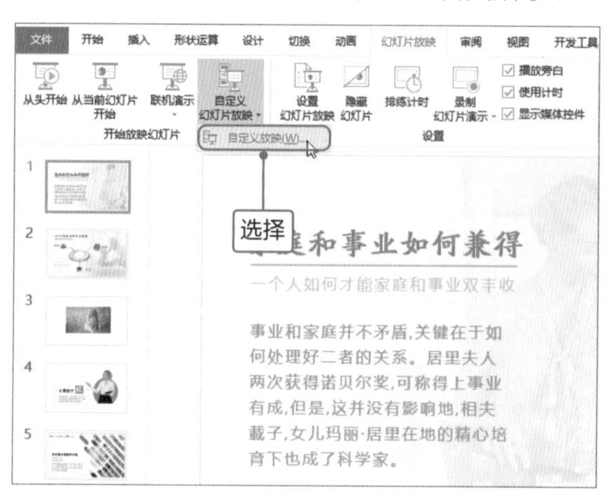

打开“定义自定义放映”对话框，在“幻灯片放映名称”文本框中输入名称，然后在左侧列表框中勾选需要演示的幻灯片复选框，单击“添加”按钮，如下左图所示。即可将选中幻灯片添加至右侧列表框中，依次单击“确定”按钮返回演示文稿中，再次单击“自定义幻灯片放映”下三角按钮，在列表中选择自定义名称，即可放映选中的幻灯片，如下右图所示。

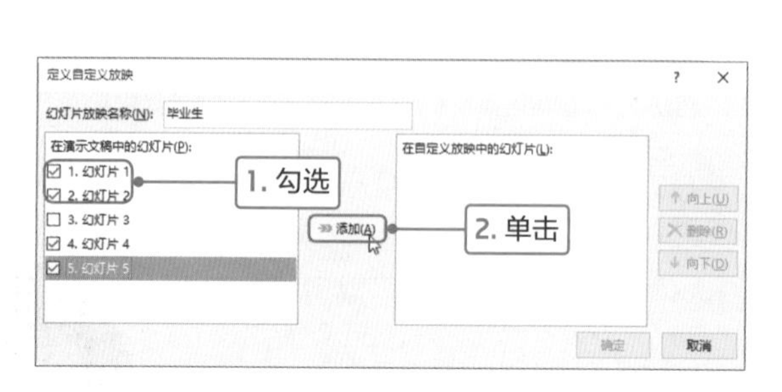

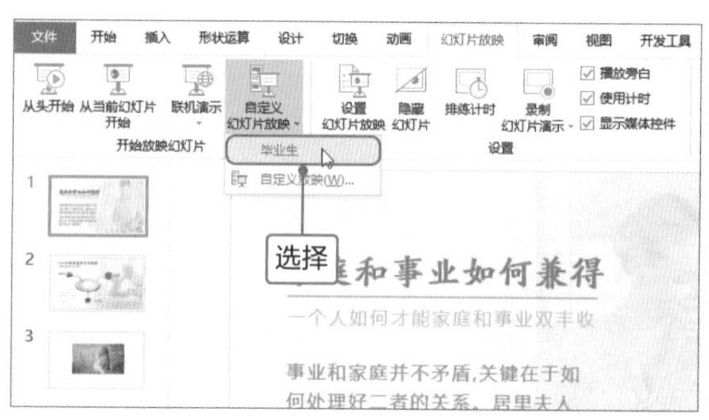

5.排练计时

针对演讲者而言，把控演讲的时间很重要，在演讲之前可以进行排练计时。打开演示文稿，切换至“幻灯片放映”选项卡，单击“设置”选项组中“排练计时”按钮，如下左图所示。演示文稿将自动进入放映状态，在左上角显示“录制”工具栏，中间的时间表示当前幻灯片的时间，右侧时间表示演示文稿的时间，如下右图所示。

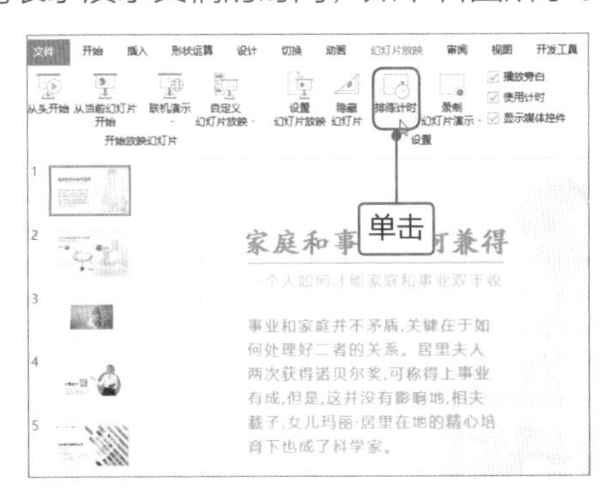

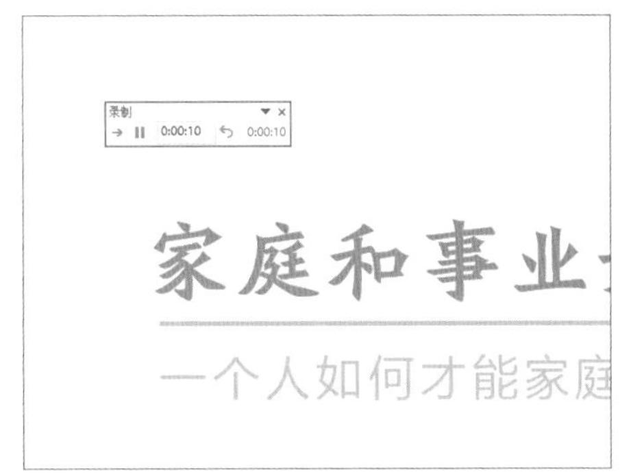

演讲者根据需要排练完成后，将弹出提示对话框，显示总共排练的时间，以及是否保留排练时间，单击“是”按钮即可，如下左图所示。切换至“视图”选项卡，单击“演示文稿视图”选项组中“幻灯片浏览”按钮，在缩略图的下方显示排练的时间，如下右图所示。

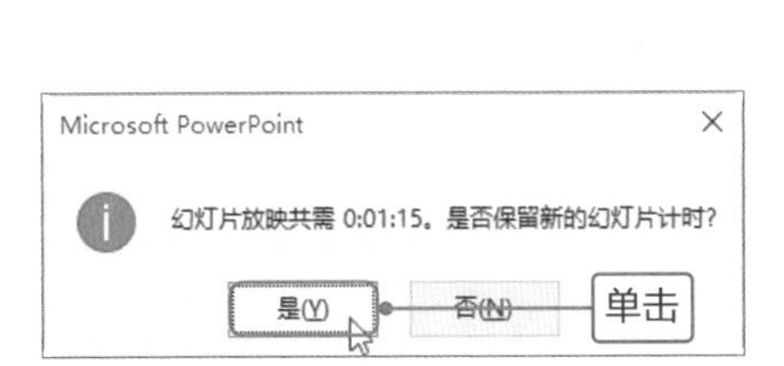

6.放映时突出重点内容

在放映幻灯片时，可以使用荧光笔突出演示文稿中的重点内容。操作方法是：在放映幻灯片时右击，在快捷菜单中选择“指针选项>荧光笔”命令，光标变为荧光笔样式，在重点处涂抹即可，如下左图所示。再次右击，在快捷菜单中选择“指针选项>墨迹颜色”命令，在子菜单中选择合适的颜色，如下右图所示。结束放映时，弹出提示对话框，显示是否保留墨迹注释的提示，用户根据需要单击“保留”或“放弃”按钮即可。

事业和家庭并不矛盾,关键在于如
何处理好二者的关系。居里夫人
两次获得诺贝尔奖,可称得上事业
有成,但是,这并没有影响地,相夫
载子,女儿玛丽·居里在她的精心培
育下也成了科学家。
查看荧光笔的效果

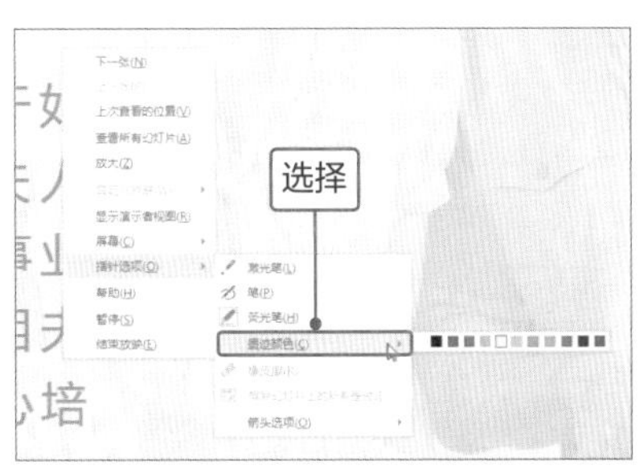

读书笔记